JN187287

数学的思考

—人間の心と学び—

How Humans Learn to Think Mathematically:
Exploring the Three Worlds of Mathematics

David Tall 著
礒田正美・岸本忠之 監訳

共立出版

How Humans Learn to Think Mathematically
by David Tall

Japanese translation rights arranged with the Syndicate of the Press of the University of Cambridge, England through Tuttle-Mori Agency, Inc., Tokyo.

Japanese language edition published by KYORITSU SHUPPAN CO., LTD.

家族、友人、教師、仲間、学生へ
彼らによってこの本を作ることができた

$\emptyset \subseteq A \cap B$
$\aleph_0$
$\mathbb{Z} \times \mathbb{Z}$
$P(n) \Rightarrow P(n+1)$
$\mathbb{R}$
$a+0=a$
$\forall \varepsilon > 0 \exists \delta > 0$
$-e^{i\pi}=1$
$Ax=\lambda x$
$\pi/4 = 1 - 1/3 + 1/5 - 1/7 + \dots$
$\frac{dy}{dx}$
$\int_0^\pi \cos x \, dx$
$\frac{f(x+h)-f(x)}{h}$
$\sum f(x) dx$
hyp
opp
θ
$\sin\theta = \frac{\text{opp}}{\text{hyp}}$
$\frac{-b \pm \sqrt{b^2-4ac}}{2a}$
$ax^2+bx+c=0$
$3/6 = 2/4$
いち、に、さん、し
4
2+2
1+3
$4-3=1$

数学三世界の旅

序　文

私は、これまで数学を理解し、世界中でどのように数学が教授・学習されているかということに取り組んできた。その中で、わずかな人しか、数学は非常に有用で、美しさを持つと考えていない。多くの人は、なぜ数学を学ぶのかを考えないまま学習し、不安と痛みだけを感じている。

私にとって幸運だったことは、幼稚園から大学院まであらゆる段階の数学の教授・学習に関わったことである。私が様々な文脈において、専門家としての自己経験を振り返ってみれば、各段階の学習は、これまで経験したことの影響を受けるとともに、その後の段階の学習でも個に応じて影響を受ける。このことは、一部の段階の教授・学習だけ焦点を当てるのは不十分であることを意味する。なぜなら特定の段階にある学習者は既習内容に影響を受け、既習内容は将来の学習にも影響するからである。数学の教授・学習に関わる人は、数学学習とは実に多様であることを知っており、数学的思考の発達を捉える全体枠組みが必要であると痛感している。つまり枠組みという新しく見出した光明があれば、我々は、様々な視点から眺めることができる。

本書は、誕生から大人までの発達を通した数学的思考の枠組みに焦点を当てた先駆的研究である。本書において、私は、様々な理論的かつ実践的視点を導入する必要から、特定の読者に焦点を合わせ、その人だけが理解できる専門用語を使った。そのため私の経験からすると、多くの人々と議論が共有しにくくなってしまった。私は、数学の教授・学習に関係する人々を対象に本書を書いた。具体的には、主として教師・数学者・教育者・教育課程開発者であり、さらに保護者・政治家・学習者へと広がり、心理学者・哲学者・歴史学者・認知科学者・構成主義者である。

とは言うものの、様々な人々の間で考えが共有できるよう配慮しなければならない。例えば、私が「形式」数学について話すとき、数学者は集合論的定義と形式的証明がなされた数学を思い浮かべる。ピアジェ理論に通じた教育者は「形式」を「形式操作」として思い浮かべる。一般の読者は、「形式」と言えば、方程式を解くとき「両辺に同じ計算をする」という計算のきまりを形式的に使うことを思い浮かべる。

これらの違いに配慮し、私は、助言者であり友人でもあるリチャード・スケンプに見習う。つまりスケンプは、2つの用語（「用具的理解」と「関係的理解」）を使って独自の考えを定式化した。読者は、2つの単語が並置されていることで、用語には特別な意味が込められていると理解する。多くの読者は、単語「理解」には一般的意味を共有しているので、ほとんど違いがないのに対して、形容詞「用具的」と「関係的」はより専門的意味が込められていると理解する。

私の友人であり仲間であるシロモ・ビンナーは、2つの単語の定義（「概念定義」と「概念イメージ」）を使って、一般的意味である「概念」という言葉を使いながら、2つの単語を区別する。概念定義は、数学的概念の定義に基づき、概念イメージは、個人が心に描く概念の個人的イメージに基づく。

様々な背景を持つ読者が、広い理論枠組みと関係する実例を理解できるよう、私はこのような簡単な工夫をして、基本的考えを定式化する。例えば、私は、数学的概念が洗練されたものとなるよう新しい用語を導入する。なぜなら学習者がわずかな違いに気づけるためである。私は、そのような考えの豊かさとして「結晶概念」という用語を使う。読者は「結晶」と「概念」の組み合わせから、この用語には特別な意味があるとわかる。それは、「概念」という用語だけではなく、文中で取り上げた事例という接着剤とともに様々な部分を結びつける。整数は2＋3＝5であり、その答えは6にはならないので、結晶概念である。同様に5−3＝2であり、それ以外はない。ユークリッド幾何学において、二等辺三角形の両底角は等しく、その逆も真である。各場合において、関係は文脈の重要部分となる。

数学は結晶概念によって、固有の構造を持つ。人々が考えを正確に理解できるよう、数学の意味は明確である。初期段階の幼児はそれらの関係を理解し、学習者は数学学習を通して固有な方法を使って考えを関係づける。

人々の数学的思考の発達は、先天性に依存するとともに、数学を継続的に学習する経験にも依存する。つまり先天性と後天性の2つに依存する。年下の子どもと年上の子どもがどのように数学的概念を理解するのかを比較すれば、我々は数学的思考の発達に関する全体像を知ることができる。それは、人間が**知覚したり・操作したり・推論したり**、数学記号を使ったり、言葉を工夫して使いながら、どのように考えるかを示す。

これは、**数学の感覚—運動言語**に基づいた基礎となり、数学の3つの発展形式に基づく。すなわち1つ目として、人は、身の回りの対象を認識して、視覚的イメージや思考実験を生み出す。2つ目として、人は、数える操作を通して、数概念や洗練された記号を生み出す。3つ目として、人は、洗練された推論をして、集合論的定義と形式的証明による形式数学を生み出す。

発展の継続性を理解することは、深化する過程を段階的に理解することでもある。数学は特別な論理対象であり、数学的思考が段階を追って発達するとき、ある文脈だけ通用する活動方法は、別の文脈になると通用しなくなる。例えば、日常生活において整数を扱うとき、何かを取り去ればいつでも減る。しかし負の数を取り去れば増える。そして「2つのマイナスがプラスになる」のような不思議な新しい考えが生じる。

このような出来事は、数学を段階的に学習するときしばしば起こり、ある文脈で通用する方法が、別の文脈で通用しても、他の文脈では通用しなかったりする。感情もまた変化し、通用する文脈は楽しさにつながり、数学学習全般に広がる一方、通用しない文脈は数学学習を妨げる。ある程度数学ができ、将来の数学学習にも自信を持つ人は、楽しみながら新しい問題に向き合うだろう。一方別の人は、数学が理解できないと感じ始め、理解することなく、決まりきったやり方を学ぼうとし、不安と失敗の下降スパイラルに陥る。

本書で示す理論の概略は第1章に示される。第2章から第8章は、すべての段階の数学教師に役立ち、学校数学を包括し、その成果も紹介する。教師用教材が、これらの章を補うためにとりあげられ、形式的公理的思考に結びつく洞察を体験できる。

本書の理論を数学の歴史的発展に位置づけたあと、第10章から第14章は、大学段階にふさわしい発展教材をとりあげ、数学を専門としない人でも数学的思考を体験できる。

第15章は、枠組み全体と他の理論枠組みとの関係を振り返る。ある文脈で通用するが別の文脈では通用しなくなる事例をとりあげながら、様々な理論を組み合わせた新しい理論を示す。様々な理論の中でどれがよいかを議論するのではなく、様々な文脈に活用できる理論を検討するとともに、相矛盾する理論が一貫性した意味になるためにはどう組み合わせたらよいかも示す。基本的な考え方に焦点を当て、その枠組み全体を明らかにする。その枠組みは、子どもから大人までの人間発達に活用できるだけでなく、歴史上の数学の文化的発展や今後の数学的思考の理論の発展にも活用できる。

謝　辞

本書は、多くの人々とともに精力的に取り組んだ30年間の研究に基づく。私の息子・ニックは、5歳のとき、私にひらめきを与えてくれた。彼は私に無限に関する考えを話し、それは幼児に期待するものをはるかに越えていた[1)]。それ以来、私は、子どもが作り出した様々な方法に驚かされた。

私は、数学と教育心理学に関する博士号の助言者として、2人の偉大な研究者から恩恵を受けた。マイケル・アティヤ卿は、メリット勲章を受章し、王立協会の元会長で、自身の顕著な数学研究に対してフィールズ賞とアーベル賞を受賞した。リチャード・スケンプ教授は、『数学学習の心理学』の著者で、数学教育の新しい分野の発展に貢献した。以下の者は、仲間であり、また研究生であり、本稿において重要な役割を果たした。特にエディ・グレイは、私と最良の研究生活を共有し、幼児の思考に対して豊かな洞察を得た研究者であり共著者であり、多くの院生の助言者でもある。

私は、様々な仲間と研究した。リチャード・スケンプ教授は、絶えず私にひらめきを与えてくれ、例えば、「用具的理解と関係的理解」のような独自の考え、目標と反目標に対する感情的影響、数学的概念を作りテストするモードといったものをもたらしてくれた。シロモ・ビンナー教授からは「概念イメージ」の考えをいただいた。エディ・グレイ博士からは、「プロセプト」という柔軟な考えで、過程と概念を二重に表現する考えをいただいた。エフライン・フィシュバイン教授とディナ・ティロッシュ教授からは、無限概念をいただいた。トニー・バーナード博士からは、「認知単位」理論をいただき、それは「思考可能概念」理論で、本書の「結晶概念」に不可欠である。ジョン・ペグ教授からは、幾何発達におけるファン・ヒーレ理論と学習の質を分析するSOLO分類とを結びつけることを学んだ。アンナ・ポインター博士からは、ベクトルの視覚化と記号化の研究を通して、数学三世界の発見への貢献をいただいた。彼女の院生であるジョシャ・ペイン

1)　Tall (2001)。

は、「2つの自由ベクトルの和は、同じ効果を持つ1つの自由ベクトルである」という考えを説明してくれた。

簡単な考えから出発し、様々な方法を駆使して、思考という新しい列車が動く。「効果」という概念から、具体的行為とそれを表す記号との結びつきが生じる。それは「数学三世界」という理論を形成する重要な契機である。それは、学校数学における具象世界と記号世界から大学で指導される形式世界の数学へとつながる先駆的研究である。そのような考えによって、仮説が実証的に検証され、固有理論が作られる。

私が研究するとき、以下の人々は基本的な考えを教えてくれた。ロルフ・シュワルツェンベルガー、クリストファー・ジーマン、イアン・スチュアート、デビッド・フォウラー、バーナード・コルニュ、ゴントラン・エルビニック、ウォルター・ミルナー、ニコラス・ハースコービックス、デヴィッド・ウィーラー、ジョエル・ヒレル、ジェームス・カプット、ディック・レッシュ、パット・トンプソン、ジョン・メイソン、トニー・ドレファス、テッド・アイゼンベルグ、ユリ・レロン、キース・シュウインゲンドルフ、デビッド・フェイケス、エドワード・ドゥビンスキー、アンナ・スファード、ペシア・ツアミール、ガーソン・ハーエル、イビ・キドロン、グレイ・デービス、アドリアン・シンプソン、ジャネット・ダフィン、ルイス・カルロス・グイマーレス、ギラ・ハンナ、ビル・バイヤース、スティーブン・ヘゲダス、礒田正美、ネリー・バーホフ、ミハイル・カッツ、ボリス・コイチュ、ウォルター・ホワイトリー。

私の博士課程の学生は熱心に論文作成に取り組み、新しいものを私に教えてくれた。ジョン・モナガン教授（イギリス)、マイケル・トーマス教授（イギリス、現ニュージーランド)、ノーマン・ブラケット HMI 博士（イギリス)、マドノア・バカル博士（マレーシア)、エディ・グレイ博士（イギリス)、ユダリア・ビンテ・ムハマド・ユソフ博士（マレーシア)、マセラン・ビン・アリ博士（マレーシア)、フィリップ・デマロイス教授（アメリカ)、メルセデス・マクゴーエン教授（アメリカ)、マルシア・ピント博士（ブラジル)、リチャード・ベアーレ博士（イギリス、現オーストラリア)、ロビン・フォスター博士（イギリス)、リリー・クロウリー教授（アメリカ)、スー・ダック・チェ博士（韓国)、イア・ツォン（エイブ）チン博士（台湾)、アンナ・ポインター博士（イギリス)、ハティス・アッコツ博士（トルコ)、ノラ・ザカリア博士（マレーシア)、ビクター・ギラルド博士（ブラジル)、アミール・アシュハリ博士（イラン)、ロサーナ・ノゲリア・デ・リマ博士（ブラジル）、ジャン・パブロ・ミカ・ラモス博士（コロンビア、現アメリカ）、ウォルター・ミルナー博士（イギリス）、キン・エン・チン（マレーシア）。以下の人々との研究は、本書で枠組みを開発する基礎となり、ウォーリック大学の院生とともに取り組んだ。デメトラ・ピッタ教授（キプロス）、ヘーゼル・ハワット博士（イギリス）、ルスラン・マド・アリ博士（マレーシア）、エイリニ・ジェラニウ博士（ギリシア）、ララ・アルコック博士（イギリス）、マシュー・イングリス博士（イギリス）、ミッチェル・チャレンジャー博士（イギリス）。

私は、妻のスーと子どものベッキー、クリス、ニックと孫のローレンス、ザック、ジェームス、エミリー、サイモンの長期に亘る支えがあった。彼らは、いつでも数学について話してくれた。

私は、上記のすべての人にこの本を捧げる。

画像の許諾

本書の画像は、以下を除いて著者が準備した。

iv ページの「三世界のレイアウト」と図 6.5、6.6、6.8、7.12、14.1 は、子どもの図（©Rebecca Tall and Lawrence Hirst）を含む、プラトン（©Florida Center for Instructional Technology）、ヒルベルト（アメリカにおけるパブリックドメイン）。
図 2.1 © 松沢哲郎
図 2.7 ©Zac Hirst
図 3.1 は、コマドリ（©Eng 101、Dreamtime. com）、ペンギン（©Jan Marin Will、Dreamtime. com）、キウイとカモノハシ（©Florida Center for Instructional Technology）の絵を含む。
図 3.11〜3.18（©Anna Poynter and David Tall）
図 10.2（©Md Nor Bakar and David Tall）
図 10.5（©Erh-Tsung Chin and David Tall）
図 10.7〜10.9（©Marcia Maria Fusaro Pinto）
図 11.31（©David Tall and Piet van Blokland）
図 12.3〜12.5（©Juan Pablo Mejia-Ramos）
図 14.3 は以下に基づく。
http://commons.wikimedia.org/wiki/File:Mug_and_Torus_morph.gif

図 8.9、8.10、8.12、8.13、8.16 は、著者が描いたもので、『ICME 数学教育における証明ハンドブック』の Gila Hanna and Michael de Villiers（2012）にある。図 11.19、11.22、11.24、11.30 は、著者が描いたもので、*ZDM*（数学教育に関する国際誌）の Tall（2009）にある。

目　次

第I部
前奏

第1章　本書について

数学とは、ある人にとっては楽しみを与えてくれる話題であり、別の人にとっては解決できない問題が含まれた話題である。数学とは何か、どのように数学を指導すべきかなど様々な事柄を考えると、この状況は複雑である。本書は、乳児が持つ初期概念から数学者まで取り上げる。本書の目的は、数学的思考に関心を持つ人が、どのような人とも話し合える枠組みを示すことである。その準備となる基本的問いは次である。

> 人間は、どのようにして他の生物よりもふさわしい方法で、数学的思考ができるようになるのか。

本書は、人の長期発達に関する基本的達成課題に焦点を当てた枠組みを示すとともに、すべての段階を通した基本的な示唆も示す。我々は、知覚や行為を通して世界を理解する方法を生み出したり、言語や記号を使って高度な考えを生み出だしたりする。

一般の人が考える予想に反して、新しい段階での数学的思考は、いつでも既習経験に基づくとは限らない。前段階での経験は、次段階でも通用したり通用しなかったりするからである。例えば、整数の範囲における数に関する知識は小数や分数でも通用するので、人は、整数のかけ算を通して、積は大きくなると考える。しかし分数のかけ算では通用しない。我々は、日常経験を通して「何かを取り去れば、残りは小さくなる」と理解する。このことは、整数と分数では通用するが、負の数のひき算では通用しない。通用する内容は、学習意欲を促し、楽しさにつながる一方、通用しない内容は、不満や不安を引き起こし、新しい場面での学習を妨げる。人が経験に対して臨機応変に対処できれば、数学を学習しようとする学習意欲を持ち続ける。

この枠組みにおける基本的主張は、数学の教授・学習に活用できるだけでなく、数学史研究にも活用できる。数学者でさえ、乳児として生まれてから数学者が属する文化環境のような高い段階に至るまで、数学的考えを発達させる。
本章は枠組みに関する基本的主張を示し、後章で詳述する。

1. 数学について思考する子ども

6歳のジョンは心配そうに教室の後ろに座り、教師は問題を見せた。そのページには、『イギリス・ナショナルカリキュラム』の最初の「第一主段階テスト」が書かれ、具体的には10のたし算をするため左欄に1から10の数が書いてあった。教師は「4たす3は」と言った。教師は、児童が5秒ごとに質問に答えるよう指示した。ジョンは、左手の4本指と右手の3本指を立てて、数え始めた。ジョンは、右手の人差し指を使い、左手の4本指を指しながら「1, 2, 3, 4」と言い、右手に切り替えて、左の人差し指を使い「5, 6, 7」と言った。教師は「6たす2は」と言った。ジョンは慌てた。ジョンは、最初の和を書き留める間もなく、2番目の質問に取り組んだ。6たす2は「1, 2, 3, 4, 5, 6, …」。教師が「4たす2」と質問したので、ジョンの思考は中断した。ジョンはこの計算を行い、6と答えた。ジョンは、それを書き留めようとしたが、どの質問に取り組んだのか忘れてしまい、それを2つの数の間のスペースに書いた。「5ひく2は」。ジョンは、さらに3つの数の間のスペースに「3」と書いた。ジョンは、5秒以内に和を求められず、時間内に問題が解けてもどこに答えを書けばよいかわからなかった。ジョンは、第一主段階テストができず、数学ができていないと感じた。それはまさに複雑すぎた[1)]。

同じ学校でも、5歳になっていないピーターは電卓を使って、1行目に書かれた「4+3」の和を求めるため、「イコールキー」を押して、2行目に答えを「7」と書いた。ピーターや友だちは、答えが「8」となる和を求めるとき電卓を使った。友だちは、4+4や7+1や10−2の和を求め、それらは、指や物を数えれば実際にできる。

ピーターは、1000000−999992の和を求めた。ピーターは「百万から九十九万と九千と九百と九十二をひく」ことを知っていた。しかしピーターは百万を一度も数えたことがなかった。それがどれくらいかかるか考え始めた。ピーターは、元気よく「1, 2, 3, 4, 5, …」から始めて、一定のペースで「187, 188, 189」と進み、

1)　Gray (1993) と Gray & Tall (1994) において、幼児がいかに算術計算するのかを研究し、このエピソードを観察し録画した。

本当に「111278, 111279, 111280」と取り組むだろうか。

ピーターの考えは、数える経験ではなく、数関係の知識に基づく。ピーターは、学校外で数概念についてかなり理解していた。そうだとしても、ピーターの知識はかなり例外的である。ピーターは「位取り」を知っていた。十は10、百は100、千は1,000、百万は1,000,000を表す。ピーターは何万、何十万について知っていた。百万は1,000の1,000倍である。ピーターは、9と1で10、39と1で40、99と1で100、999,999と1で1,000,000になることを知っていた。ピーターは、92と8の和が100、992と8の和が1,000、999,992と8の和が1,000,000であることを知っていた[2)]。

同じ学校に通い同い齢でも2人の子どもは違った思考をする。我々は、2人を説明する1つの理論枠組みを作れるだろうか。2人が同じ道筋で発達するなら、一方は他方よりもより発達するだろうか。我々は、どのようにすれば理論を作れるのか。我々は、その理論を使って世界の数学の教授・学習を改善する。つまりある子どもは、数学とは美しく楽しいものと気づく一方、別の子どもは、不安要因と見る。

本書は、数学的思考の発達に関する統一理論を作るため、数学的思考の基礎発達を研究する。ある人は、より数学的思考を理解し発達させる一方、別の人は、問題が生じ発達を妨げる理由を明らかにする。

2. 数学的思考の長期発達

数学的思考と言っても、思考一般と同じ心的組織が使われる。その基本は、脳のニューロン間の結びつきを刺激することである。これらの結びつきが刺激されると、生化学反応が起こり、時間が経つと、よく使われる結びつきは構造化された思考過程になり、豊かな知識構造になる[3)]。ニューロン間のよく使われる結びつきを強化すれば、素早く処理できる新しい最短思考経路ができる。例えば、人は「3+2=5」を数え上げて求めたものを、数え上げない計算に短縮して「3+2」はすぐ「5」という結果を出す。このことは、長い計算を即座の概念的結びつきに置き換える知識**圧縮**である。

---

2) このエピソードは、同じ学校の同じ研究の一部として、エディ・グレイによって記録された。

3) 「知識構造」という用語は、認知科学や哲学において様々な意味がある。ここで私は、ある文脈や状況において存在する関係と定義し、概念・過程・性質・信念の間の結びつきとする。

数学的思考の長期発達は、固定した知識構造に新しい経験を付け加えることではない。それは、絶えず心的結びつきを再構成し、時間が経つにつれて、知識構造を進化させる。

幾何学では、子どもは具体物で遊ぶことから始まり、感覚を通して性質を理解し、言葉を使ってその性質を説明する。時間が経つにつれて、記述は正確になり、言葉による定義を使って図形を表現する。定木とコンパスによる作図がなされ、ユークリッド幾何学形式を学習する。大学の数学者は、幾何学を様々な形式に一般化する。例えば、非ユークリッド幾何学・微分幾何学・トポロジーである。（発展教材については、後章で一般読者向けに説明する。）

算数学習には、様々な方法がある。物的対象が持つ**性質**だけでなく、物的対象を扱う**行為**にも焦点を当てる。例えば、数えること、分類すること、合わせること、順序づけること、たすこと、ひくこと、かけること、わることである。これらの行為は、数学固有の操作である。次いで記号が導入され、無意識にルーチン操作ができるようになる。記号自体は、実行する操作だけでなく、念頭操作できるよう心的数概念にも圧縮される。

幼児は、物的対象を数えることから始めて、数概念を発達させ、数計算を学習する。幼児にとって、数え上げ学習を通して、7＋2の「7」の後に「8, 9」と2を数えて求めることは、2＋7の「2」の後に「3, 4, 5, 6, 7, 8, 9」と7を数えて求めるよりも簡単である。幼児は、数え上げのたし算において、計算順序が無関係であることは理解できないが、様々な位置にある物的対象を操作することで、計算の性質を知る。例えば、たし算やかけ算において、計算順序は無関係であるが、かけ算は累加というたし算に置き換えられる。これらの観察を通して、「計算法則」が理解され、記号を使う証明の基礎となる。さらに発展すると、整数は、公理（ペアノの公理）のリストとなり、身近な計算法則は形式的定理として証明される。

測定は、行為から生じる。例えば、長さ・面積・容積・重さの測定である。我々は、これらの量を、分数を使って計算したり、必要な正確さで表すため小数を使ったりする。数は、数直線上の点として表され、大学段階になると公理体系（全順序体）として定式化される。

代数学は、記号を操作する算術演算とみなされ、計算法則に従う。代数関数は、グラフとして視覚化され、代数構造が様々な公理体系（群・環・体）として定義される。

微積分の概念は、グラフ上の曲線変化やグラフ上の面積として視覚的かつ動的に表される。それらは、数値計算によって近似されたり、微分方程式を使って正確に表されたり、積分と関係づけられたりする。大学では、これらの概念は、解析学という形式理論として公理的に表される。

ベクトルは、量と方向を持った物理量として導入され、列ベクトルや行列のような記号を使って表され、ベクトル空間として公理的に定義される。

確率は、物理的または心的実験の繰り返しを振り返ることから始まり、起こり得る結果を予想する方法を考えたり、確率計算したり、公理的に原理を定義したりする（確率空間）。

これらの発達は、3つの知識形式を組み合わせたものである。1つ目は、対象とその性質の学習であり、言葉を使って表された心的イメージを作る。2つ目は、行為の発展である。それは、計算や代数計算のように記号で表したり、数や代数表現のように心的対象としたり、計算記号を使って問題を定式化し解決したりする。両者は、家や学校での経験を通して発達し、学校での理論的定義を使ったり推論したりすることを通しても発達する。

3つ目の数学的知識形式は、大学での純粋数学を形式的に扱うこととして結実する。

この枠組みは、子どもの活動から数学研究へ進む中で作られる（図 1.1）。

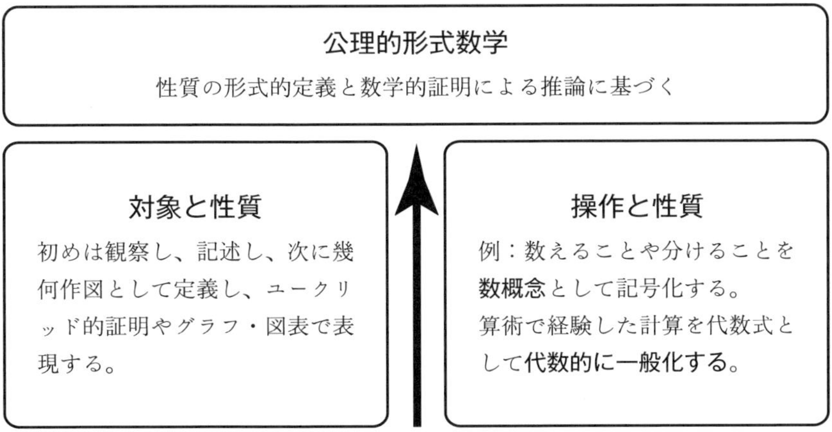

公理的形式数学

性質の形式的定義と数学的証明による推論に基づく

対象と性質

初めは観察し、記述し、次に幾何作図として定義し、ユークリッド的証明やグラフ・図表で表現する。

操作と性質

例：数えることや分けることを**数概念**として記号化する。
算術で経験した計算を代数式として**代数的に一般化する。**

図 1.1　3つの数学的知識形式に関する概略

3. 理論枠組み

我々は、一般的には人間発達、特に数学全体を捉える枠組みを持つ。現代の発達心理学の父であるジャン・ピアジェ[4]は、子どもの長期発達段階論を示した。それは、前言語的**感覚運動**段階、**前操作**段階（子どもは個人的視点から言語と心的イメージを発達させる）、**具体的操作**段階（子どもは、他者と共有する概念世界を発達させる）、**形式的操作**段階（子どもは、抽象的思考や論理的推論能力を発達させる）である。

ジェローム・ブルーナー[5]は、人間の表現とコミュニケーションを3つのモードに分類した。すなわち、**動作的**（行為に基づき、ジェスチャーを使う）、**画像的**（イメージに基づき、絵や図表を使う）、**記号的**（言語と数学記号）である。

エフライン・フィシュバイン[6]は、数学と科学の発展に焦点を当て、3つのアプローチを示した。すなわち**直観的・アルゴリズム的・形式的**である。

それらの枠組みは、物理的知覚や行為から、記号や言語の発達を経て、演繹推論に至る長期発達を示す。それらは、種概念を作る様々な方法を示す。ブルーナーとフィシュバインは、細かくに見れば異なるけれども、両者は、広く概念発達を考えている。ブルーナーの動作的あるいは画像的イメージは、フィシュバインの直観に対応する。ブルーナーの操作の表象モードは、言語だけを意味するのではなく、計算や論理における2つの記号形式も意味する（数学的アルゴリズムは形式的証明に関係づけられる）。

ピアジェは、大局的段階論を補うため、新しい概念が構成される方法を示した。第一段階は、**経験的抽象**であり、性質を見出すように対象を扱うことである（例えば、三角形は、三辺を持った図形であることを理解し、正方形や円と区別する）。

第二段階は、**疑経験的抽象**であり、対象を扱う**行為**に焦点を当てる。これは、計算において重要な役割を果たし、数えたり、分けたりする操作は、数概念や分数概念に発展する。

ピアジェは、**反省的抽象**を示し、ある段階における操作が次の段階で心的思考対象になる。これは、たし算が和になり、累加が積になり、一般的に「数を2倍

---

4) ピアジェの段階論の参照は多い。例えば、Baron ら（1995), pp. 326-9 参照。

5) Bruner（1966), pp. 10, 11。

6) Fischbein（1987)。

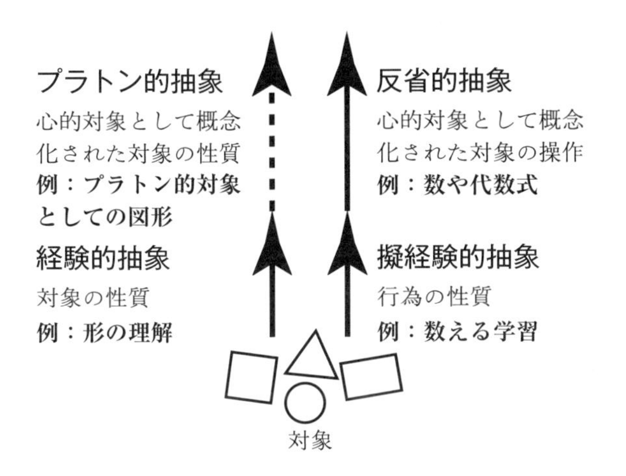

図 1.2　ピアジェとプラトンの抽象

し、6 をたす」計算は代数式（$2x+6$）で表すことを保障する。それは、対象を評価することでもある。それは、思考可能な代数的対象となり、問題解決での操作対象となる。反省的抽象は、疑経験的抽象から次段階への連続的拡張である。

類推すれば、4 つ目の抽象もある。それは、物理的対象が持つ性質をより抽象化したもので、心の中だけに存在する心的イメージである。例えば、大きさを持たない点や長さがあるが幅を持たない直線である。これは、**プラトン的抽象**と呼ばれ、性質の中でも本質に焦点を当てることでプラトン的心的対象が作られる[7]（図 1.2）。

上記 4 つの抽象は、2 種類の長期発達によって起こる。一方は、対象が持つ性質から作られ（「経験的抽象」と「プラトン的抽象」）、他方は、対象へ働きかける行為から作られる（「疑経験的抽象」と「反省的抽象」）。数学的思考が長期発達するとき、この 2 つの発達は初期の 2 つの形式に関係する。一方は「対象が持つ構造」であり、他方は「行為」である。行為は、数や代数式のような記号で表すことによって、心的対象となる。私はこれらを**構造的抽象**と**操作的抽象**と呼ぶ（図 1.3）。

このような考えは、ピエール・ファン・ヒーレの幾何学の『構造と洞察』[8] やア

7）数学的概念を構成する 3 つ（あるいは 4 つ）の方法は、Gray & Tall（2001）で示されている。
8）van Hiele（1986）。

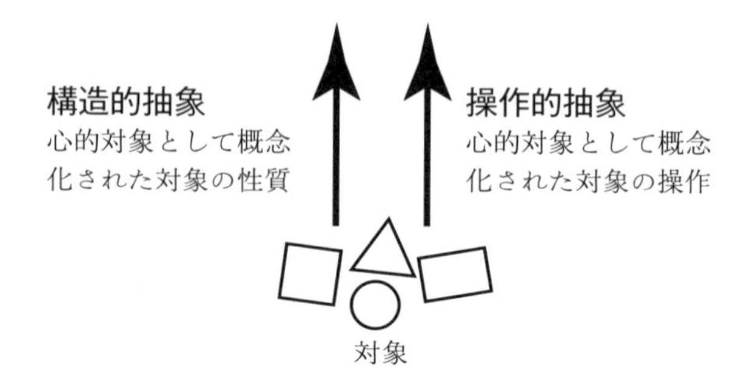

図1.3　長期にわたる抽象

ンナ・スファードの数学的思考における操作的概念と構造的概念[9]に近い。それは、本書で開発した枠組みにおいて不可欠である。

動物でも基本図形や数を認識するが、人類だけが、三平方の定理のような高度な数学的概念を発展させたり、素数は無限に存在するという概念を発展させたりする。知的発達は、言語や記号の発達を通して生じる。テレンス・ディーコンは、人類を**シンボルを操る種**として特徴づける[10]。

数学的思考は、人間の感覚運動的知覚と行為から始まり、言語と記号を通して発達する。『肉中の哲学』において、ジョージ・レイコフとマーク・ジョンソンは、「神経構造は、脳の感覚運動システムの一部として利用される」[11]とし、「具象概念」という考えを提出している。このような見方は、ブルーナーの動作的モード（「行為を操作する」）と画像的モード（「視覚組織あるいは他の感覚組織に依存し、圧縮したイメージにも依存する」）を組み合わせたものである[12]。

『数学の認知科学』[13]において、レイコフとヌーニェスは、「具象化する心はいかに数学を実在させるか」という副題で、数学的思考の起源を示す。人間の思考を具象化カテゴリーに分類するとき、下位カテゴリーが設定され、それには様々な観点がある。「感覚運動」という用語は、2つの脳の機能を意味する。「感覚機能」は、我々が感覚を通して世界をどう知覚するかである。「運動機能」は、我々が行為を通して世界をどう操作するかである。これは、図形や空間の感覚的理解（対

9)　Sfard (1991)。
10)　Deacon (1997)。
11)　Lakoff & Johnson (1999)。
12)　Bruner (1966), pp. 11-12。
13)　Lakoff & Núñez (2000)。

象の構造的性質に着目）と操作・運動的活動（数えたり分けたりすることから計算や代数が生まれる）を区別する。

『認知意味論』という本において、レイコフは、**概念的具象化**と**機能的具象化**という言葉を使って、2つの具象化を述べる。前者は心的イメージを使うことであり、後者は「努力することなく自動的かつ無意識的に機能の一部として概念を使うことである」[14)]。

私が知る限り、この区別は、他のレイコフの文献では使われていない。しかし、上記は、私が**操作**（数学の計算として記号化した行為）と**構造**（対象の性質）を区別することと一致する。

私は「概念的具象化」という用語を使う。それは、心的イメージを静的または動的に使うことである。それは、世界との物理的相互作用から生じ、人間の高度な想像力である。具体的には、ディーンズブロックのような教具を使うことであり、数や計算の心的概念に結びつく[15)]。それは、幾何図形を描くことにも拡張され、ユークリッド幾何学において言葉で記述された心的イメージになる。関数やグラフは、紙上では静的イメージとして表現されるが、コンピュータグラフィックスを使って視覚化され、心の中では動的視覚的イメージとして表現される。

計算と代数における記号操作には、機能的側面がある。記号は、紙の上を心的に移動するものとイメージされる。この機能的具象化として、例えば、「分母・分子を逆にしてかける」、「移項すれば符号が変わる」、「通分してたす」、「左辺に x 項だけと右辺に数だけになるよう移項する」がある。

数学的思考が発達するためには2つの方法がある。一方は、我々が言語に裏付けられた心的イメージを使って、意味を充実させることである。他方は、我々が計算や代数の記号を使って、等式を変形して問題を定式化したり、計算や記号を操作して問題解決したりすることである。純粋数学者でさえ形式的公理的視点から研究する前には、2つの発達が学校教育を通して起こっていた。この発達は、人間の3つの基本的特徴に基づく。すなわち、1つ目は対象の性質を理解する**感覚を通した入力**である。2つ目は、ルーチン操作である**行為を通した出力**である。3つ目は**言語**（記号化とともに）で、それは両方を補い、数学的考えに関する高度な思考方法である。

---

14) Lakoff (1987), pp. 12-13。
15) Dienes (1960)。

4. 概念と過程の両方を表す記号

計算と代数記号には特別な意味がある。記号は、各段階で行われる計算を決定するだけでなく、自ら計算可能な心的対象ともなる。なお人が数を語ることに対して行う言語学的分析では、このような操作モードは捉えられない。

数の単語は、形容詞や名詞として解釈される。例えば「3人のマスケット銃兵」ような形容詞としての「3」や「3は素数である」のような名詞である。英語において、単語は、会話の一部として機能する。例えば、「抽象（アブストラクト）」という用語は「抽象的考え」の形容詞になったり、「本から抜粋された要約（アブストラクト）」における名詞となったり、「具体的状況から考えを抽象する」の動詞となったりする。行為は、名詞にもなる。例えば、「ジョンは走っている」における「走る」は、「走ることは健康によい」になる。「走ること」という分詞は、言語学的には名詞になり「動名詞」と呼ばれる。

しかしながら会話分析だけでは、我々が数える過程や数概念について考える方法は捉えられない。数は、形容詞や名詞としてだけ使われるのではない。「3+4」のような算術表現は、「3+4はいくつですか」のように結果を求める問いかけとしても機能する。名詞として、3+4の計算結果（それは7である）としても機能する。記号3+4は、**過程**（たし算）や**概念**（和）としても機能する。

子どもは、計算と代数において記号化できれば、計算を実行したり、ルーチンな場面で練習したり、思考するとき活用する概念を学習したりする。幼児は、何ヶ月も費やして、指し示したり数えたりする過程を理解し、集合の要素数を順々に数えることなく、数概念として理解する。

$2x+6$ のような代数式は、計算過程（x を2倍して6をたす）と代数概念（それ自身計算可能）の両方として解釈される。例えば、積 $2(x+3)$ となるよう因数分解する。過程として、$2(x+3)$ には、段階系列がある（x の値と3をたした結果を2倍する）。しかしながら、代数計算するとき、$2x+6$ と $2(x+3)$ の表現は交換可能なので、2つの表現は同じことを表す。熟達者は無意識かつ柔軟に記号を使うが、初心者は意識的に学習する必要がある。

我々は、過程と概念の両方を扱う記号を使うことで、数学言語の新しい段階へと至る。このことに対して、グレイとトールが**プロセプト**[16]と名づけた。子ども

16）Gray & Tall（1991, 1994）。

が、同じ結果が得られる様々な計算方法を関係づけるとき、$7+3, 3+7, 13-3$ のような記号は、同じプロセプトを表す方法として理解する。ここでのプロセプトとは、数 10 と他の可能な表現方法である。人は計算において柔軟にそれを操作する。時間がたてば、$5\times2, 20\div2, (-5)\times(-2)$ のように結びつきがより豊かになり、ついには $-10i^2$ に至る。新しい関係を引き出すため柔軟に記号化したり、別の構造を柔軟に作ったりすることは、**プロセプト的思考**と呼ばれる。計算するため記号を分解・合成することは、簡単な計算でも生じる。例えば、$7+6$ の和は、$7+3$ は 10 になることを利用して計算し、6 は $3+3$ と同じであり、$7+6$ は $10+3$ と同じで 13 である。生徒は $(2x+3)^2-(x+2)^2$ という式を因数分解することで、2 乗の差の式 (A^2-B^2) を理解する。生徒は、$(x+1)(3x+5)$ のような計算結果を得ることで、**1 回の計算** $(A-B)(A+B)$ を理解する。手続き的思考は、ステップバイステップで操作するので、長い操作系列となり、最初に式を展開して、以下を得る。

$$(2x+3)^2-(x+2)^2 = 4x^2+12x+9-x^2-4x-4$$

式を簡単にする。

$$3x^2+8x+5$$

2 つの因数の積に分解して、計算をする。

手続き的思考によって、計算に関する知識が引き出されるだけでなく、柔軟に代数操作できるようになり、長期間にわたって数学的思考が発達するためにも重要である[17)]。

5. 知識圧縮

順を追って進める操作活動でも、1 つ 1 つの手順を省みずに全体的な心的概念として理解することは、複雑な状況を思考するための 1 つの方法である。

人がある現象を心の中で単純かつ効率的に知覚するとき、**知識圧縮**が起こる。このことは、脳に直接心的結びつきを作ることであり、言葉を使って強化され、概念に名前を与えたり、性質や他の概念との関係と結びつけたりする。

---

17) Gray, Pitta, Pinto & Tall (1999)。

知識圧縮には、様々な方法がある。1つ目の方法として、我々は、似ているところや違っているところに着目して物事を理解し、概念を**カテゴリー化**し、カテゴリーに「犬」や「三角形」のような名前をつける。このことは、概念の性質を構造的に抽象化したもので、名前を持つ1つの対象として関係づけられる。

2つ目の方法は、手続き化して、心的労力をかけずに一連の行為を実行することである。心的概念（和）に過程（たし算）を圧縮することは操作的抽象であり、それは概念としての過程の**カプセル化**と呼ばれる。

3つ目の方法は、個人が洗練された言葉を使って、**定義づけ**を通して概念を特殊化することである。つまりカテゴリーの特殊化である。しかしながら、概念に基づいて性質をカテゴリー化するのではなく、定義を特殊化して、それから性質を**演繹する**という逆もある。

本書で示す枠組みにおいて、数学的思考は、様々な方法でカテゴリー化、カプセル化、定義づけされ、概念を活用可能な形式に圧縮する。

数学的思考は、物理的対象や対象の操作から始まる。幾何学において、対象は、視覚的触覚的経験を通してカテゴリー化される。このカテゴリー化では、言葉が用いられ、構造的抽象を通して発展し、性質が理解され、記述され、定義され、そしてユークリッド的証明を使って幾何学の性質が証明される。

算術や代数における記号的思考は、対象を数えるための数計算で始まり、次に量を測定する分数、そして高度な表現（符号のついた数、有限小数、無限小数）へ進む。各段階において、思考可能となるために、数概念の操作が、カプセル化を通して抽象化される。そのとき、数える手続きにこだわる人と柔軟にプロセプト的思考を発達させる人に分かれる（グレイとトールが「プロセプト分岐」[18]と呼んだ）。

算術計算は、「計算法則」として**認識され**、**記述され**、**定義される**性質を持つ。心的数概念には、奇数・偶数・因数・素数のような性質も含まれ、それらは理解され、記述され、定義される。さらに「すべての整数は素数の積によって表せる」のような性質が**演繹される**。このようにして、算術と代数への一般化には、操作的抽象（数や代数概念を構成）と構造的抽象（算術や代数の性質）がある。

高い段階に進むと、新しい抽象が起こり、数学的思考も新段階に入る。**形式的抽象**は、（集合論的）定義から生じ、形式証明によって数学的対象の性質を演繹す

18）Gray & Tall (1994)。

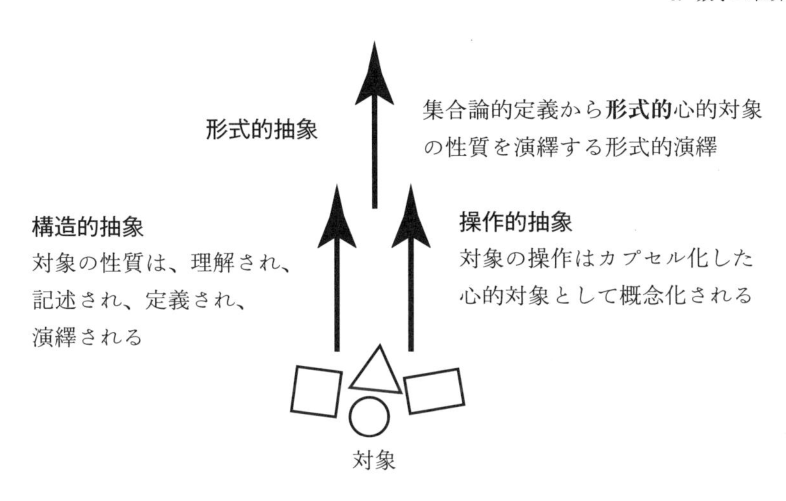

図 1.4　抽象の三形式

る。これは強力な構造的抽象形式で、性質は最初特殊化され、他の性質は定義から演繹される（図 1.4）。

人間の高度な心は連続的に新しい学習を統合し、知識構造が発達する。学習者が、数学的概念形式を構成するとき、カテゴリー化・カプセル化・集合論的定義を使った新しい発達によって、初期に発展した形式が枠組み全体の中に取り込まれる。

6. 数学三世界

これまでの議論で、数学的思考が発達するには３つの方法がある[19]。

概念的具象化とは、人間の知覚と行為を心的イメージへと発展させることである。言葉で豊かに表現されたり、想像上の心的対象になったりする。

操作的記号化とは、物理的行為を数学的手続きに発展させることである。ある学習者は手続き段階に留まる一方、別の学習者は、柔軟に記号を操作し、

19)　これは Tall（2004）において最初に記述された。

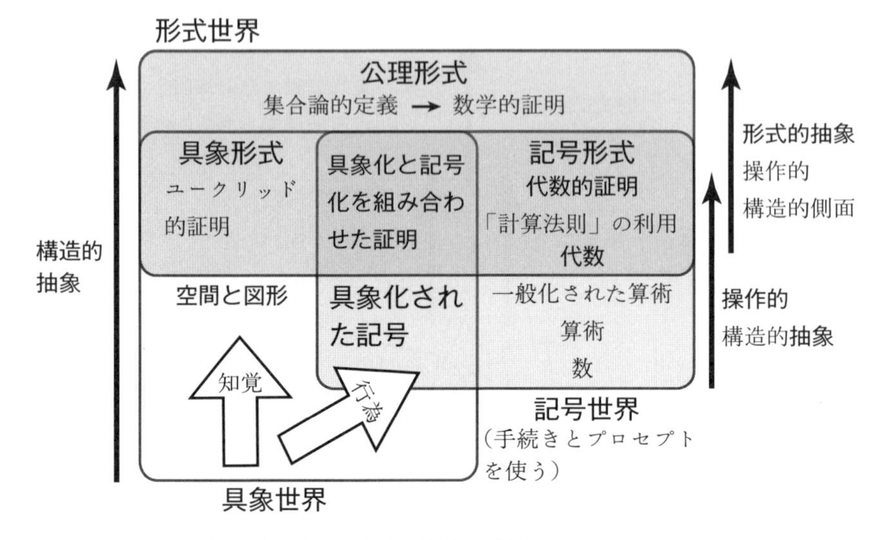

図 1.5　数学三世界に関する発展のアウトライン

計算や手作業において使う[20]。

公理的形式化とは、集合論的定義で規定された公理系に基づいて形式的知識を得ることである。その性質は数学的証明によって導かれる。

上記の方法は、時間が経つにつれて進化し、言語が使われる。それらには、様々な操作モードがある。それぞれは、固有の方法で発展した世界であり、質的違いがある。1つ目は（概念的）具象世界に基づき、2つ目は（操作的）記号世界に基づき、3つ目は、（公理的）形式世界に基づき、これまでの経験から発展する。

三世界は広い枠組みに統合される。学校数学において、具象化と記号化は同時に発達する。つまり記号操作は具象行為から生じる一方、記号は表現として具象化される。定義と証明よる構造的抽象化がなされるとき、具象による形式的思考と記号による形式的思考が始まる。それは後の集合論的公理的形式になる（図1.5）。

20)　操作的記号世界は、「プロセプト的記号」と呼ばれ、記号を使った柔軟な思考形式である。それは「操作可能な記号」と呼ばれ、計算や代数における操作形式である。それには、柔軟な（プロセプト的）手続きだけでなく、暗記した手続きも含まれる。

私は、三世界の相互関係を「具象世界」、「記号世界」、「形式世界」という用語を使って圧縮する。すなわち概念的具象を操作記号へ置き換えることは「具象の記号化」、ユークリッド的証明は「具象の形式化」、計算法則に基づく代数的証明は「記号の形式化」である。

私は、どのようにして2つの用語を使うべきか迷った。例えば、私は「具象の形式化」あるいは「形式的具象化」と言うべきか。この質問の答えは、2つの関係を捉える観点にある。形式化する具象自体に着目するなら、「形式化する具象」という用語がふさわしい。一方記号の形式化自体に着目するなら、「記号の形式化」という用語がふさわしい。しかしながら、最終結果を考えれば3つの形式化がある。すなわち「具象形式」、「記号形式」、「公理形式」である。

私は「形式」という用語を使うにあたって、多義性も考慮した。例えば、数学者が言う「形式数学」とは、形式的定義や形式証明を使った論理形式や集合論に基づく数学である。教育者が言う「形式」とは、ピアジェの「形式的操作段階」である。図1.5において、「形式」という用語は「具象形式」、「記号形式」、「公理形式」という三形式で使われる。我々は、具象形式や記号形式で取り組むことが学校数学の目標であり、高い段階の数学に取り組む基礎となる。応用数学者は、形式証明を理解し、主要課題をある状況下に限定して数学を使って研究し、記号を使ってモデル化し、記号モデルを処理して元の状況に応用し解決する。

高い段階の数学者が具象数学と記号数学を組み合わせることは、集合論的定義や定理の証明のような数学の公理形式表現の準備となる。本書の話題は学校数学から大学の純粋数学へ進み、私は公理形式数学を分かりやすいように単に「形式数学」と呼ぶ。

図1.5の三世界の発展に関する概要は、長期の推論と証明の発達にも応用できる。私は、数学全体を通した発展段階を3つに区別する。第一段階は、空間や図形の実際的経験や算術計算である。私はそれを**実際数学**と呼ぶ。幾何学において、人は、図形の性質を理解し、それを記述するが、「ある性質は別の性質をも包含する」ことまで理解しない。算術において、人は、算術計算とその関係に親しむ。

第二段階を**理論数学**と呼ぶ。幾何学において、これはユークリッドの定義と証明を意味する。「理論的」という用語は、ファン・ヒーレによって応用され、定義を使うこととユークリッド的証明を意味する。記号数学において、算術の性質を定義したり導いたりすることで、「計算法則」に基づく代数的証明に一般化され

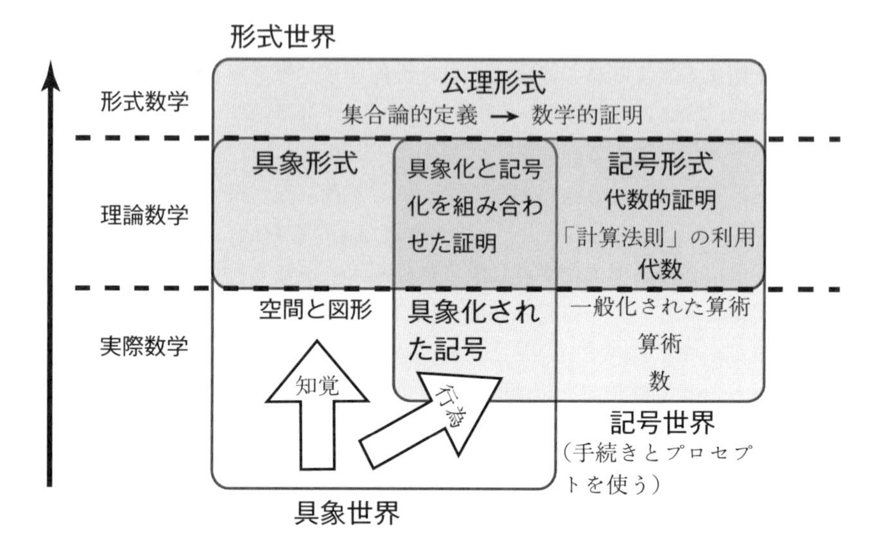

図 1.6 実際数学・理論数学・形式数学

る。理論数学は、具象化や記号化を発展させた段階であり、定義や証明のような具象形式や記号形式がある。

第三段階は、**形式数学**と呼ばれ、集合論的定義や定理の数学的証明に基づく公理形式による証明を発展させる[21]（図 1.6）。

実際数学・理論数学・形式数学の区別は、推論の本質に現れる。実際数学は、図形や空間の理解や記述であり、計算やその計算結果に親しむ実際の計算経験である。例えば、たし算において計算順序を変えても和は変わらないし、かけ算の順序を変えても積は変わらない。

理論数学では、理解した性質を定義として使うが、それは証明の基礎となる。幾何学において、それらは図形の定義であり、ユークリッド的証明のように定理を三角形の合同条件を使って証明する。計算において、理解した性質は「計算法則」となり、それは代数操作や恒等式のような関係を証明する基礎となる。このことから、人は、「2+3+5+9 は 5+3+9+2 と同じである」のように柔軟に記号を操作する。

形式数学は、より基本に戻って作られるもので、例えば、交換法則 $a+b=b+a$

21) このような数学形式は「公理数学」と呼ぶのがふさわしい。私は数年にわたってどの言葉を使うか迷ったが、ヒルベルトの公理主義に従って「形式」という言葉にした。

のような2つの要素を扱う定義である。結合法則 $(a+b)+c=a+(b+c)$ では、2つの要素をどう組み合わせても同じ結果となり、$a+b+c$ と書ける。項の順序が無関係であることは、項について帰納による証明が必要である。

そのような一般的性質に親しんでいる生徒にとって、形式数学へ移行することは難しい。移行には2つの方法がある。「普通」の方法は、具象化や記号化の経験から移行することである。「形式的」方法は、論理的集合論的定義に焦点を当てる。しかしながら、公理系において定理を証明するという考えが作られ、新段階の操作になる。なぜなら公理的文脈で証明された結果は、新しい文脈でも真であり、それらの公理を満たすからである。

構造定理と呼ばれる形式定理によって、形式的知識が作られ、具象化したり記号化したりして解釈される。それによって、数学三世界は、高次の数学的思考の形式化・具象化・記号化を組み合わせて、1つの統合された枠組みへ融合される。これを通して、数学に固有な特徴が得られ、全段階の学習における数学的思考を理解するとき役立つ。

7. 我々が持つ能力

数学的思考の長期発達は、人間の本質的特徴から発達する。

1つ目は、パターン・類似性・相違性を**認識**する感覚能力である。我々は言葉を使って、「犬」、「猫」、「三角形」などの対象をカテゴリー化する。

2つ目は、**反復**する運動能力である。我々は、一連の行為を反復し、無意識かつ自動的に一連の操作をする。

3つ目は、**言語**という人間の基本的能力である。我々は、現象に名前を付け、それらについて話し、意味を充実させる。それらは**思考可能概念**となり、我々は心的結びつきを作ったり話したりして、高度な**知識構造**を得る。数学記号を含む言語が、高い段階へ数学的思考を引き上げる。

我々は、言語を使って次のような認識ができる。すなわち我々は対象や現象を**カテゴリー化**し、名前を付け、それらについて話し、意味を充実させ、知識を思考可能概念に圧縮する。我々は、思考可能概念を高度な知識構造を得るために使う。

我々は、言語を使って次のような能力を反復できる。すなわち過程に名前を付け、思考可能概念として**カプセル化**し、正しく心的操作する。時間内に一連の行為として行う過程は、高度な思考として操作できるよう１つの対象に圧縮される。複雑な概念は、１つの高度な方法で表される。

クリストファー・ジーマンは、簡潔に言う。

> 技能とは複雑さを習得することであり、創造性とは簡潔さを習得することである[22]。

数学的思考には技能が必要であり、計算したり、記号を操作したりする。人は、それによってルーチン問題を解決したり、標準学力試験でよい成績を取ったりする。創造的な数学的思考をするためには多くのことが必要である。それには、知識構造が必要であり、複雑な考えを単純にする圧縮方法も含まれる。

8. 経験に基づく知識

知的発達とは、我々が新しい状況に対処するためにどう経験を活用するかである。ある段階での学習は、我々が次にどう思考するか影響する。子どもは、何かを取り去れば、残りは少なくなると学習する。もし５個のりんごから３個取り去れば、残りは２個である。子どもにとってこの経験は日常生活で役立つ。これはまさに「全体は部分より大きい」というユークリッドの共通概念である。しかし我々が認めるこの性質は、数学において通用しない。例えば、負の数をひくときである。５から -2 をひけば、７になる。負の数をひくと**大きくなる**。同じように、我々は、初期の整数計算から、かけ算の結果は元の数よりも大きくなることを知る。２つの分数の積はもとの数よりも小さくなることは、障害となる。

『レトリックと人生』[23] において、レイコフとジョンソンは、思考における比喩を理論化した。我々は、これまでの経験で得られた考えを使って、様々な文脈において新しい経験に対応する。生物学的脳は、既存の結びつきを再利用し、新しい現象を解釈する。

「メタファー」は枠組みの一部であり、すべての状況で重要である。それは人間の思考を分析する方法である[24]。しかしながら我々が子どもの思考の成長を捉え

---

22)　Zeeman (1977)。

23)　Lakoff & Johnson (1980)。

24)　例えば、Lakoff & Núñez (2000), Sfard (2008)。

るとき、子どもの思考について高次の比喩分析は必ずしも必要ではない。子どもから大人まで数学的思考の枠組みを作るとき、**学習者に実際に現れる**発達を見ることが大切である。その視点とは、学習に直接現れなければならない。私は、これまでの経験を語る別の方法を探した。それは、トップダウンによる専門的視点だけでなく、ボトムアップによる発達からであり、それは教師と学習にとって価値がある。

9.「生まれつき備わっていること」と「以前にみたこと」

私は、「メタファー（比喩）」という用語を考えたとき、それが「メット（出会う）＋アフェア（以前に）」という造語ではないかと考えた。つまり古英単語の「アフェア（以前に）」とは子ども時代の経験ではないかと考えた。当初それは、他人から理解されなかった。そこで私は、用語を「メット＋ビフォア」に変えた。その新しい用語の意味は同じである。「メット＋アフェア」から「メット＋ビフォア」に言葉を変えることで、会話でも使えるようになった[25)]。私は「あなたはそれを考える以前に何をみたのか」と学習者に言う。「以前にみたこと」という用語も、専門家と話すとき支障はなかった。専門家は、すぐにとりあげてくれ、自分との会話で使った。新しい言葉は、初め記述される性質の名前として使われ、その後辞書的意味が定義される。「以前にみたこと」の定義とは、我々が以前にみた経験の結果としての**現在の**脳の構造である。

以前にみたことは、新しい状況で**通用するか、通用しないか**である[26)]。例えば、以前にみた「2＋2＝4」は、対象や指を数える文脈で通用するだけでなく、実数や複素数へ数体系を拡張しても通用する。以前にみた「ひいたら小さくなる」は、整数や（正の）分数で通用するが、負の数では通用せず、負の数をひけば大きくなる。それは無限の基数理論で通用せず、要素を一対一対応させれば、2つの集合は同じ基数を持つと定義される（それらは同じ大きさである）。自然数集合と偶数と奇数の部分集合は、同じ基数であり、n から $2n$ や $2n-1$ への写像となる。

25)「以前にみたこと」という用語は、英語でよく使う言葉である。それは、他の言語ではうまく訳されず、別の用法が必要である。

26)「以前にみたことが通用しない」という考えは、数学教育と理科教育において長い歴史があり、「認識論的障害」として起こる（Bachelard, 1938）。しかしながら、これまでの用法は、直観的考えを意味し、後の理論的応用で困難を引き起こす。「以前にみた」という用語は、初期の経験に対しても当てはまり、後の思考にも影響する。

自然数から偶数をひけば、奇数が残り、それは全体集合と同じ大きさである。

このように、以前にみたこと（ひけば小さくなる）は、ある文脈（整数、長さ、面積）で通用するが、他の文脈（負の数、無限基数）では通用しない。人がそれらを扱う方法と情意的影響は、数学的思考の発達において大きな役割を果たす。

「以前にみたこと」という用語を会話で使うならば、「セット＋ビフォア」という用語も導入する。それは、我々に備わる基本的特徴である。「生まれつき備わっていること」とは、「生まれたときの心的構造であり、それは発達に時間がかかる。なぜなら脳が初期の生活で結びつきを作るからである」と定義する。

私は、**認識**と**反復**能力は我々の中に「生まれつき備わっていること」と理解し、知覚や行為における人間の能力である。**言語**は、人類に固有な「生まれつき備わっていること」であり、我々は、言語によって高度な思考を発達させる。

認識・反復・言語という3つの「生まれつき備わっていること」に基づいて、数学的思考の長期発達に関する大局的枠組みを示す。数学的概念を形成する3つの方法は、カテゴリー化・カプセル化・定義づけである。その方法によって「以前にみたこと」が作られる。

10. 知識構造の結びつき

数学的思考を発達させる旅は、思考可能概念に知識圧縮したり、知識構造に位置づけたりすることである。そのためには以下が必要である。様々な知識構造を新しい知識構造に**融合**[27] し、新しい創造的な思考可能概念にすることである。

我々の生物学的脳は、感覚や知覚のような神経構造を選択的結合し、思考可能概念を作る。りんごは、見た目・感触・匂いのような側面を引き出す。赤いりんごは甘いことを保証する。思考可能概念は、神経構造に結合される。数学的概念は、様々な認識を構造化し、様々な経験を結合し、1つの心的構造を作る。

実数系は、具象化・記号化・形式化による結合である。それは数の様々な側面を理解するのに役立つ（図1.7）。

我々は、数直線において、左から右の順序で水平線上の点として数を理解する。我々は、0を指してから、1に向けて指を滑らせれば、0〜1の間にあるすべての数

27）例えば、Lakoff and Núñez（2000）; Fauconnier & Turner（2002）参照。特に、フォコニエとターナーは2つの知識領域を融合する理論を作った。新しい要素は融合の中で生じ、それは自身が含まれる領域で自明ではなく、新しくできた構造を革新させる。

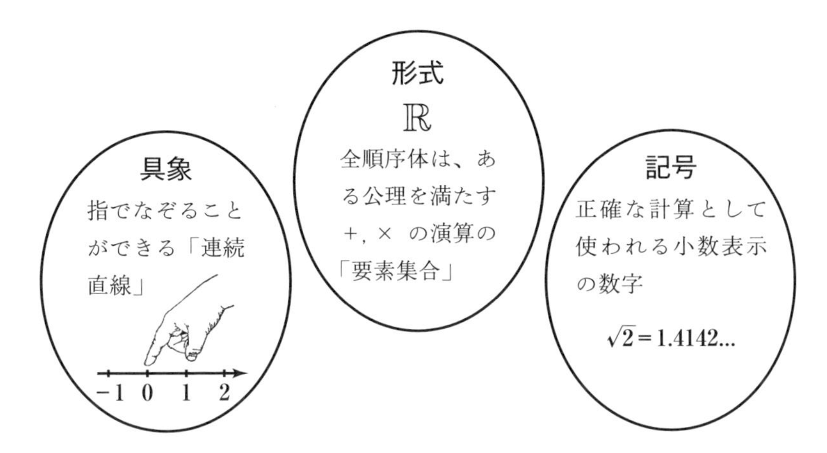

図 1.7　実数の融合

を連続的に動かすことをイメージできる。しかしながら、我々は、無限小数として数を考えるなら、有限時間内に 0〜1 の間にあるすべての小数をイメージできない。

様々な文脈から得られた考えを統合するとき、一致する場合と矛盾する場合がある。つまり一致する側面を強調するかあるいは矛盾する側面を強調するかである。

例えば、数を数える文脈から正負の整数体系へ一般化すれば、融合しなければならない。これを、**拡張的融合**と呼ぶ。この場合、数える計算は通用するが、「以前にみたこと」である「ひけばへる」は通用しない。

整数から分数、正負の数、有限・無限小数へ拡張するとき、数直線上の点として表現するためには、何度も拡張的融合が必要である。1 つの数体系が豊かな性質を持った数体系に拡張される。ある学習者は、柔軟にその一般性を理解する一方、別の学習者は、演算の意味や複雑さにこだわる。

歴史や個人で発達する数学的思考に着目すれば、融合は創造的である。数計算と平面幾何変換を融合すれば、複素数という新概念が創造され、実数系に拡張すれば、複素平面上の実直線ができる。これは、歴史的には数世紀かかったことである。これは、現代数学や工学分野で応用されるが、生徒にとって難しい。

11. 数学学習の情意的側面

新しい数学を理解することは、通用する内容と通用しない内容を融合することである。様々な数学学習を研究するときの重要な視点は、情意的側面である。

人が数学的思考を発達させるとき、感情もまた発達を促したり妨げたりする。発達を促す「以前にみたこと」は、一般化を促し、楽しさと能力を与える。発達を妨げる「以前にみたこと」は新しい状況で葛藤を引き起し、ある人にとっては動機づけとなるものの、別の人には不安となる。

数学的思考において発達と情意は密接である。学習者は、どの段階でも、通用しない新しい状況に出会う。自信を持つ学習者は、理解できたという経験があるので、新しい問題に挑戦する。一方不安を感じる学習者は、問題を避け、やる気をなくす。

これは、学習者だけでなく、我々すべて、すなわち教師・数学者・理論家・本書の読者にあてはまる。本書は幅広い読者に向けられるものの、いくつかの教材は、ある読者にとってはなじみがない。例えば、「大学数学を経験していない幼児を指導する教師」、「幼児の認知発達になじみがない数学者」のような専門家である。しかしながら本書のねらいは、長期発達において通用することと通用しないことが生じる理由の全体像を示すことである。このねらいを達成するために、読者は、通用することと通用しないことを枠組み全体の統合部分として理解する必要がある。

私は、これまで様々な人々に対して本書の教材を取り上げた。小学校の先生方は代数や微積分を嫌ったが、元々知らないからではなく、私は「以前にみたこと」がそのような考えに影響していることを理解した。私は、リラックスしながら高次数学について話すことによって、小学校の先生方は、恐れの原因に気づき、指導する子どもが直面する困難に共感した。

他方数学者は、様々な人がいかに様々な方法で形式数学を理解していくかを振り返り、自己の思考や大学生の様々な要望を振り返るのに役立った。

枠組みを通して、様々な専門性を持った人は教育における自己の役割を理解できた。

12. 結晶概念

私が、高度な数学的思考を振り返り、本当の数学的思考とは有用であるだけなく単純であると主張する。私は、枠組み全体を1つの基本的考えに基づいて統合する。思考可能な数学的概念とは、思考する人の都合で圧縮されるのではなく、創造者の命令で人間の心の中に作られる。それは、数学固有の構造に位置づけられる。

思考可能概念は、その文脈に必要な構造を持ち、**結晶**と呼ぶ。その用語は、表面に特殊な対称性を持つ結晶のような物理的特徴を意味しないが、文脈に即した性質と結びつく。

この概念は、数学三世界の発展を1つの枠組み全体に位置づける。各世界は、複雑な状況から作られる。そこでの現象は、性質の組み合わせとしてイメージされ、お互い結びつけられ、文脈から生じる現象へも対応する。

各世界は、様々な方法で高度な心的対象を構成する。対象自体は、幾何学ではプラトン図形であり、計算では数であり、形式数学では定義された概念である。それらは、構造として発達し、正式な証明形式として理解され、記述され、定義され、関係づけられる。

ユークリッド幾何学のような具象世界において、現象とは、紙上あるいは砂上に書かれた図形である。人が性質を観察し記述するとき、口頭の定義に基づいて、図形を構成したり定理を証明したりして、ユークリッド概念としてプラトン的結晶構造が発達する。

具象世界での行為は、記号世界で操作に変換され、発展したプロセプトとして結晶構造に取り込まれる。

公理的形式世界において、複雑な構造は、記述できる性質を持ち、形式論の基礎となる。結晶構造は、数学証明によって導かれる。

数学三世界において、認識・記述・定義・演繹を通して、長期にわたる数学的思考の構造的抽象化が起こる。我々は、圧縮の組み合わせとして数学的思考の発達や結晶概念を作る知識構造を融合する。それによって、人は新しい文脈において数学的思考するための新しい方法を作り出す。

13. 簡単な概観

第1章では、主な考えを概説し、人間がいかに数学的思考ができるようになるかを示した基礎論である。

第2章～第8章では、学校数学の発展に焦点を当て、幼児の図形や計算の経験から始めて、形式的な数学的思考へ移行する。第3章では、知識圧縮していく結晶概念への発達を取り上げる。第4章と第5章では、「生まれつき備わっていること」と「以前にみたこと」に関する基本的考えを考察し、長期学習に影響する情意にも言及する。第6章では、数学三世界を述べる。第7章では、学校数学における具象化と記号化の関係を考察する。第8章では、全段階の問題解決と数学的証明の長期発達を考察する。上記の章は、学校数学における認知的情意的な数学的思考の発達の概観である。

第9章は、間奏で、数学三世界の枠組みに基づいて、数学的思考の歴史的発展を述べる。

第10章～第14章では、形式数学的思考を述べ、数学研究に向けた具象化と記号化の発展過程を述べる。

第10章では、具象化や記号化による一般の数学から形式数学的思考への移行を考察する。そこで、人は様々な方法で進歩する。

第11章では、三世界枠組みを微積分に応用する。それは動的視覚的変化の融合であり、操作を記号化することで、解析学における極限概念の形式的概念が作られる。

第12章では、形式的知識が発達すると、結晶概念となったり、「構造定理」の証明になったりすることを述べる。形式化は、具象的思考実験・記号操作・形式証明のような様々な融合に拡張される。

第13章では、数学三世界の枠組みが、無限大や無限小へ応用され、構造定理が証明される。それは、物理的人間の目で無限小量を**見る**方法である。そして数学的思考の基礎として、具象世界・記号世界・形式世界を融合する三世界枠組みは、適切である。

第14章では、数学研究に関する具象化・記号化・形式化を融合する。

第15章では、枠組み全体を考察し、他の理論と関係づける。

本書は、この理論の発展を辿る「付録」で終わり、私が敬意を表す研究を述べる。

第Ⅱ部
学校数学の背後にある論理と
その因果性

第2章　数学的思考の基盤

本章では、以下の基礎的質問に答えることによって、数学的思考の起源を探すことから始めよう。

人類という種は、如何にして数学的に思考することを学ぶのか

特に、年少の子どもは、如何にして一方で空間や図形の観念を形成し、一方で数の観念を形成するのか。

数学的思考は、数千年もの間、人類を物質世界の中で生き残り繁栄し進化した生物学的脳の中で生起する。その脳は、コンピュータのように注意深くデザインされていない。フランシス・クリックはこのことを以下のように雄弁に表現する。

> 進化は綺麗なデザイナーではない。それは、主にこれまであったものの上に小さなステップを積み重ねて作っている。それはご都合主義である。もし新しい装置が働くと、それが奇妙なやり方であっても進化はそれを促進しようとするだろう。このことは、既に存在している構造に比較的たやすく加えることができる変化や改善が好んで選ばれ、最終デザインは綺麗なものでなくむしろ相互作用している妙案の煩雑な集積であることを意味する。驚くことに、このようなシステムは、より直接的なやり方で仕事をするようデザインされたストレートなメカニズムよりしばしばよく働く[1]。

我々の脳は、類人猿の脳とよく似ており、それは五感や操作対象に対する身体活動を通した知覚に対する構造を持つ。我々は、数を認識してそれを順番に並べることを学習できるチンパンジーと多くの能力を共有しており、ある点では人間の

1）　Crick（1994), pp. 10–11。

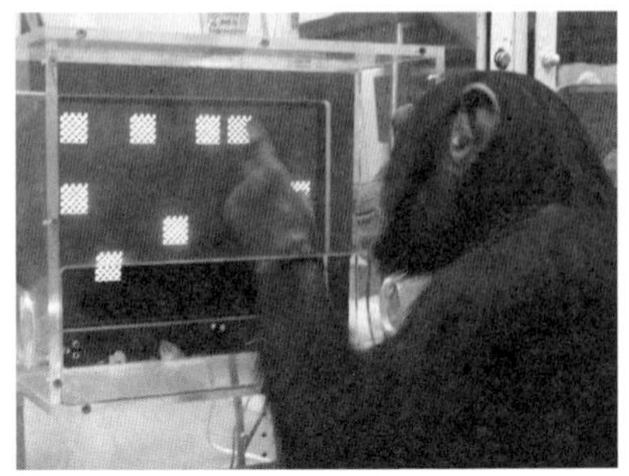

図2.1　隠れた数字を順番にタッチしているチンパンジーのアユム

能力より勝ってさえいる。例えば、チンパンジーのアユムは、ほんの一瞬だけ光る画面上の数字の位置を覚える課題において、6ヶ月間この課題の練習をした大学生よりもよくできた（図2.1）[2]。

しかしながら、人間は、創造力やより高度で複雑な課題を克服する能力において他の種よりも優っている。それは、数百万年もの進化の後ここ数千年の間に起こった発達である。『人間の認知の文化的起源』[3]において、マイケル・トマセローは、このめざましい進歩は、現存する認知技能を、社会的協働を通して進歩を共有し伝達することに用いるというたった1つの適応結果としている。それによって、誰か他人の活動をコピーすることを学習するという単純な課題ではなく、多くの人々が同じ方法で考え、蓄積した社会発達を通して新しい知識を共有し作り出すことを実現できる。

今や、類人猿と人との間にある大きな差が社会的に共有された技能発達にあることを示す標本調査の証拠がある。人間の子どもと、オランウータン、チンパンジーと比較したある研究[4]において、類人猿は、単純な観察課題（トレイに載った3つのコップのうちの1つの下にあるご褒美を見て、トレイを回転させたあとご褒美があるコップを選ぶ）において人間と同じ結果であった。しかし人間の子どもは、他人の思考を解釈することが要求される課題（1つのコップにご褒美を入れるとき、3つのコップを小さなスクリーンの後ろに実験者が隠すのを見て、そ

2）Inoue & Matsuzawa（2007）。
3）Tomasello（1999）。
4）Herrmann et al.（2007）。http://www.sciencemag.org/cgi/reprint/317/5843/1360.pdf（2012年8月11日アクセス）より修正。

の後スクリーンを取り除いてご褒美の入ったコップを当てる）において優れていた。類人猿はしなかったが子どもはご褒美を見つける手がかりに反応した。

野生では、チンパンジーは注意を引くために物を指さすことはほとんどないが、人間では、明確に教わることがなくても物を指すことはすぐ学び、手の届かない食べ物のような何かほしいものに向けて手を延ばす仕草をしばしばする。

指さすことは、人間にとって言語の自然な発達において本質的である。何かを指さす行為とその名前を口にすることは、人間の子どもが物に名づけることを学んだり言語スキルを発達させることができる。同様に、「こっちにおいで」、「起きなさい」、「座りなさい」、「向こうに行きなさい」のようなフレーズを伴ったジェスチャーは、人間の思考と行為を共有することに繋がる。

これら初期段階から、人間の子どもは、様々な点で社会的にそして知的に発達しており、他の霊長類よりもはるかに精錬している。言語は社会的相互作用を助長し、人間の子どもが、社会において蓄積された知識をうまく利用することができるようになると共に、他人と共有し、さらに発達し、世代間で通じることができる、洗練された個人の知識構造を発達させることができる。

1. 言　語

子どもは、現象の広い配列に関連づけて多くの単語を比較的若いうちに学習する。誕生以来、赤ん坊はたいてい自分に話しかけたりお互いに話をしている面倒を見る個々の人々に囲まれている。1 歳になるまで、子どもはわずかな個々の単語の語彙を発達させ始め、数ヶ月で語彙が増えていく。生後 18 ヶ月のエミリーは以下の単語を知っていた。

> こんにちは、さようなら、おやすみ、うえ、した、いち、に、さん、し、ご、ろく、はち、く、おふろ、りんご、あわ、ママ、パパ、エミリー、つまさき、くつ、ありがとう、ブー、はい、あかちゃん

そして同い年のとき、彼女の兄のサイモンの知っている言葉は以下であった。

> ありがとう、べつの、グリーンマン、こんにちは、バイバイ、くるま、わたしたちのくるま、トラクター、掘削機、私出ます、私降ります、私起きます、

ピーポー（消防車）、ブー、りんご、うえ、した、うごけない（スベリ台の上にいるとき言った）、メーメー（羊）、ママ、パパ、エミリー、ゴール、生姜焼きパン、いいえ、はい、イヌ、ネコ、さあどうぞ、ブーちゃん、ボール、ご機嫌いかが、ウーウー（犬）、ニャオー、プリン、あわ、ハンプティダンプティ、バーティ、オーノー、なかよし、もういちど、オーケー、覗いてみよう[5)]

サイモンは、この段階で「私降ります」のような一語のフレーズを含めて多くの言葉をエミリーより持っていた。しかし、エミリーは、彼女の語彙の3分の1となる数え言葉の学習を既に始めていた。その数え言葉は、部分的に連続しており、数え始めの部分は堅固だが、後のところはまだ学習中であった。

子どもは、彼らの興味、両親からの励まし、その他の多くの要因により、彼らが話すことを学んだ言葉が異なる。上で挙げた言葉のいくつかは、こんにちは、さようなら、おやすみ、ありがとう、ブー（ダメ）、さあどうぞ、覗いてみよう、といった人と人とのコミュニケーションで用いられた。いくつかは、ママ、パパ、りんご、イヌ、エミリー、わたしたちのくるま、トラクター、ピーポー（消防車）、りんご、メーメー（羊）、ハンプティダンプティといった、物を名づけることに用いられた。他のものは、関心や欲求を表している——動けない、オーノー、なかよし、もういちど。その他のものはいろいろな面を扱っており、いち、に、さん、し、ご、ろく、…、はち、く、といった数えることの初めの部分を含む。

2歳の時、サイモンは276語の語彙を持っていると見積もられたが、2、3ヶ月で、もはや実際に記録することができないほどそのリストは増えた。10歳の終わりまでに、子どもは1万台の語彙を持っており、日に日に新しい語彙を加え続けている。

2. 図形の初期経験

年少の子どもがおもちゃで遊ぶように、様々な形の見た目と感覚の間で心的つながりは作られる。例えば、2歳10ヶ月の時、サイモンは、ミスター三角形、ミスター正方形、ミスター長方形、ミスター円と名付けられたキャラクターが登場

---

5) これらの観察は、ニコラス・トールが彼の子どもを観察することによって記録された。

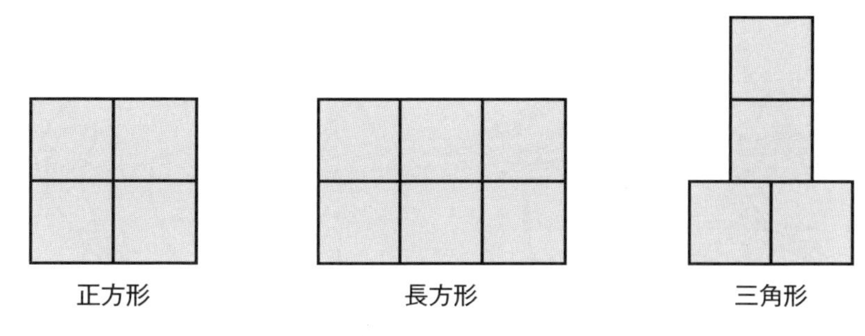

図 2.2　サイモンの形

するテレビ番組を見た。彼は、自然にいくつかの正方形のテーブルマットを集めてキャラクターを表した。彼は、2×3 の形を長方形、2×2 の形を正方形と呼んだ。そして彼は、4 つのマットを、2 つを横にして下に置いてその上に 2 つを縦に延ばして置いた形に並べ替えて、三角形と呼んだ（図 2.2）。

彼のいう三角形は 3 つの辺を持っていないことに注意しよう。しかし彼が知っている形の名前について言えば、それは正方形や長方形、また円よりは三角形に近く、広い底と狭い頂上を持っており、ミスター三角形の対称性に対応している鉛直方向の線についての対称性を持っている。彼の経験が増えると、より詳細について彼の気づきは、様々な形についての認知と再生の両方によってより明確な観念になるであろう。

Piaget & Inhelder (1958)[6] によれば、子どもが描き始める初期段階で、子どもは（3 歳までは）ほとんど殴り書きで、図 2.3（A3 サイズを縮小したもの）は、18ヶ月児のジョーが、ギュッと握りしめたクレヨンを使う威力にふけっていて、腕を大きく動かし、振り回し、ページいっぱいに絵を描いていることを示している。（A4 の紙に描かれた）図 2.4 は、2 歳 3 ヶ月のニックが、同様に自由に表現しているが、よりうまくコントロールされ、指と指の間で柔らかく握って、より見事に使っていることを示している[7]。

4 歳頃になると、彼らの経験にもよるが、子どもは三角形や正方形のような幾何図形を模写したり区別し始める。しかし正方形を模写するのに対してひし形を模写するようなより繊細な課題ができるためにはより多くの経験を要する。

何年もして、手、目、脳の間の調整は、徐々に洗練され、言語は、対象やその

6)　Piaget & Inhelder (1958)。
7)　子どもによって著者のために描かれた絵。

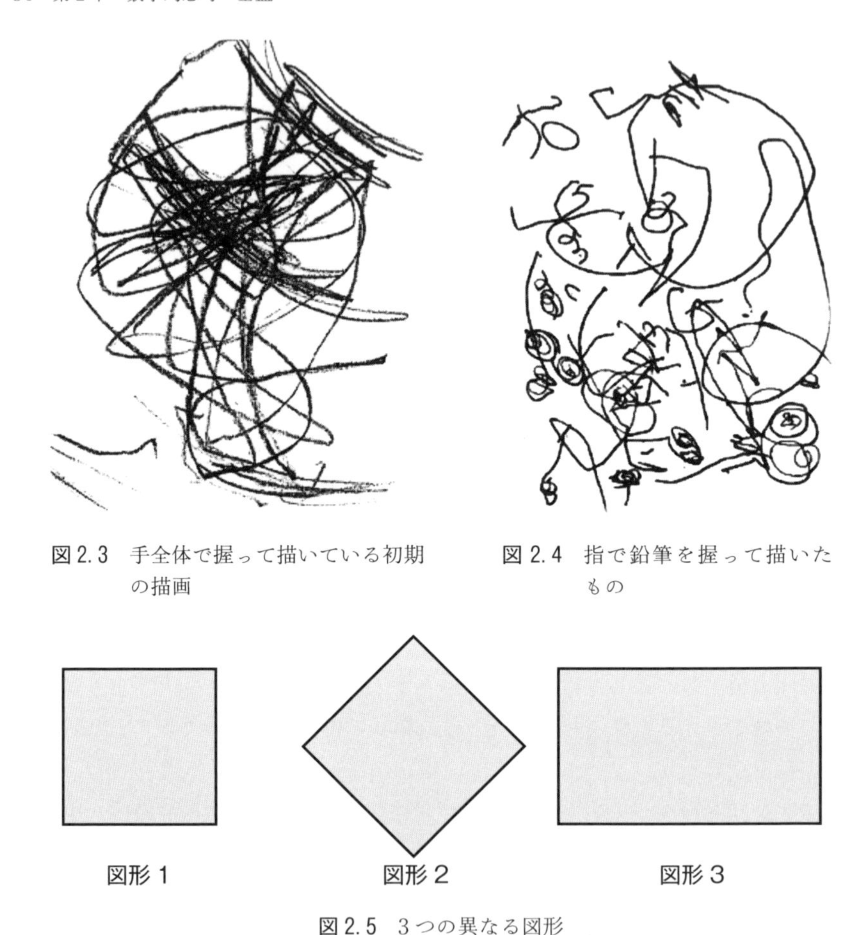

図 2.3　手全体で握って描いている初期の描画

図 2.4　指で鉛筆を握って描いたもの

図 2.5　3つの異なる図形

性質の記述によって発達する。図形をカテゴリー化することは、学習者にある面は焦点化しある面は無視して認識することを要求する。例えば、図 2.5 の図形は、いろいろな方法で名付けられるだろう。年少児にとって、最初の図形は正方形、2番目はひし形、そして3番目は長方形かもしれない。すなわち3つの図形はすべて異なる。しかし図形2はちょうど図形1を 45° 回転させたものであり、これも正方形である。数学者にとって、これらすべての図形は長方形であり、ことに一般的には四辺形である。

3. 意識的思考の3つのレベル

図の意味は、子どもの成熟につれて変化する。この成熟は、人間の脳の働きの特徴の1つである。著書『希有な存在としての人の心』[8]の中で、マーリン・ドナルドは、意識性は3つのレベルで機能していることを示唆する。第1レベルは、「選択的結合」であり、それは、瞬く間に選択し、知覚されたものを解釈するために様々な神経構造をつなげるものである。第2レベルは、「短期的気づき」で、それは思考という意識の流れを与えるもので、秒単位で出来事をつなげていく。第3レベルは、「延長された気づき」で、分単位または時間単位で出来事をつなげるもので、異なる時間に生起した出来事や考えを反省することによって我々の思考過程を拡張する。このレベルでは、話された言語や書かれた言語は、同時に様々な局面とつなげるために他の表現形式と一緒に用いられる。

選択的結合において、我々は知覚したものの意味づけをすぐに試みるので、子どもは心的形態として形を認識し、正方形とひし形を異なるものと見るかもしれない。ひし形に見えるように正方形を回転させると、短期的気づきにおいて子どもは動きに連続性を認め、正方形を異なる向きにあるひし形と見破るかもしれない。その後、第3レベルの延長された気づきにおいて、3つの図形はすべて向かい合う辺が等しくすべての角が直角である長方形であるというように、子どもは言語を用いることを学習するかもしれない。

幾何的意味づけは、1人の子どもにとって1つの長い旅である。形の最初の知覚に始まり、同じ形が違う向きにあるため違うものに見えるかもしれないことを理解するために図形について語るようになる。それは、図形の性質を記述するために言語を用いることを通してより明らかになる。そして、言葉による定義によって図形を特定するために言語を用いることや、ある性質が他の性質を含意することを推論するためにこれらの定義を用いることは重要な発展であり、それはユークリッド幾何学やそれを超えるものに先立つものである。

どの段階でも、焦点は対象の**性質**にあり、それは性質の**構造的抽象**を含んでいる（第1章で紹介）。後の章では、洗練を繰り返す後続段階において、幾何だけでなく数学的思考の全発達を通して構造的抽象が基礎的な役割を果たしていることを見る。

---

8) Donald（2001）。

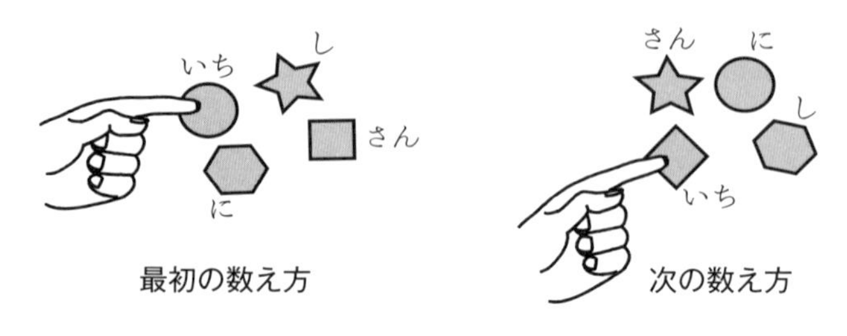

図 2.6 4の2通りの数え方

4. 幼児期の数概念

子どもは、幼児期に数の名前（数詞）を学び始める。このことは、童謡の韻文にみるリズムと関係するかもしれない。「いち、に、さん、し、ご、と魚を捕まえて、ろく、しち、はち、く、じゅうになったら、また逃がす」。

このような韻文は、文末まで持続する自然なリズムを持つ。例えば、「メリーさんの羊」は、「メリーさんの」と途中で中断することはない。リズムは、最後まで持続する。3匹のアヒルを指しながら、3歳のジェシカは、漠然と手を振り、「いち—に—さん—し—ご」と数え、最後まで数える自然なリズムを保持し続ける。

数えることは、とても複雑である。指し示すことは、名づけることに関係するが、5個のものを数えることは、最後のものを指し示すこととは異なる。最後のものは「5」であるが、これは全体の個数を意味する。初期には、数えることは基本的原理を守って行われない。数概念となれば新しい意味の構成を要請される。

初期の数えることは、数の言葉を話すこと、連続してものを指し示すこと、最後のものを指す数で止まることが組み合わさった複雑なものである。図 2.6 では、4つの対象の集まりを数える2通りの方法を示している。一つ目では、円を指し示し「いち」といい、六角形（に）、四角形（さん）、それから星（し）と数えている。二つ目では、同じ図形で配置を変えており、まず四角形（ダイヤモンドのような形）、次に円（に）と星（さん）、最後に六角形を「し」としている。

子どもの数概念が形成され始めるのは、どんな対象の集まりを数える場合であっても、同じ数で数え終われば同じ数であると気づいたときである。与えられた集合は、**集まりの要素の個数**に唯一関係する。ある子どもにとってこのようなことは自然に起こるが、ピアジェがいうように、要素の多い集合を数えればその都度異なる結果となると思っている子どもの場合には、長期の移行期間を要することがしばしばある。

数に関する言葉が持つ二重機能は興味深い。数に関する言葉は、「いち、に、さん、…」と順序を数えることおよび所与の集まりの要素数という異なる意味を持つ。定まった要素数の集まりそれぞれは、それぞれに固有の数で表される。さらに、この数は、最初の状況の要素と1対1に対応する別の状況の要素数でもある。例えば、テーブルに食事を用意するとき、お皿、ナイフ、フォーク、スプーンを並べるが、お皿、ナイフ、フォーク、スプーンは、同数だけある。このように、特に数える必要もなく、別の状況における要素とペアにすることで、同じ要素数の状況を示すことができる。

ピアジェは、「数の保存」として、これに対する次のような豊かな理解に触れた[9]。どのようなものの集合であるかは問題でないこと、要素の位置が近いか遠いかどうかは問題でないこと、または数える順序によらないことなどである。もし2つの集合が1対1に対応づけられるならば、数える必要はなく同じ数になる。数概念を構築する生物学的な脳にとっての必要条件は、この多重の心的つながりをつけることである。

5. 計算の初期段階

数えることと計算を学ぶことは、長く複雑である。最初の課題は、数を数えることと単純な計算をすることから学ぶことである。例えば、4に3を加えるための基本方略は、3つのものの集まりを数え、次に4つのものの集まりを数えて、この2つの集合を合わせて、7を得るために**すべて数える**ことである。この基本方略で数の保存が発達すると、わざわざ3回に分けて数える必要はないことに気づく。3と4を合わせるために、ある人は3から始め、3から「し、ご、ろく、**しち**」と4つの数を**数えたす**。最初のうちは、数えるために4本の指を必要とするだろう[10]。

子どもには、数える術をよくする方法を示す必要がある。娘のレベッカが5歳のとき、2の次に「さん、し、ご、ろく、しち、はち、く、**じゅう**」と8を数えることで、「2たす8」を答えたことをよく覚えている。これは、複雑な課題である。

9) Piaget (1952)。
10) 数概念への数える過程の揺るぎない圧縮は、先行研究で実証されている。数えることの数概念への過程の圧縮及び初期の文献については、Gray & Tall (1994) をみよ。

5本を片方の手で、3本をもう一方の手というように8本の指を立てることで、指の役割が指し示すことから数えられる対象に変わる。このことは、頻繁かつ正確に行われていた。

私は、左手の指を3本と2本に分け、右手たす3本の左手の指は8で、残った指は2であると説明した。左手と右手の指を入れ替えて、8本と2本と同じように、2本と8本は同じ本数であることをみせた。そして、8の後に2を数えて合計を「く、**じゅう**」と計算した。娘は、**驚いていた**。この新しい数える術は、8を事前に数えておき、2だけ数えることによって、2たす8の答えを出せた。これ以降、娘は、**大きい数から数えること**によって2つの数をたす方法を使うようになった。

数学者は、これを「交換法則」と呼ぶだろう。1960年代の「数学教育現代化」の時代、単語の発音や筆記ができない時期に、集合論や「交換法則」などを使って、計算を教えるという試みが世界的に起こった。数学的視点から数学を教える高度な試みは、無残に失敗に終わった。過去の経験から学習することを許す子どもの生物学的な脳ではそのような学習は成立しなかった。

幼児期の子どもにとって、2の後に8つ数えることは、8の後に2つ数えるよりも難しい。この段階において、数えることは交換可能ではない。より簡単に数える方法を知るために、「大きい数から数える」方法をみるべきだろう。しかし、それは8+2と2+8は置き換え可能とする完全な交換法則ではない。子どもは、一方向にだけ進むことができ、2+8と始めれば、より簡単な8+2へと置き換える。8+2を2+8と置き換えて数えることはより難しくなるので、8+2を2+8とすることは意味をなさない。

いくつあるかに対する答え方を学ぶとき、数えるという経験が基になる。最初の集まりに次の集まりを加える際に「すべて数える」必要がある子どもは、ひき算問題では、おはじきのまとまりで最初の個数を数えて、そして次の個数を**取り除いて**、残りの個数を数えて求めるだろう。同様に、「数えたす」子どもは、最初の個数から**逆向きに数える**ために、数える過程を逆にするかもしれない。例えば、5から2を取るために、5から始めて、「し、**さん**」と二回**逆向きに数える**。

このことは、**非常に**複雑である。18から16を逆に数えて18−16を計算する子どもは、とても大きな課題に直面する。指を使って16逆向きに数えるために、「じゅうしち、じゅうろく、…（じゅうし、じゅうご）、じゅうご、じゅうし、…」とカウントダウンする数を探す際に増えるように数えることを部分的にしたりして、ようやく正しく「2」を答える子どもに出会ったことがある[11)]。

その他、2を数えるように「じゅうしち、**じゅうはち**」と差を計算するために、16から18に**増えるように数える**方略は、すぐに明らかにならない。私は、息子ニックのことを思い出す。4歳ごろに、お菓子を買うために10ペンスを手に持ち、たったひとつのコインを差し出したとき、お菓子をもらっただけでなく、多くのコインが返ってきたことに驚いて目を丸くした。息子は、後にお釣りを計算するために10からお菓子の値段を取り除いて数える術を身につけた。彼は、店員が「しち、はち、く、じゅう」と数えて、引くことなくいつも正しく6ペンスのお釣りを渡すことに惹きつけられた。このことは、彼にとって増えるように数えてより簡単にお釣り計算することを学ぶ大きな喜びとなった。

ひき算を計算する3つ目の方法は、**戻るまで数える**ことである。8−5は、8から「しち、ろく、ご、し、**さん**」と5減るように数える一方、5になるために3減るように、「しち、ろく、ご」と数えることでも計算できる。このひき算の方法は、あまり使われないが、21−19のような計算では、21から19を減るように数えるよりも、19になるために減るように数えることでより簡単に2が得られる。この2つの方法とも、19から20、**21**と単純に2増えるように数えることに置き換えられる。

いわゆる「スローラーナー」と呼ばれる子どもは、「すべて数える」や「数えたし」という方法や「取り去る」や「逆向きに数える」という逆の方法に留まったままである。単純な問題30−29は、悪夢になる。30から「29, 28, …」のように29を減るように数えるならば、必ず失敗するだろう。

幼児期の子どもについて言えば、同僚のエディ・グレイは、子どもが10より大きい数を答える際の独創的で広汎で多様な方法を観察した。

フィリップ（8歳）は、手の指の補助として足の指を使い、足の中指を動かそうとしたとき失敗した。

ゲビン（9歳）は、「**指で数えることは好きだ。これは、とてもいいやり方だ**」と言ったが、20までのために、10代の数に、時計回りに左肩から腰、太もも、ふくらはぎ、くるぶし、そして体の右側のそれらを対応させ、「**10本の指しかないが、私は無限に数えることができる**」と言った。

ジェイ（10歳）は、計算に苦しんでいたが、他の子どもと違うと思われること

---

11)　この事例および多くの子どもの数えることに関係する研究は、Gray（1993）とその後のGray & Tall（1994）がある。

子どもの手	子どもの説明	面接者の解釈
	*15は10と5。 10は、忘れる。*	左手の5本の指。 (10は、心に留めて見せない。)
		9(ひくための)を5と4として見せる。
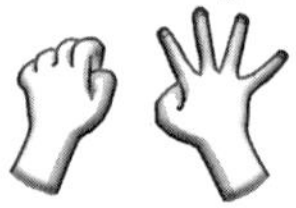		5をひくために、左手を閉じ、右手の4はそのまま。
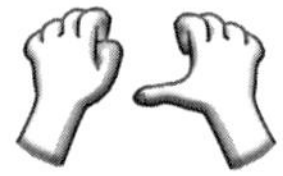	*4を、10を作る1つの5からとって、残り1。*	心の中で、5から右手の4をひき、1を残す。
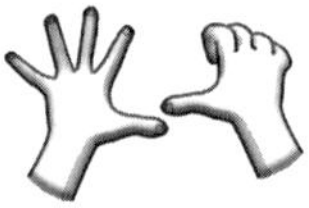	*1と、10からのもう1つの5を合わせて、6。*	合計を得るために、心の中の左手の5を見せ、5と1で6を得る。

図2.7 3秒でできる独創的な15ひく9のひき算

を嫌がり、「**私は、計数器を使うには年齢をとりすぎている。私のクラスでは、計数器も指も使わない**」と言った。ジェイは、10まで数えるために机に指を置き、11から20までの数のためにさらに指があるとイメージする秘密の方法で数えていた。ジェイは、逆向きに数えることで15−9の答えを見つけるため、想像上の指を使っていた。ジェイは、ついに混乱し問題に正答できなかった。

カレン(11歳)は、15−9を計算するために、左手の5本の指をすべて握り、右手の4本の指を握り、親指だけを立て、そして右手を広げ、6と答えた。このすべての過程は3秒程度であった。カレンの説明は、数関係を賢く理解したものであった(図2.7)。

カレンは、独創的な方法で問題を解くことができた。カレンの想像力を称賛する。しかし、カレンが個人的に成し遂げたことは、彼女の将来において、厳しい制約になることも示していた。それは、指の数で賄える小さな数の計算にだけ適用でき、より洗練された計算にその方法を拡張することができないからである。

生物学的な脳は、過去の経験を基盤に計算する優れた方法を構築する。ただし詳細な計算術を増大するような経験に焦点が当てられないならば、子どもは、さらに詳細な問題に対して不適切であるようなそれ以前の術を使い続けるだろう。

6. 過程と概念としての記号

より複雑な問題を解決するために、生物学的な脳は、概念を容易に操作できるよう組織しなければならない。例えば、ある種の数え計算（式）は、その計算を実行する過程というよりも、その計算の**結果**として、つまりそれ自体で思考可能な数概念として記号化して、扱うことができる。

フィールズ賞受賞者のウィリアム・サーストンはこのことについて、以下のように簡潔に述べている。

> 私が小学5年生のころ、134わる29の答えが134/29であるという、(私にとっては) 驚くべき事実がわかったときのことを覚えている (他にもある)。何とすばらしい省力装置であろう！　私にとって、「134わる29」は何とも飽き飽きする雑用に思えたが、134/29は面倒なことのないものであった。私は興奮して、この大事な発見を説明するために父親のところへ行った。父親の返事は、もちろんそのとおりだが、a/bとaわるbは単なる同意語であるというものであった。彼にとっては、それは単なる記述上の小さな違いでしかなかったのである[12)]。

サーストンの驚きの洞察は、数学的思考が、数学者としての私の心の中に深く根付いたものの見方とは異なることを、瞬時に私に認識させた。最も高い水準において、数学的な考えは、形式的定義や形式的証明によって実行された演繹として表現される。これは、数学概念の定義が明解、正確、そして**一義的**でなければならないことを意味する。しかし、ここでの記号は、故意に多義的な方法で使用されている。134/29という記号は、除法の**過程**を表すためと、分数**概念**を表すための、2通りの方法で用いられている。

過程を表す記号から概念としての記号に関する思考へのこうした切り替えは、操作的抽象の一例である。

---

12) Thurston (1990)。

それは、「a/b」と「a わる b」という2つの記号が単なる記述上の小さな違いであるという、サーストンの父親の主張とは微妙に異なる洞察である。サーストンの父親は、2つの異なる記号が根本的に**同じ**概念を表していると考えていたのに対し、サーストンは、134/29 という1つの記号が**まったく異なる2つの事柄**、つまり、実行されるべき過程と、その過程を実行することによって得られる概念とを表していると考えていた。

正確さがきわめて重要なので、数学者は数学において多義性を避けたいと思っていると、一般に考えられている。しかし、記号におけるこうした多義性や柔軟性は、我々が数学的に思考できるようになる上で**必要不可欠**である[13]。

子どもに「4たす3は何ですか」と尋ねるとき、我々はその子どもに計算を実行するよう暗に指示を出しているのだろうか、それとも単に答え7を言うことを求めているのだろうか。同じ文でもまったく異なる2つの意味を表すことができることを、我々は気づいているだろうか。ある子どもにとって、それは、数える手続きを実行しなさいという指示かもしれない。他の子どもにとって、それは、単なる数の合成結果の想起を求められているかもしれない。

過程と概念として両義的に取り扱う記号の使用を記述するために、エディ・グレイと私は、プロセスの初めの音節とコンセプトの最後の音節をとって、それを「プロセプト」と呼ぶことにした。この概念をより明確にするため、我々はこの概念の定式化にむけた少々煩雑な「定義」を次のように考案した。

> **初等プロセプト**とは、数学的対象を生み出す過程と、過程、または対象を表すために用いられる記号の、3つの構成要素を合成したものである。
>
> **プロセプト**は、同じ対象に関する初等プロセプトの集合体からなる[14]。

これは、3+2 という記号を（サーストンが述べたように）過程、もしくは概念として捉えることを可能としただけではなく、サーストンの父親が述べたように、同じ事柄を、5, 3+2, 1+4, 4+1 などといった様々な方法で言及することも可能とした。

---

13)　特に、Byers (2007), *How Mathematicians Think* を参照。その仮題は、当初、*Mathematics in the Light of Ambiguity* であった。

14)　Gray & Tall (1994), p. 121。

我々はまた、3+2（加法の過程、和の概念）、3/4（分配過程、分数概念）、$3x+6$（計算過程、文字式概念）などのように、過程もしくは概念として記号を柔軟に使用できるようにし、数学的思考の様々な場面におけるプロセプトの汎用性を示しながら、プロセプトという概念が、算術や代数、代数的微積分にまで適用されることを理解した。

過程から概念への移行は、とてつもない知識の圧縮である。その知識の圧縮によって、特定概念について考えるというある時間における思考過程を、それ自体で操作されうる単一の心的対象に置き換えることができる。8+6 のような加法では、数える代わりに、最終的な答えである 14 を得るために、8+2 は 10、6 から 2 を取って 4 と考えることによって、柔軟に計算できる[15]。

こうした数に関する記号の柔軟な使用が、四則計算としての算術から洗練された新たな水準への移行という、既知のことから新たな事実を導く、優れた計算処理装置につながる。それは、算術から代数、記号微積分でも起こる、過程を思考可能概念へと圧縮する数多くの段階の始まりである。

ある過程もしくはある概念を 1 つの記号でどのように捉えることができるかを記述するために 1 つの用語を用いる意味で、「プロセプト」という用語それ自体が強力な圧縮である。この新用語は、子どもが算術における優れた思考法をどのように発展させるかについて、我々がその現象を論じることやさらなる見識を得ることを可能にする。

7. 結晶概念としてのプロセプト

関係がその子どもによって発見されるというプロセプトという概念は、我々（トールら）にとって初めての「結晶概念」の例である。あるものの集まりの数が数え方には左右されないことをひとたび理解した子どもは、2 つの別々の集まりを 1 つにまとめ、5 個の集まりと 4 個の集まりがあり、それらを合わせた数は 5+4 で、それはいつも 9 になると言うだろう。その結果は事実を話題にするものであって、数え方の選択によらない。それは、関係についてとても豊かな体系の

15) ［訳註］日本の小学校では、この操作を加数分解と呼ぶ。10 を作るために 6 を 4 と 2 に分ける。これは既習としてはひき算の操作で利用した数の分解である。繰り上がりのあるたし算以前のたし算は、数の合成で処理される。繰り上がりのあるたし算、ここでの加数分解が子どもにとって難しいのはたし算場面において、同時にひき算に関わる考えを利用する点である。日本の教科書のように、指導系統が定まっていないことを念頭にこの議論を読む必要がある。

一部であり、そこでは、9から5を取ったら必ず4が残り、5+4は5+5より1小さく、5+5は（2つの手の指全部のように）10となるので、5+4は10より1小さい、つまり9であるとみなされる。

子どもは、経験や操作の一貫性を通して、こうした関係に気づく。柔軟に思考する人は、既知のことから新たな関係を導くために、こうした関係を利用できる。もし「12と5」をたそうとするなら、言葉は明確な近道を何も与えてくれないが、「12」が「10と2」でもあることに気づけば[16]、「12と5」は「10と2と5」、つまり「17」であるとわかるだろう。しかしながら、こうした柔軟性は、初めて10より大きい数の加法を経験するとき、子どもにとって明らかとはいえない。長期間かけて、既知の事実から数に関する新たな事実を導くことができる学習者にとって、それは整数の計算をより簡単にする潜在的結晶構造となる。

8. 算術の成果における相違

数概念をもとに柔軟な考え方を発達させる子どもがいる一方、小さな数の処理では自信を持って用いることができるが、大きな数を扱うときには適さない、数えるという手続きにしがみつく子どももいる。5+3は8となることを知っていても、それを15+3は18となることを導くために用いることができないように、ある子どもは、様々な事実を知っているかもしれないが、関連した問題を解くためにそれらを柔軟に用いることはできないかもしれない。

ある子どもは、記号操作によって、問題解決方略を有しているかもしれないが、それを実行するのに不適切な知識を有しているかもしれない。例えば、スチュアート（10歳）は、問題8+6に対して、次のように答えた。「**僕、わかるよ。8と2で10。でも、6から2をひくのがわかんない。えぇと、8は4と4。6と4で10。そして、もうひとつの4で14**[17]。」スチュアートは、その工夫を褒められるべきではあるが、事実に関する一部の知識だけでは、より複雑な問題を処理できない。この時点で、彼は、合わせて10になる様々な数の組み合わせを知っているが、6−2が4であることを思い出すことに困難を抱えている[18]。

16）［訳註］英語でtwelveは日本語のように十二ではない一数詞である。
17）Gray & Tall (1994)。
18）［訳註］日本の教科書は、数の合成分解をたし算・ひき算以前に扱う。そのためここで示されたような子どもの反応は、たし算・ひき算の段階では多くない。

柔軟に思考する人は、問題に関する様々な考え方をいろいろと思い浮かべながら、心の中に「パッと浮かぶ」数をよく見ていることを明らかにした研究がある[19)]。例えば、9+7を答えるよう尋ねられたある10歳児は、心の中に10と6がパッと浮かび、答え16がわかったと述べている。この段階で、彼は、数えたり具体物のイメージを用いたりせず、数そのものと、それらのつながりに注目していた。

こうした柔軟な知識形態を有する子どもは、心的操作の新たな局面に移行していた。彼らは既に、数えることをすぐには必要としていなかった(必要であれば、数えることは**できた**にもかかわらず、普段、問題に応じてより効率的な方法を用いている)。直ちに彼らは、速やかに結論に向かうために、記号をプロセプトとして取り扱い、それらを一緒にし、関連する形でそれらを見なし、それらのつながりを利用しながら、心的な数概念を操作する。彼らにとって計算とは、処理を簡潔にしてくれるつながりの豊富な活動である。

こうした柔軟な思考形式は、単に概念的ではなく、**プロセプト的**である。それは、処理する計算として式を見ることと、それ自体で思考可能概念として式を見ることとの間を、簡単に楽々と移行することを意味する。それは、その子どもが、結晶概念として数と数とのつながりに関する感覚を有していることを示す。

一方、数え計算という手続きの段階に注目する必要のある子どもは、数が大きくなるほど難しくなる課題に対して、より深刻な困難を抱えている。

学習成果における相違は拡大し、かえって面倒で限定的な数える手続きに固執する子どもに比べ、より洗練された方法で計算する柔軟なプロセプト的思考を発達させる子どもがいる。一方では、柔軟に思考する子どもは、どんな大きさの数の計算でも使えるより洗練された方法を構成する生成処理装置を発達させ、他方では、数える手続きに制限された子どもは、登るべき山がどんどん高くなる状況に直面する[20)]。

9. 振り返り

本章では、子どもは彼らを支えてくれる社会の中で成長することを見てきた。そこでは、子どもは、考えを理解するためのつながりを見つけ、大人から学ぶた

---

19) Pitta & Gray (1997)。
20) Gray & Tall (1994)。

めの社会的技能を用い、形や空間、整数の計算に向けた第一歩を踏み出していた。こうした発達は、それまでの経験をもとに形成され、複雑な状況を、思考可能な概念に圧縮し、それらのつながりを見出すことを含む。

数学的思考は、構造的抽象による物体の特徴に焦点化した空間や図形と、操作的抽象により数概念へと発展する、並べ替えや数えるという行為に焦点を当てた数の、2つの異なる形式として生じる。

子どもは着実に図形に関する視覚や方略による経験を積み、それらの特徴を描写し始めるので、図形に関する初期経験は、長期間にわたる幾何学の発展過程の始まりである。

これと同時並行に起こる数に関する発達は、物を集まりとして並べ替え、それらの数え方を学ぶことから始まる。そして、2つの集まりの物の個数をたし合わせる初期のすべて数えるから、数えたす、数について覚えている事柄につながるより効率的に数える手法、既知の組み合わせから新たな数の組み合わせを導く既知の事柄の柔軟な活用を通して、数える手続きの着実な圧縮へと続く。

整数計算に本来備わっている関係という点では、整数計算は、数学における結晶構造の最初の例を示す。ある子どもは、順を追って数える手続きに着目しているのに対し、他の子どもは、大きな数でもすらすらと処理できる、柔軟なプロセプト的知識構造を構築しているというように、学習到達点の範囲は拡大する。

本章の見解は、意識的思考の3つのレベルを特定したドナルドの重要な見解にも関係する。

- 思考可能概念を（一瞬にして）与える神経構造の**選択的結合**
- 数秒間に事象を意識の流れに結びつける**短期的気づき**
- より洗練された知識構造を構築するために、長期間かけて話し言葉や書き言葉、様々な表現を用いる**延長された気づき**

これらは、長期間にわたる数学的思考の概念発達の分析において、価値があることがわかる。

第３章　数学的考えの圧縮化・結びつけ・融合化

本章では、より洗練された数学的思考の発達について考える。それは、**思考可能概念へ心的圧縮**したり、それらの概念をより洗練された思考方法を提供する上で互いに組み合わせる知識構造へと作り上げたりする**結びつけ**を通して行われる。最終的には内的構造を備えた**結晶概念**の形成こそが数学的思考のクライマックスである。

我々が複雑な状況を意味づけるうえで、知識の圧縮は本質的である。我々は時間や距離を人の尺度へと圧縮化する。圧縮化により何百万もの年月による進化や、この宇宙の別の銀河系への何百万光年もの距離を容易に語る。それにより、分子や原子やクオークのように直接見ることのできない極小片を想像でき、実際に感じ得ない極短時間も想像できる。このような我々の想像力の謎を解くには、高度に洗練された方法で思考可能にしてくれるような、時間や空間の制約を乗り越える拡張した意識こそが必要となる。

本章では、圧縮する上での３つの方法を導入する。それらは、認知に基づいた**カテゴリー化**、記号化され心的実在として操作できるようになって繰り返される行為に基づいた**カプセル化**、与えられた文脈において特定の概念形成ができるように言語を用いる**定義づけ**である。我々は、数学における定義が様々な方法で生じることに気づく。それは、より形式的な数学的思考の基礎として、例えば、観察した図形に対するユークリッドの定義、数や四則計算で観察された性質の定義、そして一般的な集合論を基盤にした定義などである。

1. 思考可能概念への圧縮化

私はフィールズ賞を受賞したウィリアム・サーストンの手記において、初めて知識の圧縮化という考えに出会った。彼は次のように述べる。

> 数学とは驚くほど圧縮しうる。あなたは長い間もがき苦しむだろうし、様々

なアプローチからある過程や考えを通して活動するだろうし、ステップバイステップに長い間挑戦するだろう。ところが一度あなたがそれを理解し、全体としてそれを認める心的視野を獲得すれば、それはすなわち、途方もない心的圧縮となる。我々は、それをファイルに留め、それを必要なとき即座にかつ完全に思い出す。そして他の心的過程においてそれをただのワンステップとして利用できる。この圧縮化されたもので生まれる洞察は、数学の真の喜びの一つである[1)]。

知識を圧縮することで、我々は不要な詳細にこだわることなく、本質を考えられるようになる。言語は、我々に複雑な状況の重要な側面を名づけ、その意味を明確にする上でその名づけた事柄を語ることを実現し、圧縮過程を促進する。この言語機能は、**思考可能概念**をもたらす。その思考可能概念は、神経細胞の構造の選択的結合のように生物学的脳内で知覚され、我々の注意が向くようにする。人間の心がそこに注目できるように、対象、性質、関係、感情、あるいは本質的なものを考えられるよう最大の内包を持つように名づける。何百万年以上もうまく進化している人間の脳内操作の恩恵として、思考可能概念への圧縮によって、ある現象を単一のものと脳が把握でき、神経細胞間のつながりを強める基礎過程として様々な方法で生じる。

以下の3つの節では、数学において生じた3つの圧縮形態に焦点を当てる。それらは、本質的な性質の認知に基づく**カテゴリー化**、記号化されて心的実在として操作できるようになって繰り返される行為に基づく**カプセル化**、そして、数学的推論と証明の基礎として特定の概念形成ができるように言語を用いる**定義づけ**である。

2. カテゴリー化

第2章では、いかにして子どもが「りんご」や「ボール」、「足の指」を名づけることで、世界を意味づけ始めるかをみてきた。エレノア・ロッシュらは、子どもが最初に「犬」や「車」のように、単純な言葉を持つことによって特徴づけられる「基礎」カテゴリー群を認識すると言う[2)]。「プードル—犬—動物」、「フォード

1)　Thurston (1990), p. 847。
2)　Rosch ら (1976)。

図 3.1 鳥のカテゴリー

—車—乗り物」のような入れ子状のカテゴリーが相続いていくように、さらなる下位カテゴリー群へと分けたり、より高次カテゴリー群の中に一緒に置いたりすることは少し遅れて生じる。

基本カテゴリー群は、目前の知覚と自然に関連する性質を持つ。一つの基本カテゴリーは、通常そのカテゴリーの「代表例」として想起できる典型的な心的イメージを有する。柔軟に想像すれば様々な鳥を知っているにも関わらず、「鳥」というカテゴリーは、典型例として機能するコマドリかツバメを暗示する。馴染みのある鳥は、翼を持ち、飛ぶことができ、口ばしを持ち、卵を産む。しかし、ペンギンは口ばしを持ち、卵を産むが、飛ぶことはできない。キーウィは目に見える翼が無く、飛べない鳥である。カモノハシは口ばしがあり卵も産むが、鳥類ではない。

数学において、基本カテゴリーはしばしば、そのカテゴリー全体の性質を十分に表す「典型的」代表例を有する。例えば、正の整数の積ならば、すべての積は、2行3列の特定の長方形アレイ図によって表される。それによって、総数が 2×3 または 3×2 であると「パッと理解」でき、正の整数の積の大きさはかける順序によらないとわかる「典型的」な図が与えられる。

この観察は行数や列数によらない。パッとみることで、図 3.2 におけるすべての列は同じ数であると捉えられ、それはすべての行において同様であり、それゆえ、2つの数をかけた計算結果は計算順序によらない。その図式は数えることを必要とせず、その概念の本物の典型例である。

多くの数学者は、このような視覚的論拠に対して慎重で、その図形は単なる一例であり、考えうるすべての場合ではないとはっきり主張する。数学的証明は、

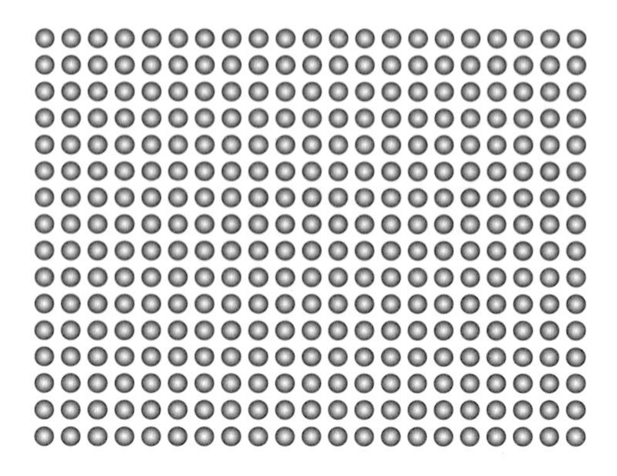

図 3.2　長方形アレイ図の典型例

気まぐれに選んだ特定の図ではなく、合理的論拠こそ必要とする。しかしながら、この場合、図 3.2 の図は、正の整数の積というカテゴリーにおけるすべての図式の典型例である。コマドリは飛ぶことができるが、ダチョウのような他の鳥はそうではないように、コマドリは「あらゆる」鳥の代表の図ではないだろう。こういった場合すべてが典型的であるものは、書き切れない程の大きな幅をもつことになろうとも、行と列の数が整った長方形のアレイ図である。同じ現象で生じるすべての事例を代表するようにイメージできる特定な図は、おそらく**一般的な**通例とみられるだろう。

日常生活において、ものを分類して仲間づくりして名付けることは非常に複雑である。様々なヨーロッパ言語は、フランスにおける「le」と「la」、ドイツにおける「der」、「die」、「das」のように冠詞の特定形式によって、名詞を男性、女性、中性のような 2、3 の性別に分類する。その理由のいくつかは、性差に直接関わる。男性は「l'homme（ローム）」か「der mann（デア　マン）」、女性は「la femme（ラ　ファーム）」か「die Frau（ディ　フラウ）」であるが、しかし少女は「la fille（ラ　フィーユ）」と「das Mädchen（ダス　メートヒェン）」であり、フランスでは女性、ドイツでは中性に分類される。

多くの分類理由は明白ではない。その判断は恣意的にみえることもある。例えば、フランスでは猫を女性として、「le chat（ル　シャッ）」、「la chatte（ラ　シャット）」とするように、いくつかの動物が男性か女性の一方とされる。そしてその他の動物について、シマウマは常に「le zèbre（ル　ゼブル）」、キリンは「la giraffe（ラ　ジラフ）」というように、その個体が雄か雌かに関わらず特定の性別を持つ。

そのあらゆる対象の性別を決めるとき、我々の祖先は決断してきた。それらの決断理由は、しばしば歳月の中で失われ、人間の脳が築き上げたリソースは単に慣習的形式を学習するだけである。

数学において、特定のカテゴリーを選択し名づける慣習は、常に一致している訳ではないが、与えられた文脈において適切に考えられた方法によって選ばれる。例えば、ギリシア人は、等辺三角形は3つの等しい辺をもつ場合、二等辺三角形は2つの等しい辺をもつ場合として、二等辺三角形と等辺三角形を厳密に2つのカテゴリーに分類した。その一方、正方形の現代における定義は、それを長方形の特別な場合とみることも許容する。したがって、4つの辺をもつ図形は包含されるように分類されているにも関わらず、3つの辺をもつ図形は別個に分類されている。数学における定義さえも、社会で共有された暗黙の慣習を含む[3)]。

2.1 幾何学におけるカテゴリー化にみる長期発達

幾何学習は、形や広がりについて子どもの経験から始まる。そして子どもが空間の考えという緻密な面を次第に概念化する意味で、構造的抽象化を通して洗練されたものへ発展する。オランダの数学教育者ピエール・ファン・ヒーレは、連続した一連の思考水準として幾何概念の長期発達を形式化している。その思考水準は、それ以前の水準に積み重なって築かれ、ある水準から次の水準に移るごとに図形の意味に緻密な変化が生じる[4)]。

後続の研究は、ファン・ヒーレによる思考水準の定義を洗練させようと努め、その水準が幅広く階層的であることが示された。しかしながら学習者は与えられたテストでの様々な問いに対して、異なった水準で対応することが見出されてきた[5)]。

第一水準（ここでは**認知**と称する[6)]）では、三角形はその見た目によって基本カテゴリーとして認知される。その好例はいくつかの国でみられるような、他の人に道を譲るための「譲歩」の交通標識である。実際の曲り角が丸いにも関わらず、「三角形」の一般的な考えにぴったりである（図3.3）。

第二水準（**記述**）では、図形の意味はその基本性質の記述によって洗練される。

3) ［訳註］等辺四角形（ひし形）はあるが、三等辺四角形や二辺四角形はない。

4) Van Hiele（1986）。

5) Gutièrrez ら（1991）。

6) ファン・ヒーレの思考水準は、彼本人によっても、また Hoffer（1981）や Clements & Battista（1992）らによっても、様々に異なった名称が以下のように与えられてきた。

図 3.3　道を譲れ（第一水準の三角形）

三角形は3つのまっすぐな辺をもつ（しかし、多くの異なった形になり得る）。長方形と正方形は4つの辺を持ち、すべての角が直角であるが、正方形の4辺の長さは等しく、長方形の場合は等しくない。図形は全体として見られる。例えば、等辺三角形は等しい辺をもち、**かつ**等しい角をもつが、それは他からの論理的帰結ではない。

第三水準（**定義**）では、新たな図形は、それを特徴づける性質を定める定義を用いて分類される。その水準では、正方形は長方形の特殊な場合であり、定義は階層的である。

定義はまた、定木やコンパスによる作図を定めるように用いられる。例えば、二等辺三角形は2つの等しい辺をもった三角形であると定義される。それは、まず1本の直線を引いてその上で2点 A、B をとることで構成される。等辺 AC と AB を作る上で、点 A、点 B を各々中心とした同じ半径の2つの円弧を引き、その円弧が交わり、そこを点 C とすると、三角形 ABC は $AC=BC$ となる（図3.4）。

ここには、何らかの大いに新しいものが生じている。その作図に含まれるのは辺のみである。結果としてできた図形が等しい角を持つように見えるにも関わらず、角について何も言及されていない。

第四水準（**ユークリッドの証明**）では、もし図形がある性質を持つことでその

ファン・ヒーレの水準	フォッファー（1981）	クレメンツら（1992）	本書
第一水準	認知	認知	認知
第二水準	分析	記述的／分析的	記述
第三水準	順序づけ	抽象／関連付け	定義
第四水準	演繹	ユークリッドの演繹	ユークリッドの証明
第五水準	厳密	厳密	厳密

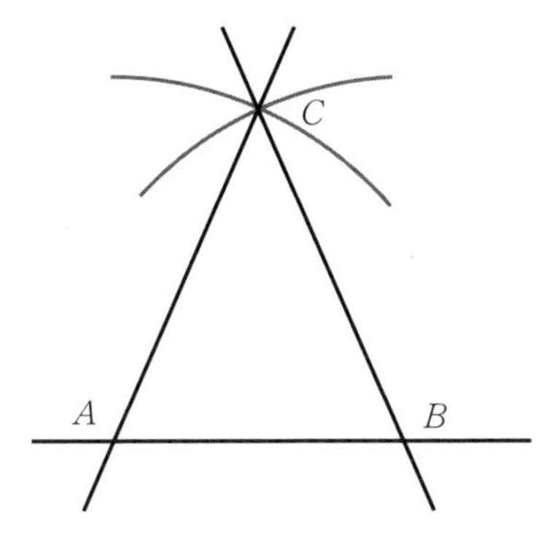

図 3.4 定木とコンパスを用いた二等辺三角形の作図

他の性質を持つなら、平面での定木とコンパスを用いた作図において、それらを演繹するのにユークリッド幾何が用いられる。合同な三角形という考えは、ある三角形を他の三角形の上に置いてみることから生じる。例えば、ユークリッド原論第I巻・命題4はこう述べている。

> もし2つの三角形が、二辺が二辺にそれぞれ等しく、その等しい二辺に挟まれる角が等しいならば、底辺は底辺に等しく、三角形は三角形に等しく、残りの二角は残りの二角に、すなわち等しい辺が対する角はそれぞれ等しいであろう[7]。

その証明は、図3.5のように、$AB=DE$、$DF=DE$である2つの三角形ABCとDEFを用いており、以下のように始まる。

> もし三角形ABCが三角形DEFに重ねられ、点Aが点Dの上に、線分ABが線分DEの上に置かれれば、線分ABと線分DEは等しいので、点Bは点Eと一致するであろう。

その記述は、角ACBと角DEFの相等性によって辺ACと辺DFの重ね合わせを生じさせ、三角形DEFが三角形ABCに重なり、残った辺や角がすべて等

7) ネット上のユークリッド原論（Joyce, 1998）で用いられている版を借用した。

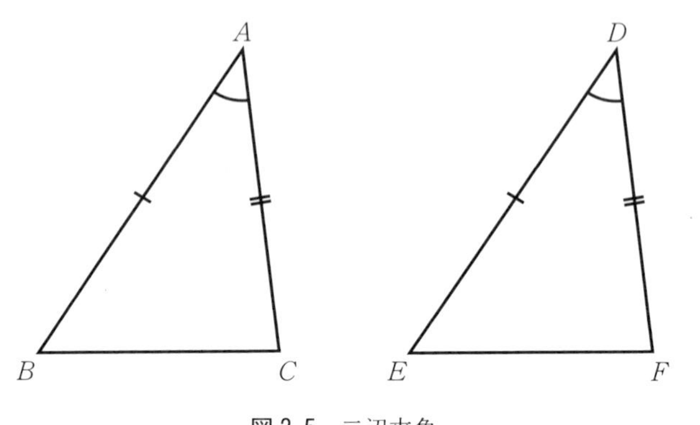

図 3.5　二辺夾角

しいことへと続く。

ユークリッド幾何は理路整然と組織化された体系であるが、現代の公理的集合論の形式論理を用いている訳ではない。そこでの証明は、ある三角形を他の三角形の上に置く物理的操作を想起させ、2つの三角形が特定の等しい要素を対応させるなら、その結果として、その他の対応する要素もすべて等しい（三辺、二辺夾角、二角夾辺、もしくは直角三角形の斜辺と他の一辺）という同意された原理も用いる。

その原理は、(2つの等辺をもった) 等辺三角形が**その結果として**、2つの等角を持つことを示すのに用いられる。例えば、もし三角形 ABC が等辺 $AB=BC$ を持つなら、そのとき辺 AC に中点 M をとると、三角形 ABM と三角形 CBM が合同となり、それゆえ底角である $\angle A=\angle C$ が等しくなる（図 3.6)。

これは、ファン・ヒーレによって形式化された発達の全体像を、次第に洗練していく自然な過程として捉えられる。

1. **認知**：ある図形はその形や一般的な見た目によって認知される。
2. **記述**：その図形はすべて同時に持つ様々な性質を有する。
3. **定義**：ある図形は認知して作図によって構成できるような注意深く選択された性質によって定義される。
4. **ユークリッドの証明**：図形の性質はユークリッドの証明によって確立された関係によって相互関連する。

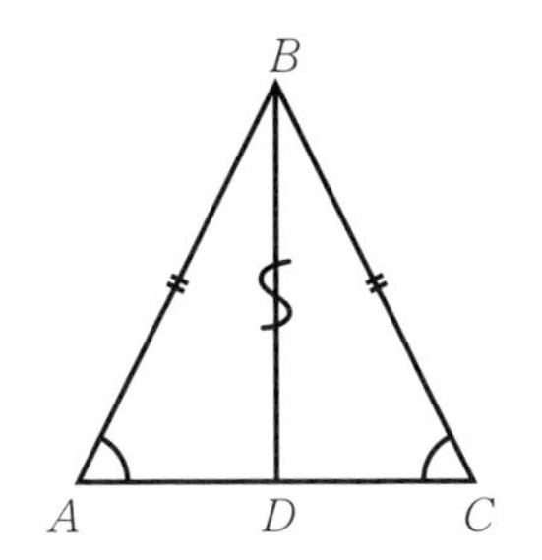

定理　$\triangle ABC$ において $AB=BC$ なら、$\angle A=\angle C$

証明　$AB=CB$　（与えられた条件）

$AM=CM$　（とする）

$BM=BM$　（共辺）

したがって、$\triangle ABM=\triangle CBM$　（三辺相等）

ゆえに、$\angle A=\angle C$

図 3.6　二等辺三角形が等しい底角を持つことの証明

これらの段階の各々で図形の性質に対する新たな洞察が含まれる。それはまず、一般的な出現によって形を分類することに始まり、そこから、知覚可能な特定の性質や、定義を作り上げる特別な一般の性質、そしてユークリッドの証明を用いた様々な性質間の関係の演繹へと焦点が次々に当たる。その各々は、逐次的に洗練される方法において知覚されるのと同様に、その構造が持つ性質に焦点が当てられ、**構造的抽象化**の新形式として捉えられる。それらは、ユークリッドの証明の原理を用いた演繹が生じる際に、**認知**、**記述**、**定義**、そして**演繹**のような洗練化の長期発達を引き起こす。

2.2　プラトン的概念の結晶構造

ファン・ヒーレによる思考水準の第三水準と第四水準では、ユークリッド幾何における図形は相互関連した性質を持ち、ユークリッドの証明によって確立している。例えば、図 3.6 のような等辺三角形 ABC は以下のような性質を満たす。

（a）　辺 AB と辺 BC は相等しい
（b）　角 CAB と角 ACB は相等しい
（c）　頂点 B から底辺 AC の中点に線を引くと直角に交わる
（d）　角 ABC の二等分線は底辺 AC と直角に交わる
（e）　底辺 AC の垂直二等分線は頂点 B を通る

等辺三角形の定義として (a) を採ることは（最も初歩的基礎であるので）一般的であるにも関わらず、(a)〜(e) の性質のどれもが定義として採用でき、その定義から他のすべてが演繹によって導ける。それらの性質は同値とみることができ、

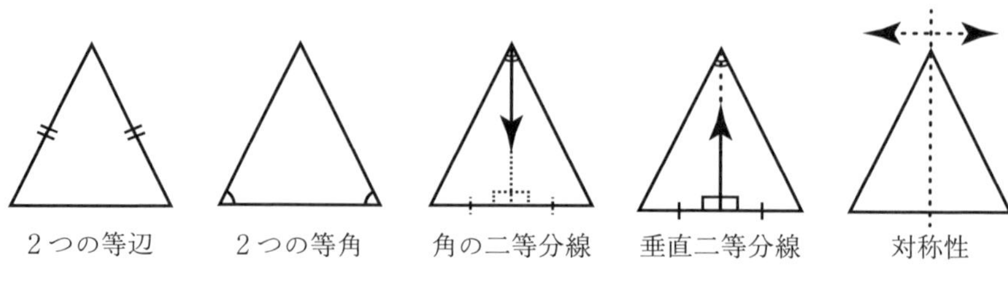

図 3.7　等角三角形の同値な性質

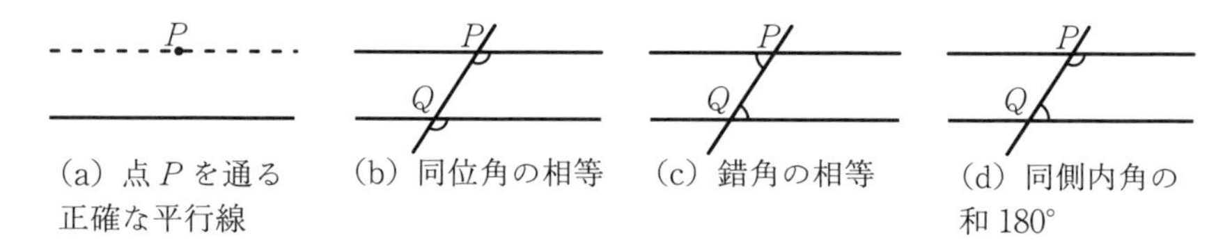

図 3.8　平行線の同値な性質

理路整然とした演繹体系において相互関係している。

この水準では、図形は多くの対等の性質をもつ結晶概念であり、そのすべてが頂点と底辺の中点を通る直線について三角形の対称性に関連する。

ユークリッド幾何における図形の議論に加えて、その他の側面が結晶化される。例えば、もし２直線が平面上で決して交わらないなら、他の性質は必然的に以下になる。すなわち、その平行な２直線を切ってできる同位角は等しく、錯角も等しく、そして同側内角の和は180°になる（図 3.8）。

平行関係に関する様々な意味は、より鮮明な１つの意味を持つ。平行線の４つの与えられた性質はすべて**同値**である。それらのどの１つも基本的定義として採用でき、その他の性質はそこから導ける。ある水準において、平行線の任意の組のカテゴリーがもつ共通性質としてみられる。図 3.8 の性質のうちたった１つを満たすどのような直線の組も、その他すべての性質を満たす。

第五水準において、平行線の概念とその同値な性質は、ユークリッド幾何における平行線の概念という、**１つの結晶概念の下では異なった側面**を見ているに過ぎない。

さらに一般的には、古代ギリシア人によって理論化された理想上のプラトン的概念は、ユークリッド平面幾何の観点から系統立てられた特定の結晶構造を備えた、結晶概念として捉え直される。

2.3 SOLO 分類

ファン・ヒーレ理論に結びついているその他の理論的枠組みとして、ビグスとコリスによるSOLO分類がある[8)] (SOLOの頭文後はStructure of Observed Learning Outcome (観察された学習結果の構造))。これは元々、単一構造的（ある側面への気付き)、多重構造的（複数の側面)、関連的（共に関係し合った様々な側面)、または拡張した抽象的（理路整然とした全体にみえるような）として評価する際に見られる一連の反応水準に対して、適切な信頼性を備えるように設計されたものである。例えば、問題解決において、学習者は単一構造的反応を与える既定の構造の一部分のみを想起するかもしれない。これは、学習者がある単一の事実を学んでから、複数の対象を学び、共に関連し合った対象を学び、そして全体構造に組み込まれた対象を学ぶ、というように明確な軌道を必ず辿っていくことまでは意味しない。それに関わらず、ファン・ヒーレによる水準が、思考可能概念が育っていく知識構造に関連した結びつきの広範な発達と正しく一致するように、SOLO分類もまた、長期発達のための幅広い枠組みを提供する。

例えばSOLO分類とファン・ヒーレによる水準には関係がある。ファン・ヒーレの第一水準である認知では、形態全体として認知されるという意味において図形を単一構造的に解釈する。第二水準である記述は、同時に生じるが相互に結び付いていない多重構造的性質を持つ図形を含む。そして第三水準である定義は、一方の性質が他を含む演繹へと導く定義として関連し合う性質が生じる。これはユークリッド幾何の拡張された抽象的構造へと発展する。

学校幾何の系統は、ファン・ヒーレ理論やSOLO分類と大まかに一致した構造的抽象化という順序立てた長期的変化の繰り返しと捉えられる。他の幾何形式は、異なる文脈において発展する。それでも、その個別の文脈では、知識構造の発展に伴い、徐々に洗練され全体的に思考可能概念が発達する。

2.4 ファン・ヒーレ水準の再評価

晩年において、ファン・ヒーレは、学校数学に対する思考水準の体系を以下の3つに簡略化した。第一水準に対応する**視覚水準**、第二水準に対応する**記述水準**、

---

8) Biggs & Collis (1982)。この本は学習過程それ自体よりも学習評価のための定型を与えること優先している。しかしながら、状況の独立した要素に関する知識から始まり、複数の要素や、共に関連し合った要素へと移行していき、一つのより大きな図式の一部分として捉えられるサイクルを通して、いかに学習が生じるのかについて洞察を得るために用いられる。

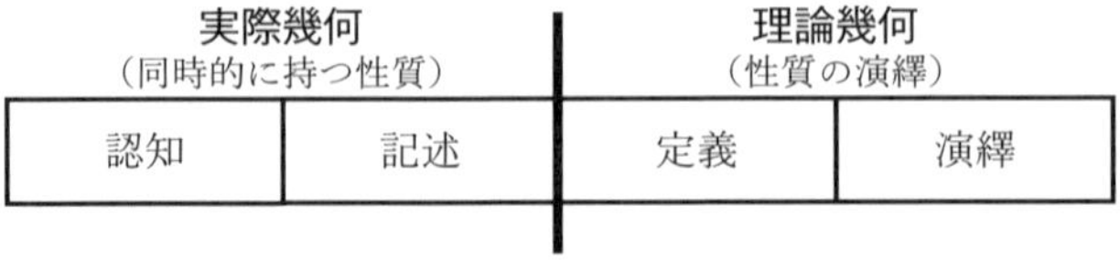

実際幾何 （同時的に持つ性質）		理論幾何 （性質の演繹）	
認知	記述	定義	演繹

図 3.9　幾何学的発展の実際的側面と理論的側面

第三と四水準を束ねた**理論水準**の3つである[9]。記述水準と理論水準の相違は、「もし三角形が2つの等辺を持つなら、そのとき2つの等角もまた持つ」というように、「もしある性質を持つなら、その他の性質もまた真である」という形式での推論の発展である。この新たな分類を用いつつ、私は「視覚」よりも「認知」という語を用い続ける。なぜなら幾何学だけでなく数学のあらゆるところで性質を認識するために必要なすべての感覚を含むからである。

私は、空間と形を学ぶために**実際幾何**という用語を導入するが、それは認知と記述の水準を含み、定義とユークリッドの証明の水準を表す**理論幾何**という用語とは区別する。この導入は、複数の性質が同時に生じる実際幾何と、ある性質が他の性質の論理的帰結として捉えられる理論幾何との間を区別する（図3.9）。

この構造的抽象化の枠組みは、幾何学に限らず、操作的記号化や公理的形式化においても性質の構造的発展に対してうまく当てはまる。

2.5　他の幾何学形式における長期発展

厳密性に関するファン・ヒーレの5つの水準は、ユークリッド幾何とは異なる形式の幾何学にも関係する。それらは2つの著しく異なる形式をとる。その1つは、射影幾何や球面幾何のようなその他の具象形式の認知である。もう1つは、ヒルベルトによってさらに洗練された集合論的公理論としてのユークリッド幾何の論理的発展である[10]。

ヒルベルトは、公理のリストに公に宣言されていない暗黙に用いられた考えが二千年余を経たユークリッド幾何に存在することを自覚し、彼のアプローチを提案した。例えば、ユークリッド幾何は図形の「内側」とは何かについて実際に定義することなく言及している。ヒルベルトは直線上に三点 A, B, C をとり、点 B

9)　例えば、van Hiele（2002）の例をみよ。
10)　［訳註］ヒルベルトの幾何は集合論的色彩が強くない。ユークリッド空間は集合と構造を基に定義される。

を点Aと点Cの「間」にあることを記述する公理を加えた。人間の知覚や操作の理論的拡張であるプラトン的幾何学から、数学の公理的見方へのヒルベルトの関心の移り変わりは、集合論的定義と形式的証明のみによる。

芸術家が3次元での場面をイメージし、窓ガラスに映ってみえるようなもの、それゆえに、3次元の世界が二次元の平面に落とし込まれて「射影」となるように描かれたルネサンス期の絵画において、射影幾何が生まれる。この射影幾何の文脈において、その距離の彼方に消え去る1組の平行線は、その図の1点において交わるように表現されている。もし平行線が平面上では決して交わらない2直線として定義されるなら、射影幾何では平行線が存在しない。

球面幾何において、直線は球面上の2点間で最短距離の線であると定義される。この定義において直線とは大円であり、2つの大円は常に交わるので、「平行線」は存在しない。

射影幾何と球面幾何の両方とも、空間における図形は人間の認知に基づいて築かれている。それぞれの幾何は、固有な空間構造を備え、新しい文脈において性質を演繹する基礎として、認識され、記述され、定義される。ファン・ヒーレは自身の水準論をユークリッド幾何学に用いる上で系統立てた。認知、記述、定義、演繹を通した性質の構造的抽象化についての同様な枠組みが、他の幾何学の長期発展にも当てはまる。それゆえ、私は、ヒルベルトによる公理化が集合論的定義や演繹のより形式的文脈へと移行するとはいえ、幾何学の新たな形式についての空間的な考えを概念的具象化の1つの拡張として捉え続ける。私は、形式の文脈においても、関係性の認識や記述について同じ構造をもった「ファン・ヒーレ」の循環が存在しており、その関係性が形式的定義や演繹のさらなる発展の基礎となることを後述する。

3. カプセル化

圧縮化の第二形式は計算に焦点を当てる。第2章において、数え上げの操作がいかにして数概念に圧縮されるのか、そして計算記号が過程と概念の双方（プロセプト）として操作されるのかを見てきた。時間をかけて生じる思考過程から、時間に依存しない思考可能概念へと思考が転じることをカプセル化と呼ぶ。

ピアジェは「物理的あるいは心的行為は思考のより高次の平面で再構成され再

組織化される。それゆえ、既に知っている人には理解できるようになる」[11]と主張する。ディーンズも、ある文章の述語がいかに別の文章の主語となるのかを説明することによって、いかに過程が思考可能概念になりうるかを捉えていた[12]。例えば、「私は**3に4をたしています**」という文章の述語が、「**3に4をたすことは7です**」という文章の主語となる。

ロバート・デービスはその考えを特定の用語で以下のように定式化した。

> ある手続きが初めて学ばれるとき、人はそれをバラバラなステップとして経験し、総合的パターンや連続性やその活動の全体的流れは知覚しない。しかし、その手続きが反復されると、手続きそれ自体が1つの全体、1つの事柄となる。それ自体が入力、あるいは吟味対象となる。知覚の全範囲において、パターン認識や分析やその他いかなる入力データに対しても用いられる情報処理プロセスは、その特別な手続きを圧縮する。他の手続きとの類似性が留意され、相違点の急所も気にかけられる。その手続きは以前には単に遂行される、いわば動詞であった。それが今や、名詞とでもいえるように、それ自体が吟味や分析対象となった[13]。

その他様々な著者が同様な考えを示す。APOS理論を体系化したエド・ドゥビンスキーらもそのうちの一人である。APOS理論とは、次の理論である。ACTIONS（行為）は、PROCESSES（過程）として内面化し、思考可能OBJECTS（対象）としてカプセル化し、考えとして成長するSCHEMA（スキーマ）の中に位置づけられる。生徒にとって、最初は内面化以前の外在的行為系列であったものが、全体として内面化された過程となる。ドゥビンスキーは後に、SCHEMA（スキーマ）がOBJECTS（対象）として封入される可能性をその理論に盛り込んだ[14]。

同時にアンナ・スファードは、過程に焦点を当てた**操作的**数学と対象とその性質に焦点を当てた**構造的**数学に関連した理論を形式化し、それらは数学が洗練されていく過程で置き換えられる[15]。

11）Beth & Piaget（1966）のp. 247から引用した。
12）Dienes（1960）。
13）Davis（1984）, pp. 29-30。
14）例えば、Asialaら（1996）を見よ。
15）Sfard（1991）。

操作的な考え方から構造的な考え方への連続的移行において一定の3段階のパターンを同定できる。その最初は、既に馴染みのある対象に働きかける過程でなければならない、というものであり、そこから、過程をよりコンパクトにした自己充足的な全体へと変えていく考えが生じる。最終的には、それ自体の真正性において持続的な対象たる新たな実在として捉える能力が獲得される。これら概念発達の3つの構成要素の各々は、内面化、凝縮化、具象化と呼ばれる。

凝縮化とはアプローチの技術的変化を意味し、それを構成する段階を考えることなく、入出力の観点から与えられた過程を取り扱う能力それ自体を表す。

具象化はその次のステップであり、学習者の心において、既に圧縮された過程を、あたかも対象のような実在に変換する。過程は内面化され、簡素で自己従属的実在へと圧縮されるという事実は、必ずしもそれ自体、人が構造的方法で考える能力を獲得していく訳ではない。具象化なしには、彼らの手法は、純粋に操作的なままに留まる[16)]。

第2章において、数は数え上げの操作から発達することが明らかになった。すべての数え上げ、数えたし、大きな数からの数えたし、よく知られた事実やそこから演繹された事実が起こるいくつかの段階を通して、1つ1つ順序よく数え上げることから数概念へと着実に圧縮されるように、複雑な発達が生じている。ひき算は、取り去り、数えひき、減々法、減加法など、よく知られた事実やそこから演繹された事実が起こるいくつかの段階を伴った、複雑な操作である。このことは、与えられた状況において学習者が最も適切な手続きを選択するという意味において、代替的手続きが利用可能であり、手順と過程の間に複合的手続きの段階があることを明らかにする。

以上はSOLO分類において以下のように既に述べられている。

単一構造的：ある1側面から反応する

16) Sfard (1992), pp. 64-65。

多重構造的：複数の側面から反応する
関係的：複数の側面が同時に関係する
拡張された抽象：その状況を全般的に把握する

SOLO 分類は、APOS 理論における行為段階（ACTIONS）と過程段階（PROCESSES）の間にある、数え上げや数の発達におけるさらなる**多重構造的**段階を挿入する。

図 3.10 は、学習者がいまだ行為を起こしていない初期段階（o）から始まり、圧縮化の様々な理論を比較している。段階（i）は手続きを１つ１つ進めるもので、段階（ii）は、同じ結果を生み出す複数の手続きをもつ。続く段階（iii）は、それらの手続きが単一過程を生み出す上で同値と捉えられる場合に生じ、段階（iv）は、その構造を柔軟なプロセプトである思考可能概念にカプセル化する[17)]。

段階（iv）において、個人は手続きあるいは概念として特定の記号を考えないが、ある表記法を他の同値なものへと柔軟な様式で置き換えられる。この見解は、分数記号はわり算の過程であり分数概念でもあるとみたサーストンの洞察を示すだけでなく、１つの基礎概念は異なる方法で記号化できるという彼の父親の考え方をも示す。それは異なる側面を概念的に融合したものを、単一の柔軟な概念へと換えることである。その単一の柔軟な概念は、単一に結晶形式において代替的な考えがすべて利用可能であるがゆえに、数学的思考をより単純にする。

実際、一時的には、様々な生徒が段階（o）から段階（iv）までの様々な発達段階において操作に取り組んでいる。図 3.11 はその遂行度合いの分布が特定のタイプの問題に対していかに予期されているのかを示す。

段階（o）において、特定の問題に対して操作的手続きが開発される以前は、無解答もしくは部分的解答かもしれない。手続き的段階（i）では、特定の手続きを用いてルーティンな問題を解く。多重手続き段階（ii）では、ルーティンな問題に対してより効果的手続きを選択できるような複数の手続きを有する。過程段階（iii）では、入出力操作として過程を理解しており、その過程を実行できる様々な手続きが対等に捉えられる。プロセプト段階（iv）は柔軟な段階であり、問題中

17）［訳註］この対応関係は、デービッド・トールが自身のプロセプト理論を基準に記したものである。その特徴は特定概念に焦点を当てて理論を構築している点である。それぞれの理論は異なる背景理論を基に独立して得られており、彼が指摘するような共通な面を備えつつも、それぞれに強調点が存在し、その強調点の基で数学教育研究に用いられている。例えば、スファードのモデルは、凝縮されたものが次の段階で対象になることを積極的に話題にしている。

段階	プロセプト理論	SOLO分類法	APOS理論	操作的—構造的
(o) 初期の行為または手続きを構築する以前の行為 (i) **手続き**：操作を実行するための着実な手続き	手続き	単一構造的	行為	過程 (内面化済)
(ii) **複合的な手続き**：最も効果的な選択を伴った、同様な操作を実行するためのいくらかの異なる手続き	複合的手続き	複合構造的		
(iii) **単一の入出力過程**：同値な手続きにより実施されており、ある全体に見える	単一の過程として同値の手続き	関係的	過程	過程 (圧縮化済)
(iv) **プロセプト**：過程か概念として双対で操作される同値な記号により表現されるような単一の思考可能概念	プロセプト	拡張された抽象	対象 (封入化済)	対象 (具象化済)

図 3.10 手続きからプロセプトへの発展における諸段階

の記号を過程としても概念としても考えられる時期であり、それらを、単一の結晶概念を記述する代替的方法として、知覚される様々な方法で記述できる時期でもある。

成果の全範囲に及んで、ルーティンな問題ならば手続き的方法で解けるが、より緻密な問題ならばプロセプト的思考という大きな柔軟性が要求される。このような広範な発達は、以下の事例において見られるように、操作を思考可能概念へと圧縮化する数学の至る所でみられる。

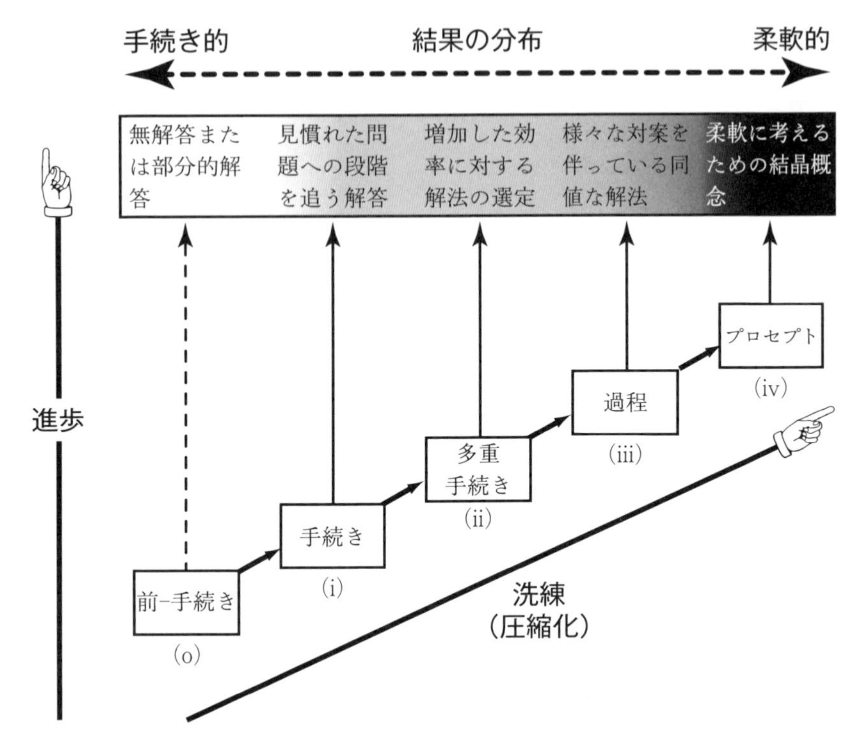

図 3.11　圧縮化の強化から記号化として生じる結果の分布

3.1　分数と有理数

分数の場合、分割の仕方に関わらず同じ結果が得られる手続きは「同値分数」と呼ばれる。この意味で、3/6 と 4/8 は同値である。しかし、それらを**同値**と呼ぶことで、我々は暗黙裡に、それらが**同じではない**ことも理解する。手続きとして、それらは同一ではない。3/6 は、ケーキのような何かを 6 つに等分して、そこから 3 つ取っているし、4/8 は、8 つに等分して、そこから 4 つ取っている。この 2 つは、行為系列として異なり、一方は 3 つの小片、もう一方はそれより少し小さい 4 つの小片をもつように、異なる結果を生み出す。どちらの場合でも、作り出されるケーキの量は等しく、2 つの同値分数は数直線上の同一の点として記入される。それらは分数としては異なるものの同値であり、数直線上の 1 点として表される**有理数**としては**同一**である。

3.2 符号つきの数

上述の段階系列は、負の数の計算でも見られる[18]。符号つきでない数の場合、$5-2=3$ のようなひき算は、単一記法で表される。符号付きの数の場合、$5-2$ には $+5-(+2)$ と $+5+(-2)$ という2つの異なる演算があり、答え3を得る。それが導入時のひき算である。$5-(+2)$ と $+5+(-2)$ は段階 (ii) において異なる操作だが、段階 (iii) において同じ結果を与える操作は同値である。段階 (iv) において、それらは、同じプロセプトを記述したり、5を作る上で互いに置き換えてより簡潔な式にしたりする多様な方法がある（代数和）。

子どもが符号付きの数計算について教わるとき、初期段階では、同値操作である $-(+2)$ と $+(-2)$ は区別される。しかしながら、長期的視野から重要なことは、それらが異なることではなく、**本質的に同じ**であり、-2 という単純な操作によって表現できることである。このような認識が生じたとき、学習者は、記号を柔軟に用いることができ、思考を複雑にするような違いを維持するよりも単純さを求める高い水準で操作している。

3.3 関数としての代数式

手続きからプロセプトへという一連の段階は、関数概念でも生じる。当初、「2倍して6を加える」といった手続きに直面する。それは「ある数に3を加えてその結果を2倍する」手続きとは計算において演算の異なる順序になる。記号的に表せば、前者が $2x+6$ で後者が $(x+3)\times 2$ である。後者は通常、積を記述する上での形式的慣習として、代数式の前に数字を書いて $2(x+3)$ と記述される。

段階 (ii) において、上記の式は2つの異なる計算手続きのように捉えられるが、与えられた入力に対して同じ出力をもつ段階 (iii) において同値と捉えられる。$f(x)=2x+6$ や $g(x)=2(x+3)$ のように関数として記述すると、どちらの関数も、いかなる x の値に対しても同じ出力を示し、同じグラフを描くので、段階 (iv) ではそれらは同じ関数として捉えられる[19]。

---

18) ［訳註］英語圏では、しばしば符号つきの数と正負の数の代数和は異なる学年で指導される。符号つきの数とは、ここに見るように（　）つきの数である。代数和では符号と演算記号を区別する必要はない。日本の場合、中学校1年ですぐに代数和に移行するためここではあえて正負の数と訳さずに符号つきの数と訳した。

19) DeMarois（1998）。

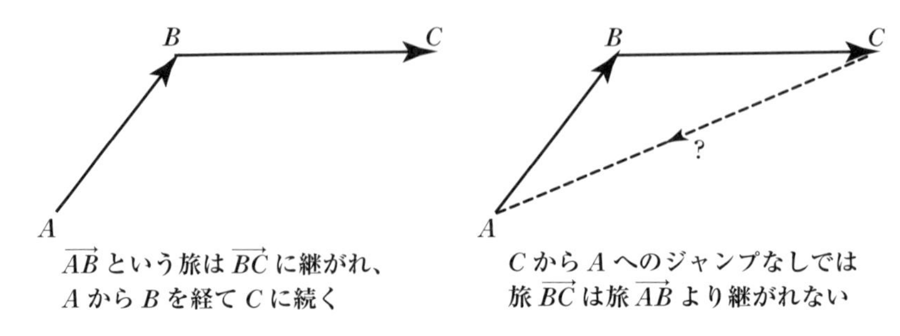

図 3.12　他の旅を引き継いでいく旅

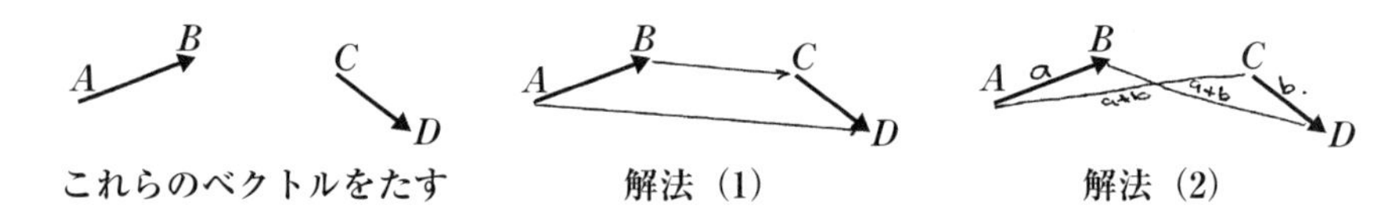

図 3.13　旅としてのベクトルのたし算

3.4　ベクトル

ベクトルは通常、向きと大きさをもった量として導入される。段階（i）では、ベクトルは A から B への**旅**にたとえられる。第二の旅である $\overrightarrow{BC}$ を $\overrightarrow{AB}$ に付け加えると、合成 $\overrightarrow{AB}+\overrightarrow{BC}$ という A から始まり C で終わる旅になる。この方法において、我々は2つの旅の和を1つの旅としてイメージできる。ただし、これは、第二の旅が第一の旅が終わった箇所から始まらなければならないという約束の下での旅のたとえによる限定的表現である。$\overrightarrow{BC}+\overrightarrow{AB}$ の旅は継げない。旅を継ぐためには、C から A への旅が必要である。旅の和は可換ではないし、この段階では可換性は定義されていない（図 3.12）

ベクトルを旅だと考える生徒は、図 3.13 のように、$\overrightarrow{AB}$ と $\overrightarrow{CD}$ をつなげる。そこでは、解法（1）のように A から D への全体としての旅をもたらす上で、まず A から B に旅して、B から C にジャンプすることで C から D への第二の矢線を受け入れる。解法（2）において、$\mathbf{a}$ と $\mathbf{b}$ を加えようと試みることで2つの可能な解答が得られる。そこでは、B から D、または A から C への旅として $\mathbf{a}+\mathbf{b}$ が示されているかは定かではない[20)]。

20)　これらの成果はアンナ・ポインター（旧姓はアンナ・ワトソン）の学位論文（2004）による。ベクトル概念についての生徒の意味づけに取り組んだアンナの研究は、具象世界（大きさと方向としての

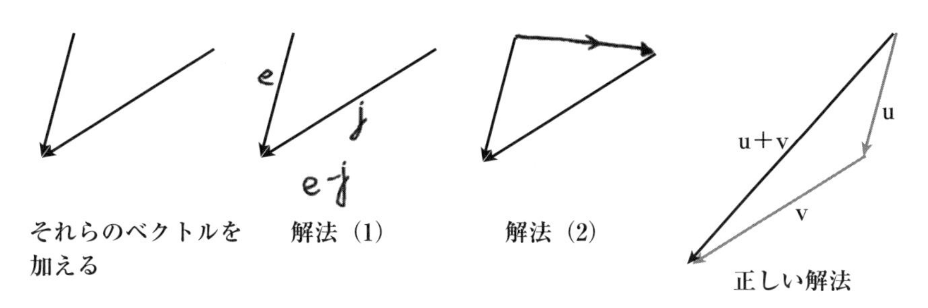

図 3.14　同じ位置を示す 2 つのベクトルのたし算

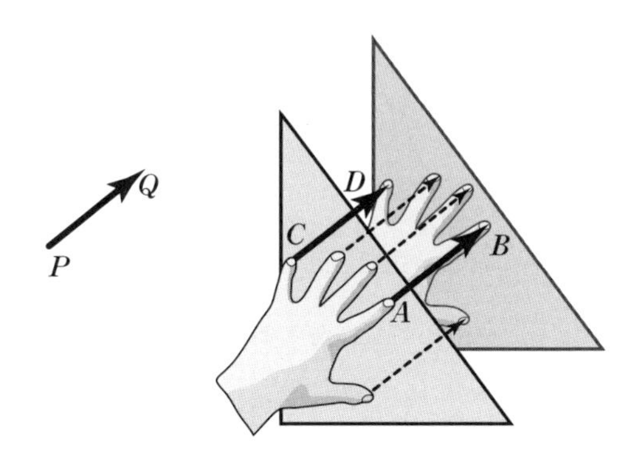

図 3.15　与えられた向きと大きさによる三角形の移動

図 3.14 は、生徒が、終点が重なる 2 つのベクトルを加えるように求められた際に生じる反応を示す。生徒の解法（1）は、**e** や **j** と記され、旅を継ぎ足すため、**e** で動いてから、**j** の反対方向に沿って戻る旅 **e**−**j** として表現される。生徒の解法（2）は、三角形の第三の辺を書き入れて、演算の結果が示される。正解は、自由ベクトルの真の和となるように 2 つのベクトルの始点と終点をつなげて表すものである。

アンナ・ポインター[21] は、平面上の対象に転換する上での空間内の物理的移動こそがベクトル導入において生じる概念的困難さと説明する。段階（i）は、与えられた大きさによって図形をある方向へと押し出す行為である（図 3.15）。

ここでは、人差し指が A から B へと動いており、小指は C から D へと動く。

ベクトル）、記号世界（行列としてのベクトル）、形式世界（公理的なベクトル空間の要素としてのベクトル）の間にある差異を明らかにしている。例えば、Watson ら（2003）を見よ。

21）Poynter（2004）。

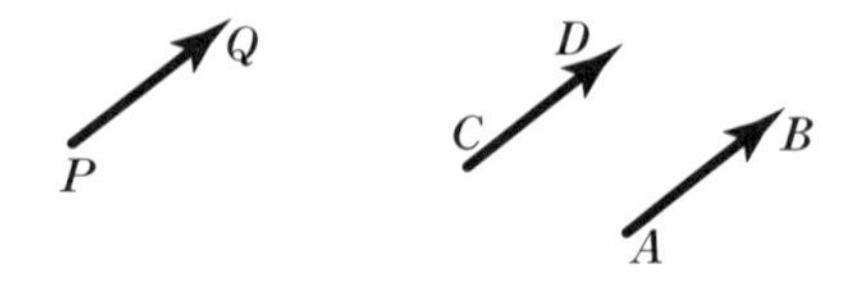

図 3.16　同じ大きさと向きをもった同値ベクトル集合

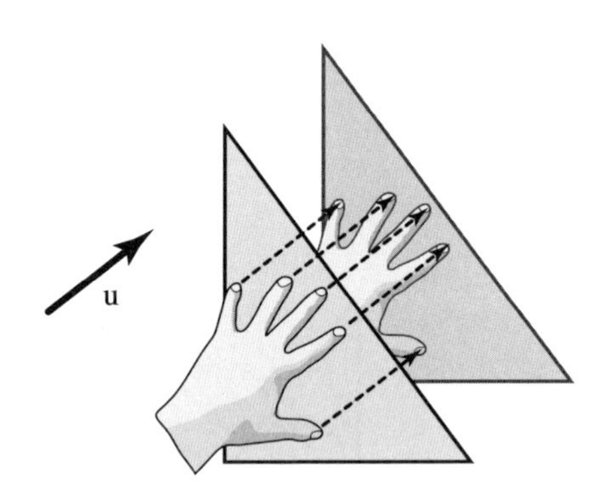

図 3.17　自由ベクトル **u**

段階（ii）は、その移転はそれらのベクトルのどれか1つを用いて表現でき、または（段階（iii）において）$\overrightarrow{AB}, \overrightarrow{CD}, \overrightarrow{PQ}$ の同値ベクトル集合全体と仮定することで、同じ向きと大きさをもったベクトル $\overrightarrow{PQ}$ によって表現できる（図 3.16）。

最終段階（iv）は、平面上のいかなる点からも出発できるように移動し、与えられた向きと大きさを表す**単一ベクトル u** を想起するための焦点変更である。このような単一自由ベクトルは全体としての移動を表す具象化である。

自由ベクトル和は、単純に、一意の単一自由ベクトルであり、2つの自由ベクトルが継ぎ合わされる作用と同じである。これは、三角形法則（または中線定理）を用いてベクトル和を求める上で、最初のベクトルの終点から出発するように第二の自由ベクトルを動かすという単純な行為によって具象化される。図 3.18 は、共に自由ベクトル $\overrightarrow{AC}$ となって同じ結果をもたらす $\overrightarrow{AB}+\overrightarrow{BC}$ または $\overrightarrow{AD}+\overrightarrow{DC}$ として、ベクトル **u** と **v** の和を表す。自由ベクトル和は可換となった。

この説明では、移動の意味で加えられた自由ベクトルが、その端から端へと置き換えられる。段階（iii）では、同値ベクトルを用いて説明されるものが、段階（iv）では、単純に説明される。

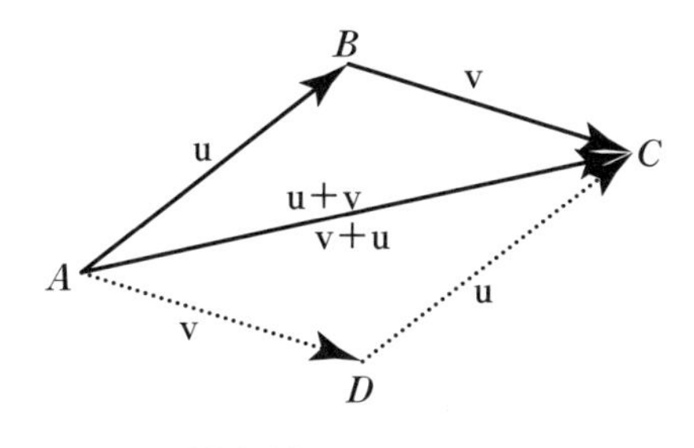

図 3.18 **u+v=v+u**

3.5 柔軟な思考への移行段階としての同値性

これまで見てきた4つの事例は、1つの手続きから、同じ結果をもたらす様々な手続きへの移行、その手続きによる過程を実現する様々な方法を**同値な**手続きとみなす移行を通じて、基本的な思考可能概念として一層柔軟な考えに至る事例である。

この発展において、同値の考えは1つの段階として機能しており、1つの柔軟な心的対象に圧縮されるまでに、様々な要素が同値なものとみなされる。それは、数学的思考を強化する柔軟な対象であり、新しい文脈において拡張されるごとにさらに強くなる。整数計算におけるプロセプト6は、3+3や2×3, 7−1のような多くの可能性として考えられ、整数から分数、負の数、指数乗、複素数への文脈の移行として時間をかけて12/2や$(-2)\times(-3), 6^{1/2}\times 6^{1/2}, (\sqrt{5}+i)(\sqrt{5}-i)$などを含むように洗練される。これこそが、記号の意味をプロセプトとして絶えず拡張しつづける洗練であり、そのプロセプトこそが数学的思考に柔軟性と拡張的に洗練された計算力を与えるものである。

3.6 結晶概念としてのプロセプト

第2章において、我々は整数計算におけるプロセプトの結晶構造を見てきた。一般にプロセプトとは、複雑な情報が操作可能な心的対象へと圧縮された結晶概念である。例えば、7+(−4) と 7−(+4) のような手続きに最初に直面したとき、当初それらは異なった手続きのように捉えられるかもしれない。長期間このような差を維持することは、人間の脳の限られた注意力に重い負担を課す。このような表記法が3である7−4と互換性があると捉えたとき、その認知的負荷は縮小する。

プロセプトは、諸関係の組込構造をなすので、我々はプロセプトによりその諸関係を強力だが単純に操れる。組込構造としてのプロセプトは、心の中で記号を操り、既知から未知を導き、依拠する柔軟な知識構造を定めるための組込エンジンとして働く。その組込エンジンによって、より複雑な状況において問題解決が可能になる。

4. 定義づけ

数学的思考における圧縮化の第三の形態は、カテゴリー化過程の拡張である。言語は重要な諸性質を再規定する際に用いられる。そこでは、他の諸性質が演繹されるように1つの定義を明確に定式化するための選択がなされる。我々はユークリッド幾何において、実際の認知や記述から理論的定義や演繹的証明へと焦点が移り変わる際にこの性質の選択が生じることをみてきた。同様な構造的変革は算術や代数においても生じる。その変革は、演算や記号の観察された性質がまず認知され、記述され、記号的証明の基礎として理論的に定義されるにつれて生じてくる。

具象化され記号化した定義と証明の両方は、後に集合論的定義と証明としての形式数学へと移行する。

これは定義と証明の3つの独特な形式へとつながる。

- 幾何における図形の定義とユークリッドの証明
- 算術や代数における記号的定義と証明
- 公理的形式主義における集合論的定義と形式的証明

4.1　幾何における定義

ユークリッド幾何における定義は、ユークリッド的証明の基礎である。それらは極めて異なる次の2つの形式で達せられる。最初は、砂や紙の上に描かれた物理的図形の性質として定義される。次に以下の文脈でなされる。証明は、定理で示される言語的性質を満たす図形カテゴリー全体に適用される。この水準では、証明は特定図形に適用され、同じ証明が同じカテゴリー内にある他の図形に対して繰り返してもよい。高次水準では、それらの実際に用いられる図形は、完全なプラトン的存在の影としてイメージされる[22]。このレベルにおいて、図形は1つの結晶概念として表象される。

ユークリッド原論は、定義とユークリッド的証明による用語を用いて幾何学上の熟成した考えを記述する知的枠組みを与えるために定式化されている。その第一巻は、23個の定義から始まっており、その定義は、幾何的な考えに対する言語形式を提供する。その言語形式は作図や定義や証明の主な枠組みの基礎として機能する。23の定義には、例えば、「点とは部分をもたないものである」、「線は幅のない長さである」、「線の両端は点である」、「直線とはその上にある点について一様に横たわる線である」などがある。23の定義は面や角、円や直線図形と関連した考えに関連しつつ進み、最後に平行線の定義で締め括られる。

その後、5つの「公準」と5つの「公理（共通概念）」からなる10の組織的原理が続く。公準は、作図が可能であることを述べている。例えば、「任意の点から任意の点への直線をひけること」、「直線を延長できること」、「中心の点と半径とをもって円がかけること」などだが、「すべての直角は互いに等しいこと」、「1直線が2直線に交わり、同じ側の内角の和を2直角より小さくするなら、この2直線を限りなく延長すると、2直角より小さい角のある側において交わること」という不思議な2つの注釈がつけられている。これらの定義は、ユークリッド的定義と証明を妥当とみなせる意味で、洗練されたレベルに達した者だけが理解できる。

ユークリッドは2つの構成形式を区別する。第一の構成は（定義に基づいた）図形の例示的構成（作図）に関するもので、「これが為されるべきことであった」という意味のラテン語の短い語句QEF（quod erat faciendum）で表される。第二の構成は、定理の証明に関するもので、「これが証明されるべきことであった」という意味のラテン語の短い語句QED（quod erat demonstrandum）で表される。このQEFとQEDの区別は、ユークリッド的定義（物理的表象）に基づいた構成に関する**定義**と、ユークリッド的証明としての慣習に基づいた**演繹**との区別である。

ユークリッド幾何として定式化された考えの系列は、図形の本質的性質に着目して考えることができる学習者のみにわかる自然な系列である。これらは、空間における位置としての点や直線の最短性の考えに関係するとともに、その直線を

---

22) これはJowett（1871）によって訳されたプラトンによる著書『国家』の第VII巻における洞窟の比喩で描かれている。

どちらの方向にでもどこまでも延長できる能力に関係する。点の大きさや線の幅などその他の側面は今や無関係である。不可欠な性質の選び抜かれた結びつきは、それゆえ、完全なプラトン図形の考えを生じさせるだろう。本質的に、プラトン主義は、生物学的脳が生み出す自然な帰結と捉えられる。というのは、生物学的脳が、我々に不可欠な性質に焦点を当てさせ、その他の詳細を無視させているとみなせるからである。

しかしながら、そのような洗練された考えは、思慮深い経験を抜きにしては初学者の中に生じない。ピエール・ファン・ヒーレの妻であるディナ・ファン・ヒーレ・ゲルドフは次のように見ている。

> 2、3の事柄が省略された演繹的なユークリッド幾何学から幾何入門課程を生み出すことができない。入門的であるためには、子どもによって、部分的かつ全体的に知られている知覚的世界から出発しなければならない。その目的は、現象を分析するため、そして論理的関係を築くためにあるべきである。心理学上の原理によって入門的と呼ばれる方法でかように修正された目的によって、幾何学を展開できる[23]。

イギリスの現代数学教育の父親のような存在であるロバート・レコードは、450年も前に出版された1551年の著書である『知識への経路』において、指導における実践的手法の必要性を述べている。

> 幾何学者に名づけられた、点または刺し穴とは、小さくて知覚できない形、それ自身の中に部分を持たないもので、すなわち、長さでも幅でも深さでもない。しかし、この定義の正確さは、実践や外面的に機能するものよりも理論の思索のみで達成する（私の意図はあらゆる包括的原理を作業に適用することと考慮せよ）。私はこの目的に対して点とか刺し穴とか呼ぶような小片を考案する。それはペンや鉛筆やその他の道具による小さな表示であり、動かされず、最初の気づきからは引き出されない。それゆえに、目立った長さや幅をもたない。

---

23)　van Hiele Geldof（1984）, p. 16。

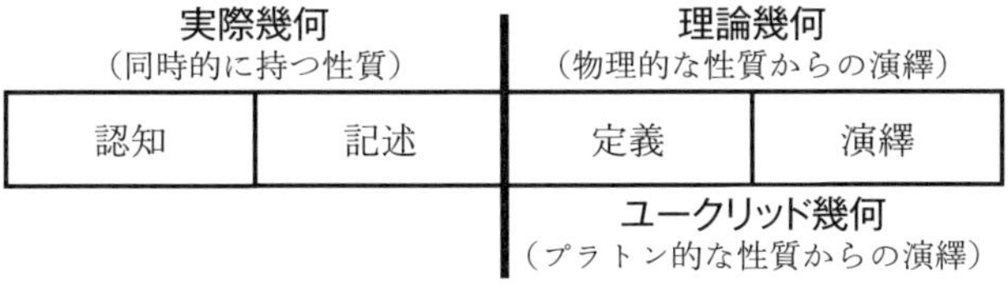

実際幾何（同時的に持つ性質）		理論幾何（物理的な性質からの演繹）	
認知	記述	定義	演繹
		ユークリッド幾何（プラトン的な性質からの演繹）	

図 3.19 学校幾何とユークリッド幾何の差異

……非常に多くの刺し穴がある。……もし、あなたとあなたのペンが、あらゆる２つの刺し穴の間にそれ以外の刺し穴を置くなら、それは直線になるだろうし、そこであなたは幾何学者が線と呼ぶような幅のない長さを理解できるかもしれない。

しかし、幾何学者は自らの理論（それは単に心の働き）においてそれらの定義を正確に理解することであろう……[24)]。

ユークリッドのプラトン的概念と対比して、ここに、細いペンや鉛筆による記述の実践性に関連した学校における幾何指導の長い歴史を認めることができる（図3.19）。

ユークリッドが点を置ける対象として線をみた一方、レコードが線を限定された大きさをもった「非常に多く」の点でできているとみたことは素晴らしい。後に、カントールは実数直線を大きさのない無限の点からできていると定義する。

学校幾何とユークリッド幾何の間には意味の違いがあるが、その両者とも、ユークリッド的証明の枠組みにおいて結晶化した関係構造と対応している。

---

24) このロバート・レコードの本からの抜粋は、ジェフリー・ハウソンの『英国における数学教育の歴史』(1982) からの引用であり、現代の英語に翻訳すると以下のようになる。

点または刺し穴とは幾何学者に名づけられた小さくて非物理的な形、それは部分を持たず、すなわち、長さでも幅でも深さでもない。しかし、この定義の正確さは、実際の作業よりも理論的な推測に基づく方が適切である（私の意図はその全ての包括的な原理を教育に適用することである）。私はこの目的に対して点とか刺し穴とか呼ぶことがより適切だと考える。それはペンや鉛筆やその他の道具による小さな表示であり、動かされず、最初の気づきからは引き出されない。それゆえに、目立った長さや幅をもたない。

もし、あなたのペンがあらゆる２つの刺し穴の間にそれ以外の刺し穴を置くなら、それは直線になるし、そこであなたは幾何学者が線と呼ぶ幅のない長さを理解できるかもしれない。しかし幾何学者は自らの理論（それは心の働きに過ぎない）においてそれらの定義を正確に理解することであろう。

4.2　算術や代数における定義

算術や代数における概念は演算の実行を通して生まれる。その演算は、計算や操作に用いることのできる数概念や代数式として記号化されカプセル化される。

このような発展において**認識され、記述される**性質は、奇数や偶数、因数、素数、合成数のような新しい概念の**定義**に際して利用される。これらは例えば、素数は無限にあり、すべての正の整数は素数の積として一意に表記できるという算術の定理を**演繹**する上で用いられる。

たし算やかけ算の式では演算の順序によらず同じ結果を得るという基礎的なものとして観察される算術の性質もまた実際的に**認識**される。その性質は**記述**され変形されるが、観察された性質としてではなく、**定義**された「計算法則」として認識され、代数における恒等式やその他の洗練された考えを**演繹**する基礎となる。

代数の定義として解釈される典型的な計算法則は、以下である。

$$a+b=b+a \quad \text{（たし算の交換法則）}$$
$$ab=ba \quad \text{（かけ算の交換法則）}$$
$$a(b+c)=ab+ac \quad \text{（分配法則）}$$

これらの定義法則は以下のような代数的な恒等式を証明するのに用いられる。

代数的な恒等式：$(a+b)^2=a^2+2ab+b^2$

証明：$(a+b)^2=(a+b)(a+b)$　定義による

$=(a+b)a+(a+b)b$　分配法則を用いる

$=aa+ba+ab+bb$　再び分配法則を用いる

$=a^2+2ab+b^2$　たし算の交換法則を用いる

これは特定の定義から代数的証明形式を与えるもので、その定義は、「計算法則」からの代数的証明の観点から、**認識**、**記述**、**定義**、**演繹**という構造的発展の最終段階となる。

4.3　集合論的定義と形式的証明

定義と証明の第三の形式は、集合論的定義と形式的数学的証明を用いる洗練された水準で生じる。その目的は特定の文脈から数学を自由にすることである。それは、与えられた言語での定義から定理として証明されるすべての性質が、特定の定義を満たすいかなる文脈にも当てはまる。

通常、学校では形式数学には直面しない。最初に形式的手法に取り組むのは、学習者にとって途方もないことである。形式数学を学んでいるどんな個人も、高度な相互関係をもつ豊かな知識構造を持つ。証明したいと願い、かつそれが可能な定理を示唆するのに、馴染みのある考えが用いられる。しかし最重要な形式原理は次である。すなわち、証明において明白に用いることができる考えがその理論の公理として、またその公理を基礎とした定義として、形式化される原理である。それはまた、定理として証明されてきたあらゆる性質も伴う。

4.4 数学に対する集合論的手法の基礎

形式数学に対する集合論的手法は特定の数を含む集合の概念から始まる。その数は何かということ以外、集合の考えによって我々が正確に意図することを必ずしも最初から述べる必要はない。与えられた集合 S に対して、我々はいかなる x についても、それが集合 S の要素であるか（$x \in S$)、否か（$x \notin S$）を知る必要がある。例えば、$\mathbb{N}$ を正の整数集合とすると、$5 \in \mathbb{N}$、$31 \in \mathbb{N}$、$3 \times 7 \in \mathbb{N}$ であるが、$1/2 \notin \mathbb{N}$、1 つのリンゴ $\notin \mathbb{N}$ である。

形式数学において、数学的構造は公理と呼ばれる性質リストで定められ、公理以外の性質はその公理から演繹される。例えば、群は次のような集合 G からなる。集合 G の任意の 2 要素 x, y に対して、$x \circ y$ が一意的に定まり、かつ集合 G に属する（集合 G は演算 $\circ$ について閉じる)。その上で以下 3 つの公理を満たす。

(1) **結合法則**：集合 G の任意の 3 要素 x、y、z に対して $(x \circ y) \circ z = x \circ (y \circ z)$。

(2) **単位元**：集合 G のすべての要素 x に対して、$x \circ e = e \circ x = x$ を満たす要素 e が 1 つ存在する。

(3) **逆元**：集合 G の任意の要素 x に対して、$x \circ x' = x' \circ x = e$ を満たす要素 x' が 1 つ存在する。

生徒がこの群の考えに初めて出会うとき、こういった考えに今まで出会ったことがないので、その学びは非常に困難である。例えば、読み手はこれらの規則を、一桁の整数のたし算（そこでは、演算 $\circ$ は $+$、単位元 e は 0、x の逆元は $-x$）や正の分数のかけ算（そこでは、演算 $\circ$ は $\times$、単位元 e は 1、m/n の逆元は n/m）のような事例に当てはめてイメージするかもしれない。もしあなたがこのような手法を今まで経験したことがなければ、馴染みのある文脈において形式的演算の感覚を得る上で、公理（1）、(2)、(3）における形式的演算 $\circ$ を慣れ親しんだ演算 $+$ や $\times$ に置き換えてイメージする。

このように置き換えることで、一定の予想ができる。例えば、上記のそれぞれの事例において、**唯一**の単位元があること（たし算についての整数での0、かけ算についての正の分数での1）、そして与えられた元に対する逆元はそれぞれの事例において一意に決まることは明白である。他方で公理（2）も公理（3）も「1つの」という言葉を使っている。公理（2）の「1つの」は単位元が**1つ**あることを述べており、公理（3）の「1つの」は、任意の要素 x に対して**1つ**の逆元 x' があることを述べている。明白に述べられなければ、いかなる性質も与えられた定義から証明できない。例えば、単位元は一意に決まるという事実は、公理（1）〜(3）から演繹される必要がある。これは定理として述べられ、以下のように証明できる。

定理：公理（1）、(2)、(3）が成り立つと仮定する。このとき単位元は一意に定まる。

証明：2つの単位元 e と f が存在すると仮定する。このとき、公理（2）を用いると、集合 G の任意の元 x に対して

$$e \circ x = x \circ e = x \cdots\cdots ①$$

同様に f も単位元なので、任意の元 x に対して

$$f \circ x = x \circ f = x \cdots\cdots ②$$

今、①で $x=f$ のとき、

$$e \circ f = f \circ e = f$$

そして②で $x=e$ のとき

$$f \circ e = e \circ f = e$$

すなわち $e=f$ である。

同様な証明は、集合 G の任意の元 x の逆元 x' は一意であることを示す際にも行われる。

形式数学におけるすべての証明は同様な広義の形式に従う。集合論による形式的定義は、定義概念となるよう性質を注意深く選定したものである。これらの定義は、付加的性質を定理として証明する際に用いられる。そして、その定理はさらなる定理を証明する際に用いられ、固有の公理的定義とそれに連なる形式的証明により演繹された論理的で理路整然たる体系を作り上げる。

その演繹体系が開発されるにつれて、新たな形式概念も定義される。例えば、群論の体系において、ただ一つの元 x と、$x^2=x\circ x, x^3=x^2\circ x$ などの累乗から生成できる**巡回**群を定義できる。我々は、$x^0=e, x^{-1}=x'$ と定義できる。x' は公理(3) によって規定された $x\circ x'=x'\circ x=e$ を満たす（一意的）元である。そこで我々は、巡回群がすべての累乗からなるように、すべての整数 n（正か負）に対して x^n の集合全体を与える上で $x^{-n}=(x^{-1})^n$ と定義する。

$$\cdots, x^{-n}, \cdots, x^{-2}, x^{-1}, e, x, x^2, \cdots, x^n, \cdots$$

これらの定義からすべての整数すなわち正の数と負の数と 0 について「指数法則」$x^m\circ x^n=x^{m+n}$ を少ない労力によって証明できる。

一度法則が確立すると、我々はその公理から必然的に導かれる新たな性質を考える。例えば、いかなる巡回群がその法則を満たすのかわかるようにその構造を決める上で巡回群の定義を用いる。それは以下である。

定理：$\{\cdots, x^{-2}, x^{-1}, e, x, x^2, \cdots\}$ で表される巡回群は、生成元 x の異なる累乗からなる無限群であるか、もしくは、$x^k=e$ であり、$\{e, x, x^2, \cdots, x^{k-1}\}$ と表される k 個の異なる元からなる有限群である。

証明：x のすべての累乗が異なるか、または m と n が異なる整数で $x^m=x^n$ のいずれかが成り立つ。この第二の場合、指数法則より $x^{m-n}=x^0=e$ となり、$x^k=e$ である最小の正の整数を k とすれば、異なる連続項 $\{e, x, x^2, \cdots, x^{k-1}\}$ が得られる。その場合も $\{x, x^2, \cdots, x^{k-1}, x^k=e, x^{k+1}=x, \cdots\}$ と繰り返し巡回する。

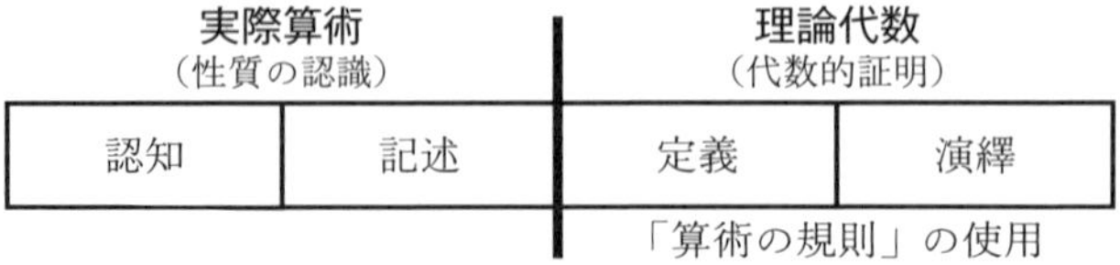

実際算術（性質の認識）		理論代数（代数的証明）	
認知	記述	定義	演繹
		「算術の規則」の使用	

図 3.20　生徒に対する形式数学への移行

この定理の１つの例として、我々は以下の無限集合でのたし算に関する整数の群構造を考える。

$$\cdots, -2, -1, 0, 1, 2, 3, \cdots$$

もし３でわったあまりのみを記録する演算（mod 3 の法演算）において、通常のたし算で置き換えると、$1+1=2, 2+1=0$ であり、$0, 1, 2$ という、たった３つの元に還元される。すなわち次のような１を加える再帰的巡回群を得る。

$$0, 1, 2, 0, 1, 2, \cdots$$

巡回群の形式概念の構造を演繹するという、群の公理と巡回群の定義のみに基づく事例は形式数学がいかに展開するかという典型である。

群の公理的定義を形式化することに先立って、共通して様々な側面をもつ経験が**認識**され、様々な性質を**記述**することや、適切な構造を**定義**する上で注意深く公理を選択し適切なものへと修正することが探究される。そのとき、その構造の性質は数学的証明によって**演繹**され、すべての性質が定義から演繹されて生じる理論として定理系列をもたらす。公理的構造において、さらに特定の定義が作られ、形式的知識構造を作り上げるためのさらなる定理が演繹される（図 3.20）。

数学者が自らの理論をより洗練させ、新しい文脈へと拡張していくように、生徒が新たな形式的理論を構築するために用いる考えは、実際的かつ理論的考えだけからではなく、確立した形式的考えからも生じる。それゆえに、数学研究においては発展が絶えず広がり続ける地平へと進んでいく。

5.　思考可能概念と知識構造

これまで我々は、カテゴリー化とカプセル化と定義づけを通して圧縮され思考可能概念が持つ発達について３つの形式を考えた。ここで、知識構造と共に思考可能概念の一般的発展を考える。

本書において導入されるその他の様々な用語と同様に、**知識構造**という用語は二語熟語である。最初の語は個人が持つ知識について、二番目の語は知識の小片の間にある結びつきの構造について述べている。

用語「スキーマ」は、哲学、心理学、認知科学において知識構造として広く言及されている。それは、字句通りに形のことや、より一般的には計画をも意味するギリシア語の「スキーマ」にまでその系統を遡ることができる。哲学者であるイムレ・カントは、1781年に出版した『**純粋理性批判**』[25]において、この用語を特定の知覚と一般的概念の間の乖離を架橋するうえで用いている。例えば、心的パターンとしての「犬」というスキーマに言及しており、それによって、「具体的に表示しうるための各々の可能な形象に制限することなく、4本足の動物の型態を一般的様式で描く」ことができる。

ピアジェは「シェマ（仏語読み）」を「知覚と考えやまたは行為が結びついた一式としての内的表象」として記述している[26]。心理学者であるバートレットは、1930年代に記したその著書『**想起**』[27]において、かねてより語られてきた物語を個人が記憶して繰り返す方法を形式化する上でその用語（スキーマ）を用いている。バートレットは、人が物語を語る際に細かい部分は創作して具象化するとはいえ、それを同じ基本枠組みで語ることに気づいていた。

「知識構造」という用語は、多様な特定の目的をもった専門書において幅広く用いられている。本書において、私はこの用語を以下のことに自由に焦点を当てる上で簡潔に用いる。それは、いかにして知識構造が長時間かけて発展するのかについて特別な関心を持ちつつ、いかにして心の中で知識が結合して構造化するのかである。知識構造とは、本質的に、様々な文脈で発展していく付加的意味を抜きにすれば、スキーマに対する別の用語である。

5.1 知識構造と思考可能概念の双対性

その著書『知性、学習、そして行為』[28]において、リチャード・スケンプは、スキーマと概念は異なるレンズを通して見た本質的に同じ概念であるという考えと

25) Kant（1781）。
26) Piaget（1926）。
27) Bartlett（1932）。
28) Skemp（1979）。

して定式化した。そこでは、概念はスキーマとして詳細に知覚され、スキーマは、その全体としてはある1つの概念として捉えられる。

10年以上にもわたり、過程を対象としてカプセル化する理論を研究したあと、ドゥビンスキーは、過程が対象としてカプセル化されるだけでなく、スキーマも対象として概念化されるAPOS理論を再構築した[29]。異なった理論的文脈から生じたにも関わらず、概念とスキーマの間にある双対性に関して基本的考えは同じである。その基本的考えとは、命名された概念は豊かな内的つながりを備えるものでスキーマとして現れ（概念はスキーマとなる）、十分に理路整然としたスキーマは後々に命名され思考可能概念となる（スキーマは概念となる）。

スケンプの可変焦点の考えを用いることで、概念はいくらか特殊で、場合によっては不明瞭な現象として出発する。その現象は、意味を構築する上で認識され物理的かつ心的に探究される。概念に名前が与えられれば、概念は個人内と個人間において詳細に議論できる。その詳細な議論ができるのは、概念は命名されることで思考可能概念へと圧縮されるためで、その思考可能概念は内的に豊富な構造と包括的スキーマを作り上げる他の構造と結び付く形式を伴うからである。

学習者が新たな状況に出会うことで、知識構造は思考可能概念へと圧縮するように発展していく。例えば、数え上げや数えたしから既知の事実へ至る一連の圧縮化を通して、たし算の知識構造は、ある水準に届く。その到達水準は、それ以外の事実は既知の事実から導かれ、和の柔軟な思考可能概念が得られる。算術の性質は「四則演算の知識」としてカリキュラム計画において語れる知識構造になる。かなり後年になるが、実数の算術の知識構造は、完備順序体として定義される形式的思考可能概念となるうえで、公理的に形式化される。

このように思考可能概念と知識構造の間を行き来する能力を、個人が柔軟に焦点を変えられる上で必要な心的つながりとして整えるまでに時間がかかる。30年以上も前だが、私はシロモ・ビンナーに啓発される幸運に浴した。それは、心的概念についていかに考えるのかを定式化するために導入した**概念イメージ**という概念だった。

> 概念イメージとは概念と結びついた総合的認知構造であり、心的図式や関連した性質や過程などすべてを含む。それはあらゆる種類の経験を通じて何年

29）Asialaら（1996）。

もかかって築き上がり、個人が新たな刺激を受けたり成熟したりするにつれて変わる[30)]。

その発端から、概念イメージは矛盾しかねない異なる側面を持つという意味において、決して理路整然としていない。ここで、新たな思考可能概念や徐々に洗練される知識構造を築くうえで、いかにして概念イメージが長期間かけて発達するのかに関心が生じる。

5.2 知識構造の融合

並行処理が行われる生物学的脳内で数学的思考が発達するにつれて、様々な知識構造の異なる側面が心の中に同時に生起される。思考可能概念は、異なる神経系の下位組織から結合するように選ばれた結びつきとして知覚される。複数の知識構造は新たな可能性を生み出すために融合される。

例えば、代数において我々は代数式の記号操作と代数的グラフの視覚表現を融合する。その記号操作と視覚表現が代数概念に関して異なる情報を提供する。その記号体系は1次方程式や2次方程式を解くうえで操作できる。視覚的図は、方程式の解を「見る」ために、また関数が増加するか減少するか、視認できる最大値や最小値を持つのか、といった他の包括的性質をみるために、グラフが交差する位置について一般的見方を提供する。

微積分は、変化するグラフの傾きについての我々の視覚的想像力と微分係数の記号的表現を融合する。後々、洗練された形式理論の一部として極限概念の形式的定義を作ることで、微積分の具象化した記号的考えに基づいた形式的定義が作られる。

先駆的な本『我々の思考法：概念的融合と心の隠れた複雑さ』[31)]において、フォコニエとターナーは、異なる心的構造の融合がいかにして人間の創造性を呼び起こすのかを記述している。彼らは幅広い様々な事例を提供するが、その事例では、それぞれには見出し得ず、新たな融合を形成することで新たに現れた側面を伴うように、異なった知識構造が合一される。

例えば、複素数は平面上の変換と算術操作の融合として捉えられ、実部と虚部をもつ新たな数として現れる性質をもつ複素数の算術が与えられるように一般化

30) Tall & Vinner (1981)。
31) Fauconnier & Turner (2002)。

される。

そのような融合現象は、発達途上にある生徒においても起こる。生徒が新たな思考法が求められるような、具象化した新たな形式と古い考えを拡げた新たな一般化を生み出す記号体系とを融合するような新たな状況に直面したときにその現象が起こる。

6. 要 約

本章において我々は、言語や記号体系を用いて状況の本質的側面に焦点を当てることや知識を思考可能概念へと圧縮することによって、数学的思考がいかに発展するかを見てきた。圧縮について3つの本質的に異なる形式が記述された。それらは、概念を特徴づける性質を記述するうえで言語を用いる**カテゴリー化**、思考可能概念としての操作を記号化する**カプセル化**、公理的数学の基礎として集合論的形式定義に到達する幾何や算術や代数で観察された特徴の**定義づけ**である。

カテゴリー化、カプセル化、定義づけから形成された思考可能概念は、**認識**も**記述**も**定義**もできる性質を持ち、ユークリッド的証明での適切な証明形式か、計算規則に基づいた算術や代数における証明か、または公理や集合論による数学的証明を用いることによって論理関係が**演繹**される。その各々の場合において、思考可能概念は、次のように内的豊かさを発展させる。その内的豊かさとは、思考可能概念を幅広い知識構造を伴って操作しうる結晶概念とするものである。その知識構造は、より高い水準の数学的思考において再び思考可能概念になる。

第4章では、より洗練した考えを理解するとき、いかに個人の長期発達が先行経験に影響を受けるのかを見ていく。

第４章　生得的構造・経験的構造・長期学習

本章では、数学的思考の長期発達に関する枠組みを与えるために「生得的構造」と「経験的構造」との概念を用いる[1]。生得的構造とは、「我々に生まれつき備わっている心的構造のことであり、その成熟には多少の時間がかかり、幼少期に脳がつながりを作っていく」。これは、すべての者が共有している基本構造である。次に経験的構造とは、「我々が以前に遭遇した経験の結果として現在我々が持っている心的構造」である。これは数学の本質に部分的に依存するため個人間である程度共通するものの、ある程度個人の認知面での発達に依存するため大きな違いをもたらす。

第３章において、我々は数学的概念がカテゴリー化、カプセル化、定義づけの３つの圧縮の形態を通してどのように生ずるのかを見た。本章では、我々の**知覚運動性**のシステムや**言語**の使用に基づく３つの主要な「生得的構造」を通した発達について述べる。これらは知覚を通した**認識**という感覚能力や、数学的操作へとルーチン化される活動の**反復**という運動能力、そしてより洗練された概念を記述するための**言語**の使用である。

私は、数学的思考がすべての者が共有している３つの基本的生得的構造に基づきつつ、個人が過去の経験から生じた経験的構造（これには新しい状況において支持的なものもあれば、その他の状況において問題提起的となるものもある[2]）にも基づきながら様々な方法で発達するという仮説を立てる。

---

1)　［訳註］「Met-before」は、「以前に（before）に出会った（met）」という英語をもとにした著者の造語であり、序章でも述べられていたように、ある種の「メタファー（metaphor）」である。ここでは、「Met-before」の表現よりもその意味を尊重して「経験的構造」と訳している。「Set-before」は、「Met-before」の対語であるので、「経験的構造」に対して「生得的構造」と訳している。

2)　［訳註］「支持的（supportive）」と「問題提起的（problematic）」は対語であり、前者は、以前の経験や既習の事柄が新しい場面で有効に機能する場合を指しており、後者は、以前の経験や既習の事柄が新しい場面で機能しなくなる場合を指している。

1. 生得的構造の概念

新生児は「相互に関連し合う様々な器官が複雑に合わさって」この世界に生まれてくる。その多くは視覚・聴覚・触覚・味覚・嗅覚・平衡などの感覚であり、外界や他者との相互作用を通して発達する。

1つは「数に関わる性質」の初源的概念である。子どもは数えることなく「2台の車」のような少ない数を認識する。その認識は（3から4までの）ものの個数を区別し突き止めることができる脳に生まれつき備わった能力に基づく。他にも、直立するときの垂直感覚と水平感覚、筋肉の伸縮による重いものと軽いものの感覚などがある。

私は、数学的思考が次の3つの生得的構造に基づく仮説を立てる。

1. パターン、類似性、相違性についての**認識**
2. 繰り返される系列に組み込む動作の**反復**
3. 日常言語や数学言語のような、新しい概念を命名したり洗練したりするための**言語**

最初の2つは人間の感覚・知覚（入力）と運動・動作（出力）に関係する。3つ目によって、人間の知覚と動作を反省しながら数学的概念をより精緻なものに定式化できる。

パターン、類似性、相違性についての**認識**は、他の生物種と同じような心的機能の進化論的結合である。それは相互に関連し合う器官の典型的集合体であり、視覚・嗅覚・触覚・味覚・聴覚・筋肉の伸縮・空間感覚などを結合して世界を理解する。第2章で紹介したように、ドナルドによって定式化された意識の3つの水準[3]によれば、第一水準は思考の様々な側面を単一の心的実体にまとめる選択的結合である。第二水準では、その結合により、我々は短期的気づきとして、途切れなく心的実体の跡を追うことができる。そうすることで我々は様々な視点から同じ実体を認識できる。長期的には、大局的気づきである第三水準において、我々は事象や考え方を反省し、さらなる心的関連を作ることで、より複雑な仕方で概念をカテゴリー化したり定義したりする。

3) Donald (2001)。

反復も他の生物種と同じ生得的構造であり、自動的に遂行できるまで繰り返される一連の動作である。これは短期的気づきという第二水準に基づいており、その水準では事象同士を関連づけ、練習を伴って、それらのステップが全体的に反復可能な系列になる。それは**手続的**思考の基礎である。手続きは細かい部分に気づきを向けることなく自動的に遂行できる。ただし、その操作の重要な点で特別な意思決定がなされるときは例外である。また、この機能はより柔軟な数学的思考の方法に組み込まれる。

言語は、人類と他の生物種を区別する人間の特質である。他の生物種はコミュニケーションを可能とする巧妙な信号システムを持っているが、人類が有する話し言葉や書き言葉は、それとは別に連続的に細かな思考水準を発達させる能力である。それは現代社会の中で発達し、将来世代へ考えを受け渡すことができる。

人間の文化はコミュニケーションのために独自の言語を発達させ、ある言語は別の言語よりも精緻化されてきた。このことによって、我々がある特定の特徴に気づき、**命名する**ことができる。それは、「リンゴ」や「犬」のような物であったり、「嬉しい」や「暖かい」などの感情、「大きい」や「青い」などの形容詞、「歩く」や「遊ぶ」などの動詞、また「愛」や「公正」など捉えがたい概念であったりする。

言語は数学的思考にとって本質的である。またそれは、数学的考えを議論するための自然言語という点だけでなく、認識と反復を結合して思考の最高峰へと我々を連れていく。例えば、点や直線、三角形、正弦、余弦、素数、変数、導関数、積分、代数、微積分、無限集合のような概念によって我々は数学的考えをカテゴリー化でき、意味内容を語ることができる。

このことにより我々は想像力を膨らませ、物理的存在の世界を超えることができる。例えば、一連の操作を実行するとき、我々は自動的に繰り返せるまで、何度もその操作を繰り返す能力を持つ。初めの数があり、その次の数、またその次の数**と続く**。どの数までたどり着いたとしても、次の数が続くことに、我々が気づき始めるまでずっと、数は次々に続く。長期的には――我々の発達過程で遭遇した経験の結果として――反復という生得的構造は、高度に洗練された**可能無限**という考えのために不可欠な基礎となる。

動作を反復する能力を、概念をカテゴリー化する能力と合わせれば、新しい方法で自然数という仮無限をカテゴリー化できる。自然数の集合に名前もしくは記号（例えば$\mathbb{N}$）を与えれば、単一の実体としての自然数を考えることができる。

反復とカテゴリー化の言語的結合は、**実無限**（**すべての**自然数についての集合ℕ）といった高度な考えを導くかもしれない。

この無限概念はギリシャ人によって熱心に議論され、今日多くの場面に対し根本的難点を残す。要するに、人の有限な頭脳でいかにして無限を捉えるのかである。この問いに対する単純な答えは以下である。確かに有限の人生の中で**すべての**自然数を数え上げることはできないが、我々は**一貫した全体として**自然数の集合を**思考できる**。

数学専攻の学部1年生に以下のように質問したことがある[4)]。

「あなたは以下のものが一貫した数学的考えとして存在していると考えますか？」

次の中から答えてください。

1. とてもそう思う。2. ややそう思う。3. どちらでもない／わからない。
4. 迷っている。5. ややそう思わない。6. とてもそう思わない。

回答は、表4.1に示す通りである。

表4.1　一貫した数学的考えとしての数

N=42	1	2	3	4	5	6
自然数	40	2	0	0	0	0
実数	39	3	0	0	0	0
複素数	32	8	1	0	1	0

これらの学生は、自然数や実数を一貫した数学的考えとして考えることに疑問を持たず、ほとんどの学生が同様に複素数に対しても確信していた。学生に複素数に対する不安について尋ねると、「2乗すると必ず正になるという規則が崩れるのに、どうして $i^2=-1$ と言えるのか」を意味づけできない一般的疑問が見られた。

このことから我々は数学的思考における第二の構成概念を得た。それは先行経験の影響、および**経験的構造**という概念である。

4)　Tall (1980c)。

2. 経験的構造

近年、言語学者のジョージ・レイコフ[5]と彼の同僚は、**メタファー**は人間の思考やコミュニケーションのルーツであることを提案した。人間は、ある特定の経験（**ターゲット**）について話すとき、別の経験（**ソース**）をもとにする。このメタファーにより、人間は、あまり馴染みのない抽象的ターゲットについて、より馴染みのあるソースをもとにして考えることができる。例えば、「時は金なり」は、時間という抽象概念をターゲットとして、お金という具体概念をソースとして用いる。このつながりは、時間について話すための言語体系全体を構築する。それは時間に対してお金を支払うという現代的方法のような直接的用語（時給、ホテル1泊分の宿泊費、年間予算）だけでなく、お金が含まれない場面（ある活動をするために時間を**消費**する、仕事に時間を**つぎこむ**、**余生**を過ごす、刑務所で**罪を償う**）において見られる。

「経験的構造」という用語は、こうした使用法から生じたもので、我々がいかに以前にみた経験をもとに新しい状況を解釈するのかを記述する。この「経験的構造」という単語は、現実経験それ自体を意味するのではなく、その経験が精神の中に残した痕跡であり、我々の現在の思考に影響を与える。2乗したら負になる複素数iに初めて出会ったとき、我々は経験的構造により「2乗すると必ず正になる」ことを想起することを経験する。この「経験的構造」は、実数に対して成り立ち、「数」概念に関する選択的結合の一部を形成し、複素数概念にはじめて出会った学習者にとって問題提起的になる。

第1章で述べたように、ある先行経験は支持的であり、学習中に喜びをもたらす経験を与えるが、別の経験は問題提起的であり、学習初期に混乱をもたらす。数えることを通して得られた$5+2=7$のような事実は、それに続く学習において支持的になる。つまりそれが$35+2=37$や$50+20=70$のような十進数計算に置かれるとき、また$5\,\mathrm{m}+2\,\mathrm{m}=7\,\mathrm{m}$のような測定に置かれるとき、あるいは$5i+3+2i=3+7i$のような複素数に置かれるときであっても支持的である。しかし問題提起的になる経験もある。例えば、「ある数の後には次の数がある」や「かけ算すると大きくなる」という考えは自然数に対しては正しいが、分数に対しては正しくない。

---

5)　ジョージ・レイコフは彼の同僚とともに隠喩的具象化の考え方についての本のシリーズを執筆した。Lakoff & Johnson (1980), Lakoff (1987), Lakoff & Johnson (1999), Lakoff & Nùñez (2000)。

また、同じ経験的構造がある文脈では支持的になり、別の文脈ではそうでなくなることがある。例えば「ひき算すれば小さくなる」は自然数や（正の）分数、有限集合に対しては正しいが、負の数や無限集合に対しては正しくない。

「メタファー」という哲学概念と「経験的構造」という認知概念の間には多くの共通点がある。これらは共に新しい経験を既に慣れ親しんだ経験に結びつける。しかしながら「メタファー」という概念はある理論を定式化するための高次のアナロジーを提供する一方、「経験的構造」という概念は学習者の視点から見た考えの発達に焦点を当てるために定式化される。幼児から成人までの学習者との会話の中で、次のように聞いたことがある。「あなたが以前にみた何が、あなたをそう考えさせるのか。」優れた教師がメンターとして振舞いたいなら、「ひき算すれば小さくなる」という暗黙的信念のような問題提起的側面に対処するためこのアプローチを用いる。

このアプローチは、新しい問題提起的状況をうまく対処するため、学習者にある状況、すなわちその考えがうまくいった状況やうまくいき続ける状況を想起させる。例えば、物理的なものを取り去るのであれば「ひき算すれば小さくなる」はいつでも正しい。最初の状況で得られた自信を持って、問題に取り組んでおけば、新しい状況において何が異なるのかを理解しやすくなる。例えば「ひき算すれば小さくなる」という経験的構造に基づけば、現実のお金を使えば自由に使えるお金が減ることを想起できる。しかし借金を返済するためにお金を貯めておいたならば、借金を返済すれば結果として自由に使えるお金は増える。

支持的な経験的構造と問題提起的な経験的構造は学習において自然に生じる。しかしながら、伝統的カリキュラムは、支持的な経験的構造は新しい考えを学習するための必要条件として教えられるべきであるという立場から構成される。問題提起的な経験的構造が学習において必ず生じると考えることは滅多にないが、本章でみるように、それらは長期にわたって学習効果を抑制する。本章の目的は学習者がより洗練された数概念に出会うことを考察し、自信をもって新しい学習を進められるように、立ち向かうべき困難を引き起こす問題提起的な経験的構造を明らかにすることである。実際に、一度でも問題提起的な経験的構造の長期的効果が十分に理解されれば、数学の教授学習は二度と同じような問題提起的状況には陥らないだろう。

2.1 数えること

数や計算の学習の出発点は、数えること、そして数える操作を柔軟性のある数概念に変えることである。子どもが数えることを身につけるとき、たいていそれは将来の成功を導く素地となるが、それが学習の主要な方法であり続けるとすれば、それは問題提起的になるだろう。

8歳のジョアンナは8と4をたすように指示された。彼女は4本の指を出して、8の次から「きゅう、じゅう、じゅういち、じゅうに」と数え上げた。答えは「じゅうに」である。しかしもとの式は何かと質問したとき、彼女はそれを忘れていた。彼女は（8の次から）4つ数え上げることによって8+4の計算を実行できたが、8+4が12を構成することまでは**理解して**いなかった[6]。

ジョアンナのような子どもは数え上げることでたし算するように教えられた。そして彼女は、自分自身の数え上げの方法を発展させようとしてきた。しかし、扱う数が大きくなった場合、数え上げは問題提起的になる。

何人かの子どもはおはじきを単純計するためのものと頭の中でイメージしている。11歳のアメリア[7]（学習に遅れがちな子ども）は、5+3を図4.1のようにみなして理解した。

彼女は4つの点列を2つに並べて8にするため、5の真ん中の点を3の空いているスペースに動かし視覚化した（図4.2)。

こうした経験は数と数の関係の意味の発展において大きな価値がある。しかし具体物へ焦点を当てることは、脳が扱える範囲に制限される。そのイメージは、大きな数を扱う必要があるとき問題提起的になり、小さな数によるイメージでは複雑さに対処できない。

この課題への可能な回答は、数えることから、数と数の関係それ自身に焦点を

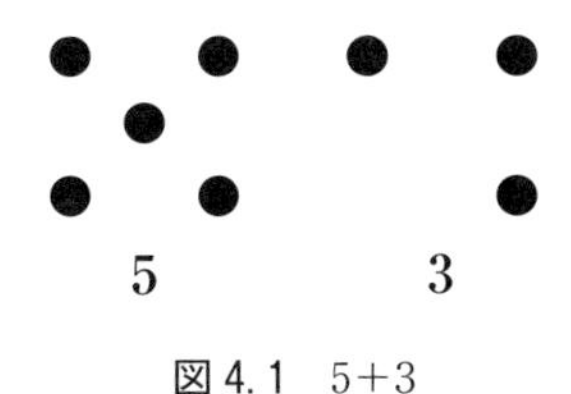

図4.1　5+3

6)　この例やその他の個人の例はEddie Gray（1993）の論文から引用している。

7)　アメリアはPitta & Gray（1999）で調査された子どもである。彼女にはエミリーという仮名が与えられている。彼女は第2章で出てきたエミリーとは違う個人である。

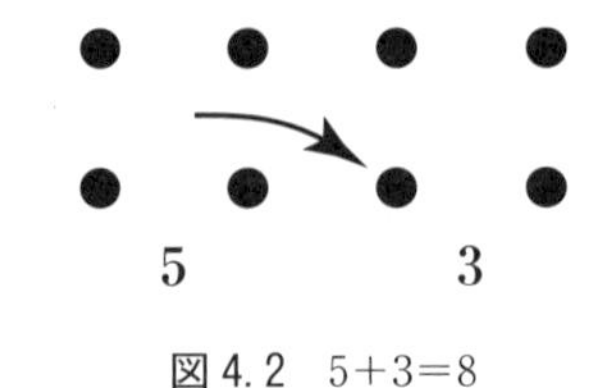

図4.2　5+3=8

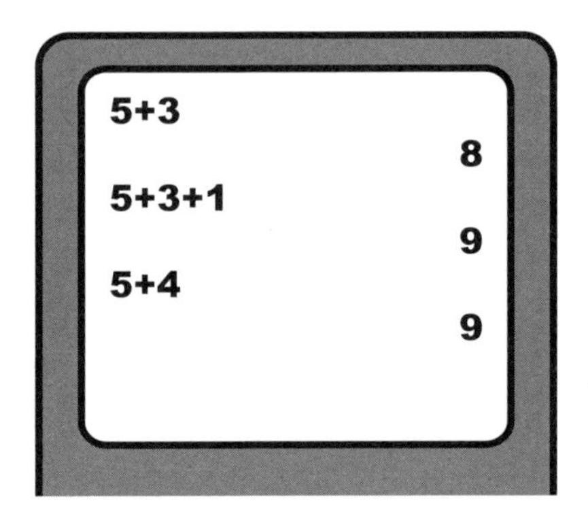

図4.3　グラフ電卓によるたし算

変えることである。このことは、計算式と答が次々と表示される電卓を用いてなされる。このような電卓を使った子どもは、計算式と答を**一切数えることなく**理解でき、一連の過程よりも関係に焦点を当てることができる。

ピッタは、博士論文[8]でこの方略を用いて、アメリアにグラフ電卓を与え「答えが9になる式を見つけなさい」と質問した。彼女はまず始めに和が8になる5+3の計算を試みた。次に和が9になる5+3+1の計算を試みた。このようにして5+4は9になるが、5+3+1と5+4が共に9になることを理解することによって、彼女は数えることより関係に焦点を当てた（図4.3）。

10週間にわたりアメリアは週1回ほど研究者によって観察され、より複雑な問題を尋ねられた。例えば「15から始めて、答えが5になるような式を見つけなさい」のような問題用紙を渡された。研究の終盤、アメリアが自分にとって「4」の意味することは何かと尋ねられたとき、彼女は「100ひく96です」と答えた。彼女は数の関係を習得しただけではなく、驚くべき自信と力強さを持って答えた。

8）Pitta（1998）。

こうした方法がすべての数学嫌いの子どもの背後に隠れているやる気を引き出すきっかけを与えることができたなら素晴らしいことである。しかし、実際はそうではない。別の博士課程の学生であるハワットは、学習に困難がある子どものグループに1年かけて類似した方法を使用した[9]。何人かの子どもは、こうした扱いではまったく成功しなかった。そのつまずきは、10を「10個の1」とみることから、10を1つのまとまりとみることへの変更であった。子どもは「eight, nine, ten, eleven, twelve, …」と10を超える数を数えることができた。しかしその中には、「ここにあるのは10個のものであって、1個ではない」のように、どのようにすれば10個のものを1つのまとまりとみなせるのかを把握できていない子どももいた。彼らにとって、数の列が「eight, nine」から「ten, eleven」と唱えるとき、その語に位取りの意味が伴っていない[10]。それは「8, 9, 10, 11」という数字で視覚化したとしても同様である。

これらの研究を振り返ってみよう。1つ目の研究では、計算における関係に焦点を当てることで、柔軟性のある数へのアプローチを促進することが示された。2つ目の研究では、困難性の見られた深刻なケースでは、数えることへ焦点を当てすぎたために10個の異なるものを数えることから、10という1つのまとまりとしてみることへ焦点を変えることが難しいことが示された。これは我々に次のことを投げかける。すべての子どもは適切な方法で数学を理解する能力を持っているという信念に基づいたとしても、数学のできの良し悪しは、我々の教えようとする努力に強く抗う。**すべての**子どもの正しい数学理解を促進させるために我々はどうすればよいのかという疑問が残る。例えば、数学が極端に苦手な子どもの場合、彼ら自身の求めに応じて理解を手助けする方法を見つけることが重要である。

2.2　違い（差）と取り去ること

子どもが使えるひき算の方法は、第2章で議論したように、その時点でたし算についての経験に依存する。「すべてを数える」（1つの集まりを数え、もう1つの集まりを数え、それらを一緒にして全体を数え上げる）という段階にいる子ど

---

9)　Hazel Howat (2006)。

10)　［訳註］12を1つの基準とする英語の命数法と10を1つの基準とする日本語の命数法とでは事情が異なるだろう。ここで述べられていることは、日本語では必ずしも当てはまらないかもしれない。ただし、10をひとまとまりとみることは、日本でも小学校第1学年で強調して指導されている。

もはよく「取り去ること」によってひき算する。6−2を計算するために、6つのものを数え、それらの中で2つ数え、その分を取り去り、残りを数えることで「4」という結果を得る。「数え上げ」に自信を持つ子どもは、「後ろ向きに数える」（6から2つだけ後ろ向きに、「5, 4」と数える）という方法、「後ろに向けて数える」（6から2まで後ろ向きに、5, 4, 3, 2と数え、その結果4つの数を数えたことになる）という方法、「前向きに数える」（2から6まで前向きに数えることで、4つの数を数えたことになる）方法を駆使して、ひき算を行う。数について柔軟な知識を持った子どもなら、ひき算するために様々な方法を結びつける。例えば、4+2は6だから6−4は2であると考えたり、より高度な経験から56−4=52が導かれたり、763−40=723ということさえ導けるかもしれない[11]。

より正確に言えば、「違い（差）」と「取り去ること」という言葉は、整数における意味で使用されているので、後の学習において問題提起的になる。「差」という言葉は、よく方向性の意味を伴わず使用されるため、6と4の差と4と6の差はともに2である。しかし、実際的に取り去る行為は、(何らかのものの集まりがあり）いつも大きい方から小さい方を取り去るように行われる。

すべての例で必要な操作は明確である。2つの数の差は、大きい方の数から小さい方の数を取り去ることにより明らかにされ、その結果として得られる数は、いつも大きい方の数よりも小さくなる。

筆算が導入されるとき、例えば43から27を引くことのように、すべての場面が大きい方から小さい方を引くように設定されている。しかし、各位で（引くという）操作が実行されるとき、かなり早い段階で、学習者が小さい数から大きい数を引く場面に直面する。このとき「大きい方から小さい方を引く」という経験的構造が問題提起的になる。

次のひき算の筆算には、1の位に3から7を引くことが含まれる。

$$\begin{array}{r} 43 \\ -27 \\ \hline \\ \hline \end{array}$$

筆算手続きでは次のように言語を使って表現される。「3から7は引けません」。この事実への回答は、十の位から「かりて」きたり、「十の位の数を分けたりする」

11）様々なたし算やひき算の技術の間の関連はGray（1993）の博士論文の研究で確認されている。なお、この論文は後にGray and Tall（1994）として公表されている。

ことでなされる。この新しい方法は一部の子どもには理解されるが、位取り記数法に困難性を持っており、大きい方から小さい方を引かなければならないという「差」についての経験的構造を持つ子どもにはなかなか理解できない。十の位で（4と2の）差をとり2、一の位で（3と7の）差をとり4とした24という誤答はよく見られる。

この現象は広範囲に及ぶ。私の旧友のフォスターが8〜9歳の子ども90人に対して14−7を計算させたところ、次の形式では90人中89人が正答した[12]。

$$14-7=?$$

同じ計算を筆算形式で出題したところ、正答したのは70人だけであった。

$$\begin{array}{r} 14 \\ -\ 7 \\ \hline \\ \hline \end{array}$$

70人のうち32人が7と答え、38人が07と記述した。このことは多くの子どもが単に答えを書くだけでなく、筆算手続きを使用していたことを示唆する。誤答した20人のうちほとんどの子どもが、一の位の大きい方の7から小さい方の4を引くことにより、13と解答した。

ひき算の筆算に関する指導は、多くの子どもにとって問題提起的になる。グレイは、7〜8歳の子どもを対象にして、たし算とひき算の筆算の学習初期にみられる計算上のつまずきを発見した[13]。もし子どもが「差」の考えに自信が持てず、それに固執すれば、その手続きがどのように機能するのかを理解しないまま「やり方の学習」だけに基づいて計算しようとし、脆弱で誤りに陥りやすい知識を導く。

2.3　まとまりをつくること

かけ算は、同じ数の要素を持ついくつかのまとまりを用いて導入される。例えば、4つの要素をもつ3つのまとまりは、全体で12である。この例において、「4が3つ分」という考えと「3が4つ分」という考えの意味には違いがある。例えば、4本の足をもつ3匹の猫という考えは、3本の足をもつ4匹の猫という考えと

12）Robin Foster（2001）。
13）Gray（1993）。

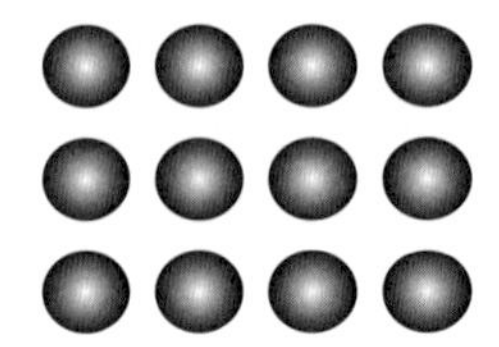

図4.4　4個ずつ3行または3個ずつ4列

は明らかに異なる。

このことから、一部の教育者は4×3と3×4を区別する。九九表を用いて子どもは、「四一が四（しいちがし）、四二が八（しにがはち）、四三十二（しさんじゅうに）、…」と「4の段」を唱え、4×1=4、4×2=8、4×3=12と書いた。しかし、1970年代に私が数学教育を始めた頃、たし算のような演算は、「状態―演算―状態」として理論的に分析するべきだと教えられた。例えば3+4は「初期状態」である3から始まり、そのあとに+4という「演算」が続き、その結果「最終状態」である7が得られる。このことは本質的には「数え上げ」の方法を用いている。4×3にも同じ分析を適用すれば、初期状態4のあとに演算×3が続き、最終状態12が与えられる。このように考えると、例えば、4×3は「4の3倍」であり、実際には4の3つ分である。

世界中の多くのカリキュラムは、かけ算の演算について2つの異なる解釈の仕方を意識しており、実際に早い段階でその違いが教授され、当分の間その違いが維持される。

私自身が観察したことであるが、かなり早い段階でかけ算の答えが乗数と被乗数の順序によらないことに気がつく子どももいれば、気づかない子どももいる。かけ算に関する2つの解釈の違いを**教える**ことが果たしてよい方針といえるかどうかについては疑問が残る。

ピアジェによれば、数の保存概念を獲得している子どもはあるまとまりが与えられたとき、どこから数えたとしても、いつでもその要素の個数は同じであることを理解する。4行3列のものの配列は、3行4列のものの配列とも見ることができる（図4.4）。

数概念を獲得した子どもは、3×4と4×3が同じであることを理解できるはずである。そのような子どもにとって、かけ算の2つの解釈の区別を維持し続けることは役に立たない。3×4と4×3は違うとみなす子どもにとって、その違いを維持し続けることは、より詳細なところに注意を向けることになり、すでに困難を抱えている子どもにとってさらなる負担の原因になる。

2.4 分けること

分けることは、子どもにとって馴染みのある操作である。かけ算やわり算という演算が導入されるかなり前段階から、子どもは、集団の中でケーキを分けるときなど、「公平に分ける」という（具象化された）実用的意味を持つ。例えば、ホールケーキのように同じ大きさに切り分けられるものを分配するとき、3等分、5等分、6等分、7等分するよりも、2等分、4等分、8等分する方がより簡単である。そのため、分数の導入では2分の1、4分の1、8分の1という実用性に焦点が当てられるのは当然である。実用的操作から始めるという要請は、一般の分数概念に焦点を当てなくとも公平に分けることを導く。結果として、そのことは、後の分数計算の理解を抑制するような問題提起的な経験的構造を引き起こす可能性がある。

例えば、4人の子どもで3つのケーキを分けるとき、次のような実用的方法がある。まずそれぞれのケーキを2等分し、2分の1を6つ作り、そのうち4つをそれぞれの子どもに1つずつ配る。次に残った2つの2分の1をさらに分割し、4分の1を4つ作り、それらを1つずつに配る。結果として、それぞれの子どもに2分の1が1つ、4分の1が1つ与えられる[14)]。

同様の方法で、5人の子どもに3つのケーキを分けるとき、まず3つのケーキをぞれぞれ2等分し、2分の1を6つ作り、それぞれの子どもに1つずつ2分の1を配る。次に残った1つの2分の1を5等分するとよい。これらのケーキのピースは小さいため、その誤差はあまり大きくならない。結果として、それぞれの子どもに公平に2分の1が1つ、5分の1が1つ与えられる。しかし、子どもにとって、この2つ目の場合に分配された大きさが5分の3と等しいことが明白でないこともある（図4.5）。

実証研究によると、子どもと大人は実用的に分配する方略を持つが、この経験を分数計算に読み替えることは、しばしば問題提起的になる[15)]。

---

14) ［訳註］英語の「a half」、「a quarter」、「two thirds」などは、いわゆる分割分数（著者の言葉でいう「対象としての分数」）を意味していると思われる（ただし、後に出てくる「（長方形の縦の）長さの3分の2」という場合は操作分数の意味に近い（著者の言葉でいう「過程としての分数」））。これらの分数は、1/2、1/4、2/3という分数表記を使わず、「2分の1」、「4分の1」、「3分の2」と訳している。

15) Kerslake（1986）。

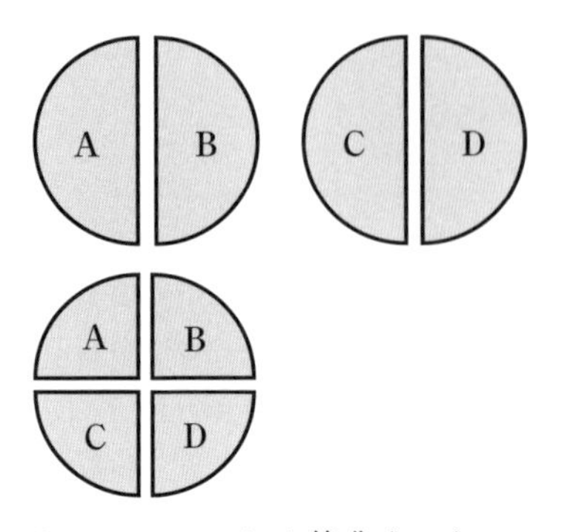

3つのケーキを4等分すると、2分の1が1つずつ、4分の1が1つずつに分けられる

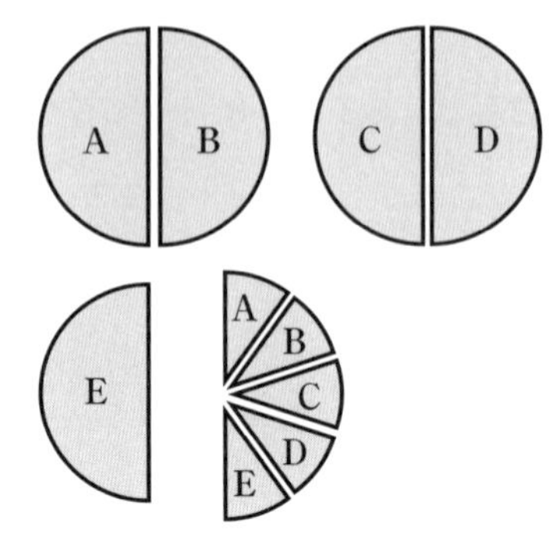

3つのケーキを5等分すると、2分の1が1つずつ、5分の1が1つずつに分けられる

図4.5　実用的分配

2.5　分　数

多くの学習者が、同値分数の概念や分数計算に関して困難を感じていることから、私は、ソフトウェアを開発した。それは、子どもが1よりも大きな分数を含む一般的分数を手軽に扱えるものである[16)]。そのソフトウェアは、子どもに円形の図を示し、「このケーキを何等分しますか？」と問いかける。もし子どもが例えば「6」と入力すれば、そのケーキは続けざまに6つの等しい大きさのピースに切り分けられ、各ピースが切り分けられた順に1, 2, 3, 4, 5, 6と数字がつけられる。次に「どれだけのピースが欲しいですか？」と問いかけられる。そして、それらのピースが「6分の1、6分の2、6分の3、…」と数えられ、「6分の4」まで数え上げられた後、そのプログラムが「私が残りを食べます」と答えると、6分の4が残る。

もしその分数がより小さな同値分数をもつなら、ソフトウェアは同じ大きさのケーキをより少ない個数のピースで提供できるように反応する。同値分数を自ら特定できた子どももいるだろうし、プログラムによって同値分数が与えられる子どももいるだろう。いずれにしても、最初に表示された円形の図の隣に、より少ない個数のピースになる図が描かれ、例えば、ケーキの「3分の2」と「6分の4」が同じであることが視覚的に示される。

16)　Tall (1986c)。

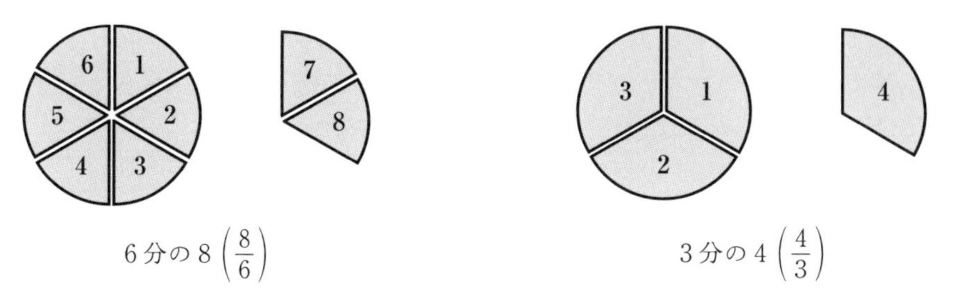

6分の8 $\left(\frac{8}{6}\right)$　　3分の4 $\left(\frac{4}{3}\right)$

図 4.6　同値分数の表現

面白い感覚を持ち合わせた子どもがいて、もっと多くのピースが欲しいと要求したとしよう。その場合、ソフトウェアは「なんて欲張りな！　もっとケーキを切らないと！」と答えるだろう。例えば、6分の8を与えるために、2つ目のケーキを描き、それを6等分しできた6分の1のピースを8個数えるだろう。そのうえで、3分の4を表す同様の図を描くだろう（図4.6）。

整数の計算と同値分数の概念に関して柔軟に理解している子どもには、予期せぬ特典が付く。2/3+1/4という計算は8/12+3/12と書き換えられ、それらは「8個の12分の1たす3個の12分の1」のように、各ピース（12分の1）はすべて同じ大きさを持ち、加えることができるように言い換えられる。より柔軟に考えるなら、この表現は「8個のものたす3個のもの」は11個のものであるといった、馴染みのある整数計算に関連付けられる。この場合、11個のものは11個の12分の1のことで、11/12と書ける。

分数概念は、ある**対象**として、例えば「半分にしたリンゴ」として導入されることが多い。このことはたし算の場合にはうまくいく。我々は、2分の1のリンゴと3分の1のリンゴを加えられることを、実際にリンゴを6等分し「3個の6分の1」と「2個の6分の1」を合わせて「5個の6分の1」にすることで確認できる。しかし対象としての分数は、かけ算の場合に問題提起的になる。「2分の1のリンゴに2分の1のリンゴを**かける**」とはどういう意味なのかと考えても仕方ない。

しかし、柔軟に考えて、分数を**過程**としてみなせば、我々は「**2分の1**のリンゴ」から「6分の1のリンゴ」を手に入れるために「2分の1のリンゴの**3分の1**」をとる過程として表現できる。この見方は、「**の**」ということが「かける」ことを意味するという解釈をもたらし、それは、ある対象から分数の分数を得るという感覚を伴いながら、我々は単純に2つの分数をかけるという操作に至る。しかし、過程としての分数概念から分数の分数をとるという意味を確立するのではなく、残念ながら、この考え方は、単純に「「**の**」はかけ算の意味である」というルールとして紹介されることが多く、それが初めてこの考えに出会う学習者にとって意味不明である。

2.6　数えることと測ることの問題提起的相違点

数えることと測ることの間には根本的違いがあり、それが学習者に多くの問題を引き起す。数えることは**もの**を数えることを伴う。そこには自然な単位、つまり**1つ**のもので表される単位がある。測ることには単位を**選択する**必要が生じる。例えば、長さを測るとき、あなたはキュービット、ヤード、メートルのどの単位で測るだろうか。体積（容積）であれば、ガロンかリットルか、重さであればポンド（オンス）、キログラム（グラム）、温度であればセ氏、カ氏か。次に、下位単位についての疑問が生じる。1ヤードは3フィート、1ガロンは8ピンツ、1ポンドは16オンスであり、長い歴史の中で単位とその下位単位が選択されてきた。メートル法で単位を分割する基準として10を使い単位と下位単位を選択するように試みてきたにもかかわらず、計量単位の複雑さが今なお残る。

数えることにおいて、我々は個々のものを集めて、いくつかのまとまりを作り、それらのまとまりを数える。同じ大きさのまとまりを考えることでかけ算が生じる。そのため、「5かける3」は、5つのもののまとまりが3つ（または別の表現をしたい場合は、3つのもののまとまりが5つ）を表す。

測定において、かけ算はそれが生じた特定の文脈に依存する。長さを測る場合、長さをかけ合わせれば面積が得られる。また、より一般的に、異種の単位を含む量のかけ算は、ある合成された単位が得られる。もし1つの単位が一定の速さを表す単位（例えば「マイル毎時」）であり、もう1つの単位が時間を表す単位（例えば「時間」）であるとき、速さと時間をかけ合わせた積は距離になる。これらすべての現実世界における具象化の相違は、実際的状況を理解しにくくする。

測定に関する計算が発達する中で、もし分数をものとしてしか見られないのであれば、かけ算は理解しがたいものとなる。分数同士のかけ算は、1つの分数を過程としても概念としても柔軟に捉えられることで理解しやすくなる。学習者が既に整数の計算を柔軟に扱えるなら、整数の計算に関する記号的知識は、分数の計算において支持的になる。

例えば、分数のかけ算の考えでは、長さという量があり、積は各辺の長さが与

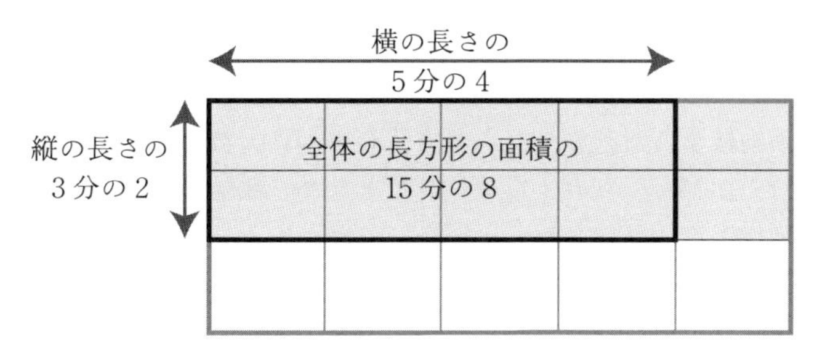

図 4.7　面積の分割

えられた長方形の面積である。図 4.7 は横の辺が 5 等分され、縦の辺が 3 等分された長方形であり、全体で 3×5=15 の小さな長方形に分割された長方形を表す。

色のついた長方形の縦の長さは 3 分の 2 であるため、その面積は全体の長方形の 3 分の 2 である。また黒の太線で囲んだ小さい方の長方形の横の長さは色のついた長方形の横の長さの 5 分の 4 である。黒の太線で囲まれた面積には小さい長方形が 8 個あり、全体として 15 分の 8 の広さを持つ。面積を求めるために縦と横の辺の長さを乗じれば、5 分の 4 を 3 分の 2 倍して 15 分の 8 になり、次の式が得られる。

$$\frac{2}{3} \times \frac{4}{5} = \frac{2 \times 4}{3 \times 5} = \frac{8}{15}$$

整数計算について柔軟に理解している子どもは、図 4.7 の意味での知識を使用することが多い。言い換えれば、**柔軟な記号化能力はその具象化の意味を理解することを手助けできる。**

2.7　負の量

もののまとまりを数えることに基づいた計算は、負数を導入するときに問題提起的になる。「3 個のリンゴ」、「4 個のリンゴ」を想像することは容易であるが、「何もない状態よりも少ない個数を持つことはできない」ため「−3 個のリンゴ」という概念は理解することが難しい。「3 の 4 個分」と「4 の 3 個分」のように「3×4」と「4×3」の間の違いにこだわる子どもにとっては、より複雑な問題が存在する。負の量を導入するとき、「−3 が 4 個分」の意味は「4 が −3 個分」の意味とかけ離れている。−3 を 3 の負債とした場合、「−3 の 4 個分」は 12 の負債と考えることは合理的である。しかし、「4 の −3 個分」はそれとは完全に異なり、それは「4を3回取り去る」と解釈され、「12を引く」とみなすことで、−12と表記される。

子どもを手助けするためのよくある方法の1つに、数のパターンを使う方法がある。例えば、2×3=6のかけ算から計算し始め、乗数の3から1引き2×2=4を、さらに同様の操作を繰り返していけば、次のパターンが得られる。

$$2 \times 3 = 6$$
$$2 \times 2 = 4$$
$$2 \times 1 = 2$$

どの場合も乗数は1ずつ減ると、積は2ずつ減る。このパターンが続いていくことは「合理的」なことであり、さらに乗数が1ずつ減っていくと、積が2ずつ減っていくので、次の式が得られる。

$$2 \times 0 = 2$$
$$2 \times (-1) = -2$$
$$2 \times (-2) = -4$$

同様に論を進めると、2×−2=−4から始めて、被乗数が1ずつ減ると、次の式が得られる。

$$2 \times (-2) = -4$$
$$1 \times (-2) = -2$$
$$0 \times (-2) = 0$$
$$-1 \times (-2) = 2$$
$$-2 \times (-2) = 4$$
$$\cdots$$

この場合はいつも積が2増えていくパターンになっており、ここから2つの負の数の積が正の数になる意味が得られる。

この方法の受け止め方は様々である。パターンの美しさを楽しいと思う学習者もいれば、一方では負の数の取り扱いが理解しがたいものだと思う学習者もいるように、数学的思考の範囲は広い。

測定におけるさらなる発達を考慮すると、新しい方法を考えることができる。数直線上で正の数をかけることは尺度係数として見なすことができる。例えば、

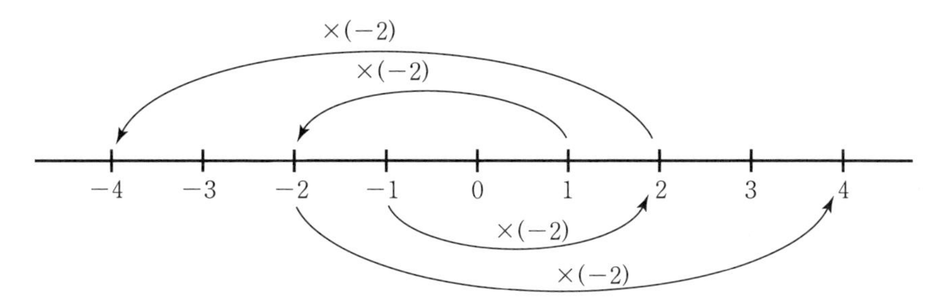

図 4.8 数直線上での負の数のかけ算

3 をかければ 1 の点は 3 の点に、2 は 6 に、5 は 15 に…、動かされる。−1 をかけることにより各正の数 x は負の数 $-x$ に変化させられ、原点対称に正の数と負の数を入れ替えたとみなせる。また、ある負の数、例えば −2 をかけることは、2 倍の拡大と原点対称な正の数と負の数の入れ替えの組み合わせと考えられる[17)]（図 4.8）。

このことは、2 つの負の数のかけ算が、2 つの尺度係数と 2 回の原点対称の入れ替えの組み合わせを示す。それゆえ、−2 の −3 倍は 2×3=6 倍の拡大と原点対称の入れ替え 2 回の組み合わせとなり、+6 という値が得られる。もちろん、この解釈が成功するかどうかは、どれだけ学習者が知的発達しているかに関わる。整数の計算および数直線の柔軟な理解を有する子どもは、この考え方が面白い発想だと考えるが、数えることしかしない子どもにはこの発想があまりよく理解できない。

2.8 リメディアル数学における負の符号

負の符号に関する長期発達やその意味の脆弱性は、メルセデス・マクゴーウェンの研究により明らかにされている。彼女は、学校で代数が苦手だった学生に、大学で初等代数を教えていた[18)]。黒板に負の記号を書き、学生にこれを見て何を思い浮かべたかという質問を投げかけたとき、多くの学生は、第一にひき算する過程であると答え、第二に負の数の概念であると答えたが、誰も「たし算に関する逆元」のような言葉を使って答えないことに彼女は気がついた。負の符号が負

17） 数直線上の原点対称な入れ替えという視点だけではなく、平面上の原点回り 180° の**回転**とみなす視点を押し広げることは、数学がさらに発展したとき役に立つ。複素平面上の複素数を乗じるような複雑な概念を解き明かすための手がかりとなる。

18） McGowen（1998）。

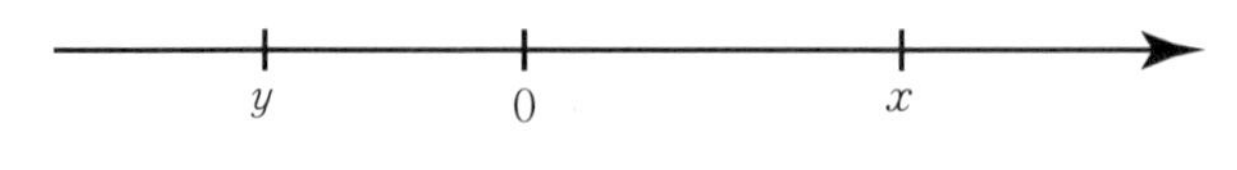

図 4.9　数直線上の 3 つの数量

の量を表す算数的発想は、代数を学習する際に広く問題提起的になる。つまり、$-x$ はいつも負になるはずと考えてしまうが、それはたとえ x が負の値のときでも x の数値は正であるかもしれないと考えることに起因する。負の符号は、数多くの誤った計算で登場する。例えば、負の数を 2 乗する計算では、計算の先行規則が子どもに大きな混乱をもたらし、26 人中 6 人のみしか、-3^2 を -9 として、$(-3)^2$ を 9 として正しく計算できなかった。

x を正の数として、y を負の数として点を打った数直線が与えられたとき、数のたし算やひき算に関する先行経験は子どもの反応に影響をもたらした（図 4.9）。

3 分の 1 近くの子どもが $x-y$ と $y-x$ は等しいと答えた。それらの子どもは 2 つの数の「差」はどちらにせよ同じと考えたと振り返った。3 分の 2 以上の子どもは、たとえ y が明らかに負の数だったとしてもたし算はもとの数より大きな数を生成し、ひき算は小さな数を生成するという理由で、$x+y$ は $x-y$ より**大きい**と考えた。一方、5 分の 1 の子どもは、おそらく y が原点より左側にあり負であるという理由で、負の数を引くことは正の数を足すことと同じであると推論し、$x-y=x+y$ であると発言した。

数学が次第に精緻化するのにつれて、複雑に負の符号の意味は変化し、以下の意味を含む。

（1）　符号のついていない 2 つの数の間の「差」の演算。

（2）　大きい方から小さい方を引くことだけが可能な「ひき算」の演算。

（3）　-3 のような「負の数」の概念。いつでも引くことができ、-3 を引くことは $+3$ を加えることと同じである。

（4）　加法に関する逆元としての $-x$。この場合、$-x$ は、x の値が正の数、0、負の数のとき、それぞれ負の数、0、正の数になる[19]。

19）　McGowen & Tall（2012）。

より進んで、例えば複素数のような全順序のない体系を扱う。ここでは、$-z$ は複素数 z の加法に関する逆元を表す。このとき $(-z_1)(-z_2)=z_1z_2$ を考えると、「正」か「負」のどちらかを言えない。この性質は、単に2つの「負の数」の積は「正の数」であるだけではなく、(加法に関する逆元としての)「2つのマイナス」の積はもとの元の積に等しいことを示し、それは $(-a)(-b)=ab$ として表記される。

2.9 代数への移行

代数への移行は、わずかな人にとって簡単だが、多くの人にとってトラウマになる。算数では支持的な経験的構造であったものの多くは代数においては問題提起的になる。例えば、算数において、計算にはいつも**答え**がある[20]。2+2は4であり、2.487×23は57.201、半径が4.76の円の面積を小数第2位まで計算すれば71.14である。

$3+4x$ のような文字式は答えを持たない(x の値がわかり、計算を実行しない限り)。その上、文字式を左から右に読むと、高い可能性で誤解を招く。

$3+4x$ という式は「3+4」が先に記述され、そのあとに x が続く形である。もし x の値がわからない $3+4x$ という式の意味を捉えることに苦心する学習者がいたとすれば、3+4を計算して7を得て、7と x が残り、意味のわからないまま「答え」を $7x$ として書くように、意味のわかる部分の計算だけを実行するのが当然の反応である。

算数の計算に柔軟な子どもにとって、x がどんな値であれ、$3+4x$ が3に x の4倍を加える計算の一般的操作を表すことを理解することは、簡単で面白いことである。彼らは $3+4x$ の式をそれ自体を1つのものとして捉えられる。例えば、$2x$ を加えることは $3+4x+2x$ と表現されることは比較的簡単である。この式は x の4倍と x の2倍が x の6倍に書き換えられ、$3+6x$ と書き直せる。この式は $3(1+2x)$ と因数分解することもできる。

算数における一般的パターンの意味を柔軟に考えられる者は、算数から代数への移行を簡単にこなすことが多く、強化することができる。一方、手続きとして算数のみに焦点を当てる子どもは代数がますます理解しがたいものとみなす。そのため、ここで今一度、新しい学習に影響を及ぼす子どもの先行経験や発達を見

20) 式は答えを持つはずという発想は「閉じていないことへの不安」(Collis, 1978)として文献で言及されている。

ていく。そうすることで、より幅広い人々が有する多様な学びを考慮することができる。

2.10　リンゴとバナナ、メートルとセンチメートル

学習者は単位やものを表すために文字を使用する経験をしている。例えば、3メートルは3 m と書かれるが、ここでの m は長さの単位を表す。この場合、12 m＝1200 cm が「12 メートルは 1200 センチメートル」を表すように、等式は特別な意味を持つ。

学習者が初めて代数に直面したとき、文字が単位やものを表すという意味が想起される。例えば、a が「リンゴ（apple）」を、b が「バナナ（banana）」を表すとすれば、$3a+4b$ は「3つのリンゴと4つのバナナ」と解釈でき、3 m＋4 cm は「3メートルと4センチメートル」と解釈できる。この解釈は代数の初期経験において機能する。例えば、$2a$ を加えると $3a+4b+2a$ となるが、加えた2つのりんごは共に動かすことができ、$5a+4b$（5つのリンゴと4つのバナナ）が得られる。

この解釈は代入を認識することへと広げられる。例えば1つのリンゴ a の値段が5 p（5英ペンス）で、1つのバナナ b の値段が 10 p（10 英ペンス）とすれば、3つのリンゴと4つのバナナの値段は $3a+4b$ の値段であり、3×5 p＋4×10 p と書き換えられ、55 p が得られる。

しかし、ものを表すために文字を使うことは、文字式計算で問題提起的になる。例えば、a がリンゴを b がバナナを表すとすれば、$3a-7b$ は一体何を意味するのか。果たして、3つのリンゴを取り、そこから7つの（実在しない）バナナを取り去ることができるのか。a^2 はどういう意味か。リンゴを平方することができるのか。もし a が数なら、a^2 は積 $a\times a$ のことであり、a が長さであれば、a^2 は面積である。しかし a が1つのリンゴのときは、何の意味もない。文字を単位やものの名前として想像することはすぐに問題提起的になる。

2.11　学生と教授

アメリカの大学生に出されたある問題で、興味深い事実が明らかとなった。

> 以下の文を変数 S と P を使って等式で書きなさい。
> 「この大学には教授の6倍の学生がいます。」

ただし、S を学生の数と、P を教授の数としなさい[21]。

高度な教育を受けている人たちの約3分の1が $6S=P$（または $P=6S$）と等式を書いて解答し、3分の2が $S=6P$（または $6P=S$）と解答した。$6S=P$ という等式は「6人の学生は1人の教授と等しい」または「6人の学生は1人の教授に対応する」と解釈でき、これは文字がものや単位を表す解釈に関連している。

しかしながら、この問題の正しい解釈は $S=6P$ である。これは学生の**数**が教授の**数**の6倍を示す。

初期段階でのものや単位を表す文字使用は強力である。この使用は学生—教授問題における文字式の意味を逆転させる原因となる経験的構造を生み出す。これに続き、この問題の代数的意味を学生に教える試みは驚くべき強固な抵抗を伴い、それは文字がものの「個数」よりも「もの」を表すという解釈に固執することと関連する[22]。

2.12 方程式の手続的解法とプロセプト的解法

初期段階では、代数的な式を、数値を出す操作として考えることは、単純な方程式を解く際の手助けとなる。

例えば、

$$3x+2=8$$

のように、左辺に文字があり、右辺に数がある方程式は、「ある数を3倍し、2をたしたら8になった。その数は何か？」といった手続的問題とみなせる。この方程式は「3倍し」た後「2を加える」というように、操作系列と捉えられる。それは、右辺の8から計算を始め、左辺の操作を逆にして「2をひいて、3でわる」を行い、結果として $x=2$ という解が得られる。こうした操作の「打ち消し」は、ひき算の場合でも機能し何らかの数を出力する。例えば、$4x-3=5$ は「ある数を4倍し3を引いたら5になる」ことを意味するので、その操作は5に3を加えることで「打ち消され」、「x を4倍すれば8になる」ことがわかり、容易に「x は2」

21） Clement, Lochhead & Monk（1981）。
22） Rosnick（1981）。

であることを導く[23]。

しかし、次のように両辺に文字がある式は、異なる意味を持つ。

$$3x+2 = 6+x$$

過程レベルで見れば、この式は両辺にある2つの異なる処理が同じ結果を与えるという意味である。しかしどのようにすれば両辺の処理を計算を用いて同時に「打ち消す」ことができるのかは明らかでない。この式には「打ち消す」ときに計算の対象となる数がない。

この方程式はたいてい両辺を等しい量と解釈し、「同じことを両辺に対して行う」ことで、次のような一連のステップに従って解を求める。

$$3x+2 = 6+x$$

両辺から2を引けば　$3x = 4+x$

両辺からxを引けば　$2x = 4$

両辺を2で割れば　$x = 2$

子どもにとってxが一方の辺のみに文字がある方程式を解くことのほうが成功を収めやすいことはよく知られている[24]。フィロイとロジャーノ[25]はこの現象を算数と代数の間の「教授学的切断」と名付けた。「(文字を含む) 式 = 数」の形の単純な方程式は、算術操作で解けるが、文字を含む式が両辺にある方程式は子どもに代数記号を操作することを要求する[26]。

方程式を天秤と考えることで、もう1つのアプローチが可能となる（図4.10）。

方程式の問題は、大きさをもったものに対する物理的操作によって解決できる。両側から2を取り去り、続いて両側から（xの値がなんであれ）xを取り去る。このとき「2つのx」と「6」が釣り合うことを理解することで、xは3に違いないと推論する。このようなアプローチがかなり多くの子どもにとってわかりやすいことが調査で明らかである[27]。

23）［訳註］日本の算数指導では、このような解き方を逆思考による解法として小学校2年生から扱っている。

24）Hart et al.（1989）。

25）Filloy & Rojano（1989）。

26）［訳註］日本では、小学校の文字式の指導では逆思考までが扱われ、両辺に文字がある方程式は中学校で初出である。

27）Vlassis（2002）。

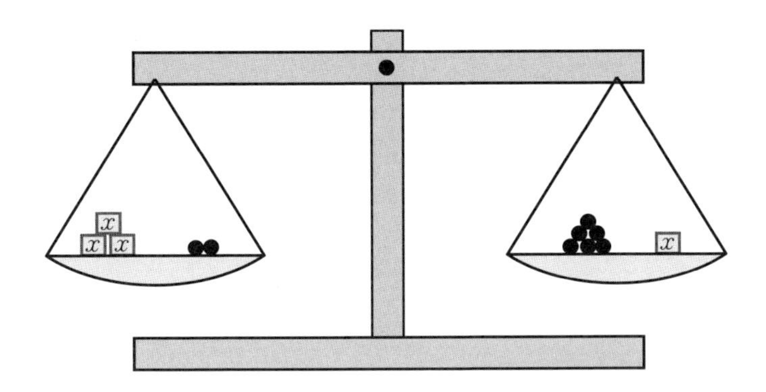

図 4.10　1 次方程式 $3x+2=6+x$ の天秤モデル

しかし、天秤モデルで重要なことは、x を**もの**で表現すことである。このモデルは方程式が正の項と加えるという操作を持つ単純な場合なら支持的であるが、ひき算を含む方程式を表現するにはどのように使えるのか。例えば、x が未知数のとき、片方の辺が $3x-2$ である方程式の場合、どのようにすれば天秤を描けるのか。また x が負の場合、その状況を表すことはさらに問題提起的になる。

こうした状況に対して様々な工夫が提案されてきた。例えば、天秤の皿が重さで下がるのではなく、ヘリウムガス風船を用いて皿が持ち上がることで負の数をイメージしたり、庭に適当な大きさの穴を掘って砂の山（正の量）と穴（負の量）を作ったりすることである。個人的には、これらの例は面白さもあるけれども、同時に問題提起的になる。こうしたやり方は、方程式に様々な種類の仮想現実を植え付け、学習を動機付けるよりも、混乱を増幅させる。リチャード・スケンプは、こうした付加的意味が「ノイズ[28)]」となって理解を遅らせてしまいかねないと述べる。

もし方程式が奇妙な連想を与える具象化と関連づけられるなら、よくできる子どもにとっては刺激になる。しかし、複雑さが増す手続きの学習についていけない子どもにとって、それらの考えは問題提起的となり、失望の原因となる。具象化されたものとして天秤を使用する場合、手続きの困難性や複雑性が増すことを、ブラッシスは次のような予言的題目の論文で詳しく検討している（「天秤モデル：それは 1 元 1 次方程式の解法の妨害か、支えか」[29)]）。

---

28)　Skemp（1971）, p. 28。
29)　Vlassis（2002）。

方程式に対する記号的アプローチにおける教授学的切断の問題や、天秤モデルを用いた具象化によるアプローチの功罪について考慮するとき、もう1つの理由づけの方法として「同じことを両辺に対して行う」という一般的原理が考えられる。この方法を用いたある実験として、ロサーナとリマは、授業後インタビューで、誰1人としてこの一般的原理に言及しなかったことを明らかにした。多くの子どもは、「両辺に同じものを加える（またはひく）」と言う代わりに次のように発言した[30]。

（1）　文字を左辺（または右辺）に動かし、符号を変える。

また、両辺を同じ数でわったと言う代わりに、彼らは次のように発言した。

（2）　文字を左辺（または右辺）に動かし、**下側に書く**。

これらの子どもは、心的思考実験として「文字を動かすこと」を想像しているようだが、それらを動かすだけでは十分でない。彼らは、方程式の解を求めるために、余計な「規則」（「符号を変える」、「下側に書く」）を適用しなければならないのである。これらの操作はしばしば脆弱であり、混乱を招くものである。例えば次のような方程式を解く際、68人中25人の子どもが正答を得たが、11人は無解答で、32人は誤答した。

$$3x-1=3+x$$

多くの子どもは、まず初めのステップで $2x=4$ と変形し、2を右辺に移動させ下側に書き、解を得ていた。

$$x=\frac{4}{2}=2$$

その他の子どもは $2x=4$ の形から次のように間違えた。

$$\text{(a)}\quad x=4-2 \qquad \text{(b)}\quad x=\frac{4}{-2} \qquad \text{(c)}\quad x=\frac{2}{4}$$

（a）の場合は、2を右辺に移動させ符号を変えており、（b）の場合は「2を移動さ

30）　Lima & Tall（2008）。

せ、下側に書く」までは正しいが、さらに「符号を変えて」おり、(c) の場合は2を移動させ4を下に書いている。

中にはいくつかのことを一度にしようと試みた子どももいたが、より込み入った誤答を導いていることがあった。例えば、ある子どもは左辺の1を移動させて右辺に $+1$ を書き、それと同時に右辺から $3+x$ を左辺に移動させ右辺に符号を変えて $3x$ を書き、$3x-1=3+x$ を処理することで次の式を出していた。

$$3x-3x = +1$$

ここで、この方程式は問題提起的になる。左辺は0と変形され、方程式を満たす x が存在しない。この子どもは0を左辺から右辺に移動させ下に書くことで解答を進め、

$$0 = \frac{1}{0}$$

次のように式を完成させ、0を「答え」とした。

$$0 = \frac{1}{0} = 0$$

この研究における子どもは解を得るために、文字を移動させ「符号を変える」や「下に書く」という「魔法」のような処理を加えることで、方程式を一般的に扱った。困難に直面した場合、彼らは手を止めるか、方程式に解を「与える」ために何らかの操作を行った。正しく解答した子どもでさえ、彼らの示した行為を、文字を適切な「魔法」によって正答に変えるという意味で説明した。

2.13 1次方程式の解答データの分析

我々は、1次方程式を解く3つの方法を見てきた。つまり、天秤を使用する具象化方法、「式を打ち消していく」記号的解法、「両辺に同じことをする」という一般的原理を使用する方法である。もちろん他にも方法はあり、例えばグラフを描くと直線になるので、その直線と x 軸が交わるところを探したり、表を用いて方程式を満たす値を必要に応じて細かく調べたりする方法がある。

どの場合においても、具象化(天秤を使用することやグラフを描くこと)と記号化(数的近似や代数的操作)、またはより一般的推論の原理(「両辺に同じことを行う」)の多彩な組み合わせが見てとれる。このことは、それぞれ3つの方法が方程式を解く際の成功や失敗の原因の説明や予測をもたらすことを示す。

- 記号的方法では、教授学的切断を導き、「打ち消す」方法が「（文字を含む）式＝数」の形の方程式に対して支持的であるが「（文字を含む）式＝（文字を含む）式」の形の方程式に対して問題提起的である。
- 具象化された天秤の方法は正の項のたし算のみを含む単純な方程式に対しては支持的であるが、負の数やひき算を含む方程式に対して問題提起的になる。
- 「両辺に同じことを行う」という原理は、（プロセプト的）算数の柔軟な捉え方を獲得している子どもにとって支持的であるが、算数や代数を特殊な方法で実行しなければならない手続き的アルゴリズムであるという見方で理解している子どもにとって問題提起的である。

このことは、多様で広範な学術研究を整理し、具象化、記号化、推論をひとまとまりにする大きな理論をまとめる理論的枠組みを定式化する考えを支える。

2.14　2次方程式

算数や代数の柔軟な感覚が発達した子どもと手続き的操作に頼る子どもの間の分岐点の影響は、子どもが2次方程式を解くときにも顕著にみられる。前項で詳細に述べた1次方程式の学習に取り組んでいた子どもが、2次方程式の学習に移ったとき[31]、教師は子どもが文字を操作することに困難を抱き、主に$ax^2+bx+c=0$の形の方程式の解の公式に焦点を当てていることを発見した。子どもの中には、移項により方程式を解き、$x^2=9$のような方程式をある操作と解釈し、式を変形するために、3番目の原理を「平方数を左辺（または右辺）に移し、平方根をとる」のように定式化した。ここから、解$x=\sqrt{9}$が得られるが、しばしば正の平方根である$x=3$のみが導かれる。

子どもに図4.11の問題が与えられた。

因数分解によって方程式を解く方法を学んだ者ならこの解法が自明に思えるが、77人のうち30人（39%）の子どもしか上記の解答に賛成しなかった。主に解の公式を使って方程式を解いてきた経験に基づいて、ほとんどの子どもが問題にある括弧の式を展開して、解の公式を使用して解を求めると理解した。誰も、$x=3$または$x=2$という解を得るために、積の結果が0ならば必ず1つの因数が

31）　Tall, Lima & Healy（2013）。

実数の範囲での方程式 $(x-3)(x-2)=0$ を解くために、ジョンは次のように1行で解答した。

「$x=3$ または $x=2$」

彼の解答は正しいですか。彼の解答を分析し、解説しなさい。

図 4.11 ジョンの問題

0であるという原理を使っている者はいなかった。3と2の数値が与えられた方程式を満たすかどうかを確認するために代入した子どもが6人いた。

概念の意味づけをせずに答えを得る方法に焦点を当てる「試験のための指導」は、より複雑で洗練された学習状況において脆弱な規則は崩れるので、長期的には有害な影響を及ぼす。

2.15 さらなる困難性

問題提起的な経験的構造の影響は、数学カリキュラムの至る所で見られる。例えば、指数を学習するとき、2^3 を2を3回かけ合わせたものと定義することは意味がある。

$$2^3 = 2\times2\times2$$

この考えを使用すると、次を合理的に理解することができる。

$$2^3\times2^2 = (2\times2\times2)\times(2\times2) = 2^5$$

そして、これをを整数（正の整数）の上での指数法則に一般化できる。

$$2^{m+n} = 2^m\times2^n$$

しかし、分数や負の数が指数になる場合、指数が因数の個数を表す経験は問題提起的になる。$2^{1/2}$ が「2の半分をかけ合わせる」という意味はどう考えればよいのか。2^{-3} という記号が「2を -3 個かけ合わせる」ことを表現できるのか。もともとの指数の意味は考えることができず、問題提起的になる。

指数が正の整数の場合から分数や負の数の場合に一般化するためには、一般的原理として指数法則を使用する必要がある。例えば、$m=n=1/2$ を代入することで、$2^{1/2}=\sqrt{2}$ を推論しなければならない。

$$2^{\frac{1}{2}}\times 2^{\frac{1}{2}} = 2^{\frac{1}{2}+\frac{1}{2}} = 2^1 = 2$$

この関係は、$2^{1/2}$ が2の平方根でなければならないことを示す。このような主張は学習者が指数のもとの意味から離れ、記号体系から演繹を行うことに慣れる必要がある。ここで要請されるのは、実際的経験に基づく意味づけの方法から、規則が定義や演繹として使われる理論的方法への移行である。またその移行は、実際的経験に基づかない考えを扱うことに慣れていない子どもにとって大きな問題提起となる。

算数から代数にわたる長い変化の道のりは、子どもに挑戦的課題や自信を増幅させる過程でもあるが、その一方で困難を感じる子どもを遠ざける過程でもある。結果として、多くの子どもや教師が試験のために規則を丸暗記することに焦点を当てるようになり、ある程度の成功を収めるが、柔軟に考えを理解することには失敗する。

2.16　三角法

同様の分析は、数学の他の領域に対しても適用できる。例えば、三角法の場合、その道のりは直角三角形 ABC の辺の比としての正弦、余弦、正接の定義から始まる。ここでの辺や角は、すべて大きさを持ち、負の数は考えない。こうした取り扱いは、もとのユークリッド幾何学や学習者が三角法に初めて出会うときにみられる。特に、三角形になるためには、角の大きさや辺の長さはゼロであってはならない（この場合、三角形は直線になる）。また、三角法の概念や直角三角形における三角比（図4.12）に関して、かなり多くの公式があり、そこには困難が付きまとう。

ユークリッド的証明は、審美的に素晴らしく、技巧的でもある。例えば、図4.13における $\sin(\alpha+\beta)$ の公式の証明を考える。

半世紀以上前のことであるが、私の数学の先生であったジョン・バトラーが黒板にこの公式の証明を書いて教えてくれたときのことをいまだに覚えている。そのとき、私はその証明を理解したように思うが、証明の詳細までは覚えていない。本書のためにその証明を書き出そうとしたきも、証明を正確に再現することに苦心した。私が学生の頃、この公式を、より一般的な場合、つまり角度が正や負に

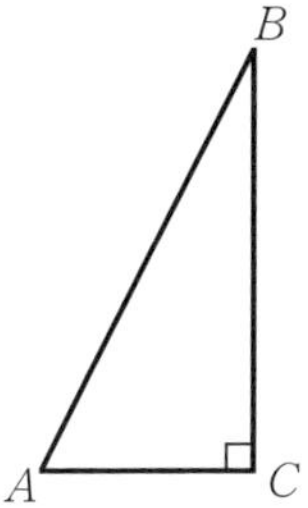

$$\sin A = \frac{対辺}{斜辺} = \frac{BC}{AB}$$

$$\cos A = \frac{隣辺}{斜辺} = \frac{AC}{AB}$$

$$\tan A = \frac{対辺}{隣辺} = \frac{BC}{AC}$$

図 4.12　直角三角形における三角比

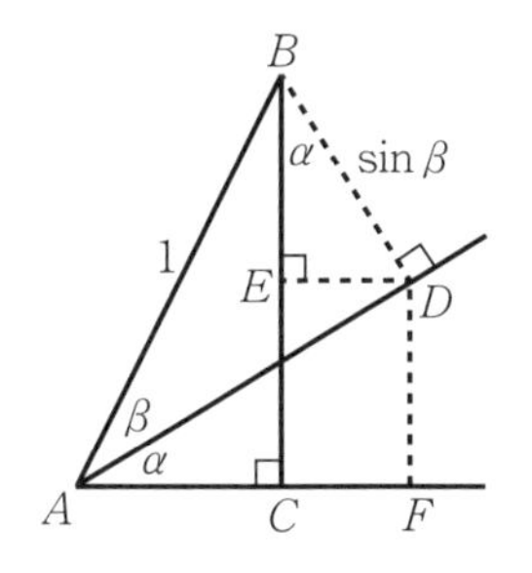

左図において、$AB=1$、$\angle A=\alpha+\beta$ とする。
このとき $\triangle ABC$ について、$BC=1\sin(\alpha+\beta)$ である。
点 B から AD に垂線 BD を、点 D から BC に垂線 DE を、点 D から AF に垂線 DF を引く。このとき、

$$BC = BE + DF \cdots\cdots (*)$$

$\triangle ABD$ において、$BD=AB\sin\beta=\sin\beta$
$\triangle BDE$ において、$BE=BD\cos\alpha=\cos\alpha\sin\beta$
である。同様に、

$$AD = AB\cos\beta = \cos\beta$$
$$DF = AD\sin\alpha = \sin\alpha\cos\beta$$

である。よって、(＊) より、

$$\sin(\alpha+\beta) = \sin\alpha\cos\beta + \cos\alpha\sin\beta$$

図 4.13　$\sin(\alpha+\beta)$ の公式の証明

なる場合にも使わなければならかったが、私は、その証明を頭の中に描けなかった。私は、単に問題を解くために公式を使っていたのである。しかし実際には、特に問題はなく公式を使えたし、私はこの公式を使い勝手のよい有用な数学的技能として認めていた。

三角法に関する認知発達の研究は、ミッチェル・チャレンジャー[32]によって行われた。この研究では、三角法に関する意味変容を明らかにしている。それは、16 歳の子どもがそれまでに出会ったことのある「直角三角形」の三角法から、角

32)　Challenger (2009)。

度が正にでも負にでもなる「単位円による三角法」への変容に関するものである。「単位円による三角法」を学習している子どもは、以下のような典型的な感想を述べる。

私は三角法が本当に嫌いです。図や公式など、覚えなければならないことがたくさんあります。どれを使うべきかわかりません。

直角三角形の三角法と単位円による三角法のどちらについて話しているのか。

直角三角形の場合の三角法は理解していましたが、今はどこから考え始めればよいかわかりません。

正弦とは一体何なのですか。私はわかったつもりになっていました。でも今になって本当に混乱しています。

このような学習者を教えている者は、「解析的三角法」と呼ばれる、さらに高度な数学について学んだことがある。この三角法は、冪級数や複素数の使用を含み、直角三角形や単位円による三角法の学習経験とはかけ離れている。若齢の子どもへの適切な数学指導に主に関心を持つ読者にとって、この複雑化は大きな飛躍である。しかし、解析的三角法で生じる結晶構造を理解するために、少し先の数学を見ることは価値がある。

特殊な数 e は次のように展開できる。

$$e=1+\frac{1}{1}+\frac{1}{1\times 2}+\frac{1}{1\times 2\times 3}+\cdots+\frac{1}{1\times 2\times 3\times\cdots\times n}+\cdots$$

これは、$i^2=-1$ を満たす複素数 i と結びついて、次の驚くべき式を満たす。

$$e^{i\theta}=\cos\theta+i\sin\theta$$

指数法則 $x^{m+n}=x^m x^n$ を複素数の範囲に一般化すると、$e^{i(\alpha+\beta)}=e^{i\alpha}e^{i\beta}$ という式が得られ、これを用いると、次のように書き直せる。

$$\cos(\alpha+\beta)+i\sin(\alpha+\beta)=(\cos\alpha+i\sin\alpha)(\cos\beta+i\sin\beta)$$

右辺の式を展開すれば、

$$\cos(\alpha+\beta)+i\sin(\alpha+\beta)=\cos\alpha\cos\beta-\sin\alpha\sin\beta+i(\sin\alpha\cos\beta+\cos\alpha\sin\beta)$$

が得られ、「虚部と実部を比較すること」により、次の**2つの**恒等式（三角関数の加法定理）が同時に得られる。

$$\cos(\alpha+\beta)=\cos\alpha\cos\beta-\sin\alpha\sin\beta$$
$$\sin(\alpha+\beta)=\sin\alpha\cos\beta+\cos\alpha\sin\beta$$

より複雑な考えを受け入られる者にとっては、このことは、数学が単により複雑になるだけではなく、単純にもなることを示す驚くべき例である。

ここで、より高度な発達について話している理由は、たとえ学習者にあらゆる段階で数学の理解を促したいと思ったとしても、数学の完全な結晶構造は、後の段階にあり、その時点の学習者には理解できないことを説明したかったからである。

解析的三角法の水準に達するためには、学習者は問題提起的な経験的構造がもたらす難関を突破しなければならず、それは、正の数の計算から負の数の計算へ、ユークリッド的な直角三角形の三角法から単位円の三角法へ、さらには級数や複素数の概念を含んだ解析的三角法へという道のりを歩む。そのような道のりにおいて様々な危険が存在することは明らかで、一連の考えの意味を理解できる者にとって挑戦的で面白いものであるが、問題提起的な経験的構造から負の影響を受ける者にとって深刻な困難となる。

3. 支持的概念と問題提起的概念

前節で述べた長期的意味の変容は、大学の数学専攻で単位を取得して数学教師になる準備をしている学生に対して影響を及ぼす。私が博士号の指導をしたキン・エン・チンは、教員養成系で数学を専攻した学生の有する三角法の概念を研究した。その研究で、学生は、三角形をユークリッド的な図形として理解していること、つまり三角形の角の大きさや辺の長さは0でない正の値でなければならないという見方を持ち、結果として、直角三角形の三角法と単位円の三角法の間に、完全に一貫した関連が持てないことを見出した。級数で定義された正弦、余弦について話す学生であっても、その知識を直角三角形や単位円の三角法に関連づけられない。一方で、無限級数や複素数について大きな感情的不安を持つ学生もいた[33]。このことは、より高度な数学を「知ること」が、将来教師になる学生にとって、子どもの学習の仕方を意識するための十分な訓練にはならない一つの証左である。

キン・エンが研究データの特徴を述べたとき、彼はじっと私のほうを見て、自分の頭に触れながら「**知ること**と……」と言ってから、今度は自分の手のひらで何かを掴むようにしながら「**理解すること**は違う」と言った。この表現の中では、重要なジェスチャーを使いながら、人間の思考の進化の謎の核心に触れたのである。それは、ある現象についての考えを抱くことから、その考えを心の中で把握し使えることへの変化である。彼は、アンナ・スファードの「コンセプション」[34]という概念を使うことを提案した。コンセプションとは、個人が持っている概念の解釈を意味する。そのため、我々は「支持的コンセプション」と「問題提起的コンセプション」について論じている。

我々が彼のデータを見て明らかに言えることは、個人が1つの概念に対して「支持的側面」と「問題提起的側面」を有することである。確かに、数学に自信を持つ成績上位の学生は、問題提起的側面を抑圧することで、支持的側面を問題解決に利用することに焦点を当てる。一方、別の学生は、支持的側面を含む概念を持つが、問題提起的側面が支配的であるために、全体的にどこか理解を欠いているような感じがある[35]。

学生の中には、幼少期から大学までの数学の道のりをすべて歩んできている者がいる。そうした学生は、数学について個人的概念を持っていることが多いので、将来教師として子どもに教えるとき、子どものニーズに気づけるように、自分自身の学びをしっかりと振り返ることが必要である。

子どもが後に経験することは、数学についての新しい見方を与えるもので、「後に出会うもの」[36]として説明できる[37]。この言葉は、発達過程で後になって出会

33)　Chin & Tall (2012)。

34)　Sfard (1991)。

35)　私は、博士論文の研究のアイデアを本書に掲載することを許可してくれたキム・エン・チンに感謝する。彼の分析は、支持的コンセプションと問題提起的コンセプションに関するものであり、それらが支持的な側面と問題提起的な側面の両方を含むこともあることは、本書のアイデアの理論的な改良に本当に助けとなった。

36)　[訳註]「met-after」は、「met-before」から連想された造語である。「met-before」と「set-before」は本章で度々現れる重要用語であり、その意味を重視して、それぞれ「経験的構造」と「生得的構造」と訳出した。しかし「met-after」は本章全体に関わる語でなく、三角関数の例において用いられるに過ぎない。そのため、ここでは「後になって出会うもの」という直訳に近い形で訳出した。

37)「後に出会うもの (met-after)」という概念は、オーストラリア人の学生グレンダ・アシュレイが、

う経験の影響に言及するもので、初期の考えにおいて考察された部分に根本的変容をもたらす。また、それは数学の熟練者が有する考えに関連し、熟練者にとって大きな意味を持つが、それらを経験していない初学者にとっては意味がない。

このような「後に出会うもの」の好例は、複素数を使用した証明により $\sin(A+B)$ と $\cos(A+B)$ という恒等式（三角関数の加法定理）が得られる場合である。この証明は驚くべき洞察を与えるが、それはその証明に必要となる高度な数学の意味を理解できる者に対してであり、直角三角形や単位円の三角法における加法定理を指導する際には用いられない。その代わりに、学習者には直角三角形の三角法を使用した証明を受け入れることが求められるが、こうした理論的アプローチにより導かれた公式が一般的な場合においても成り立つ前提がある。しかし、そうした前提に基づくことの安心感や満足感は、微積分における三角関数の微分法に公式を応用するとき一貫して使うことにより、後からついてくる。このことには、三角関数のグラフの傾きの変化という動的で視覚的概念を、三角法の公式という記号的使用に関連づけることによって取り組まれる。それは本書の後半で述べる微積分の研究や形式数学の研究において重要な役割を担う。

3.1 経験的構造はすべての人間に影響を与える

経験的構造は、人間の知識構造の発達の特色であり、人間がいかにして数学的に考えることを学習するのかについて理解しようとする際に極めて重要である。カリキュラム開発者が焦点を当てるのは、主として支持的な経験的構造であり、将来の発達の基礎を形づくることが意図される。例えば、多くのアメリカ人は、「プレ微積分」という言葉を用いて表現することは、子どもが将来出会う理論的基礎を形成させることを意図した課程である。本章における考察では、学習者が新しい状況に直面したときに生じる多くの問題提起的側面を明らかにした。学習に対する賢明なアプローチにとって必要なことは、将来直面するであろう強力な概念を築き上げるだけではなく、長期的影響を及ぼす現在の問題提起的な事柄に焦点を当てることである。

一般化を促進するような支持的側面と発達を弊害となる問題提起的側面の間にはバランスが必要である。ある段階で支持的となる考えは、次の段階では問題提

博士論文について私と話していたときに、その会話の中で作り出された。それは、他の研究者によっても使われてきており、発達の背景に潜む認知的成長に関する理論的アイデアの1つとして、継続して研究されている。

起的にあり進歩を妨げる。これは子どもだけでなく、熟練者にとっても言えることで、新しい展望を摑むことを妨げる特定の見方を発達させる。彼らは熟練者であるために、自分の立場を守ろうとし、パラダイムの変化に強く逆らう。

我々の言語は、歴史上のそのような例で満ちあふれている。有理数と**無理**数、分数と不尽根数（または**不合理な数**)、正の数と**負の**数、実数と（実部と**虚部**からなる）**複素数**である。革新的変化に立ち向かうよりも、親しみのあることに留まりたい傾向があることは、トーマス・クーンの大きな影響を与えた業績である**『科学革命の構造』**で立証されている[38]。

本書の話が進むにつれて、私は本書の義務は読者を問題提起的概念に晒すことであると考えるようになった。もし私が（最新のカリキュラム開発で生じているように）問題提起的概念についての言及を避けたいならば、これらの点には一切焦点を当てることはない。本書から得られる教訓は、我々はドラマの単なる観客ではなく、子どもが数学の苦楽にどのように接しているかを観察するだけでなく、我々自身がこの話の当事者ということに気づくべきである。我々は、実践の中でうまく機能する方法を安定的に保持すべきであるが、数学的思考の進化における進んだ洞察を追い求めるために、我々の枠組みに疑問を抱くことも必要である。

4. 要　約

本章では、数学的思考の発達に焦点を当てた。感覚運動的な人間の脳に備わる基本的能力や言語や記号を使用する特別なコミュニケーション能力から話を始めた。数学的思考は、遺伝子的に生まれつき備わったこれらの能力に基づいて、個人が過去に出会った経験に基づいた知識の構造を使用し、新しい状況を解釈していく一連の経験を通して発達する。

本章では、数学的思考の長期発達は、意味の変容を伴うもので、支持的な経験的構造が新しい場面においても支持的であり続けて一般化を促進する場合もあれば、以前の支持的側面が問題提起的になり発達を妨げる場合もある。

第5章では、数学的思考の認知発達とそれに関連する情意的反応の間の関係を様々な角度から考察し、数学に対する自信の向上や不安の下降に関する長期発達の影響を見ていく。

38） Kuhn（1962)。

第５章　数学と情意

本章では、数学的思考が情意にどのような影響を及ぼすのか、逆に情意が数学的思考にどのような影響を及ぼすのか考察する。情意には、例えばある種の奇をてらった問題を解決する能力を持つ喜びがある一方、逆に重圧下になると数学的思考が低下し、数学的思考ができなくなる不安もある。本章では、一般的な文献と本書で述べられた理論枠組みの双方の視点から、これらの情意に関する原因を考察する。

多くの数学不安に関する研究、特にアメリカにおける研究では、自信や不安といった個人の特性、両親や教師、友だちの態度、不適切な指導、試験への準備不足など、考えられる様々な原因が明らかになっている。これらの原因は、数学自体と個人との関係に焦点を当てているが、以下の議論においても考慮する。

柔軟な思考ができるようになるための長い道のりは、誰でも同じではない。第２章で示したように、数え上げる手続きにこだわっている人と既習を思い出したり関連事項を柔軟に活用したりする人には「プロセプト分岐」がある。第４章では、数学における一連の経験が、一般化を促す支持的側面と発展を妨げる問題提起的側面を述べた。各段階において、子どもは、既習経験に基づいて自ら作り出した方法を用いるので、新しい課題に対して様々な反応が生じる。未知の数学に対する反応が、数学への喜びあるいは不安という負の感情の双方に役割を果たす。同じように、情意反応は、個々の学習者の発達に対して長期的影響を及ぼす。具体的には、その歩みを妨げたり、意味を考えずに暗記学習に頼ったり、数学に興味を失い数学不安になる人がいる一方で、より洗練された考えに挑戦することを楽しみ自信を持つ人もいる。

1.　用具的理解と関係的理解

リチャード・スケンプは、２種類の理解様式として、**用具的理解**（演算の**方法を**

理解すること）と**関係的理解**（**理由を理解すること**）を提案した[1]。スケンプは、2種類の様式の役割を述べた。用具的理解は、多くの場合、習得が早く、定期試験で即座に結果が現れる。関係的理解は、知識構造が豊かに結びついた長期的結果であり、深い概念を扱う。例えば、負の数のかけ算をするとき「2つのマイナスはプラスになる」とだけ学習することは、すべての演算結果を考えるような一般性を理解するより簡単である。

進んだ段階になると、単純に概念を理解しているだけでは活用できない。なぜなら学習者が現時点で活用できるものよりも、高度なレベルの考えが必要だからである。例えば第4章で述べたように、$\sin(A+B)$ のような方程式の一般的な証明には、微積分の初歩段階では使わない洗練された技能が必要であるが、実際的方法としてなら**使用できる**。こうした技能は理路整然とした結論を引き出せるので、生徒がその証明を重要と考えなくとも、式をうまく使えたことで喜びや自信が得られる。関係的理解において、すべての内容を理解するのではなく、個々の学習者に応じて理路整然としたうまくいくやり方で、複数の考えを活用する必要がある。

用具的理解も関係的理解も喜びをもたらす。例えば、用具的数学は、学習者が数学計算をうまくできるようになったとき楽しくなる。関係的数学は、考えを有効な方法で組み合わせたとき楽しくなる。一方、用具的理解も関係的理解も情意的問題を引き起こす。用具的学習は、計算が複雑すぎると、失敗に対する不安や恐れを引き起こす。関係的理解は、数学的理論に納得できないと、混乱や失望を引き起こす。

2. スケンプの目標と反目標の理論

数学的思考と情意との関係を分析する理論枠組みが必要である。リチャード・スケンプは、学習者が達成したい目標だけでなく、学習者が避けたい反目標のような心理的枠組みを構築した[2]。学習者が以前にうまくいった成功体験やうまくいかなかった失敗体験に着目することで学習者が感じる喜びや不安を明らかできたように、目標と反目標によって、学習全体を説明できる。

目標と反目標は、2つの数をたすことのような短期間のものでも、数学の世界

1）Skemp（1976）。
2）Skemp（1979）。

で成功するような長期間のものでも設定される。反目標は、自分が愚かだと見られないために授業で質問されることを避けたいという短期間ものや数学を完全に避けるといった長期間ものがある。

子どもは、元々学習に対して積極的態度を持っている。子どもは、喜びながら世界を主体的に探求する。しかし子どもは不快な経験をすると、それを避けたいと願い始め、反目標を持つ。

スケンプは、目標と反目標に関する情意を理論化した。スケンプは、人が目標あるいは反目標に近づくときと離れるときに感じる情意を区別した（図 5.1 の矢印参照）。彼は、目標を達成したり、反目標を避けたりする個人的感覚も考察した（肯定的感覚は笑顔で表し、否定的感覚は不機嫌顔で表した）。

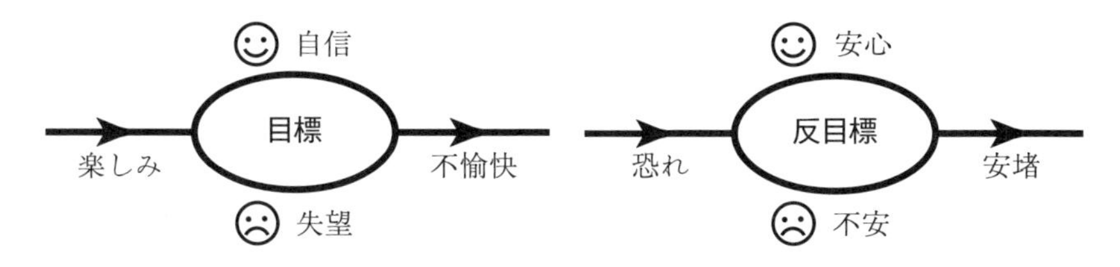

図 5.1　目標および反目標に関連づけた情意

この図によると、目標あるいは反目標に近づくときと離れるときでは情意が異なる。自信を持つ人が達成できると考えた目標でも、その後達成できないことがわかれば、失望に変わる。自信を持った人が感じる失望は、目標を達成するために、努力しようと積極的になるように働く。目標に向かって努力することは楽しみとなり、そこから離れることは不快（これはフロイト派が楽しみの反対を表すために分析で使用した言葉である）となる。

反目標に対処することは異なる。スケンプによれば、人が避けられると信じる反目標は安心感となるが、避けられないとき情意は不安となる。人は、反目標から離れることで安心する一方、そこに向かうことは恐れの感覚を持つ。

達成可能な目標に関する肯定的情意と反目標に関する否定的情意とは異なる。最善のものは安心感という感覚、最悪なものは不安感という感覚である。

その相違は学習者が積極的態度を持つ数学クラスでも見られる。そのクラスでは、問題を解くことができるという長期にわたる自信を持ちつつ、自分は困難を避けられるという安心感も合わせ持つ。リチャード・スケンプは、楽しみとは人がそれ自体を探し求めるのではなく、期待する目標に向かって進んでいる認知状態にあるという原則を立てて、「楽しみは道標であって目的地ではない」[3] と述べた。数学学習とは、数学の論理に納得したり、意欲的な生徒が理解できる程度に興味深い問題に取り組んだりすることで楽しくなる。「数学を面白おかしくすること」は、数学的思考を伸ばす学習において重要な構成要素かもしれないが、人の数学的思考力を伸ばすことが主目的だとすれば、部分的解決策でしかない。

関係的理解から生じる楽しさは、考え方に納得したり、豊かで柔軟な知識構造にそうした考えを組み込んだりして、楽しみを深める。成功を通じて自信を持つ学習者でも、問題が予想よりも難しい場合には楽しめない。しかし、経験した失望感が、失敗に対する恐れを引き起こすのではなく、難しい問題を解く方法を見つけたいという決意になる。

失望が解決されない場合、2種類の可能性がある。一方は、試験に合格するために、関係的理解の目標を諦め、暗記学習という現実的目標に切り替えることである。このことは、数学自体に興味を持たないが、他の目的ために数学的知識が必要な人にとって、成功感につながる。しかしながら、学習者が数学計算ができないとき、その状況は、成功を目指す目標から失敗を避ける反目標へ変わる。

ジョン・ペグは、教師向け定期刊行物の論説で次のように述べている。

> 私は、多くの生徒に、彼らがどのように数学に関わってきたかインタビューした。生徒の願いは、「規則を知りたい」、「解法を知りたい」であった。私は補足説明や具体的場面を示そうとしたが、「そのようことは構わないでください。どのようにするかだけ教えて下さい」と丁重な無関心さで対応した[4]。

私は、最近までこのことを関係的理解より用具的理解を求める願望が上位にあるからと考えていた。しかしながら、スケンプの目標と反目標の理論を用いると、それは1つの現象ではなく、2つの現象なのである。一方は、「規則を知りたい」、「解法を知りたい」と願う目標である。他方は、生徒が混乱を引き起こすと信じる「説明」を避けるという反目標である。

3)　Skemp (1979)。
4)　Pegg (1991), p. 70。

3. 数学不安

数学不安とは、「日常生活から学術的状況など様々な範囲にわたって、数学の問題への取り組みを妨げる緊張および不安の感情」である[5]。アメリカで行われた研究では、それが小学校から高校を経て大学の数学に至るまで、数学学習のすべての段階で起こる[6]。それは、重圧下で何も思い出せなくなったり、数学を嫌ったりするだけでなく、心拍数の増加や手に汗が滲む心理的要因によっても問題が明らかになった。数学不安は広範囲で、執筆活動家マリリン・バーンズはアメリカの成人のほぼ3分の2が数学に極度の嫌悪感と恐怖を持つと主張する[7]。大学段階でさえ、アメリカの学生を対象とした9,000人以上の調査から、4人に1人は、数学不安に対して支援が必要である[8]。

数学不安に関する要因を探し出すために、最初に要因を特定し、客観的方法でそれらの程度を測定する必要がある。このことは、「あなたは問題に対する回答に、いかにしてたどり着いたのかを説明できるか」、「あなたが出会った人のうち3人の電話番号を思い出すことができるか」、「おつりを数えること」といった項目に回答する反応を評価するアンケートによって、研究され測定された[9]。

一般的傾向を明らかにした最初のアンケートは、98項目からなる「数学不安評価尺度（MARS）」[10]である。これはその後の縮約版調査でも活用されているアンケートの原本である[11]。このアンケートは、数学不安（テストで測定される）と他の要因との相関関係を見つけるために、他のデータと併用した。これらには、生徒が数学的困難を感じることと不安になることの相関[12]、学習者が年をとるにつれて増加する不安の発生率[13]、男性と比較して女性は年をとるにつれより大き

---

5) Richardson and Suin (1972), p. 551。

6) 例えば、Steele & Arth (1998); Jackson & Leffingwell (1999); Hembree (1990); Bitner, Austin & Wadlington (1994); Tobias (1990) 参照。

7) Burns (1998)。

8) Jones (2001)。

9) Sheffield & Hunt (2006)。

10) Richardson & Suin (1972)。

11) 例えば、25項目の簡易版 sMARS (Alexander & Martray 1989)、改訂数学不安評価尺度 [R-MARS] (Plake & Parker 1982)。

12) Betz (1978); Ma (1999a)。

13) 例えば、Betz (1978); Bitner, Austin & Wadlington (1994); Hembree (1990); Jackson & Leffingwell (1999); Tobias (1990) 参照。

な不安を持つ[14]。

数学不安に関する種々の要因には、教師や保護者、他の人々が話す数学に対する悪いイメージ・社会的剝奪・数学授業において以前の経験を妨げること・理解していないことを手続きに基づいて行うひどい授業・試験への準備不足・教室の前に出て数学問題を解くように言われることへの不安・自己像の乏しさ・記憶の乏しさなどがある[15]。

これらは、数学の本質に関係するというよりも、不適切な授業の結果、他人の前に重圧におかれること、定期試験の重圧からくる消極的態度や不安が関係する。困難の原因が何であれ、生徒自身の知識の不十分さをそのままにしておくと、より進んだ内容に取り組んだとき理解できなくなる。それが不安を助長し、問題が深刻になる。不安を持つ生徒が数学を避け始めたり、努力しなくなったりする循環が築かれる[16]。

数学不安は、困難が不安の原因になり、逆に不安が困難の原因となる循環となるので、様々な原因を伴う複雑な問題である。

その問題に立ち向かうべく、全米数学教師協会は、以下の点に積極的に取り組んだ。

- 問題を解いたり、考えを伝達したり、議論したりするとき数学を使うことに自信を持つ。
- 数学的思考を探求したり、問題解決したりするとき柔軟に新しい方法を試みる。
- 課題を積極的に追求する態度。
- 数学への興味、好奇心、創造力。
- 他の分野や日常経験での数学活用を評価する。
- 我々の文化における数学の役割や、道具あるいは言語として価値を評価する[17]。

これらの提案は、数学的思考に対する積極的態度を伸ばすもので、数学的思考自

14）Campbell & Evans（1997）。
15）Furner & Berman（2003）。
16）Baroody & Costlick（1998）。
17）NCTM（1989）, p. 233。

体が不安の原因ではない。しかし、保護者や教師が自身の不安を生徒に伝えるといった、不安に関係する様々な要因について考えると、多くの要因は根源的原因ではなく、不安の**症状**であることがわかる。保護者や教師は、どこで消極的感情を持ち始めたのか。それは、彼らより前の人からの消極的感情から来る無限的退化なのか。それは教室の前に出て数学問題を解くように言われたり、試験ですべて忘れてしまう恐怖といった、他の不安要因から来ているのか。

数学不安には、不安の一般的原因が含まれるとはいえ、ある意味**数学**自体に関した問題でもあり、個人と数学との関わりに関する問題でもある。

全米数学教師協会が提案した解決策は、数学に対する積極的態度を伸ばす。それは数学活用に対し、自信、柔軟性、意欲、興味、熟考、理解を高める。誰もが自由に行動できるという信念に基づいて建国された国ならば、そして彼らが個人的信念を持った努力家であるならば、数学的思考の積極的側面に着目し、学習者自身の学習を通して、関係的理解が得られる。このことは、問題解決すること、考えを伝えること、推論を学ぶこと、問題解決における柔軟性を高めること、努力を惜しまないような自信を持つことである。それは、試験という制限時間内に解答する、圧力や不安を助長する目標が設定され、筆算、長除法、分数のたし算、1次方程式のような定型化した数学問題を解く用具的学習とは逆である。

しかしながら、問題の原因を探ることなく、積極的態度を伸ばすことは、完全な解決策ではない。教科としての数学は固有の不安の原因を持つ。固有の数学的側面とともに、数学不安の要因として社会において数学がどのように理解されているかも明らかにする必要がある。

第4章で、不安の原因に言及した。それらは、数学で経験する状況の複雑さ、理解可能概念へ柔軟に物事を圧縮する能力の欠如、以前に経験した問題を含む始めて学習する数学概念への移行、異なる知識構造を融合することである。融合は新しい知識を創造する一方、混乱を引き起こす葛藤が生じる。

数学不安（その対となる数学への自信）の根源的原因を明らかにするためには、数学自体の本質、学習者が新しい可能性に遭遇したときどのように考えを深めるかに着目する必要がある。

3.1　短期記憶における限界

アッシュクラフトとキリック[18)]によると、（アンケートによって測定された）数学不安と、2つ同時になされる活動（簡単な算術課題をしながら一連の文字を覚え、その文字を思い出す活動）を伴うテストとの間に相関関係がある。つまり、作業記憶の低下と数学不安の増大に相関関係があることがわかったのである。

短期記憶には限界があり、複雑な数学を扱えないため、このことはすべての段階であてはまる。計算は、記憶している事実を効率よく工夫された方法に圧縮し、より処理しやすいものにする作業である。

悪い例として、ある子どもは、1人で問題を解けないだけでなく、短期記憶に十分な情報を保持できず、問題把握できない。良い例としては、ある子どもは、数学的思考の本質を簡単にするため、原理を全体的に把握できる知的感覚が優れている。第1章で述べたように、こうした相違は、ペーターは数百万という数関係をイメージできる一方、ペーターより年長のジョンは定期試験で非常に単純な数の問題が解けない事例に現れる。

3.2　圧縮の欠如に関係する問題点

第2章において、長い計算手続きに固執する人と、演算のため効率的な知識構造を作る人との間の「プロセプト分岐」について述べた。これは、計算を実現可能概念（柔軟に計算や代数計算できるようにする）に圧縮できない不安の二次的原因である。

計算の拡張を必要とする問題に対して、長い計算手続きに固執する学習者は、柔軟な方法を学んでいる学習者よりも、計算することができない。柔軟に思考できない生徒は、複雑な解決に取り組むときに困難が生じる。

ドゥビンスキーのAPOS理論[19)]やスファードの操作的構造理論[20)]の過程―対象理論によると、対象を圧縮できないことが困難の原因である。スファードは、精神的目標に関して、具象化できない生徒が手続き的技能を用いてうまく対処することを理論化した。ドゥビンスキーは、望ましい構成を促すための構造学習に向けて、数学的目標の「生成的還元」を構築して、精神的目標として長期過程のカプセル化を促進する方法を提案した。これは、前述の全米数学教師協会の方針

18）Ashcraft & Kirk（2001）。
19）Asiala 他（1996）。
20）Sfard（1991）。

と一致し、生徒自身が意味を構成し、考えを共有する協同学習を促す。

積極性を強調することは望ましい目標であるが、必ずしも消極性を排除しない。むしろ成功と失敗という本質を把握するためには、数学的思考を支える積極的側面だけでなく、不満な気持ちを引き起こす以前に経験した問題点を考慮する必要がある。これは、以前に経験した問題点が、学習を妨げる消極的情意反応を引き起こすという、本書における議論の主要目的である。教師が丁寧に支援することで、数学不安を持つ生徒の負担を和らげるだけでは不十分である。**なぜ**このような問題が生じたのかを認識する必要がある。

3.3 以前経験した問題点

生徒が、新しい文脈において古い考えを一般化していくとき、以前の失敗が学習の障害となる。第3章でも述べた事例として、分数の導入、負の数のとらえがたい概念、算術から代数への移行、分数と負の数の累乗、実数と極限、複素数と−1の平方根が挙げられる。

数学は、以前の経験と対立しても、より広い文脈にあてはまるように、事例ごとにその意味を変える。ある生徒は、一般的な考えを理解し、楽しみながらそれを受け入れる。他の生徒は、その奥に潜んだ難しさに気づくものの、疑念を持ちつつ、必要な手続きを何とか実行する。

ウリ・ウィレンスキーは、「背後にあり、処理され、用いられる数学的対象の意味、目的、根源、妥当性を理解しない感情」を、「認識論的不安」とした[21)]。彼は、インタビューからの引用でこのことを例証した。

インタビュアー：それで、学校数学についてどのように感じましたか？

生徒：私はいつも数学は得意でした。しかし、本当に好きというわけではありません。

インタビュアー：それはどうして？

生徒：どうしてって？　どうしてかよくわかりません。自分は要領が良かったのだと思います。何かごまかしていたような気がします。問題を解くことができ、テストもよくできましたが、私は本当に自分が何をしているかわからなかったのです[22)]。

---

21) Wilensky (1993b), p. 172。
22) Wilensky (1993b), p. 184。

認識論的不安は、数学の関係的理解という目標を達成できない兆候である。ある程度の成功を収めるものの、根底に疑わしさを感じつつ、失望を和らげるため、その目標は、必要な手続きを行うという用具的理解へ切り替わる。

第4章[23]で述べた手続きを学習する代替目標に関して、次のような研究報告がある。教師は、生徒が代数に困難を感じることに気づいたので、記号を置き換えるきまりに焦点を当てて代数式の解法を教えた。その方法は、一部の生徒にはうまくいったが、他の生徒にとって、ストレスとなり、うまくいかなかった。その教師は、過程を理解することなく、問題を解くことだけに取り組むよう生徒を促した。後のインタビューで、15歳の生徒は、その激高した情意を振り返って述べた。

> その教師が「電卓を出しなさい」と叫びながら教室に入り、黒板に「方程式」と書くのを見たとき、学級全体が沈黙しました。私は「これはいったいどういうことなのか？」と思いました。それから、彼女は符号、括弧、他の抽象記号を書き始めました。私はパニックに陥りました。誇張ではありません。数学から生じたすべての感情が沸き起こったのです。彼女は、私が教科書の練習問題をやっていないのを見たとき、「ファビオォォォ、教科書を開きなさい、問題を解きなさい！」と叫びました。私は止めるべきだと思いましたが、彼女は献身や努力など生徒が持つべき様々な資質について話し始めました。私は怖くなりました。彼女が「2次方程式の解の公式」、「タンジェント」、「コサイン」と言うのを聞くたびに、私の心は不信感で一杯になりました。彼女が知らないことを話したとき、私の頭は混乱しました。私は「この状況が終わってほしい」と思いました。私は理性を取り戻し、鉛筆と消しゴム、その他の文具を手に取り、練習問題をやり始めました[24]。

これは数学に固有ではなく、一般的状況を示す。その生徒は、数学が複雑で自分とは切り離された状況にあると感じ、「頭が混乱」していた。先の引用で使用された支援は、献身と努力のような資質に訴えたり、練習問題に焦点を当てたりすることである。関係的理解の目標を達成できないという失望は、試験に通るための手続きを練習する用具的目標に代わる。しかしながら、報告された研究[25]では、

---

23) 第4章、2.12項、105ページ参照。
24) Lima & Tall (2006), p. 234。
25) Lima & Tall (2008)。

手続き的目標は不十分である。

成功するための用具的学習は、新しい目標とともに新たな態度が生じる。もし、用具的学習がこれまで成功し、関係的理解という目標が達成できないとき、これから「どうするか」を学ぶことが主目標となる。きまり切った手続きを学習することで1つの段階の目標を達成できたら、それ自体が後の学習に影響を及ぼしたり、後の暗記学習の循環に導いたり、以前の経験になったりする。

4. 一般化と拡張による融合

一般化の例として、整数から分数への計算の一般化、自然数から正負の数への一般化、計算を代数への一般化のように、ある体系がより大きな体系に一般化する拡張による融合がある。

拡張による融合は、数学的思考の発達において重要である。数学に熱中している人は、楽しみと喜びをそのような拡張に見出す。例えば、2つの奇数の和が偶数であることを示すため、ある人は、$5+3=8$、$9+3=12$ のように個々の事例を検討する。しかしながら m と n を一般的な整数として、2つの奇数を $2m-1$ と $2n-1$ のように代数的に表記し、それらをたして、2の倍数として $2(m+n-1)$ を導くことは、一般化の例である。

数計算から代数への拡張による一般化は間違えやすく、多くの人が代数を理解することが難しい。以下は、『サクラメント・ビー』の新聞記者デブ・コラールが取り上げた新聞の寄稿欄に掲載された民間伝承である。

> ある人にとって、会計監査や歯の根管治療も、代数ほど痛くない。ブレイン・ホワイトは、それを嫌悪した。ジュリー・ビオールはそれに泣かされた。ティム・ブロネックの成績はFマイナスだった。ティナ・ガザレは、単位を7回落とした。彼らは正道からそれた学生、人生における非生産的な敗者の集まりではない。彼らは、仕事と家族、趣味と家を持つ〔……〕普通の人々である。そして、彼らは過去に共通の悪夢を持つ[26]。

一般化は、一部の本質的要素に焦点を当て、他の本質的要素を考慮しないという

26）Kollar（2000）。

考えに基づく融合である。それによって本質的要素がより広い領域で扱えるようになる。本質的要素は、以前の支持的経験という形態をとっており、それは新しい状況でもうまくいく。しかし、生徒が代数と出会い、これまでの学習経験に適合しない新しい考えに当惑するとき、一般化が妨げられる。

第4章で、最初は役に立っていた具象化が、新しい状況ではうまくいかない現象が、数学的思考の発達において生じる事例は既にとりあげた。学習者は、拡張による融合の有用性を理解する一方、他の学習者はその融合が間違えやすいと考えて、試験に通るために必要な手続きを行うという目標に転じる。ある人は、成功し達成の喜びを感じる一方、他人は、疎外感と不安を感じ、葛藤の中にある。

才能ある数学者が参加する国際数学オリンピックで入賞するような優れた人でも、概念的洞察力と手続き的能力との違いを認識している。才能ある生徒の問題解決技能を研究しているボリス・コイチュは、最も良い解法とは、解答への最短の道筋を辿るもので、「節減の原理」と呼ぶ[27]。コイチュによると、成功する生徒は2種類の節減に気づいている。生徒が2つのうち優れた方法と見なすのは、問題を本質的要素に要約するため、深く掘り下げて考えたり、関連を理解したりすることである。他の方法は、小さな部屋で行われる、時間制限のある試験のため、効果的な手続きを連続的に用いて迅速に問題を解く方法である。

5.　支持的概念と問題提起的概念

個人が持つ支持的概念と問題提起的概念が重要であり、学習の本質的特徴である。生涯にわたる数学の学習において、支持的側面と問題提起的側面の両方の意味が変化する。それは概念を理路整然と発展させるわけではない。成功した数学的思考者でも、問題を解くことで、甘美な成功を味わうために支持的側面に集中する一方、問題提起的側面も持ち、それは心の奥に押しやっているのである。我々は自身の弱さをさらけ出したくないため、多くの熟達者は、自分の弱さを認めない。一方もがいている人にとって、問題提起的側面は、感情を打ち負かし、支持的側面を圧倒し、機械的な学習に陥るか、何もできなくなってしまう。我々は、数学における情意の肯定的および否定的側面の両方を考えることによって、**なぜ**生徒が数学不安を持つかを理解するとともに、生徒が成功へ向かうために支

27)　節減の異なる型の間の葛藤を経験する数学オリンピックの問題解決者は、Koichu & Berman (2005) で述べられている。Koichu (2008) も参照。

援する方法を見出せる。

6. 目標と成功

困難に打ち勝つ経験を重ね自信を持って知識を構築する人は、新しい学習に挑戦する。失望を乗り越えた経験は、最終的には解決されたという達成感から来る喜びを高める。成功の甘美な香りを持つ探求は、登山家が最も困難な登山路を征服するように、大きな挑戦を乗り越えたくなる願望へ変わる。苦労して手に入れた成功は、自信を促し、成功を経験した人への拍車となる。人は、逆境に直面すると生き生きし、成就と歓喜の高い段階へ達するため新しい方法を求めることを楽しむ。

300年間来の問題であるフェルマーの最終定理を解いたアンドリュー・ワイルズの伝説事例をとりあげる。ワイルズは、新たな視点から、数世紀も続いてきた問題を再考し、多くの知識源を要約し、豊富に結合した精神的構造を構築した例外的知性の持ち主であった。何年にもわたる秘密の作業の後、彼は1994年に3世紀以上にわたって数学者の試みを挫いてきた問題解決方法を公表した。彼の成功の絶頂期で、他の数学者は注意深く彼の証明を分析し、そしてギャップが見つかった。『サイエンティフィック・アメリカン』で、アンドレ・ヴェイユは、痛烈に批評した[28]。

> 私は、彼がその証明を構成する試みにおいて、良い考えを持っていたことを快く信じるが、その証明はそこにはない。フェルマーの定理を証明することは、エベレスト登頂に似ている。もし誰かがエベレスト登頂を試み、100ヤードそれに達していないなら、彼はエベレスト登頂を達成していない。

世界的注目を浴びる中、ワイルズはそのギャップを克服する作業をした。失敗の可能性、それによって生み出されるかもしれない消極的情意は、最終目標を達成するため、非常に強い願望によって乗り越えられた。1年後、彼は数学界に決定的証明を提出した。偉業は甘美であった。

受理された証明を導いた最終段階の余波において、いつの時代でもその証明が

28) Horgan (1994), Weil とのインタビューより。

完璧に証明されているかどうか、あるいは今日の数学者に対してのみ証明されたのかどうかを問うかもしれない。もしかしたら次世代の数学者によって、微妙な欠陥が見いだされるかもしれない。その複雑さは、誰も決して完全に確信しない。一方、生物学的な脳は、望んでいる完璧さの確実性に近づくため、感覚的な知覚を越えて成功しようと試みるため、次の全く異なる2種類の方法に、不可解さを残す。一方では、生物学的な脳自体は、進化上の起源という制約から自由にならない。しかし他方、天才的創造性の奇跡は、数学的思考という驚くべき人間の知的能力の証明でもある。

7. 結　び

数学的精神の長期発達において、その過程は容易ではない。学習者は、その道筋において、大きな障害物に出くわすかもしれない。その障害物は、数学者が現在の知識で新しい問題を解くときに直面する困難と同じである。子どもから数学者に至るまで数学的発展を考察すれば、単純な論理的発達とはかけ離れた個人の数学的思考の認知的発達が、文脈の変化によって中断される。なぜならそれは知識の重要な認知的再構成を必要とするからである。数学的に意味づけた経験を通して、自信を持った思考者は、解決方法を見つける。一方失敗を恐れ始める人は、緊張状況に対処することを難しくし、不安を増大させる。

結論として、人は与えられた挑戦に対し、様々な方法を発展させる。ある人は、試験に通るために、きめられた方法を丸暗記する目標に転換し、ストレスを拭い去る。すなわちそれは、定型問題を解決するため定型作業を繰り返す生まれつき備わった自然な帰結である。生徒のための試験準備をしようとした教師もまた、それを生徒が数学の複雑さに取り組まない方法と見なすかもしれない。しかしながら、指導法の選択において、概念的理解**あるいは**計算の手際よさのどちらかを選択すべきではない。数学的思考には、両方が必要である。長期発達は、生成的考えを理解することで、促進される。それは理路整然とした知識構造に柔軟に結びついた豊かな構造を実現可能概念へ圧縮するための基礎となる。数学的知識の認知的発展は、新しい考えを理解することで自信を高め、逆に自信によって発展が促進されるのである。

第6章　数学三世界

本章では、感覚的—運動的—言語的基盤から立ち上がる「数学三世界」に関する数学的思考の発達を定式化する。その思考は、**認識**、**反復**、**言語**という生まれつき備わっているものと、過去の経験において出会ったものとによって形成される。出会ったことがあるものは、新しい状況において、支持されるか、問題の原因になったりする。

数学的思考は、数学的構造を**思考可能概念へと圧縮する**ことを伴う。その圧縮された思考可能概念は、**融合された知識構造**に連なる。必然的な数学的構造を備えた**結晶概念**への洗練を先導するのが思考可能概念への圧縮である。

1. 数学三世界

誰もが備える3つの生得的なものは、心的数学三世界の発展において根源的である。

> (概念的) **具象**世界[1]は、人間の知覚や行為を基盤に構成される。人間の知覚や行為は、心的イメージを、洗練された仕方で漸次言語化し発展する。その洗練は、そのイメージが完全な心的実在となるまで続く。
>
> (操作的) **記号**世界は、人間の具象化された行為から計算や操作という記号表現による手続きへと発展する。記号表現による手続きは、柔軟な操作的思考を可能にするプロセプトへ圧縮される。
>
> (公理的) **形式**世界は、形式的知識を集合論的定義によって公理体系に組み込む。その体系では、性質は数学的証明によって演繹される。

---

1) ［訳註］以後、原著ではしばしば「世界」が省略される。特にそこでの発展過程を含意して使う場合には「具象化」というように「化」をつける。

各々の数学世界において、認識、反復と言語はそれぞれ役割を担う。思考可能概念は、最初は概念的具象世界における認識または**カテゴリー化**を通して、定式化される。記号世界は、数学的操作を構成するための一連の行為の反復を通して構築される。記号世界で構成される数学的操作は、反復で習慣化した手続きか、さもなくば**カプセル化**を経た柔軟なプロセプトのどちらかになる。その後には、言語は、概念の**定義**によって言語それ自体となる。例えば、ユークリッド幾何では、幾何図形は言語で定義され、四則計算の性質は、代数において演算規則として定式化される。やがて、公理的数学における集合論的定義へと移行する。

ユークリッド幾何において、図形の性質は4段階の構造の抽象を通して概念化される：実際的**認識**と**記述**、そしてユークリッドの理論的**定義**と**証明**である。算術と代数において、計算は、**操作の抽象**を通して心的対象としてカプセル化され、公理的数学では、概念は集合論の**定義**や**証明**に基づく**形式の抽象**を通して**構成**される。これら三世界において、**認識**、**記述**、**定義**、**演繹**を含む構造の抽象を通して、各文脈に適した形で概念は洗練される。

2. 具　象

「具象（具象化）[2]」という用語は微妙に異なる意味で用いられる。日常語では、具象とは「マザーテレサはキリスト教の慈悲の体現である」というような抽象的概念の具象的表象を指す。

数学教育者ゾルタン・ディーンズは、位取りを表す「複数の基底を持つ算術ブロック[3]」や論理的な関係を表す「論理ブロック」を含めた、抽象的で数学的概念を表象する物理的教具を考案し、その意味で「具象化」という用語を用いた[4]。図6.1は、彼の考案した10進法における単位立方体、十棒、百板という異なる基底からなる算術ブロックを示す。

子どもが位取りの考えを概念化できるように、異なる基底（2、3や5）のブロックを用いたり、その異なる構造を（ストローを10ずつに束ねたり、さらにそれを

2）［訳註］『数学理解の認知科学』では、embodiment を身体化と訳している。本章では具象化と訳した。

3）［訳註］arithmetic blocks は、ディーンズブロックと呼ばれることが多いようであるが、ここでは英語に忠実に算術ブロックとした。また算数ブロックという呼称が別途使われているが、それとは異なり、arithmetic に該当する言葉として算術ブロックとした。

4） Dienes（1960）。

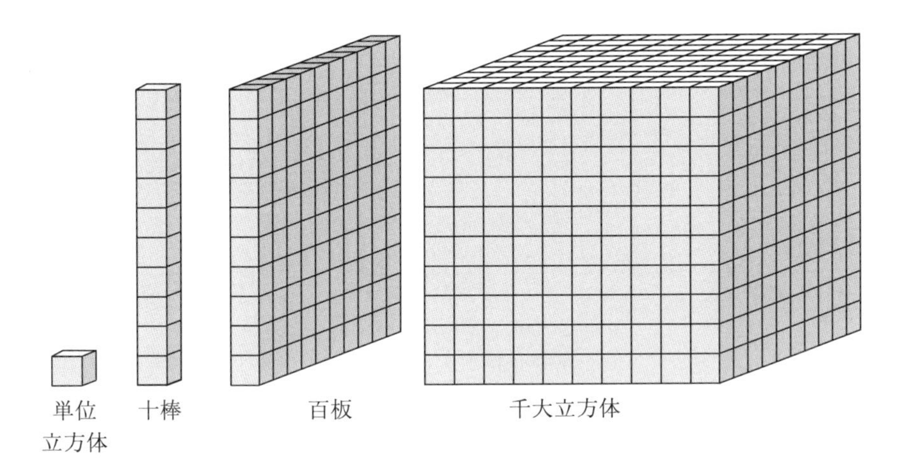

図 6.1　ディーンズブロック

10 個束ねて 100 ずつにしたりすることによる）具象化したりした。その目的は、学習者がそれらすべてに共通する基本的数学を鑑賞できることであり、概念として一般化しえない特定具象の持つ性質をふるい落とすことであった。

しかし大人がその具象に認めることと、子どもが気づくかもしれないことの間には、大きな差異がある。例えば、ディーンズブロックを用いた ×10 は、10 個のバラを 1 本の棒に、10 本の棒を 1 枚の板に、10 枚の板を 1 個の大立方体に置き換えることである。10 進法で書くと、小数を 10 倍することはすべての位を一桁左にずらす原理を示している。この 10 倍や 10 で割ることを表すために、記号を移動させるという考えは、もし意味が十分に理解されれば、1 つの単位を他の単位で置き換えるよりはるかに単純であろう。

ここで次のような興味深い可能性がある。位取り記数法の具象化は、ディーンズブロックのような教具に限られるものではなく、具象化された行為を記号で表すこと自体によっても表される余地がある。図 6.2 のように百の位、十の位、一の位を表すために三桁に 3 つのゼロを入れ、右端に一桁の数が書かれた紙片をゼロの上に置く[5)]。

図 6.2 の（1）は基本状態を示し、（2）は一の 2 個分を表すために、2 を一の位に置く。（3）は十が 2 個としての 20 を表すために、スライダーを一桁左に移し、

5）［訳註］英語では units/ones place（単位／一のいくつ分の位）、tens place（十のいくつ分の位）、hundreds place（百のいくつ分の位）と言う。

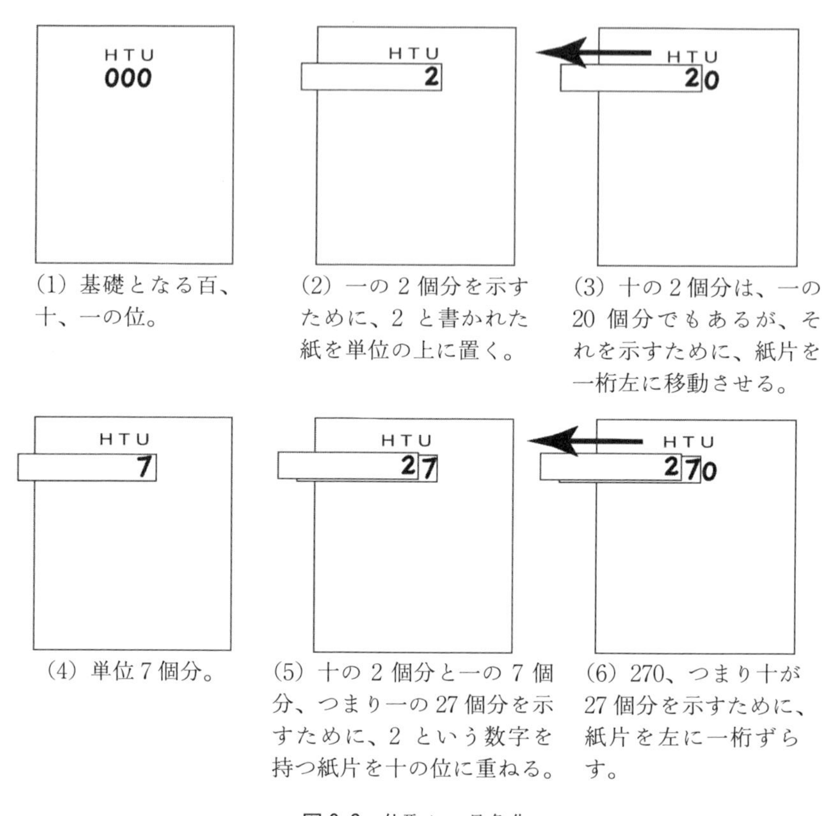

図6.2　位取りの具象化

ゼロの位をあける。(4) は7で始まり、(5) は、十の位を覆うように2を重ねる。このことは、十が2個と一が7個や[6)]、一が27個というように数を柔軟に「見る」機会を与える。(6) では左方向に一桁移動すると270を与え、それは一が270個、十が27個、百が2個で十が7個のように柔軟に見ることができる。最後の例は、「二百七十」という通常の名前と対応する。

数字を左に一桁移動する物理的行為は、10倍することである。同じように十の27個分 (270) を右へ移動することは、一の27個分であり、そのことは10で割ることにあたる。

---

6) ［訳註］十が2個と一が7個は、英語では two tens や seven units とされる。ここでは読者の読みやすさに配慮して、漢数字とアラビア数字を用いて、位と個数をより明確に区別した。

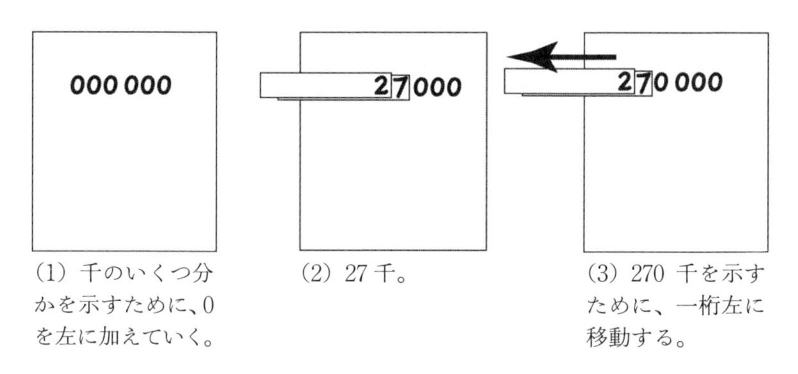

図 6.3　数千を同様に具象化する

さらに、この具象化を用いて左側[7]に 3 個ずつ 0 をつけることで、千の位 (Thousand)、百万の位 (Million)、十億の位 (Billion) のように大きな数を導入できる[8]。先のパターンを繰り返し、紙片を左へずらすことで、一千、十千、百千と、千の位より大きな位を与える。右側にさらに 3 個の 0 を繰り返し加えることで、百万、十億とどんどん作れる。

図 6.3 は (1) において並ぶ 0 を示す。27 千 (27000) は (2) で表され、(3) では左に一桁移動することで 270 千を示す。

考えの本質は、位が固定され、10 倍のときは数字が左に、10 で割るときは数字が右に移動すると見ることである。

子どもは数字の位取りを一度「見る」ことができれば、右にある数字上の紙片は一つの数字のみをもつより小さな紙片で置き換えられるかもしれない。必要なことは、左にある 0 を無視して 027 を 27 と読むことである。

図 6.4 は、真ん中の図にある数 27 が一桁左に移動することで一が 270 個もしくは十が 27 個を示し、一桁右に移動することで一が 2 個で十分の一が 7 個もしくは十分の一が 27 個さえも示す。

12.53 を小数点の左にある 12 と右にある 53 の 2 つから成り立つという通常の見方ではなく、全体として 1 つのものと見ることを、このことは助ける。後者の

7) ［訳註］英語は left になっているが、実際には右側に 0 をつけている。
8) ［訳註］英語では 3 ケタ区切りの命数法となっているが、日本では 4 ケタ区切りの命数法になっている。したがって「右側にさらに 3 個の 0 を繰り返し加えることで、百万、十億とどんどん作れる」と直訳したが、それは上記の意味において、有意味である。

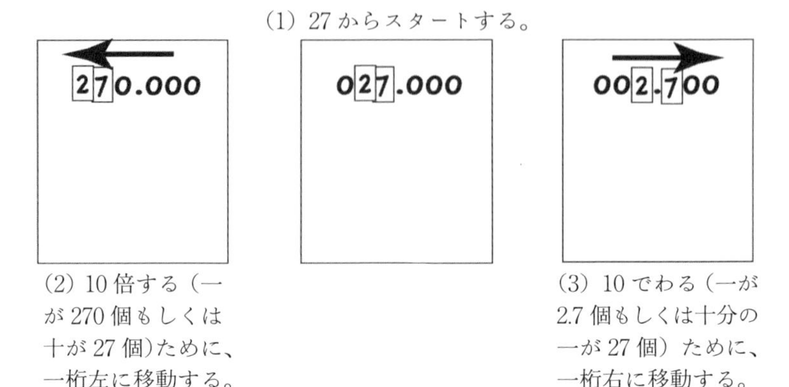

(1) 27からスタートする。
270.000
027.000
002.700
(2) 10倍する（一が270個もしくは十が27個)ために、一桁左に移動する。
(3) 10でわる（一が2.7個もしくは十分の一が27個）ために、一桁右に移動する。

図6.4　10倍するために左に一桁、10で割るために右に一桁移動する

見方は、位取りの導入に対して、十進法表記の一般的意味を混乱させるお金を用いることから起こるという、経験に支えられている。12.53ドルは12ドルと53セントで、12.5ドルは12ドル5セントではなく12ドル50セントである：多くの子どもが混乱するのも無理はない。

例えば10歳児のハリーは計算に難しさを感じ、計算練習するために公文式学習塾に通った。筆算能力は目に見えて増大した。それにも関らず小数で引き続き難しさを感じた。半分に対する小数を尋ねられたとき、「零点5」と確実に答えたが、1/3について尋ねられたとき、半分（零点5）より小さいことはわかっているようだが、より小さな数ということで、「零点1」と当てずっぽうでいった[9]。

紙上のゼロの列、端に数字が書かれた紙片スライダーで数分間遊び、数字の桁を右や左に移動させることで、小数点のある一の位から数字を移動する考えに至る。そしてすぐさま、彼は結果が十分の一の5個分あることに気付いた。0.1が示されるとき、彼の顔にはわかった笑みがあふれ、「0.1は十分の一である」と言った。0.5, 0.50, 0.05やポンド、ペンスで表されるお金について素晴らしい会話が続いた。彼は、半分を示す0.5は十分の一が5個、0.50はやはり半分を示す百分の一が50個であり、0.05は百分の一が5個であり、非常に小さいと見ることに確信した。

彼は、紙上の固定された位取りの上で、数字をスライドさせる考えを説明しな

9) ［訳註］英語圏では小数（decimal fraction）は分数（fraction）の一部と考えることがある。fractionという語は、元来かけらを示している。

がら、10 でかけたり、わったりすることを示すために、右へ、左へジェスチャーで示した。彼は数ヶ月間練習して、意味抜きで流暢に計算できるようになった。以上のことは紙とスライダーによる数分間の具象化による。

身体的な具象化は必ずしも継続する必要はない。実際左右に記号を動かすことが**見える**ようになれば、頭の中で記号を心的に操作できるようになった。

2.1 哲学および認知科学から見た考え

「具象化」という用語は、長年にわたって古典的哲学と近代認知科学の発展ともに、その意味は様々に精緻化されてきた。

古代ギリシア人が科学上と哲学上の考え[10]を把握したのは、物理的世界で意味をなすものが物理的には表象しえない心的観念に結びつくものであると認めた点にある。プラトンは、物理的現実に関して漠然と想像しうる我々人間存在を超えた完全なる世界があることを主張した[11]。特に数学で言えば、ユークリッド幾何における証明を通して演繹される性質を備えた、面積を持たない点、長さはあるが幅を持たない線、真円のように完全な幾何学の世界が存在する。このことは、より概念的なレベルで、物理的な身体が感じることができるものと精神的な心や魂で感じることができるものを区別する。

哲学者デカルトはこのことをさらに進めて、人間の限界を持つ脳と、人間的魂の気づきを持つ精神とを明確に区別した。肉体と精神を分離する「デカルト的二元主義」は、精神の本性と生物学的脳との関係についての何世紀にもわたる基礎的議論を喚起した[12]。

デカルト的二元論は、神経生理学の知識が進歩する中で、より高次の人間的思考はもはや脳の活動の所産以上でも以下でもないことを示す多くの証拠によって疑問を投げかけられてきた。

1990 年、ブッシュ大統領は、20 世紀最後の 10 年は、「脳の十年」[13]であると宣言した。当時、膨大な研究が新しい情報と、この情報の新しい解釈を開いていった。

1992 年、ノーベル賞受賞者ジェラルド・エーデルマンは『明るい空気、輝ける火：

10）［訳註］以下、プラトンのそれを指す場合は、イデア（プラトン・国家編）とする。

11）Jowett 翻訳（1870）、Plato（紀元前 360）『国家』第 VII 巻、Allegory of the Cave を参照。

12）Descarte（1641）vol. 2, pp. 1-62。

13）http://www.loc.gov/loc/brain/（2013 年 3 月 10 日アクセス）。

精神のことについて』[14]を書き、個人の脳はダーウィンの進化に則って成長するという論を提唱した。脳の中の接合は、便利な接合がそうでないものと比べて、強化され、より選好されるという「最適者の生存」によって作られ、強化される。

1994年、ノーベル賞受賞者フランシス・クリックは『驚くべき仮説：魂の探求』[15]を出版した。そこで「驚くべき仮説」とは、魂は単純に生物学的脳の活動の産物であるということである。他方、言語学者ジョージ・レイコフら[16]は、すべての思考は具象化され、感覚―運動操作に基づくことを提案した。

2002年、マーリン・ドナルドは『心、その稀有な存在』[17]を書き、人間が行う意識の3つのレベルの進展について分析した。1秒未満でなされる選択的融合、数秒間の短期的気づきにおける動的な意識の継続、人間言語・表象・コミュニケーションにおける気づきによる知的開花である。

本書で構築する枠組みは、感覚―運動操作から物体の性質に焦点を当てた概念的具象へと、より繊細な形の論理を記述したり定義したりするために言語を用いる操作的具象へとからなる。

2.2　具象化と記号化における操作

数学的思考は、自身の知覚や行為を理解することを通して最初は構築される。特定の目的を有する行為は**操作**と呼ばれる。

操作概念は、算術や代数で行う操作にしばしば関連づけられる。しかし特定の目的を持った行為には、幾何における作図も含まれる。それぞれの操作は目的が異なる。我々は、時には操作の結果に、時には操作そのものに目を向ける。例えば、直線で構成される図形の辺を数えるならば、三角形は3辺、四角形は4辺、五角形は5辺からなることが確認できる。これが、**対象の性質**を認めることである。仮にコンパスで円を描くとして、**作図**対象として円を描くが、同時にそこで何をしたのかを反省し、この対象が有する**性質**にも気づくかもしれない。すなわち円は中心から一定の距離にある点の軌跡である。

第3章では、$AB=AC$である2辺が等しい三角形において、頂点Bから底辺ACに引いた垂直二等分線で、新しく三角形ABMとCBMが構成されることを

14）Edelman（1992）。
15）Crick（1994）。
16）Lakoff & Johnson（1980）; Lakoff（1987）; Lakoff & Johnson（1999）; Lakoff & Núñes（2000）。
17）Donald（2001）。

話題にした（図 3.6）。これらの三角形が合同であることを知ることで、角 A と角 C が等しい、つまり元の三角形 ABC の新しい性質（2 辺が等しい三角形の底角は等しい）を演繹できる。このことで、我々は元の正三角形の構造的性質に注目できる。もし三角形が等しい辺を持つならば、それは等しい角も持つ。構造に関するこの推論を、**構造の抽象**と呼ぶ。

他方で、物のかたまり（集合）を数えて操作する場合、異なる数え方で何度数えても、常に結果が同じになることを知る。それはいわゆる集合としてのものの個数である[18)]。集合を合併したり、要素の個数をたしたりする緻密な操作では、目の前の集合に依存しない性質、特に数そのものの性質を見出し始める。このことは、ものの性質それ自体に注目するのではなく、ものの**操作**自身の性質を決める**操作の抽象**過程を通して、新しい思考法への移行が必要である。

これが、ものという対象に焦点を当てることから生起する概念的具象世界と、操作とその操作的記号としての表象に注目することで生起する操作的な記号世界とを根源的に区別する。

3. 概念的具象世界

概念的具象化は、子どもの日常の知覚や行為の経験から始まる。図 6.5 は子どもが様々な形で遊ぶことで、何世代にもわたる人類の思考を通して遺された数学を、彼自身が経験する生涯の旅として始めることを示す。その旅では、最初に彼が形で遊び、円の丸みや、他のものの角ばりを感じると想像され、やがて三角形、円、正方形、長方形のような 2 次元の図形、球や立方体のような 3 次元の図形を学習し始める。

学校における幾何の旅路は、図形を分類する類似点と相違点についての生得的認識の上に構成される。その旅は第 4 章では、構造の抽象から**認識**と**記述**の実際数学を通して、**定義**や**ユークリッド的証明**の理論数学へという一連の流れとして分析された。その流れは、定理を表象する物理的な図か、幾何的結晶概念を表象する想像上のプラトン図形のいずれかを参照するユークリッド幾何のもとで進む。その流れは、具象化された知覚や思考実験という新形式から構築される非ユークリッド幾何へと進むこともある。

18）［訳註］基数、あるいは教材用語では集合数。

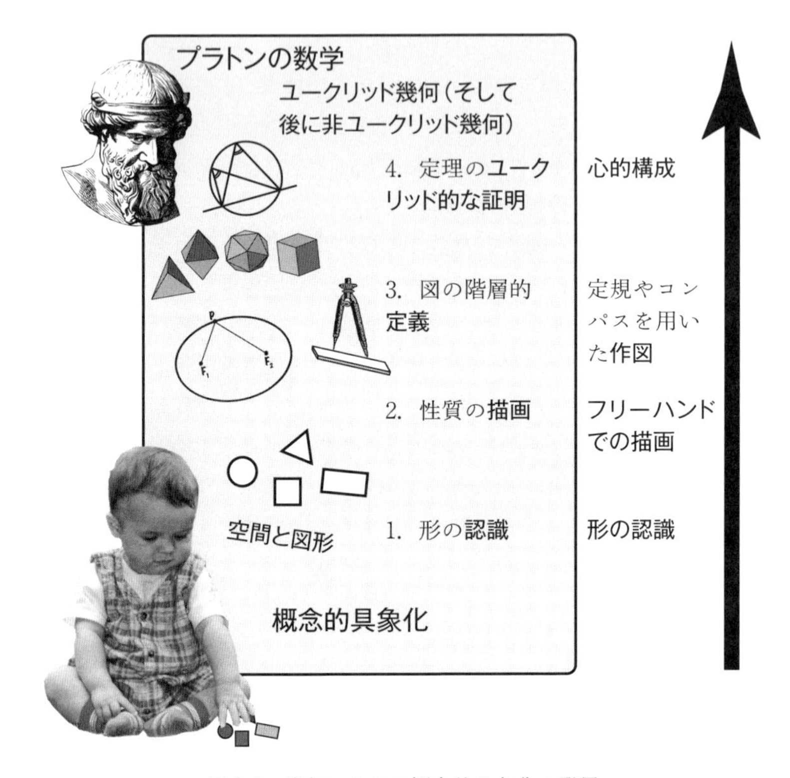

図 6.5　幾何における概念的具象化の発展

4. 具象化から操作的記号化への移行

数学三世界という枠組みにおいて、対象そのものよりも、対象への行為に焦点を当てることで、操作的記号世界は具象世界から発展する。

図 6.6 において、子どもは以前と同様に 4 つの図形で、遊んでいるが、いま彼の注意は図形ではなく、数える操作にある。すなわち 1 つ、2 つ、3 つ、**4 つ**と何度も数えて、ついには数の概念に至る。

算術と代数における具象化と操作の記号化の関係は、幾何構造の具象化よりも複雑である。その複雑な関係は、自然数、分数、負の数、有理数、無理数というように漸次拡張されていく数体系において、数えること、分けること、測ること、グラフを書くことのような具象化された操作を融合し、さらには数の計算を代数

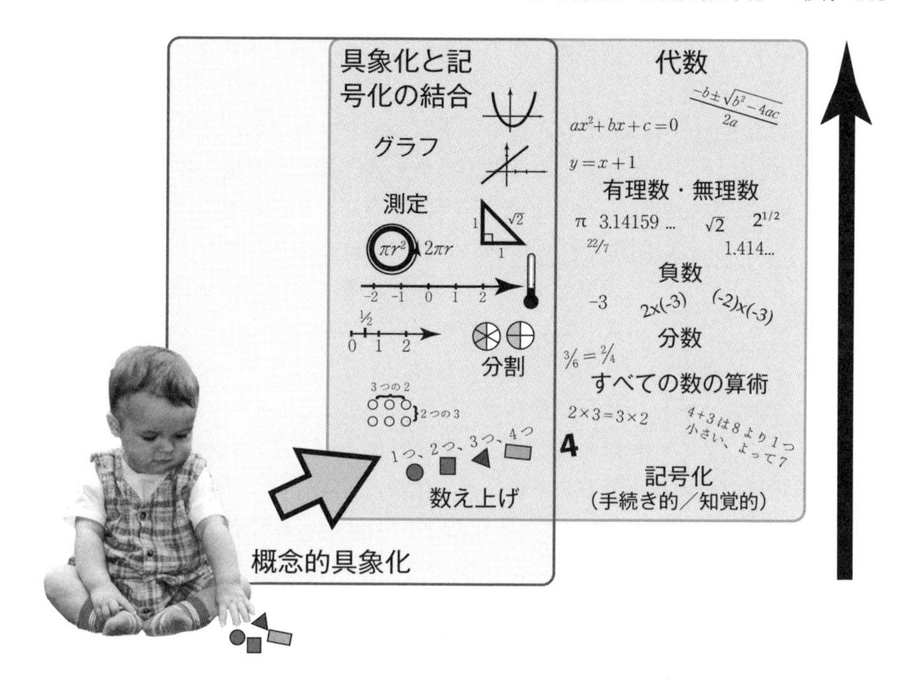

図 6.6　具象化から記号化へ

$$\mathbb{N} \subset \mathbb{Z} \subset \mathbb{Q} \subset \mathbb{R} \subset \mathbb{C}, \quad \mathbb{N} \subset \mathbb{F} \subset \mathbb{Q}$$

図 6.7　拡張的融合としての数体系

計算に一般化する。それぞれの段階には、数概念とその拡張的融合とへの操作圧縮がある。そこには、一般化できる支持的側面と一般化できない問題提起的側面がある。

専門家には、数直線上の点として自然数 $\mathbb{N}$、分数 $\mathbb{F}$、整数 $\mathbb{Z}$、有理数 $\mathbb{Q}$、そして実数 $\mathbb{R}$、平面上の点として複素数 $\mathbb{C}$ の中に折り重なるように内在する連続的な数体系に見えるかもしれない。集合としては、図 6.7 で示した包摂関係がある。

しばしばカリキュラムは、自然数から始まり、分数、負の数、有理数、実数、複素数まで着実に拡張する流れを形成するようにデザインされている。この流れは、数直線上に数を表すことで視覚的に実現され、後には、より拡張された複素数集合を表現する平面に数直線は埋め込まれる。カリキュラム設計者にとってその流れは意味がある。

しかし学習者にとって、これらは単なる数の集合ではない。それらの数は、問題提起的と思える様々な仕方で振る舞う操作を備える。自然数は1からスタートして、2, 3, …という次から次へと続く系列からなる[19]。望むように細分できる分数では、2つの分数の間にそれら以外の分数が無数にある。集合を合併しその総数を数えることで、自然数をたすことができる。そこでは、結晶構造のもと、合併に関連する「既知の事実」という一群が形成される。他方で、分数では、等しく分けるという新しい記号的性質と、たし算やかけ算の新しい手続きとを含む分割に関わる具象化された操作に遭遇する[20]。

後の経験で、新しい種類の数が導入される。例えば、三角比は実際的近似として直角三角形の辺の比を計算する操作から始める。30°、45°、60° のようないくつかの角は、循環しない無限小数になる $\sqrt{2}$ や $\sqrt{3}$ という無理数を与える三角比の値となる。円の面積や周長の測定では、π と呼ばれる新しい不思議な数に出会う。拡張された数体系は、それぞれに拡張的融合である。その融合では、一般化を可能にする支持的側面と、先に進むことを妨げ、潜在的阻害となる問題提起的側面の双方が含まれる。

4.1　算術（四則計算）の理論的側面

第3章では、学習者が算術（四則計算）における計算規則をどのように感じ、たし算やかけ算が順に関係しないこと、同じ原理がいくつかの数をたし合わせたり、かけ合わせたりする際に適用されることに気づくかを話題にした。

加えて、複数の計算を組み合せるには、計算の順序を定めるために、括弧が必要になる。例えば、$3+4\times5$ は括弧を加えなければ曖昧である。$(3+4)\times5$ は $7\times5=35$ であり、$3+(4\times5)$ は $3+20=23$ となるからである。普通の電卓では、入力の順序が計算の順序となることから、$3+4\times5$ を左から右に行い結果は 35 となり、数式処理電卓などでは、たし算よりもかけ算を先に行うため、$3+4\times5$ は 23 となり、括弧をつける意味がある。

19)［訳註］ペアノの公理系。

20)［訳註］イギリスでは分数指導で、等分、同値分数を異学年にわたり繰り返しとりあげる。日本では、1年生より答えが同じたし算の式、答えが同じひき算の式、答えが同じかけ算の式は繰り返しとりあげる。

より複雑な計算式になると、どのように書くことが適切で、どのように読むことが妥当かを判断する必要がある。このことは単純ではない。昔共有された規約が、現在のコミュニティで共有されるべきものとして計算することを、学習者はせまられる。共有された規約では、原則として、式は左から右に読み、加えて以下のことを考慮する。初めに括弧（Brackets）、次に指数（Index）、そしてかけ算（Multiplication）とわり算（Division）、最後にたし算（Addition）とひき算（Subtraction）という計算の優先順序があり、現在のイギリスの国定カリキュラムでは、**BIDMAS**[21) と省略表記される。アメリカでは、類似の省略表記は **PEMDAS** となり、括弧（Parentheses）、指数（Exponents）、かけ算（Multiplication）、わり算（Division）、たし算（Addition）、ひき算（Subtraction）の順である（しばしば Please Excuse My Dear Aunt Sally（私の親愛なるサリーおばさんを許してください）という文の頭文字を覚える）。このような規約は、それを手続きとして学習者において、四則計算をより一層複雑とみなすさらなる複雑性の水準が加わり、柔軟に思考する学習者において、複雑な記号の意味理解を支援するものとなる。

4.2 算術から代数への移行

代数は現実世界の問題の具象化から代数記号による計算への切り替えを伴う。次の問題を考えよう。

> エイミーの兄ベンは彼女の 3 倍の年齢である。4 年後、彼は 2 倍の年齢になる。エイミーは現在何歳だろう？

現在のエイミーの年齢を x 歳とすれば、代数的には次のように解ける。ベンは $3x$ 歳である。4 年後、エイミーは $x+4$ 歳であり、ベンは $3x+4$ である。ベンはエイミーの 2 倍の年であるから

$$3x+4=2(x+4)$$

この方程式は次の情報を表現したものである。左辺は現在のベンの年齢の $(3x)$ に 4 を加えたものであり、4 年後のベンの年齢である。右辺は 4 年後のエイミー

21) ［訳註］BIDMAS または PEMDAS は計算の順を覚えるために、使われる表現である。括弧が一番先で、指数、乗除、加減の順番を示している。

の年齢の2倍である。

括弧を開けば、

$$3x+4 = 2x+8$$

この式で、右辺は何を表しているか？　エイミーの現在の年齢の2倍である誰かの8年後の年齢と読むだろうか？　代数計算を続け4を両辺から引くと、次の式が得られる。

$$3x = 2x+4$$

左辺はベンの現在の年齢と見て、右辺はエイミーの現在の年齢の2倍の誰かの4年後の年齢と読むだろうか？　もちろんそのようには読まない。代数計算を続ける中で、もはや代数式を現実世界における異なる時期の年齢の具象として扱うことをやめ、単に計算すべき記号として読む。

このように方程式を解く過程では、背後にある具象、具体的場面に依拠して考えることなく、記号同士の関係を用いて記号世界で計算する。

このことは、数学における意味理解が具象から記号へと切り替わることを示す。そもそも、我々が五感を使い、知覚したことと行為とを結びつけることが最初の意味理解であった。しかし記号世界では、記号の意味理解を更新し、意識的に初期の意味に立ち返ることなく、記号に対して一貫した操作を行えるようになる。

応用数学者は、具象と記号を次のように相互的に用いる。当面する現実世界の問題に対して、最初に状況を記号で表象された方程式でモデル化し、代数や解析を用いて方程式を解き、そして現実世界の文脈で解釈するためにその解を翻訳する。

このように具象から記号へ、そして記号の操作へ、最後に解を解釈するために再び具象へと、注目点が変化することは、人間の脳が特定の注目点しか意識できないゆえの自然な帰結である。その各段階で、意思決定を進めるにはそれぞれの本質に注目する。このことは、記号を使ってモデル化する原問題への注視に始まるが、ひとたび記号によって定式化されれば、方程式の解を得るための記号操作に注視することに切り替わる。つまり具象から記号へ、そしてまた戻っていくという注視の**切り替わり**がある。数学的思考する際の強力な方法を与えるための融合とは、このような概念的具象と操作的記号との相互役割の融合である。代数がより洗練して使えると、操作的記号は、もはやいちいち具象に結びつける必要なく記号操作を担うようになる。

4.3 代数の理論的側面

算術から代数への一般化では、理論的な「計算法則」に再定式化される算術において認められた計算のきまりが用いられる。これらは次の法則である。

交換法則

$$a+b = b+a \text{ と } ab = ba$$

結合法則

$$a+(b+c) = (a+b)+c \text{ と } ab(c) = a(bc)$$

分配法則

$$a(b+c) = ab+ac$$

一般的な代数計算を行うためにこれらすべてを組み合わせるには、その背後にある考えと実際にいかに計算するかについて「感性」が求められる。例えば、第3章では、括弧を外すかけ算と四則計算の既存の規則を用いて、2乗 $(a+b)^2$ が $a^2+2ab+b^2$ となることを確かめる方法を述べた。

しかしこれらの規則は、2つの本質的に違う仕方で使われるかもしれない。1つの使い方は、四則計算で行う計算と同じように、その計算規則を文字式計算に対する指針とみなす使い方である。このように指針とみなすことで、$3+2x-4+5x$ のような一連の計算において項の入れ替えを可能にし、その結果 $3-4+2x+5x$ を得て、単純化して $7x-1$ を得る。

もう一方の使い方は、上で述べられたような規則だけを用いて、代数式の計算の性質が演繹できる厳密な**形式的**アプローチを採用する使い方である。$2x+5x$ を $7x$ とすることさえ、$2x+5x=7x$ の形式において分配法則を用いる。そこでは、$ba+ca=(b+c)a$ において $b=2, c=5, a=x$ となり、交換法則を3回用いて $a(b+c)$ を $(b+c)a$、ab を ba、ac を ca で置き換える。

学校数学では、後者の形式的アプローチをあまり早く用いるより、前者の文字式計算に際しての柔軟な感覚を形成するほうが自然である。このことは、数学者としての私の教室での指導体験から次のように記述される。それは、自然数 m, n

において、$x^{m+n}=x^m x^n$ の規則を仮定する形式的アプローチを用い、m, n を負数そして分数の指数へと一般化する場面である。

仮に $m=n=1/2$ であるとき、その規則に代入すれば、$x^{1/2}\times x^{1/2}=x^{1/2+1/2}=x^1=x$ となり、$x^{1/2}$ は x の平方根に違いないと考える。$x^m\times x^0=x^{m+0}=x^m$ を用いれば $x^0=1$ と見なせる。$x\times x^{-1}=x^{1-1}=x^0=1$ だから、$x^{-1}=1/x$ となるとみなせる。このことは、私にはとても単純に思える。同じ意味理解の感性が、教師やカリキュラム開発者にあてはまる。自分自身が備えた洗練された考えをこのような仕方で生徒に説明するかもしれない。

しかし、この形式化された議論を、数学を学ぶ18歳の子どもに提示した場合には、指数法則は自然数においてのみ成り立つから、このような仕方は妥当性を欠いたものとなった。**記憶すべき規則として**その考えを受け入れることに反対しなかったが、大多数は規則が証明されていない不適切な場面で用いられていると主張し、彼らを説得することはできなかった。

ある生徒が x^3/x^2 を次のように説明することで、その日の授業は救われた。

$$\frac{x\times x\times x}{x\times x}$$

彼は、これを次のように簡略化した。

$$\frac{x\times \not{x}\times \not{x}}{\not{x}\times \not{x}}$$

これによって、$1/x^2$ を x^{-2} とみなすこと、x^3/x^2 を $x^3\times x^{-2}=x$ と見なすことが自然となった。x^3 と x^{-2} を組み合わせ、$x^{3-2}=x^1$ を得た。このような議論によって、$1/x^n$ を x^{-n} で置き換え、代数規則として $x^m\times x^{-n}=x^{m-n}$ とすることに、生徒が納得した[22]。

この分数および負数への指数の一般化は、自然数に対する指数法則を**記述する**ことから、より一般的事例において演繹する指数法則を**定義する**ことへと、記号の使用を洗練させる、重要な段階である。自然な経験に基づく実際数学から定義や証明に基づく理論数学への重要な変容を示す。

4.4　記号操作の構造的側面

長期間にわたる記号操作の発達において、自然数、分数、負数への拡張および

22)　この会話はアンナ・ポインターによる授業の中で生起した。

算術計算から代数への一般化に遭遇する。

そのような発達は、四則計算の思考可能概念への操作圧縮と、四則計算から生起する概念の構造的性質との両面が存在する。例えば、自然数は偶数もしくは奇数であると言えば構造的性質であり、2でわるという意味では操作的である。より一般的には素数または合成数という議論もある。合成数は素数へ一意に素因数分解できる。このような性質の長期発達は、以下のように第3章で議論した広範な構造の抽象の系統に従う。

1. たし算だけやかけ算だけなら順序によらないという四則計算の性質の**認識**
2. 経験に基づいた交換可能性のような性質の**記述**（例：3+4は4+3と等しい）
3. $a+b=b+a, ab=ba, a(b+c)=ab+ac$ のように一般的に従うべき計算規則の**定義**
4. 「計算法則」を推論の基礎として用いる $(a+b)^2=a^2+2ab+b^2$ のような等式の**演繹**

算術と代数の発展は、操作の抽象と構造の抽象との融合である。一般化された計算を代数式の計算とみなすことが、ここでの操作の抽象である。記号で表された証明形式に用いられるために認識され、記述され、定義される性質が、構造の抽象である。

「操作的」、「構造的」という語は、操作圧縮が構造を有する概念への代替であることを特定するために、アンナ・スファード[23]によって最初用いられた。このことは、操作的思考が構造的思考に不変的に先立つという仮説を持つ操作的記号の発達により広い見方を与える。実際、その発達はより複雑である。概念的具象世界において、幾何発達は構造的思考に主として注目し、操作的記号世界において、新しい形式の数が拡張的融合として導入され、代数で一般化される中で、操作的思考と構造的思考を融合する[24]。

---

23) Sfard (1991)。

24) ［訳註］幾何の発達においても作図題など操作的な側面が話題になる。現在の学校数学では証明することは強調されるが、命題を発見することは十分行われていない。

4.5 実数、極限および微積分

学校教育の最終段階や、大学初年において、数学科の学生は微積分の考えに触れる[25]。幾何、算術、代数を融合した伝統的アプローチでは、関数 $y=f(x)$ において次のように x から $x+h$ までの傾きを求める。

$$\frac{f(x+h)-f(x)}{h}$$

そして、h を小さくしたときの「極限」を計算する。この量を任意に小さくするという考えには問題がある。ニュートンやライプニッツが極限概念に論理的意味を与えなかったために、それが歴史的に批判された。今日の学校でも、ゼロに近づいていく数列が、ほとんどゼロになりながらゼロではないことを想像することは、生徒にとって容易でない[26]。この事象の完全な分析には、極限概念の形式的考えが必要であり、それを後で詳細に学ぶまでその分析自体が延期されるだろう。ここでは、具象世界と記号世界から数学者が用いる公理的思考の形式的水準へ移行することを考える。

5. 公理的形式世界

数学的思考が古代ギリシア人のユークリッド幾何におけるプラント的なイデア世界の中で発展していくとは言え、19世紀中ごろまで、数学は、一般的で理論的方法で定式化される知覚と操作の自然な拡張とみなされていた。「自然科学」の主要な部分として見なされ、ここで「自然」という用語[27]は、自然の探究から生起し、「科学」は知識に関するラテン語から生起した。ヒルベルトは、現象を伴う自然に依存しない、集合論形式による公理や定義によってのみ与えられる公理的構造による推論を実現した。

このことは意味の全体的な反転を内包する。(自然な) 性質を備えた対象や操

---

25) [訳註] 多くの国で、微分積分は高校選択科目である。

26) 例えば Cornu (1990) 参照。

27) [訳註] このパラグラフでいう、「自然」や「推論」は、西洋の科学において非常に重要な役割を果たす言葉である。自然 (nature) を対象としているという意味で自然科学と呼ばれるが、同時に本質 (nature) を追求するという意味で本質を追求する「科学」という意味で、諸科学の範とされる。自然と本質を掛け合わせた意味合いがあるだろう。また推論 (reason) は理性や理由という意味も併せ持つ。「現象に底流する自然依存しない、形式的集合論的公理や定義によってのみ与えられる」という意味で、推論と訳しているが、そこにはカントのいう理性という意味も背景に含んでいると考えてもよいだろう。

作を研究する代わりに、最初に特定された前提となる性質（公理）があり、その公理から他の性質が**演繹される**ことで、構造が示される。

2つの集まりを合わせたりその結果を数えたりという自然な体験から、たし算という計算は生まれた。当初、幼い子どもは8+2の合計を、「九」、「十」というように数えたし、そのことは2+8のようにより長い8を数えたすことと明らかに異なることを理解したかもしれない。しかし計算順序が結果に影響しないという自然な体験が、たし算の「交換性」の素地になる。

形式世界では、「$x+y=y+x$」という言明は公理と仮定され、どのように計算するかは問題にならない。ここで問題となるのは、公理が満たされるということである。そのような方略の急激な変化の目的は、劇的である。一方で、学習者に認知的負荷を増大させる。他方で、証明はもはや文脈には依存しない。体系が特定の形式的構造の公理を満足するならば、これらの公理から形式的に演繹されるすべての性質をその体系は内包してもいる。

5.1 「形式的」という用語の様々な意味

「形式的」という語は、数学および数学教育において、様々な形で使われる。数学において、ヒルベルトによって提唱されたアプローチを記述するために使われ、このことを私は**公理的形式主義**という二語[28]で定式化する。数学教育において、用語「形式」はピアジェ理論の形式的操作段階をしばしば指し、思考が仮説的になり、必ずしも物理的な参照物を必要としないことを指す。これは**ピアジェ式形式主義**と呼べるかもしれない。研究の中で、ピアジェは対象である子どもが11, 12歳で形式的操作に移行することを見出したが、後に多くの研究が、ピアジェの形式的操作段階に到達していない大学生が多数いることを示した[29]。公理的形式主義は、数学的思考においてはかなり遅れて発達する。

本書で提起する枠組みにおいて、私は両方の意味に共感し、「形式」という語を、幾何における具象的形式主義、算術や代数における記号的形式主義、ヒルベルトの公理的形式主義というように理論数学一般を指す意味で用いる。しかし本書の後半では、大学レベルでの数学に焦点を当てるので、公理的形式主義を単に「形式数学」と呼ぶ。「形式数学」の代わりに、「公理的数学」という語を使うこと

28）［訳註］公理的形式主義は axiomatic formalism を訳したものである。ここでいう二語は英語の2つの単語を指している。

29）Ausubel et al.（1978）。

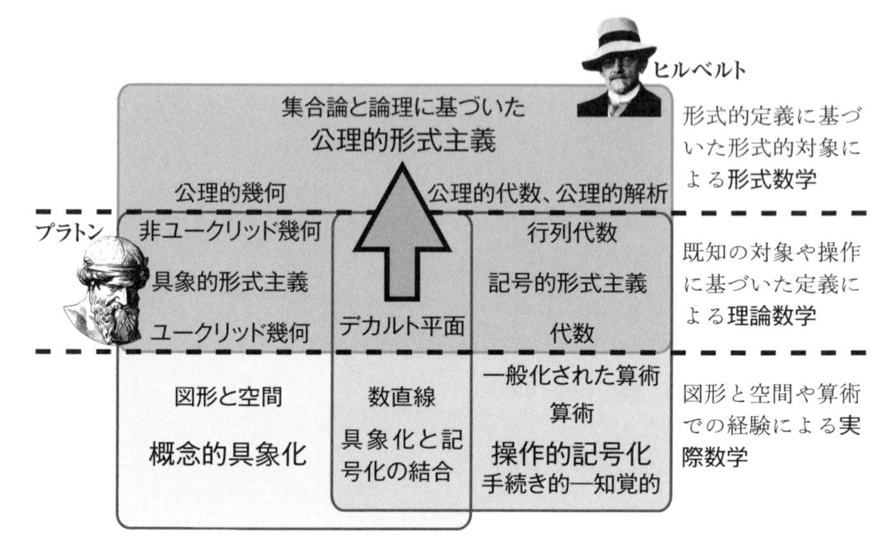

図 6.8 実際数学、理論数学、形式数学

を考えたが、そう呼べばユークリッド幾何の公理の用法に矛盾する。集合論的意味での公理系の進化に先立つ数学研究でなされたような「自然哲学」[30]、「自然科学」という名称がある。哲学と科学のどちらにも自然という語が修飾することは、数学的思考に対する「自然な」アプローチと数学への「形式的」アプローチという言い方の両方があってもよい。ここで自然なアプローチとは、実際数学と理論数学をともに含む数学であり、形式的アプローチとは、集合論的定義や形式的証明で表された数学である。

図 6.8 は、数学的思考の全発達の諸側面の概要を示す。それは、形や数に関する実際数学から定義や演繹による理論数学への発達であり、さらに集合論的定義と形式的証明による形式数学への発達である。

イデア世界の図形に代表されるプラトン世界から、ヒルベルトの形式世界への移行は果てしない。プラトンの心的世界においては、言語で定義される完全な結晶概念が存在する。幾何における完全な直線、完全な円、完全な球、そして算術における完全な数概念である。ヒルベルトの世界における形式的対象は、形式的

30) ［訳註］ニュートンのプリンキピアの正式名称は『自然哲学における数学的諸原理』であり、ユークリッド原論をモデルに示された。

証明によって演繹された性質を持つ集合論的定義によって表される。

多くの現代数学者は、彼らの創造したものを、それ自身を構成した精神とは独立に存在する完全なイデア世界の対象と見る。ただし、ヒルベルトの概念は定義に**依拠して**構成され、概念に関する性質とは定義から演繹されうる性質**だけ**である。

ヒルベルトが公理的定義と証明に焦点を当てた形式数学の使用を強調したけれども、形式的定義や証明が先行経験から暗示される考えから発達することを認めていた[31]。このように実際的経験および理論的経験から発展した数学の考えは、後に形式数学に翻訳され、厳密性において非常に高い基準に従う。

数学者は、直観的考えをしばしば疑ってかかる。というのは、直観的な考えは、彼らの論の妥当性を脅かすかもしれない隠れた仮定に依存しているかもしれないからである。彼らがそうするのも無理もない。ユークリッドの証明はユークリッドの公理の中で厳密に特定されていない性質を利用しているという捉えがたい事実に光が当たるまでに二千年以上を要した。この精神に基づいて、アンドレ・ヴェイユは、フェルマーの最終定理に対するワイルズによる最初の証明を批判した。第5章の最後で引用した「もし人がエベレストに登ろうとして100ヤード足りないところで断念したならば、彼はエベレストに上っていない」である。

数学的思考を子どもの初期の素朴な考えから厳密な最高水準に至るまで完全に捉えようとすれば、数学において個々人がそれぞれの旅で求められる発達上の要請を考慮するのは当然としても、数学者の見方を含む数学の全景を考慮する必要がある。

研究者としての数学者は、研究上の高次の要請に注意を払い、その水準で妥当な専門的基準を追究する。他方で、教師や教育研究者は、学習者の発達的要請を考慮できるほどに賢明である。だからと言ってこの相違は、互いに異なるコミュニティのままでいるべきであり、数学に対する異なる見方について話し合う必要がないことを主張するものではない。数学者が学部生に専門教科を教える大学でさえ、専門的数学者になるかもしれない少数のみにアピールする方法で数学を提示するより、学生がその大学課程で数学をどのように意味づけるかを知る必要がある。

同時に、ヒルベルトによって創始された公理的形式的アプローチが、専門家に

---

31) ヒルベルトは、次の世紀で数学者の心をとらえた23個のヒルベルトの問題を述べた1900年の有名な講義の中で先行経験を強調した。

とってのみ適切であると見られるべきではない。数学的思考におけるすべての関係者は、数学的思考の全体的枠組みにおけるその重要性に気づかなければならない。

これまで見てきたように、形式数学は、個別に数学が使用される文脈に制限を受ける具象世界と記号世界における数学よりも強力である。形式数学は、与えられた公理体系の定義を満足する将来出会ういかなる体系も、その構造において証明されたすべての定理をも満足するに相違ないという意味で、**未来における耐久性を備えている**と言える。

本書の後半では、いかに形式数学が面白い成果を上げているのかについて学ぶ。形式的定義と証明から導かれたいくつかの定理は、形式数学を解釈する際の視覚的で記号的な新方法を導く性質になる。そのような**構造定理**は、形式数学を具象世界と記号世界に戻らせうるが、この段階ではその世界は形式的証明と統合されている。それゆえ、数学的思考の発達の全体像を見ようとすれば、具象世界、記号世界、形式世界という三世界の融合という主題に私たちは立ち返る。

このことは、構造の抽象の中核的重要性を強調する。数学的対象が様々な形で構成されるにも関らず、カテゴリー化、カプセル化、定義づけを通して、四段階におけるより広い発達の連なりが見られる：

1. 思考可能概念の性質の**認識**
2. 与えられた文脈で知覚される性質の**記述**
3. 思考可能概念の同定と構成のための基礎として使われる性質の**定義**
4. 統合的な知識構造を構成するために、特定の証明（ユークリッド的、代数的、形式的）を用いて、定義から性質を**演繹**

三世界は異なる基礎によって成り立つけれども、ここで述べた性質は、結晶概念それぞれと、結晶概念間の関係とを表す知識構造にすべてたどり着く。各々は次のような結晶概念様式を持つ。幾何におけるプラトン的対象、算術と代数におけるプロセプト、形式数学の公理的に規定された概念である。

数学的思考の発達の全体的枠組みを再考する中で、ファン・ヒーレの本のタイトル『構造と洞察』[32]に、先見の明をみる。彼は構造の水準について自身の理論展

32) Van Hiele（1986)。

開を幾何のみで代数には適用しないと見なしたけれども[33]、**認識、記述、定義、演繹**による構造の抽象として解釈するならば、彼の研究開発は数学全体へ拡張できる。

6. これまでの話

ここまでで、数学的思考の発達を記述する全体枠組みは、人間が備える認識、反復、言語機能を基に知覚、操作、理性を通して進化することを表す心的な数学三世界を融合するものとして提出された。形や数の実際数学から始まり、ユークリッド幾何や代数という理論数学への洗練を繰り返すことで進化する。幾何が構造的洗練を繰り返すことで構成されるのに対して、記号は具象化された操作から、操作圧縮を通して、定義と証明の形式を発達させる構造的性質を有する操作可能な記号へと発達する。公理的形式数学の第三世界は、集合論的定義や形式的証明に基づき、数学の形式的段階を構築する。

新しい文脈に移行する中で、ある文脈で支持的な側面が、別の文脈では支持的であったり、問題提起的であったりするかもしれない。支持的側面は一般化を支援し、問題提起的側面は進歩を妨げる。関連する感情は、自信を促進する支持的側面と、自信を持っている人にとっては問題と見られたり、記憶学習によって成功を収めるか、もしくは数学的不安のスパイラルに落ち込むかもしれない者にとって関心事と見たりする問題提起的側面を有し、長期発達に影響を与える。

第7章では、具象と記号の関係を詳細に分析する。第8章では、問題解決と証明の発達というより大きな課題に歩を進める。第9章では対象の歴史的発達を分析するために、数学三世界という枠組みを用い、大学や研究の最前線における形式数学に移行する。

33) Van Hiele (2002)。

第7章　具象世界と記号世界を通る旅

本章では、子どもたちがものの集まりを数えることを学んだり、自然数の演算について学んだり、さらに分数、正負の数、一般化された算術としての文字式に学習を進める際に、具象化と記号化が並行して発達することについて、より詳細に分析してみることにしよう。

ブルーナーの見方に従い、具象世界での行為や知覚から記号世界での操作への移行において、行為的あるいは映像的表象から象徴的表象への安定した成長を期待することもできるだろう。しかし、具象世界と記号世界の関係をもっとよく調べてみると、もう少し入り組んだストーリーのあることがわかる。

対象に対して操作を行うとき、その注意は［操作が施される］対象に向けられるかもしれないし、操作をいかに行うかに向けられるかもしれない。あるいはそれらの両方に向けられるかもしれない。過程から心的対象へという操作の圧縮には2つの側面があるが、そのうち対象に焦点を当てたものを**具象圧縮**（embodied compression）と、記号に焦点を当てたものを**記号圧縮**（symbolic compression）と呼ぶことにしよう。対象に焦点を当てることで、操作の結果として何が生ずるかを感知する可能性が与えられる。操作は、目に**見える**ある**効果**（effect）を持つ。

例えば、ものの集まりを数えることはどの順番に数えるかとは無関係であることに子どもが気づいてしまうと、対象の位置は問題にならなくなり、「2」と「4」の集まりを数えて「6」になることは、対象を並べ替えて「4」と「2」を数えて同じ結果になることとして見なされることとなる。4つの対象のうち1つをもう一方の集まりの方に動かすと「3と3」になり、そしてそれもまた「6」になる。それらをきちんと並べると「3個が2列」や「2個が3列」になったりする。操作の具象化された効果に焦点に当てることは、操作と数の間の関係についての一般的な感覚を促すことになる。

一方、例えば「4」の後で「2」を数えると「5, **6**」となるという操作に焦点を当てると、「2」の後で「4」を数えて「3, 4, 5, **6**」となるのよりも短い数え方を与えることになる。つまり、これら2つの手続きは、最初は異なるものとして感じられることになる。したがって具象圧縮は、操作の効果に焦点を当てた場合には、手続きを練習しているだけではそれほど明らかにならないような、算術のもっと一般的な諸性質を感知することを、子どもに促す潜在力がある。これに対して記号圧縮は、決まったやり方を実行できるようになることに焦点が当てられる。

このように少し見てきただけでも、ブルーナーが算術における記号操作の間の有意味な関係を促すために、最初に行為的表象や映像的表象に焦点を当てたことは妥当と考えられる。そして、操作の効果に焦点を当てた具象圧縮の方が、数える手続きに焦点を当てた操作の圧縮よりも、算術の柔軟な諸性質に対するより多くの初期の洞察を与えてくれることを示唆している。

しかし、具象圧縮と記号圧縮の間の違いは、完全に二分されるものではない。確かに具象的な数えることを好む子どもたちもいれば、記号操作を手続き的に学ぶ子どもたちもいる。しかしもう少し柔軟な考え方もできる。それは、これら2つを混ぜ合わせて、算術において諸関係についてのしなやかなセンスと流暢さを発達させることである。

本章では、操作的な記号化がより洗練するにつれて具象世界と記号世界の間の関係がどのように変化するのかを考えるために、数学的思考の長期的な発達について考えてみよう。行為的あるいは映像的な具象化されたアイデアが記号世界へのよい導入になると、いつでも言えることなのだろうか。あるいは、数学がより洗練されると、別の可能性がありうるのだろうか。

1. 知識構造の圧縮

1.1　具象圧縮と記号圧縮

算術と文字式の長期的な成長については、第3章において記号圧縮という観点で提示しておいた。それは、行為から過程へ、そして対象へという流れであり、別の言い方をすれば手続きが過程を経てプロセプトに向かうのであった。こうした過程―対象理論は第一に、個人によって遂行される行為や操作に焦点を当てる。しかし、子どもは最初、物理的対象に対して操作するのであり、それはまた活動の一部になっている。したがって、子どもたちが対象に操作を施すときには、学習者が何に焦点を当てているかを考慮することが重要である。彼らは操作に焦点を当てているであろうか。それとも対象に対するそれら操作の効果に焦点

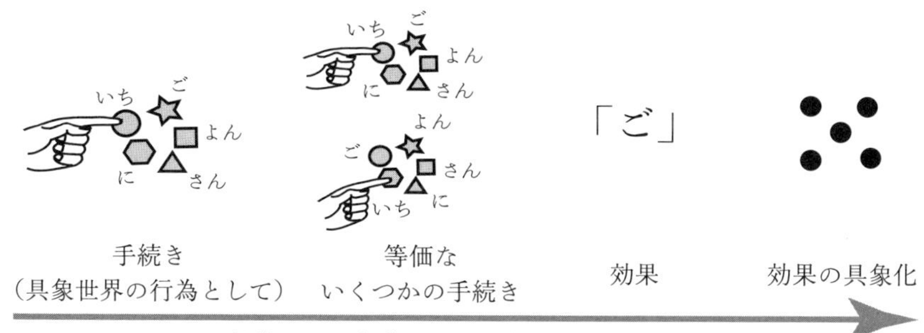

図 7.1 数えることから数 5 への圧縮化

を当てているであろうか。あるいは両方に意識を向けているであろうか。

こうしたアイデアを理論的に定式化するために、**基礎対象**（base object）という用語を用い、操作が施される対象を表すことにしよう。基礎対象に施される行為は、目に見える**効果**を持つだろう。異なる行為ではあるが同じ効果を持つものは、等価な行為である。

手続きから多重手続き、過程やプロセプトを経由する記号圧縮は、したがって、物理的な操作という点で具象化された表現を持つことになる。例えば図 7.1 は 5 つの基礎対象を数えることを示している。最初は単一の手続きからなっている。次に他の等価な手続きによるものとなるが、それらすべてが同じ「5」という効果を持つ。この効果は 5 個のおはじきの一般的な配置として具象化されうる。

この同じ具象的なものを、2 個のおはじきと 3 個のおはじきという部分集合へ分けることができる。その和は様々な等価な手続きにより計算できるが、それぞれの手続きは、同じ効果を与え、それがおはじきの配置として具象化される（図 7.2）。

同じ 5 つの対象は、3+2, 2+3, 4+1, 1+4, さらには 7−2（もしも 7 つのものというもっと大きな配置として具象化されているならば）など、様々な仕方で配置されうる。対象の様々な配置に焦点を当てることは、単一の存在としての 5 という観念を**具象化する**ことになる。それは 1 つのプロセプトとしては様々な仕方で見られることになる。

これに相当するような現象は、基礎対象としてのケーキのような連続量を分配するときにも生ずる。図 7.3 において、ケーキはまず 6 つの等しい部分に分けら

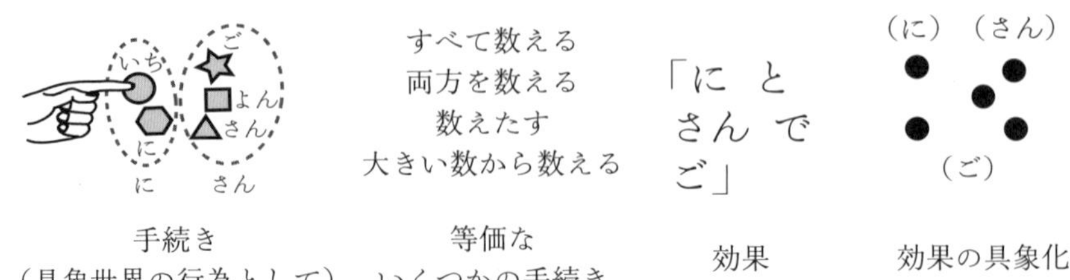

図7.2　たすことから和 2+3=5 により表現される和への圧縮

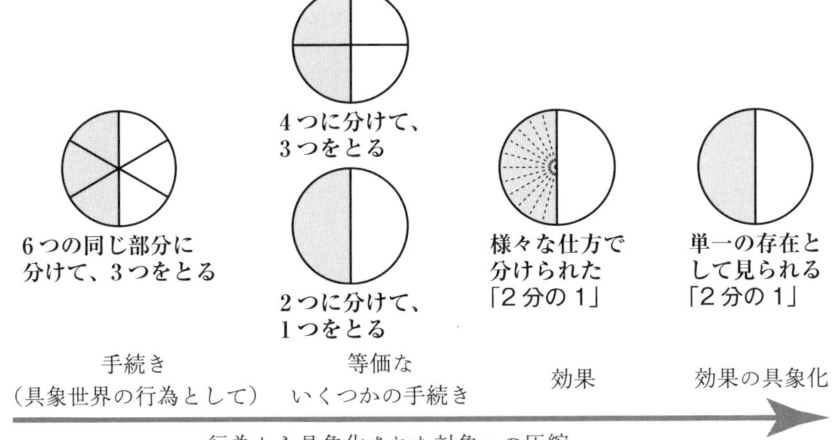

図7.3　分配することの具象化対象としての分数への圧縮

れ、そのうちの3つが選ばれる。これと等価なことであるが、ケーキを4つの等しい部分に分け、そのうちの2つをとるとか、2つの等しい部分にわけ、そのうちの1つをとることもできる。選ばれるケーキの量という点では、どれも同じ効果となり、全体の1/2を作り出すという効果を与えることになる。効果の具象化は「1/2」という量であり、それは今や、分配することの多くの等価な手続きにより表現される。さらに、単一の存在としての「1/2」という具象化は、$\frac{1}{2}, \frac{2}{4}, \frac{3}{6}, \cdots$ という同値分数として異なる仕方で表現されたり、単一の存在として具象化されたりするような、同じ量をイメージすることにより見られることにもなる。

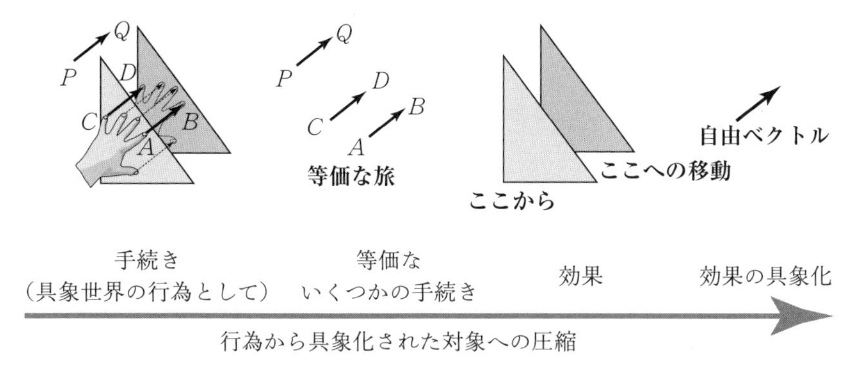

図 7.4　平行移動から具象化対象としての自由ベクトルへの圧縮

1つの対象としての分数のこうした表現は、分数のたし算にとっても適切に機能する。1/2と1/3をたすために、それぞれの部分をさらに分割して1/6にし、和を3/6たす2/6と見て、そして5/6を得る。

加法の下でベクトルを考える場合も、第4章で示したように、同じ枠組みに適合している。それは三角形といった（基礎）対象を平面上で平行移動することの、具象化された行為である。対象の上にある点の移動は、矢印として見られることになる。こうしたすべての矢印は、同じ大きさと向きを持つという意味で**等価**である。平行移動の**効果**は、出発点から終点への対象の移動であるが、それは与えられた大きさと向きを持つ**自由ベクトル**により具象化されうる（図7.4）。

効果は単なる出発からゴールへの移動である：その途中で起こったことは関係がない。1つの平行移動の効果に別の平行移動を続けて行うと、最初の出発から2番目の移動の終点に向けての平行移動がただ1つ決まる。自由ベクトルは自由に動かすことができ、また次々につなげることができるので、2つの自由ベクトルの和は三角形の法則（triangle law）を用いて具象化することができる。

1.2　操作から思考可能概念への柔軟な圧縮

以上で見てきたすべての事例は、加法の操作を具象化し、その諸性質を柔軟な仕方で明らかにしている。しかし、記号を対象としてのみ考えることに問題があることは、すでに第4章で示しておいた。十分機能的であるために、操作の圧縮は記号が過程と概念の二重の仕方で動作することを要求する。例えば、リンゴ1/2個とかリンゴ1/3個といったように分数が対象であるならば、これらを合わせるとリンゴ5/6個になる。しかし、リンゴ1/2個とリンゴ1/3個の積は意味がない。したがって、分数を操作としても見ることが本質的に重要である。それにより、リンゴ**の**1/2を計算し、次にリンゴ1/2個**の**1/3を計算して、リンゴ1/6個を求めることができる。

操作の効果に焦点を当てた具象圧縮は諸刃の剣である。多くの関係を視覚化してくれることで助けになるが、しかし同時に、記号を対象として**のみ**考えてしまうという点では問題もある。

具象化対象にのみ焦点を当てること、あるいは記号操作にのみ焦点を当てることは、それぞれ強みもあれば限界もある。第4章において、心の中で動かすようなおはじきの心的イメージを用いて、アメリアがどのように進歩していくかを見た。この使用は、十分小さくてイメージできる数についての計算を彼女が行うことを可能にしたが、彼女がもっと大きな数に取り組むことを妨げた。彼女の問題点は、グラフ電卓を与えることにより解消された。計算器が算術の演算を行ってくれるので、彼女は数えることを必要とせずに結果を見ることが可能となり、それにより、算術で生じる諸関係に注意を向け直すことができたのである。この方法は困難を抱えた別の11歳の子どもたちにはうまくいかなかった。なぜなら、彼らは位取りの概念を把握することができるように、10を10個の別々の対象として見ることから10を単一の存在として見るということへ、ステップを進めることができなかったからである。

第4章において、ケーキを分ける問題を、分数についての十分な算術を発達させることなしに、実用的な操作の方法を用いて解決する子どもを見た。特定の具象化は与えられた場面ではうまく働くものの、より洗練された文脈において適切な記号的思考方法へと発展しない場合には問題が出てくるという側面を持っており、そうした事例は多くあるが、これはそのほんの一例に過ぎない。

1.3　決まりきった操作を練習する

記号的操作に強く焦点を当てることはスムーズに上達しうるが、それが同時に十分な柔軟性につながるとは限らない。

国の経済をその時点での最高水準にまで発達させるとするマレーシアの2020年に向けたビジョンの一部として、マレーシアのカリキュラムは柔軟性を強調して分数を教えるようデザインされている。例えば、「25の2/5」を計算することは、25の1/5を求めてそれに2をかけるやり方と、2に25をかけてそれを5でわ

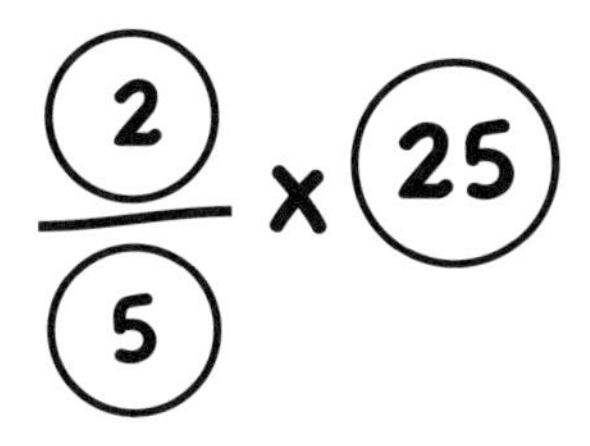

図 7.5　分数のかけ算

るというやり方で教えられている（図 7.5）。

すべての子どもが両方の手続きを達成できることを保証するために、教師は、手続きの一連の部分を暗唱し、欠けている言葉を埋めるよう子どもたちに求めることにより、それらの手続きを記憶するよう子どもたちを促す。教師は（マレー語で）「25 の 2/5 はどのように求めたらよいですか？」と言い、黒板に 3 つの丸をかくかもしれない。分数の分子と分母のために 1 つの丸をもう 1 つの丸の上に、そして自然数のために別の丸を。「上の丸には何を入れますか？　ぶん…」それに対してクラスの子どもたちはうれしそうに「分子」と言う。「下の丸には何を入れますか？　ぶん…」「分母」。「何を使うかな、か…」「かけ算」。このように授業は続けられ、分数のかけ算についての 2 つの異なる手続きの決まったやり方が作り上げられていく。

この結果として子どもたちは標準テストの成績を伸ばしていった[1]。しかし、第 3 章で導入された手続きから柔軟なプロセプトへの 4 段階の圧縮から考えると、今の方法は、洗練された場面における数学的思考にとって必要とされる柔軟性よりも、特定の多重構造的思考の等価性の方により焦点を当てている。

世界中で、子どもたちはテストでよい成績をとるよう励まされ、そのためしばしば、決まったやり方で解ける問題を解くことにそなえた細々（こまごま）とした練習に焦点を当てている。これは短期的には成功をおさめるかもしれないが、長期的には何が起こるのだろうか？

1）　このデータは、ムド・アリの学位論文からのものである（Md Ali, 2006）。教師に対するインタビューから、子どもたちが「数学を本当に理解する」よう支援するというビジョン 2020 の志には賛同するものの、指導のスケジュールや国の UPSR 試験で成績を上げる必要性による制約を感じているのが一般的な共通認識であることを明らかにした。

1.4　ディロンの場合

手続きを学習することは決まったやり方で解けるテストでは成功をおさめるが、それとは別の長期的な帰結をもたらすかもしれない。

ディロン[2]（仮名）は熱心に取り組む元気な18歳の生徒であった。彼は決まったやり方で解ける問題を解くのに必要な公式を学習し、試験の準備のためにそれらの使い方を練習することにより、すべての段階において成功をおさめていた。作業の一連のモジュール[3]に直面したときには、彼は新しい手続きに集中し、以前に学習したことにそれを結びつけようとはしなかった。

例えばこんなことがあった。1/0.08といった問題に対して数値の答えを求めるのに、計算器を使うことが許されていた。しかし授業中に計算器を使わずにこの計算ができないか尋ねられると、彼はどのように進めてよいのか全く考えが浮かばなかった。

教師が

$$\frac{1}{0.08}$$

という計算を板書したとき、ディロンは0.08が8/100であることを覚えていなかった。教師がこの計算を

$$\frac{1}{\frac{8}{100}}$$

と書いたときですら、彼は、分子と分母に100をかけて、これを同値な問題である

$$\frac{100}{8}$$

に直せることを思い出せなかった。この式を簡単にするよう示唆されたときでさえ、彼は計算器なしでこのわり算を実行することができなかった。

このことは、直近のテストに合格するために手続きを学習することのみに焦点を当てる学習者が、柔軟な知識構造を構築することに失敗しているにも関わらず、かなり高学年になってもよい成績をとり続けるかもしれないという問題を示している。この問題は計算器の使用やそれによる算術における技術不足とも関わ

2)　ディロンはアンナ・ポインター先生のクラスで私が観察した生徒であった。
3)　［訳註］小さなテーマごとに区分した単位。

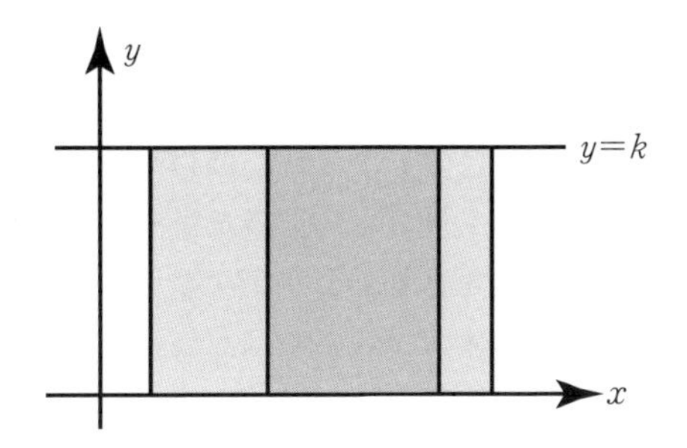

図 7.6 2 つの長方形。高さは同じ k で濃い方は他方の幅の半分になっている。

っているかもしれない。しかし、記号上の計算へ視覚的な意味を関連づけることにおける問題もまた、存在しているのである。

ディロンは、決まった計算で答えられる問題について、視覚的な意味を求めることを拒んでいた。例えば、確率・統計のコースで彼の先生が、$y=k$ という水平なグラフの下にある 2 つの長方形の領域の面積比を求めるという問題を考えることから授業を始めたことがあった。一方の長方形は他方の幅の半分になっていた（図 7.6）。

2 つの長方形の面積は、その幅と同じ割合になる。したがって、濃い方の長方形［の面積］は明らかに大きい方の長方形の 1/2 である。しかし情報が数値で提示されていたために、ディロンは機械的に学習した微積分の公式を用いて面積を計算し、計算器を用いて答えを見つける方を好んだ。教師が彼に図を示して、面積の関係を見せようとしたとき、彼は自分の方法で正解を計算してしまっていると言い張ってそれを拒んだ。

ディロンに同情する人もあろう。彼はモジュールを学習していたが、モジュールが終わればすぐにテストされる。時間は非常に貴重なので振り返りをしているような余裕はない。試験概要（examination syllabus）も、教科書の問題を練習し、もしもどうしたらよいかがよくわからないときは、教科書を見直し、同じような問いを見つけて、解答例を勉強して必要とされる方法を練習するようにと助言していた。

ディロンは、決まったやり方で解ける問いに対する決まったやり方を練習することで試験での得点を最高のものにできると信じていたし、またそれでうまくやってきていた。彼はモジュールに合格し、同じ技術をさらに使ってそれに続く試験にも合格した。**なぜ**を理解する必要を感じないまま**何を**したらよいかを学んできたのである。彼は自分の成功に満足していたし、自分の選んだ職業を目指すのに必要な資格は有しているとの自信もあった。彼の両親は喜び、教師は満足し、政治家は水準が保たれていると主張できた。皆が幸せそうに見えた。しかしこうした発達は、大学において数学的思考をより高次の形式化されたレベルに高めたいと望んでいる者にとっては、適切なものではない。

2. 具象世界における高まっていく複雑さ

具象世界と記号世界の間の関係の長期的な成長についての洞察を得るために、a^2-b^2 の因数分解と、一般の自然数 n に対する a^n-b^n の因数分解へと至るその長期にわたる一般化の事例に戻ってみよう。それは、数学的思考の長期的な発達における、1つの発達のパターンを明らかにしてくれる。

文字式の恒等式

$$a^2-b^2=(a-b)(a+b)$$

は、1辺の長さが a の正方形をかき、1辺の長さが b の小さい正方形を取り除き、残った部分を並べ替えることにより具象化される（図7.7）。

この絵は a と b が**正**で $a>b$ である場合を表している。他の場合、例えば $a<b$ という場合や a と b が負である場合には何が起こるであろうか。図7.7において、長さは向きを示すために矢印がつけられている。直交座標平面における軸の標準的な向きと同様に、a についての正の向きはページに垂直上向きになっており、b については右向きの水平方向である。符号の変化は向きづけられた線を反

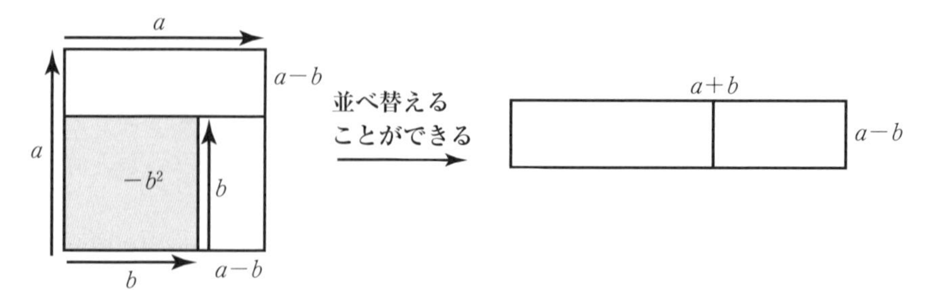

図7.7　$a>b$ である正の数 a と b に対する $a^2-b^2=(a-b)(a+b)$

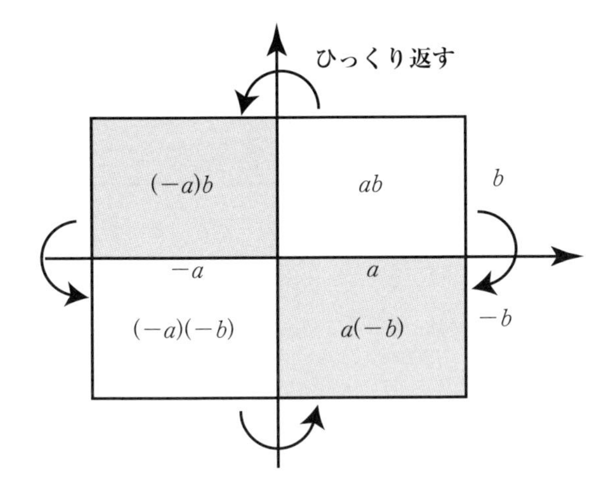

図 7.8 領域をひっくり返すと反対側の面が見える

対方向にひっくり返すと考えることができる。このことは符号つきの長さだけではなく、その積にも当てはまる。積は符号つきの面積として表されるが、一方の面は正と考えて白に色づけし、もう一方の面は負と考えて灰色に色づけをする。

1 辺を反対方向にひっくり返すことにより長方形の領域をひっくり返すと、長方形の反対側の面が現れる。例えば、a と b が正ならば、第 1 象限にあり上向きで白く塗られた、辺が a と b の長方形からスタートする。辺 a を y 軸の回りに回転させ、$-a$ を表すために反対向きに向けると、長方形をひっくり返し、灰色に塗られた長方形の裏面として $(-a)b$ を表すことになる（図 7.8）。さらに x 軸の負の部分の回りに回転させ、b を $-b$ に変えると、ひっくり返って $(-a)(-b)$ が現れ、白い方の側が見えるし、第 4 象限へとひっくり返った $a(-b)$ では裏の灰色の側がもう一度現れる。

a が正で b が負で、かつ $|b|<a$ であるような a^2-b^2 の場合が、図 7.9 に示されている。今、a は正で上を指しているが、b は負であり下を指している。負の b に対してその平方 b^2 は正であり、したがって $-b^2$ は負となるので灰色に影がついている。大きい方の正方形 a^2 から正方形 $-b^2$ を取り除くと、2 つの白い長方形が残り、それを横に並べることができる。b が負であるので、並べ替えられた長方形は辺の長さが $a+|b|$ と $a-|b|$ となる。ここで $|b|$ は b の絶対値である。すべての可能性を視覚化するためには、a と b の相対的な大きさや符号にしたがっ

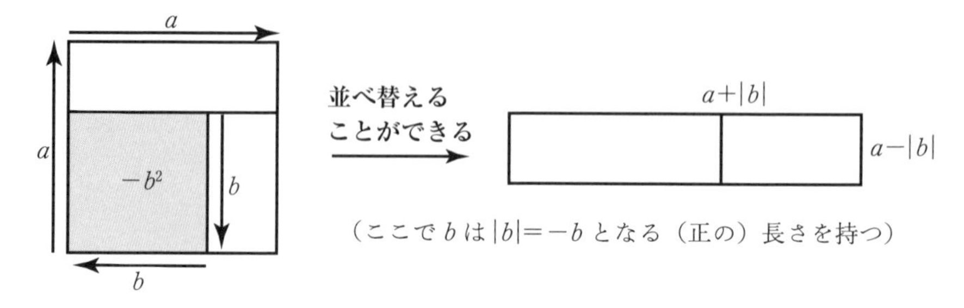

図 7.9　a が正、b が負、かつ $a>|b|$ の場合の $a^2-b^2=(a-b)(a+b)$

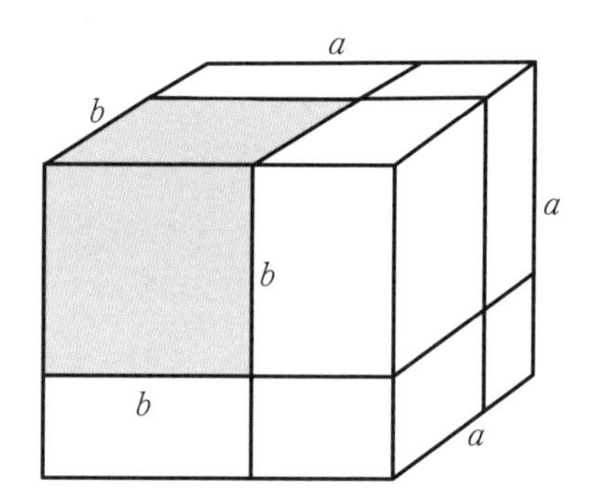

図 7.10　2つの立方体（3乗）の差 a^3-b^3

て、他の可能性についても考えてみる必要がある。

こうした図はある人にとっては洞察を与えてくれ、とても好ましいものである。しかし、長さを符号のつかない量としてしか見てこなかった人にとっては問題のあるものとなりやすい。

公式

$$a^3-b^3=(a-b)(a^2+ab+b^2)$$

の場合には、状況はさらにいっそう複雑となる。図 7.10 は a と b が正で $a>b$ である場合の2つの3乗の差を表している。

図 7.11 のそれぞれのブロックが何を表しているかを確認することにより、具体物を利用して記号上の関係を導くことは可能である。

3次元におけるこの視覚化は、2次元の場合に比べて、すでに理解がさらに難しいものになっている。$a<b$ の場合や、a と b の一方または両方が負の場合には、

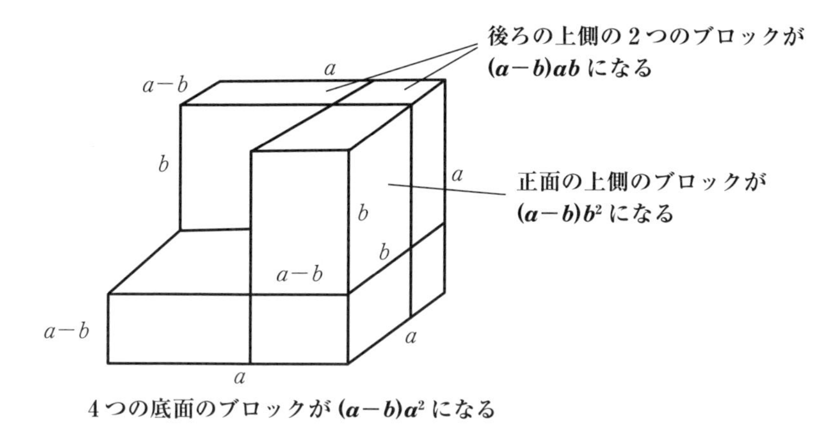

図 7.11　残りのブロックが $(a-b)a^2+(a-b)ab+(a-b)b^2$ になる

よりいっそう複雑になる。（辺の符号を変えることは、ブロックを鏡像のようにひっくり返すことを含む。それは物理的には実行できず、何らかの努力を伴って心的に想像されるしかない。）

2.1　柔軟な記号化への移行

4 次元で a^4-b^4 へと一般化することは、私たちの実際の現実世界での経験を超えている。プロの幾何学者は高次元をイメージする方法を発達させるとしても、普通の人には 3 乗より大きい場合に具象化された図を「見る」ことはできない。

先に見たように、この文字式の操作は思いのほか単純である。$a^4=(a^2)^2$、$b^4=(b^2)^2$ と書いて、公式を 2 回用いれば、

$$a^4-b^4=(a^2-b^2)(a^2+b^2)=(a-b)(a+b)(a^2+b^2)$$

を得ることができる。記号の因数分解は苦も無く洞察を与えてくれる。これは、記号世界が具象世界より好ましいものに着実になりつつあることを示唆している。こうした理由により、具象世界と記号世界を混合することから記号世界だけで作業することへと移行する方が、より複雑な状況へと進展しやすいと信じるのが自然であろう。

しかしながら、さらに一般化していくと、記号世界もまた複雑になってしまう。例えば、a^5-b^5 や $a^{101}-b^{101}$ をどのように因数分解できるだろうか？

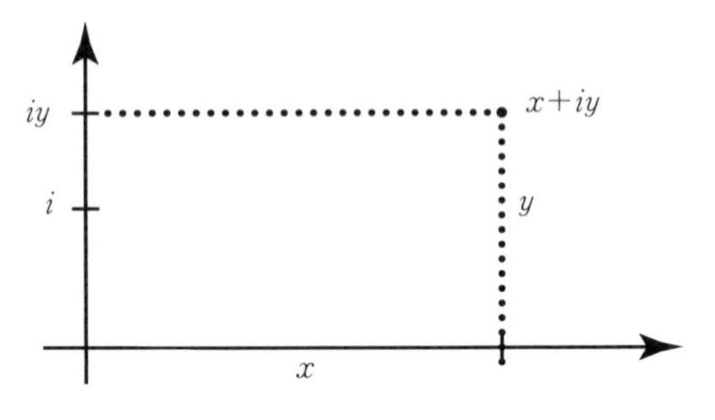

図 7.12　複素数 $x+iy$

2.2　具象世界の予想外の新たな利用

大きな数値 n に対する a^n-b^n の因数分解は、具象世界と記号世界の組み合わせにより実行することができる。しかしこのためには、その平方が -1 になる量 i を含む複素数の導入が必要である。以前の経験は、数直線上のすべてのゼロでない数の平方はいつでも正になることを示している。このことは、水平な x 軸の上に印される実数については真であり続ける。しかし複素数は x 軸に制限されていない。平面全体のどこにでもなりうる。

この場合、実数は水平軸上の点 $(x,0)$ として視覚化され、複素数 i は点 $(0,1)$ として y 軸上にあり、一般の複素数 $x+iy$ は平面内の点である（図 7.12）。

複素数の算術は、i を最初は未知数と見なした文字式の操作により、記号的に行うことができる。例えば

$$(3+4i)(3-4i) = 3^2-4^2i^2$$

複素数としての結果は i^2 を -1 で置き換えると $3^2+4^2=25$ となるので、したがって $(3+4i)(3-4i)=25$ として見出すことができる。この手続き的な操作は、実数を扱ってきた経験のある学習者にとっては、しばしば不安に感じられる。しかし、複素数の乗法は、平面の幾何学において、とても美しい新たな具象化された意味を持つことが分かる。例えば、i と $x+iy$ の積は、$i(x+iy)=ix+i^2y=-y+ix$ という記号上の結果を持つ。図 7.13 において、この i によるかけ算は (x,y) を $(-y,x)$ まで原点のまわりに $90°$ 回転させることとして見ることができる。

複素数の乗法は、点 (x,y) に対して、

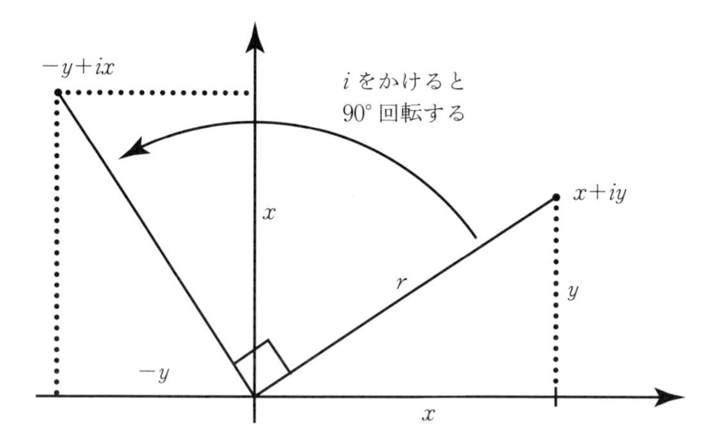

図 7.13 iによるかけ算は平面を 90° 回転させる。

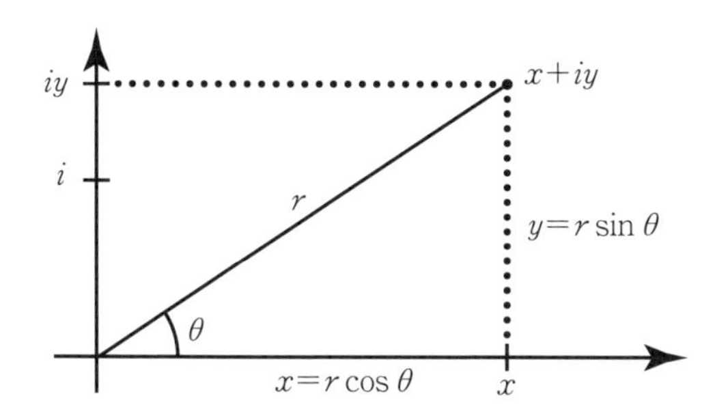

図 7.14 直交座標と極座標における複素数

$$x = r\cos\theta, \qquad y = r\sin\theta$$

という式で関連づけられる極座標r, θを用いると、もっと簡単に表すことができる。

より一般的に、複素数$x+iy$をかけることは、係数rだけ拡大縮小し、角θだけ回転することとして幾何学的に表現されることが示される[4]（図 7.14）。

再び、乗法が加法とは全く異なる意味を持つことを見出す。複素数の場合、加法は直交座標の値をたすことを含むが、乗法は極座標によって定式化される。極

4） ここで私は、複雑になりすぎないようにしながら議論を進められるように、細かい説明をせずに一般原理を述べるという数学者の策略を使わせていただいた。

座標が r, θ と s, ϕ であるような数の積は、その座標が $rs, \theta+\phi$ となる。この複雑なものは、歴史においては、受け入れられるまでに何世代をも要した。そして、今日でも多くの生徒にとっては問題の多いものであり続けている。

2.3　単位元の複素数根を視覚化する

乗法を幾何学的にとらえることは、極座標が $r=1, \theta=90°$ である複素数 i に対して適用するとき、特別にシンプルな応用を与える。図7.13に示すように、i をかけることは $90°$ 回転することであり、したがって複素数 i の冪乗は（$r=1$ に対しては)、$i^2=-1, i^3=-i$, そして $i^4=1$ のように、単位円上を回ることになる（図7.15)。

これら4つの値はすべて $z^4=1$ という方程式を満たしているので、z^4-1 という式の因数分解はこれらの根を用いて次のように書くことができる。

$$z^4-1=(z-i)(z-i^2)(z-i^3)(z-i^4)=(z-i)(z+1)(z+i)(z-1)$$

この等式に $z=a/b$ を代入すると、

$$\left(\frac{a}{b}\right)^4-1=\left(\frac{a}{b}-i\right)\left(\frac{a}{b}+1\right)\left(\frac{a}{b}+i\right)\left(\frac{a}{b}-1\right)$$

さらに両辺に b^4 をかけると、次のような因数分解を得る。

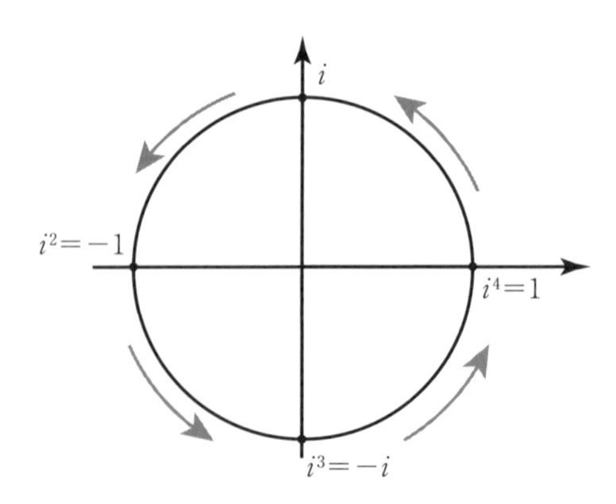

図7.15　方程式 $z^4=1$ の根

$$\begin{aligned} a^4-b^4 &= (a-ib)(a+b)(a+ib)(a-b) \\ &= (a+b)(a-b)(a+ib)(a-ib) \\ &= (a+b)(a-b)(a^2+b^2) \end{aligned}$$

これは上で文字式の因数分解で見出したのと同じものになっている。

2.4 $\boldsymbol{a^n-b^n}$ の因数分解

より一般的に、$r=1, \theta=360°/n$ という極座標を持つ複素数 ω から始めるならば、その冪乗 $\omega, \omega^2, \cdots, \omega^k, \cdots$ は円の上に等間隔で並ぶことになり、角 $\theta=360°/n$ ずつ次々に回転し、$\omega^n=1$ となって出発点に戻ってくる（図 7.16)。

要素 $\omega, \omega^2, \cdots, \omega^n=1$ は方程式 $z^n=1$ の n 個の根全体の集合にちょうどなっており、したがって方程式 $z^n-1=0$ は次のように因数分解できる。

$$(z-\omega)(z-\omega^2)\cdots(z-\omega^{n-1})(z-1) = 0$$

$z = a/b$ を代入し、前と同じように式を整理すると、次の因数分解を得る。

$$a^n-b^n = (a-\omega b)(a-\omega^2 b)\cdots(a-\omega^{n-1}b)(a-b)$$

a^4-b^4 の因数分解では複素数の因子が $(a-ib)$ と $(a+ib)$ と 2 つあり、それをまとめると実の 2 次の因子 (a^2+b^2) となった。a^n-b^n の因数分解でも ω^k と ω^{n-k} の項があり、($\omega^k = 1$ あるいは $\omega^k = -1$ という特別な場合をのぞいて) それらは横軸に対して鏡映となっており、ペアとしてまとめることができる（図 7.17)。

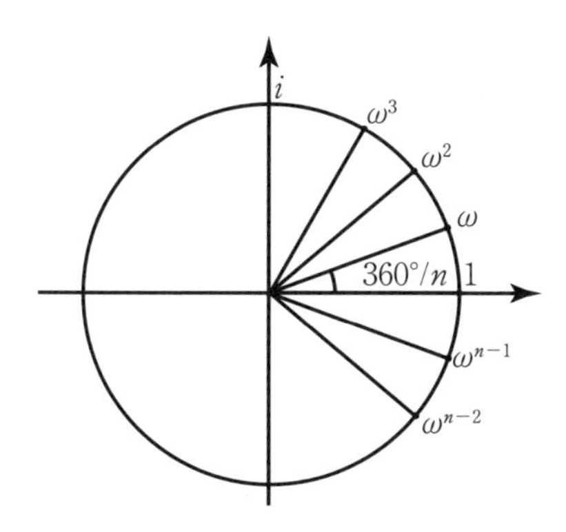

図 7.16 単位元の根

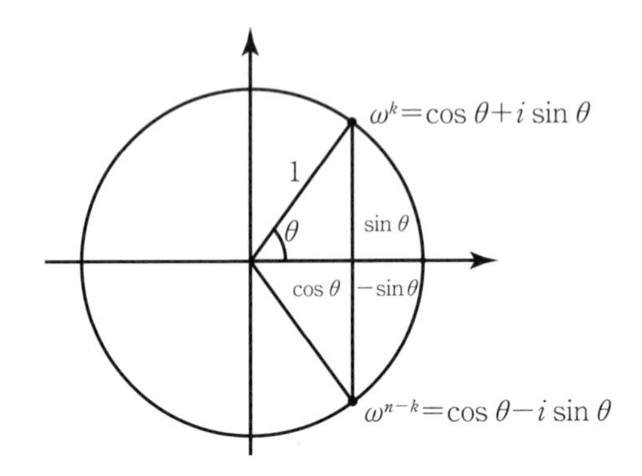

図 7.17　$\theta=360°\times k/n$ の場合の鏡映としての 2 つの根

$\omega^{n-k}=\cos\theta-i\sin\theta$ に $\omega^k=\cos\theta+i\sin\theta$ を加えると $\omega^k+\omega^{n-k}=2\cos\theta$ となり、したがって、

$$\begin{aligned}(a-\omega^k b)(a-\omega^{n-k}b) &= a^2-(\omega^k+\omega^{n-k})ab+b^2\\ &= a^2-2\cos\left(360°\times\frac{k}{n}\right)ab+b^2\end{aligned}$$

これにより、a^n-b^n を実の因子の組み合わせとして書くことができる。例えば、$n=5$ に対しては、

$$\begin{aligned}a^5-b^5 &= (a-\omega b)(a-\omega^2 b)(a-\omega^3 b)(a-\omega^4 b)(a-b)\\ &= ((a-\omega b)(a-\omega^4 b))((a-\omega^2 b)(a-\omega^3 b))(a-b)\\ &= \left(a^2-2\cos\left(\frac{360°}{5}\right)ab+b^2\right)\left(a^2-2\cos\left(2\times\frac{360°}{5}\right)ab+b^2\right)(a-b)\\ &= (a^2-2\cos(72°)ab+b^2)(a^2-2\cos(144°)ab+b^2)(a-b)\end{aligned}$$

$n=7$ のとき、a^7-b^7 の因数分解も角 $360°/7=51\frac{3}{7}°$ として同じパターンに従う。したがって次を得る。

$$\begin{aligned}&(a-b)\left(a^2-2\cos\left(51\frac{3}{7}°\right)ab+b^2\right)\\ &\times\left(a^2-2\cos\left(102\frac{6}{7}°\right)ab+b^2\right)\left(a^2-2\cos\left(154\frac{2}{7}°\right)ab+b^2\right)\end{aligned}$$

この因数分解は、文字式の計算だけでは簡単には見つけられないし、7 次元空間における図をイメージすることで見ることはまずできないであろう。しかし、単位円上に等間隔に並ぶ7つの点を用いると、この複雑な公式も簡単に視覚化することができる。数学がより洗練され、新たな光の下で見られるようになると、複雑なアイデアが突然もっとシンプルになることもあるのである。

3. 帰　結

この1つの事例からの帰結は、数学的アイデアの長期的な単純化（simplification）にとってとても重要である。それは次のようなことを示している。最初の具象世界は有意味な洞察を与えるが、アイデアが一般化されてくると、かなり洗練された具象世界ですら問題の多いものとなり、他方で記号世界がもっと強力になってくる。

学校の文字式の学習では、このことが、具象世界から文字式の操作へと切り替わる傾向につながる。しかし上の事例は、洗練の新たなレベル（ここでは複素数の導入）では、新たな形態の具象世界がものごとをシンプルな方法で見せてくれ、それがいっそう強力な記号的方法につながっていくことを、示している。

現在知られている数学的思考の発展全体を見渡すような高次の視点から見てみると、私たちには新たなビジョンが見えてくる。実際数学から理論数学へと移行するにつれ、日常世界の見慣れたアイデアから離れて、新しい文脈へと移っていく。それは、新たな方法で記号化される構造や操作についての独特の感じを伴った、新たな具象世界を含んでいる。しかしこの新たな文脈での記号世界の基本的アイデアが見慣れたものになってしまうと、記号間の関係が一人歩きするようになり、最初の具象化されたアイデアの能力をはるかに超えるような計算や操作の大きな威力を提供するようになる。

数学的思考の長期的な発展は実際数学から出発するが、そこには、形や算術の操作を認識したり記述したりすることも含まれている。この段階においては、意味を理解することは人間の知覚や行為を通して生じる。その後、操作がそれ自身で意味をなすようになると、数学的に意味をなすことは操作に一貫性があることだとなってくる。さらに長期的に見たときには、我々の理性の能力は、徐々に洗練される**知覚**、**操作**、そして**理由**を通して数学を意味づけることができるように、より洞察力のある仕方で発達するよう促される。しかし、数学がいっそう洗練された文脈に移行する際には、一般化を促したり妨げたりするような、支えとなる側面と問題を引き起こす側面についても考慮する必要がある。学校数学の間やその先の数学の成功において、その差の激しいのはそれらの側面が一因なのである。

4. 具象世界、記号世界、そして形式世界の長期的な発展

本章で具象世界と記号世界の発展を分析したことで、ブルーナーの理論が長期的な発展においてだけでなく、その途中で出会うそれぞれの新しい文脈においても、重要な役割を果たすことが確認された。本章では、連続したいくつかの段階において、具象世界と記号世界のバランスが変化することを見てきた。

ブルーナーは『教育の過程』第2版[5]の前書きで、指導は**どこかから**始めねばならないこと、そしてそのどこかはその時点で生徒がいるところであることを強調しながら、自身の元々の理論枠組みを再考した。彼は、知識の記号圧縮の持つ利点を十分に意識していた。

> 私は記号システムのもう1つの性質にも触れておくべきであろう。それはそのコンパクト化可能性であり、$F=MA$ とか $s=\frac{1}{2}gt^2$ といった指示の凝縮を可能にするような性質である。それぞれの場合において、意味の凝縮は極めて大きなものである[6]。

第3章で見た様々な形の圧縮の詳細については、第4章で述べた、より洗練された文脈への移行において生ずる支持的側面や問題を提起的側面と合わせて考える必要があろう。

4.1　具象世界と記号世界を通る可能ないくつかのルート

学習者が実際数学と理論数学を通って旅をしていくとき、新たなアイデアを理解し、操作の流暢さを様々な程度に発達させる仕方の結果として、学習者の道筋は分岐していく。洗練された場面には拡張されない単純で実用的な事例によるものの、意味を持ちながら操作をする学習者もいれば、他方で、手続き的に操作することは学ぶが、柔軟性を欠くために決まったやり方で解けない問題では操作できない学習者もいることを見てきた。さらに別の学習者は具象世界と記号世界の

5)　Bruner (1977)。
6)　Bruner (1966), p. 12。

多様な混合物を利用することを学び、数学的アイデアについてより成功的な方法で推論することを可能にする自分なりの作業の仕方を開発する。

最も成功的な数学的思考者（mathematical thinker）に焦点を当てることにより、クルチェツキーは、才能ある子どもが、数学的思考に対して視覚―映像的基礎よりも強力な言語―論理的基本を発達させている場合が多いという、有意義な証拠を提示した。彼が研究した1000人以上の人から選ばれた9人の最も才能ある生徒たちの内訳は、5人が分析的思考者（言語―論理的）、1人が幾何学的思考者（視覚―映像的）、2人が2つを組み合わせた調和的思考者、そして1人は分類不能の者であった[7]。ノーマ・プレスメグも、最も優れた数学専攻の高校生（277名から選ばれた7名の生徒）がほぼ非視覚的思考者（non-visualizer）であることを見出している。27名の「とても優れた」生徒（調査対象者の10%）のうちでも、18名は非視覚的思考者で、5名が視覚的思考者であった[8]。言語―論理的思考に移行している才能ある生徒たちは、形式的な数学的思考の言語―論理的世界において、彼らの伸びつつある推論の威力から恩恵を被るであろう。調和的な素質を有する生徒たちはこれとは異なる観点を持ち、諸関係を考え合わせる具象化された思考実験と、具象化されたインスピレーションから形式的な証明に向かう言語―論理的思考とを混ぜ合わせながら、形式的思考を作り上げるであろう。

長期的には、数学的思考は具象世界と記号世界をある範囲の様々な仕方で結びつける。現実世界的な具象化に焦点を当てることは、年少の学習者には意味のあることであり、記号操作に具象的な意味を与える。しかし、数学がより洗練され、新たな場面が新たな思考方法を求めるようになると、数学的思考方法の広がりゆく領域が存在している。

ある学習者は数学が複雑だと感じ、一貫した知識構造を構築するのに失敗するかもしれず、またある学習者はより洗練された文脈において、問題を引き起こすような以前の経験により混乱し、手続き的に学習することに決めてしまうかもしれない。

第8章で、私たちは学校数学の旅を完結させるが、その際、柔軟性は問題解決によりいかにして発達させられるかと、自然な具象世界や記号世界から、そして学校数学やその応用における理論的証明から、大学の純粋数学での形式的証明へと数学的証明がいかに発達するのかに焦点を当てる。後の章においては、形式的

---

7) Krutetskii (1976)。
8) Presmeg (1986), p. 297。

数学の研究に進んだ人が、具象世界や記号世界における経験から「自然に」、あるいは公理的数学の言語—論理的言語から「形式的に」、意味を理解する（making sense）個人的な仕方を発達させていること、他方で別の人は手続き的な学習により乗りきろうとしていることを、見ていくことにしよう。

第8章　問題解決と証明

本書では、数学的思考がより洗練されたものになる長期の知識構造の構築について考察してきた。どのような段階でも、人は、有用な解決方法が見当たらないような場面に出くわすことがある。人が解決に到ろうとする活動は、**問題解決**と呼ばれる。

当面の問題は、「問題解決」の意味を特徴づけることである。多くの伝統的カリキュラムにおいては、新しく学習することがらに沿った一連の練習を意味しており、学習した手続きの簡単な再生産から始めて、次にそのような学んだアルゴリズムの簡単な再生産以上のものを要求する、わずかにより複雑な場面へと移行する。

多くのカリキュラムは、「文章題」という言葉で定式化された簡単な計算を含む問題について述べている。例えば、「メアリーはジョンより3個多くりんごを持っています。メアリーはりんごを5個持っています。ジョンはいくつりんごを持っているでしょう」といったものである。ここでの計算は簡単である。すなわちメアリーは5個持っていて、ジョンは3個少ない、つまり2個である。しかしながら「3個」や「より多く」といった適度に複雑な文章における手がかりとなる言葉は、ある子どもに「8個」という間違った解決をさせてしまう。すなわち、ある子どもにとっては、問い（自体）が問題なのである。

対極には、解決者が問題を解決しようとする前にそもそも問題が何であるかを明らかにするよう最初に必要とする問題解決場面がある。次に、可能な解決を見出した上で、子どもは、それが適切な解決であるか、他の解決は可能か、さらに、ある意味において、当該の解決が正しくかつ唯一であることを**証明すること**が可能か、といったことを確かめるよう見直すことが求められる。

本章の意図は、数学三世界の発展枠組みにおける問題解決の本性を考察することであり、それを様々な種類の数学的証明の発展に関連付けることである。

1. 問題解決

「問題解決」という用語には、広範な意味が与えられるが、私はここで次のような作業的定義を置くことにする。

> 問題解決とは、当該の個人（または個々人）が、問題やその解決の正確な本性が初めは明瞭ではないような問題場面に直面するときに生起する活動である[1)]。

解決はすぐには明らかではないのだから、問題が何であるかということを正確に明らかにすること、解決者が既に有する知識構造を探求すること、そしてその2つの間のギャップを埋めるために必要なものが何かを理解することが必要である。ポリアは『いかにして問題を解くか』[2)]という傑出した著書において、4つの局面を提案した。

1. 問題を理解する。
2. 計画をたてる。
3. 計画を実行する。
4. 解決を振り返る。解決はどうすればよりよいものとなるか。

原理は適切であるが、「計画を立てる」から「計画を実行する」への考えは、気をくじくものである。この原理は、ジョン・メイソン、レオーネ・バートンおよびカイ・ステイシーの共著『数学的に考える』において再定式化される。彼らのアプローチは3つの局面で始められる。すなわち「私は何を**求めたいか**」、「私は何を**知っているか**」、「私は何を**導きたいか**」[3)]。私は、第5章で述べたスケンプの目標と反目標の考えを参照しながら、このアプローチをイギリスとアメリカの大学院生に対して何年にも渡って用いてきた。これは、学生が問題に対する独特の情意的反応という点で自信を増大しながら反省することを勇気づけるものであった。

問題を意味づけることの必要は、多くの発達段階において生じる。例えば、第2章で見たスチュアートは、8+6を計算する問題に直面した。彼は、すでに8+2

1）この定式化は、特にNunokawa（2005）による傑出した一般的原理に基づくものである。
2）Polya（1945）。
3）Mason, Burton & Stacey（1982）。

が10であることを知っていた。しかしながら、その解決は直ちに明らかであったわけではない。というのは、彼は、6から2をとることができなかったのである。そのため、彼は何を持ち込むことができるかを考え、自分が4+4が8であることを知っており、また6と4で10になることを想起することで、8から4を1つとり、それに6を加えて10を得たうえで、残りの4と合わせて14を見出したのである。

すべての発達の水準で有用であるような問題解決に焦点を当てるために、私は、ある特別な問題を考察する。その解決は、よい問題解決の実践に共通して生じる多くの側面を例証する。

1.1 事例

問題解決における最初の問題は、何が問題であるかを正確に見出し、それを明瞭に定式化する必要のあることがしばしばである。『数学的に考える』の中の典型的な問題に次がある。

「いくつの正方形に、正方形を分けることができるか。」

20年以上に渡って学部生の授業を担当してきた私の経験では、たびたび最初に示唆することは、「4, 9, 16, …」と平方数のパターンを認識させることである。そうすると、誰かが次のような別の見方を提示する。9つの等しい正方形の場合であれば、4つを1つの大きな正方形にまとめて、大1つ、小5つの合せて6つの大きさの異なる正方形を提示する（図8.1）。

さて、問題の解説をすることにしよう。問題は、大きさの等しい正方形を要求していない。

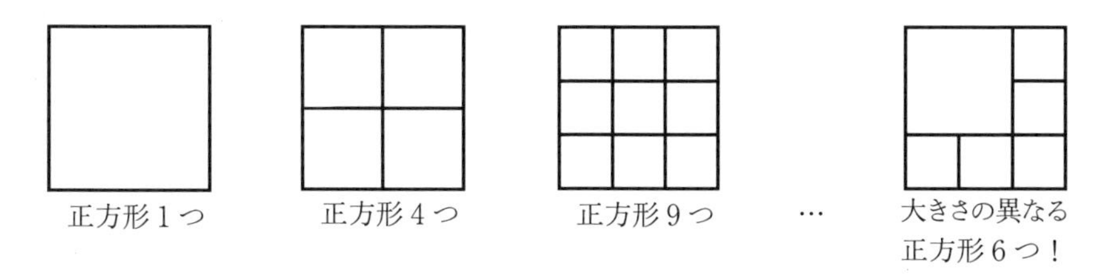

図8.1　1つの正方形を複数の正方形に分割

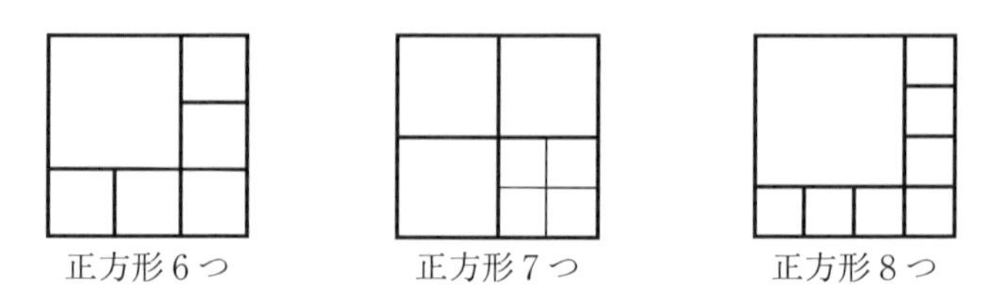

図8.2 1つの正方形を6つ、7つ、8つの正方形に分割

ここで、私は、学生が4つの正方形を集めて1つの大きな正方形を作ることで、4つを取り去り1つを加える、つまり3つ取り去るという考えに焦点を当てていることを見てきた。このことは、次のような推測として定式化される。すなわち、もし正方形が n 個の正方形に分割されるならば、その正方形は $n-3$ 個の正方形に分割される。

これは非常に期待が持てる。なぜならば、この推測は、4、9、16、25、36のような任意の平方数 n を含むすべての場合でうまくいくからである。しかしながら、図8.1の $n=6$ の場合にはうまくいかない。というのは、そこには、大きな正方形に置き換えるために集めるだけの4つの小さな正方形の配列がないからである。このことは、問題解決がうまくいかない推測を構成することを含む。ただし、もしある正方形が n 個に分割されるならば、その正方形は $n+3$ 個の正方形に分割される、という推測は真**である**。というのは、n 個の正方形からいつでも任意の1つを取ることができ、それを4つの小さな正方形に分割して置き換えることで、3つ多くできるからである。

様々な可能性を探求するとき、$n=6, 7, 8$ の場合を見出すことは比較的わかりやすい（図8.2）。

これら3つの例で始めて $n \geqq 6$ のすべての場合を得るといった一般的段階は、多くの学生にとってあまり明瞭ではない。3つの中からどれか1つで始めて、続けて $n=6, 9, 12, \cdots$、$n=7, 10, 13, \cdots$、$n=8, 11, 14, \cdots$ と3つを加えていく仕方が求められる。これであれば、$n \geqq 6$ のすべての場合を網羅する。$n=1, 4$ の場合も可能である。これらは、$n=2, 3, 5$ を除けば、1つの正方形を n 個に分割できることを示す。

次に新しい問題へと探求を進めよう。「$n=2, 3, 5$ の場合について**証明する**ことができるか、それともできないか？」この問題は、とても複雑で扱いにくい。私は何年にも渡り、歴代のグループがこの問題を解決するのを観察してきたが、い

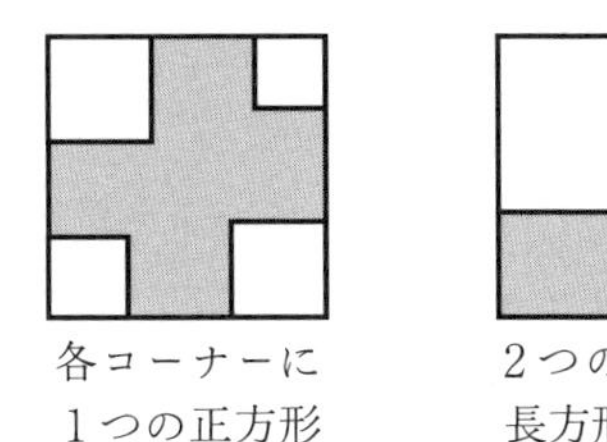

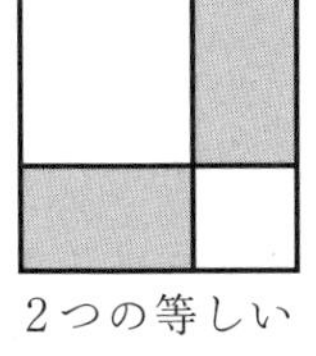

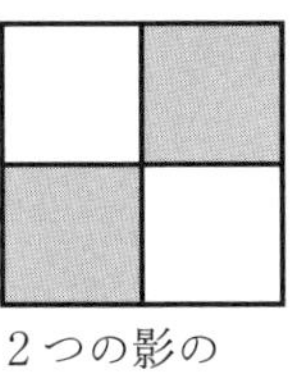

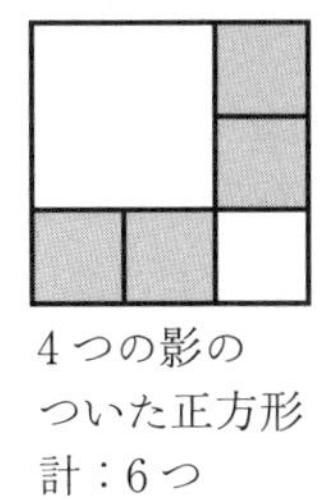

図 8.3 少なくとも4つの正方形があり、2つの可能性として4つと6つであるが、5つということはない

まだ真に卓越した解決を見たことがない。多くの機会で、問題解決者（彼らはみな数学を学ぶ学部生であるが）は、それが「明らか」であると単純に思うのだが、一貫した根拠を示すことはない。時折示される議論は、次の通りである。1つの正方形の自明の場合とは別に、各コーナーには、必ず正方形がある（図 8.3)。このことは、もし1つ以上の正方形があるとすれば、少なくとも4つあり、2つあるいは3つの正方形はあり得ない。

各コーナーに正方形があり、それら（の辺や頂点）が接しなければ、残った影の部分の形は目に見えて正方形ではない。それゆえ、5つということは不可能である。しかしながら、もし2つの正方形が共通の頂点を持てば、残りは2つの同じ長方形（図の影の部分）であり、影の部分の長方形を適当に引き伸ばすことを想像すれば（心の目でなされるもので、伸び縮みしない紙片というわけではない)、その各々を正方形にすることで、全部で4つの正方形にすることができ、あるいはその各々を2つの同じ正方形に分けて全部で6つの正方形にすることもできる。一般に、このストラテジーは、2つの変化する白い正方形のいずれかの辺上の偶数個の影の正方形の個数として、新しい系列 4, 6, 8, ⋯ を提示する。4と6の差は、より大きな正方形を5つに分けられないことを示唆する。

これは**具象化**証明である。すなわち、**心的想像**に付随する**身体実験**であり、なぜ2や3、5といった数の場合が可能でないかについて光を当てる。

『数学的に考える』は、3つの操作レベルを提案する。

1. 自分自身を納得させよ。
2. 友人を納得させよ。

3. 反対者を納得させよ。

自分自身を納得させることは、問題解決をもっともらしく見せるようなある種の論証において、少なくとも必要である。友人を納得させることは、それほど批判的ではない誰かを納得させる仕方で解決を述べられることを意味する。反対者を納得させることは、思慮深い厳しい目のテストに耐える証拠を提出することである。

それでは、図8.3の視覚的証明は、反対者を納得させるのに本当に十分であるか？（この場合のように絵や図を用いた問題についてさえ）絵や図を用いた証明を受け入れない数学者もいる。何年にも渡って、私は、十分に納得する仕方で述べられた証明をほとんど見たことがない。そこで、私は、「最も甘い（スウィーテスト）」証明を考えた学生にドイツワインのアウスレーゼ1本を賞品とすることにした。真に私を満足させる証明はなかったものの、エイドリアン・シンプソンという若い学生に賞を与えた。彼は、作った証明を、砂糖を一面に塗った紙に印刷したのだった。甘いものであることは間違いないが、問題は異なっており、かつ異なる解決を示した。

この話の続きは、数年経ってから起きた。それは、私が11歳から16歳の200人の才能ある若い人たちに問題を提示した時のことであった。彼らが問題を探求し終えてから、私は彼らからの提案を得ようと議論の場を設けた。$n=2,3,5$ のときにはできそうにないという点にたどり着いたとき、13歳の少女から反論が出された。彼女は、それらすべてを達成したと主張した。この問題を提示してきた私の長い経験の中で、彼女の解決は興味をそそるものであった。それは、それ以前に大学の数学の学生を相手にしてきた多くの機会には見たことのないものであった。2つの正方形に関して次の通りである。彼女はまず、元の正方形を対角線で切ることで4つの直角三角形をつくり、これらをペアにして2つの正方形とする。部分を再び組合せて正方形を作り出すという問題の新しい見方をすることで、正方形を3つ、あるいは5つ作り出すような元の正方形の切り方として、新しい可能性が出てきた。これは、読者の皆さんへの問題として残しておこう。（さあ、やってみよう！）

この話の教訓は次の通りである。問題場面は異なる仕方で解釈される可能性がある。したがって、最初に行うべきことは、問題は何であるか、そしてそれは、異なる解決を伴う本質的に異なる問題を与える異なる仕方で解釈されるかもしれ

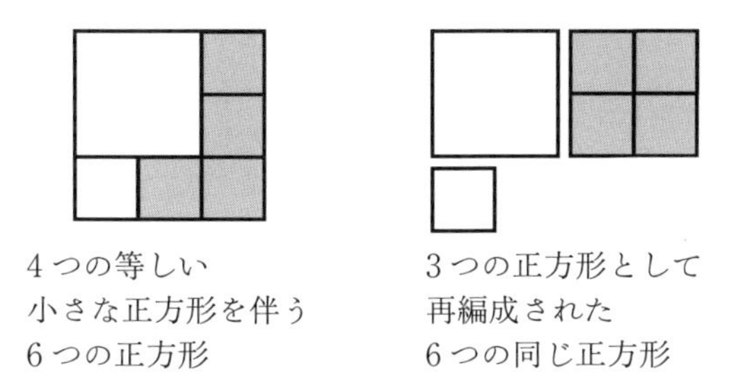

4つの等しい
小さな正方形を伴う
6つの正方形
3つの正方形として
再編成された
6つの同じ正方形

図 8.4 6つの正方形を3つの正方形に再編成すること

ないことを承知しておくことである。

私が本章を書いたとき、4分の1世紀の間、心的限界を感じながら仕事をしてきたことを認識した。$n=2,3,5$ の場合を異なる仕方で処理をするといった洞察でさえ、この問題に対する私の根本的な思考に影響を与えなかった。私は、常に言わば次のように解釈してきた。すなわち、（元の）正方形は（部分ではなく）全体として正方形となるように分割されなければならず、その際、4つに分けられた正方形を集めて合わせて大きな正方形にする、といった可能性は考慮していない。もしこれを許せば、私は、$n=6$ の場合、3つの異なる大きさの正方形を再編成できる！（図 8.4）

この新しい方法は、異なる問題に言及している。それは、単に「ある正方形をいくつの正方形に分割できるだろう？」というものではなく、「ただし、分割したピースを再び組合せてよいならば」といったものである。原問題とその解決は、なお有効であるものの、新しいバージョンは、問題解決が幅広い柔軟性と解釈を含むことを示す。

1.2 問題解決ストラテジー

問題の提示や解決において真にオープンエンドであるために、『数学的に考える』は、**参加（参戦）**、**挑戦**、**振り返り**の3つの相におけるストラテジーを示唆する。参加（参戦）の相とは、解決者が問題に真剣に取り組もうとするにあたって、「私は何を求めたいか？」、「私は何を知っているか？」、「私はどのように始めようか」と自問するときを指す。解決の見通しが生じるとき、集中した活動をして挑戦の相へと向かわせる。それは、「わかった！（アハ！）」体験に付随して起こる適切な解決の喜びの場合もあれば、挑戦が失敗に終わり、「行き詰まってしまう」

といったあまり喜ばしくはない感情の場合もある。

大切なことは、魔法を解こうとしたり、失敗は避けられるべきであるとして問題を反目標と見るのではなく、問題に対して前向きな目標を保ち続けることである。

適切な解決を見出すか、「行き詰まり」の後、いよいよ振り返りの相へと向かう。解決者が「行き詰まっている」とき、他に挑戦の仕方がないかを探るために、そしてもし可能であれば、再度挑戦すべく問題に参加（参戦）し直すためにも、それまでに何をしてきたかを振り返るべきである。「行き詰まる」ことは、悲観的な体験である必要はない。それは、そこまでに試みてきた解決を注意深く見直す機会であり、もう一度問題に挑戦する前向きな仕方において経験を活用する機会である。適切な解決が見出されたとき、初めそれを楽しむべきであるが、次には、解決が原問題に対して適切かどうか確かめたり、筋道が正しいかどうか点検したり、よりよい解決が、深い理解を生み出すようなより広い範囲の問題へと拡張されないか振り返る必要がある。

正方形をいくつかの正方形に分割する例について言えば、問題は普通一般的内容に関するものであり、それゆえ2つの主たる相補的ストラテジーは、特殊な場合を見ようとする**特殊化**することと、特別な例からより広い意味での解決へと**一般化**することである。正方形の問題の場合、問題に対する感触を得るために特別な場合を見ようとする特殊化であり、また所与の正方形を4つの小さな正方形に分割するといった特別な手続きであり、それは、「もし私が所与の正方形を（異なる大きさを認めた）n 個の正方形に分割できるならば、$n+3$ 個の正方形にも分割することができる」と一般化できる。

特殊化は、解決に関わる発達段階に応じて、様々な仕方で行われる。初めは、問題そのものについての感触を得るための**任意の**特殊化が行われる。パターンに気づくやいなや、そのパターンを確かなものとするために**組織的に**特殊化していくことが役立つ。その後、問題が解決されたと思われれば、**巧妙に**特殊化することが有効である。その際、最終の解決の特別な側面をテストする、あるいは問題が解決される細部の条件を練り上げるための例を選択することが行われる。

1.3　数学三世界における問題解決

個人の問題の認識の仕方、解決の仕方は、明らかにその個人の現在の知識構造に依存する。これは、ふさわしい思考可能概念とそれらの結びつきを含む。種々

図 8.5　正方形を直線で分割したピースを着色すること

の問題は、ある種の挑戦を示唆する異なる文脈に位置づけられる。例えば、正方形の問題は、図を通して考えを物理的に描写したり、また検証したりすることを含む具象化された問題である。しかし、この問題は数的要素も含む。例えば、もし n の場合が可能であれば、$n+3$ の場合も可能であることを示すとき、そして、$n=6, 7, 8$ の値で始めることは、すべての $n \geqq 6$ について解決可能であることを示す論証がこれにあたる。

多くの経験の中で、問題解決者は、しばしば問題が表現される通りに文脈を固定してしまう。例えば、もし問題が数的な仕方で定式化されるならば、その解決は、当初は代数的というよりも数的である。あるいは問題が幾何的であれば、最初の挑戦は、幾何的な例の探求を通して行われる。問題の細部や挑戦の仕方も、妨げとして作用する心的固執へ導く。

例えば、もう1つのよく知られた問題、正方形を直線でいくつのピースに分割し、これらのピースを隣接するものが異なる色で塗り分けられるようにするのに、何色必要かを求める問題がある。(これは、ピースが点のみで接しているときどうなっているか見極める必要があり、通常は、共通の辺を有する場合にのみ隣接しているとみなす。) 何人かの学部学生の問題解決者は既に四色問題に出会っており、その解決が「4」であることを示唆するが、次には手当たり次第に例を図示しながらこの問題を探求する (図 8.5)。

解決者に気づかれることなく、この影をつける方法は、最終的解決をブロックできる。既に描かれた1つの図があるとき鉛筆やペンで影をつければ、図 8.6 のように、追加の直線を書くと直線の一方の側の色は交換されない。このことは、すぐに、わずか2色が任意の数の直線に対して必要であることを示す。しかし、物理的色づけは、この洞察の妨げとなる。

ここでの私の目的は、解決を示すことでその驚きを台無しにすることではな

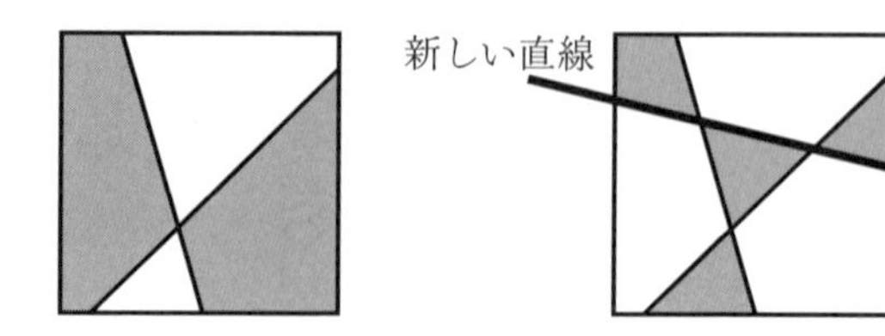

図 8.6　新しい直線を１本引くと２色で再度色づけできる

い。というのは、問題解決を学生とともに行う私の最大の喜びは、私の**知らない**解決に出会えるからである。もし私がその解決を知らなければ、それは学生が自ら、あるいはグループで協働して問題に立ち向かうことを勇気づける。しかしながら、上記の例は、問題に挑戦するにあたり、特殊な仕方に固執することがいかに簡単であるかを顕著に示しており、まさに成功裡の解決ストラテジーを探求するために柔軟性が要求されることを知る必要がある。

私自身の見解は次の通りである。長期間に渡り、子どもは、結びつけを図ったり、プロセスを容易に操作される思考可能概念にまとめるといったことにより、より優れた練り上げられたものを発達させる。教師は**メンターとして**、学習者の現在の知識構造や長期的ニーズを意識することで、より優れた練り上げに学習者を導く支援として問題解決場面を用いることができる。問題は、子どもに何をすべきかを**伝える**ところまで後退することなく、組織的ストラテジーの中で、学習者が自らの力を発達させることを奨励するようなストラテジーを見出すことである。前者は、一層洗練された知識構造を発達させる柔軟な思考というより、むしろ指示に従って手続き的に思考することにつながる可能性がある。

2. 授業研究

前進する１つの仕方に、日本の小学校で用いられる方法がある。この方法は、優れて構造化された方式である。子どもは、自らの仕方で知識をまとめたり、知識構造をつくり上げるために、場面を処理する様々なやり方を示し、またストラテジーを作り上げることを支援される。ある広く用いられるストラテジーに、日本語で「博士」あるいは「教授」を意味する「*Ha*-*Ka*-*Se*」と呼ばれるものがある。各音節も独立した意味と結びついている。日本語で *ha*yai は速いを、*ka*ntan は容易で理解しやすい、そして *se*ikaku は正確で論理的であることをそれぞれ意

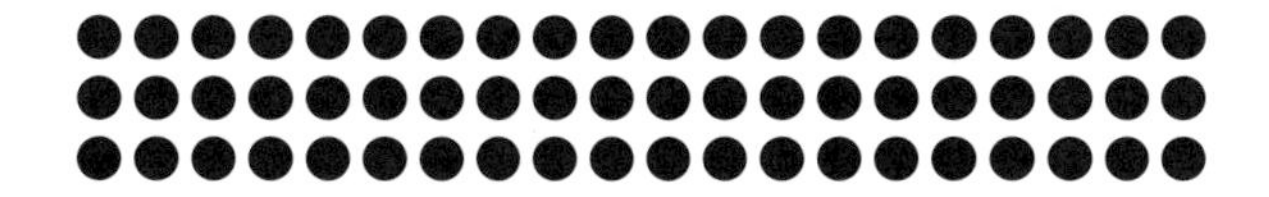

図 8.7 ●は何個ありますか？

味する。**速い・簡単・正確**は、小学校の児童が様々な考え方を比較するときに用いられる言葉である。教室で Ha-Ka-Se を用いることは、とりわけ教室全体での話し合いにおいて、子どもがいろいろな手続を比較することでより速く、簡単で、正確なものを探すことを習慣とする助けとなる。

世界中の多くの国々で、たし算、ひき算、かけ算、わり算の筆算のような標準的手続きは、行為と（意志）決定の明確な指導計画のもとで教えられている。例えば、ある教室での出来事を私は楽しく思い起こすのだが、40 人のいろいろな子どもがいる教室で、教師が 2 桁のかけ算の考え方を導入しようとしている場面を観察した。これは、子どもが既に 1 桁のかけ算の仕方を学んだ一連の授業の中に位置づけられ、まさに 2 桁のかけ算へと進むところであった。

ここで私が記述する特殊な授業は、優れて組織化された仕方で子どもの知識構造をつくりあげようとする一連の授業の 1 つである。前の数週間、子どもの活動は、九九を構成するものであった。前時の授業で、教師は、2 桁のかけ算について、図 8.7 に示される●の数を、既習事項を活用して求める問題を提示していた。

授業は、問題の本質に焦点を当てる教室全体の議論で始められた。そこでは、各列の●の数を数えることで、問題が 20×3 であることを見出すことが行われた。子どもは、早速問題に取り組み、各々のノートに解決を書いていった。さらに、話し合いでは、20 を 10+10 や 5+5+5+5 あるいは 9+2+9 に分割できるといった様々なストラテジーを発表した。一般的ストラテジーは、20 をいろいろに分割して、それぞれ分けたものに 3 をかけて、それらを加えるものであった。

この授業は、次時の授業の下地となった。次の授業で、子どもは、3 列に並んだ 23 個の●の数を求める問題が提示された。教師は、列ごとに図を示し、それを見た子どもは、問題が明らかになるにつれ、各々に発言し、期待感が高まった。続いて、この新しい問題に話し合いの焦点が当てられた。子どもは、一人ひとり問題のコピーを配られ、数分間各自で考えた後、クラスメートとの意見交換が行われる中で、問題の解決が 23×3 であることが確認された。このとき、教師は、教室の中を歩いて回り、色々なグループの子どもに話しかけていた。教師の目的は、単に子どもが相互作用する以上のもので、そのストラテジー（支援）は、教室の中の話を促進させるのに明確であった。教師は解決を尋ね、より洗練された解決を考えるように授業を指揮していた。教師が教室の中を歩き回り、個々の子どもと話したことで、どのような解決が（後の話し合いで）有用であるか摑んでいた。教師は、各列を 20+3 あるいは 10+10+3 に分けた子どもの解決を初めに引き出した。すると、10+10+3 を用いた解決には、多くの子どもから、その対称性に驚きつつ、驚嘆の声が上がった。それぞれの解決が発表されると、黒板の左から右へと掲示され、授業の展開に完璧な絵が築かれた。次の子どもが、問題を10円玉2枚と1円玉3枚で考えたと発表し、教師は、このことを板書した。すると、ある子どもが立ち上がり、ここまでみんな 60 と 9 をたしていたことに気づいた。誰も計算していなかった。つまり 39 と 30 をである。

話し合いは、さらに広がり、さらなる解決が発表された。例えば、23 を 11+12 や、9+9+5、あるいは 11+11+1 に分けて考えるものである。これらのうち、9+9+5 は特に複雑であった。というのは、この解決を発表した子どもは、9×3 と 5×3 を計算し、そして 27+27+15 を計算する。この計算は、27 を 20 と 7 に分けて、20 を 2 つたして 40、7 を 2 つたして 14、そしてこれらをたして 54、さらに 15 は別々に十の束と一のばらごとにたされる。

教師は、この子が発表する通りにこの解決を板書した。なんと**複雑**か！　何人かの子どもには、この解決は魅力的かもしれないが、そうでない子どもにとって、この解決は、速くも簡単でもなく、さらに複雑さは間違いに繋がりやすいと思われる。

授業は、かけ算の筆算の仕方へと進んでいった。教室の中で既に知っている子が何人かおり、これを使っていたのである。子どもは、その仕方を説明し、教師は子どもの発表のとおり板書した。

$$\begin{array}{r} 23 \\ \times\ 3 \\ \hline 69 \\ \hline \end{array}$$

かけ算の筆算はクラスで話し合われ、10円玉2枚と1円玉3枚の考えに結びつけられた。続いて、教師は、23 を 2 つの 10 と 3 に分けた一番初めの絵をとり、物理的問題とかけ算のアルゴリズムの記号的レイアウトの連関を示すために、かけ算の筆算のそばに置いた。それは、教師がその後の展開でさらなる発問を明確にす

図 8.8 具象化と記号化の連関

る意図があった（図 8.8）。

様々な方法のよさを話し合ってから、子どもは授業で学んだことを書きとめた。その際、黒板の左側の問題掲示から右に向かって連続した解決の流れのレイアウトは有効な支援となった。

授業は、記号化と具象化を融合した思考展開の典型的デモンストレーションであった。そこでは、問題を 3 列の 23 に具象化したレイアウトで始まった。子どもはかたまりを**見る**ことができ、それぞれ異なる仕方で合計を求めるために既習のやり方を用いながら、●を特別な数でとらえた。それゆえ、いくつかの可能な手続きについての多様な構造のレベルから始めて、計算を実行するうえで速く、簡単で正確な仕方を見つけることへと進んだ。すべての可能なやり方の中から、標準的アルゴリズムは、演算を実行するためのより良い仕方として登場した。それは、ただ 1 つの方法として教えられたのではなかった。子どもは、様々な計算の仕方を個人で、そして協働して探究し、筆算の仕方は、原問題の具象化と有意味に連関するものとして明らかにされた。さらに引き続き、一般的な筆算を学ぶ次の段階への準備が整った。

学級には、様々な能力の子どもがいた。23 を 9+9+5 に分け、各項に 3 をかけて解決する計算に自信を持つといった進んだ子どももいれば、自身の数のしばりに奮闘する子どももいた。一方で、より進んだ子どもは、優れた柔軟性を大いに楽しむことができ、そうでない子どもは、筆算が容易に実行できることを理解するよう励まされた。そうすることで、学級の全員が、筆算の方法が、他の方法と比べて、より速く、より簡単で、より正確でありそうな解決を提供するものとして焦点を当てることができる。子どもは、記号化の使用の柔軟性を経験することで、決まった路線で学ばれるルーチンなものとして提示される代わりに、優れてもっともふさわしいものとして標準的アルゴリズムを理解することが促された。

3. 証明についての思考

問題解決が進展することで、解決の**正しさを保証すること**の問題が生じる。興味深いことに、『数学的に考える』では、どこにも「プルーフ（証明）」という語が登場しない。私は、ジョン・メイソンが、この語がサマースクールで子どもに発せられたとき不安を誘発したのを見たため、この話題を「**内なる敵対者**の開発」という美しい考えで置き換えたことを理解している。このことは、個人が自分自身の数学の構造について思考すること、そして自分の考えを批判的査定にかけることを高める。それは、単に自分自身に、協力してくれる友人に、あるいは批判的な敵対者に考えを説明するといった問題ではない。そうではなく、ふさわしい数学の枠組の中で個々に意味をなす一貫した数学的仕方においてそのような考えを共有する問題である。

リチャード・スケンプ[4]は、この見方で一貫した仕方で数学的概念の構築を分析した。彼は、数学的概念を構築し検証する3つの異なる様式を見出した。1つは、個人的経験および実験によるもので、予想が実現されるかどうかを確認するために行為に基づいて予想を検証する。第二は、コミュニケーションや他者との話し合いを通してである。第三は、個人の創造性や自身の知識と信念の内的一貫性の探求を通してである。

これらの枠組みは、詳細には異なっているが、個人的探求からの成長を述べており、フィードバックを得るために他者と考えを共有し、高いレベルの洞察へと進み、数学自体における一貫性を求める。

この一貫性は初め、空間や形の具象化された世界において実際的レベルで進展

4）Skemp（1979）。

する。そこでは、図の同時特性が知覚され記述される。次に幾何学的証明は、ユークリッド幾何学における定義や演繹の理論的レベルで進化する。そして（少数派にとっては）より一般的に具象化された幾何学の形式へと、そしてさらに公理的幾何学の形式世界へと導く。

一方、実際的算術の記号世界は、数概念に圧縮された演算から発達する。そうした数概念は、単に特別な例に適用されるだけでなく、より一般的原理として扱われる特有の性質を有すると意識される。これらの原理は、次には、代数的証明の基礎として記号世界の理論的レベルにおいて「計算法則」として用いられる。これは、後に大学における純粋数学の公理的形式世界へと進化する。

3.1 幾何における証明の発達

幾何における証明は、子どもの実際的活動から始まる。例えば、紙にかかれた三角形をはさみで切る。2つの角（かど）をちぎって3番目の角（かど）の両側に合わせれば、直線が示され、三角形の（内）角の和が180°であることを示唆する（図8.9）。

これは、確かに数学者の期待する意味で形式的証明ではない。特殊な三角形に対して行われたに過ぎない。直線のように見えるが、本当に直線だろうか？　もし分度器を用いて測定すれば、子どもは、それを179°や180°に近い値として測定するかもしれない。しかしながら、そこには多くの具象化された要素が含まれる。A と C の角（かど）を**つかみ**、第三の角（かど）の両側に**それらのピースを回転させて**合わせることである。それゆえ、このことは、次の形式的ユークリッド流の証明の先がけである。すなわち、点 C を通って AB に平行である直線 DE を引き、BAC と ACD、および ABC と BCE の錯角を示す（図8.10）。

この例において、特殊な三角形を用いた特殊な実験から、すべての三角形の典

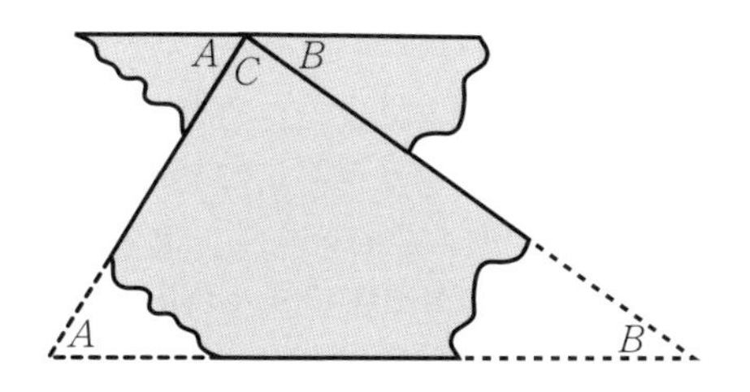

図8.9　三角形の（3つの）角は直線をなす

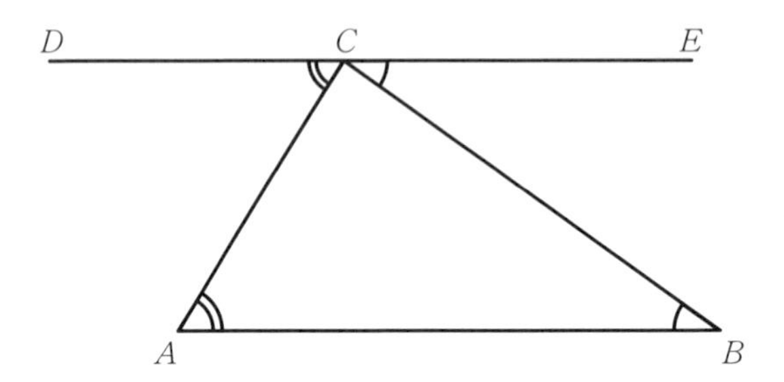

図 8.10　平行線を利用したユークリッド流の証明

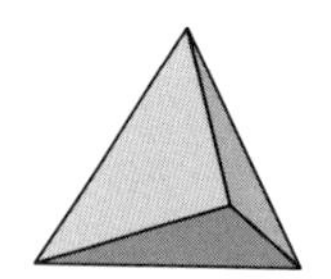

四面体
各頂点に3つの三角形が集まる

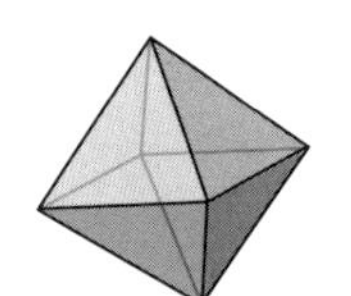

八面体
各頂点に4つの三角形が集まる

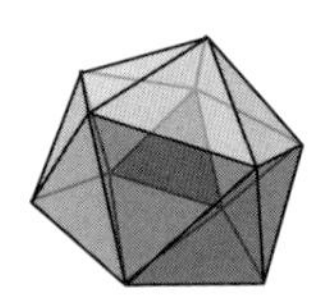

二十面体
各頂点に5つの三角形が集まる

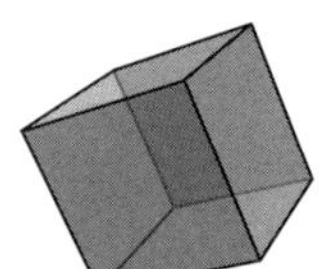

六面体
各頂点に4つの正方形が集まる

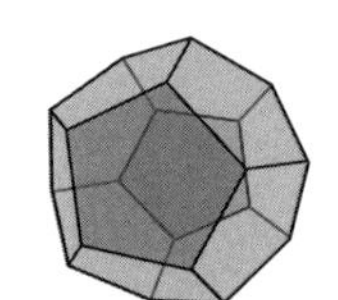

十二面体
各頂点に3つの五角形が集まる

図 8.11　5つのプラトン多面体

型的生成的経験へと、そして、その後ユークリッド幾何学における定義とテクニックに基づく証明へと、考えが変容している。

具象化された証明は、操作のより高いレベルで価値のあるものへと続く。例えば、わずか5つのプラトン多面体（すべての面が特定の正多角形によって作られる）が、3つの正多角形から作られることをどのように証明するだろうか。このことは、正多角形を用いた思考実験によって示される。三角形は平面図形である。もし正三角形を用意すれば、それらをくっつけることでどのような3次元の図形を作り上げることができるか。三角形であれば、それぞれの辺がうまく重なるようにしてできる頂点で少なくとも3つの三角形が必要である。同様に、4つあるいは5つの三角形について確認できるが、6つは頂点を構成するには多すぎる（6つの正三角形はそのまま平面上におかれてしまう）。

図 8.11 のように、（正）三角形の面を持つ3つの正多面体を確認できる。（正）四面体は4つ、（正）八面体は8つ、そして（正）二十面体は20の面を持つ。同様にして、四角形（正方形）や（正）五角形で作られる規則的な3次元の立体（正多

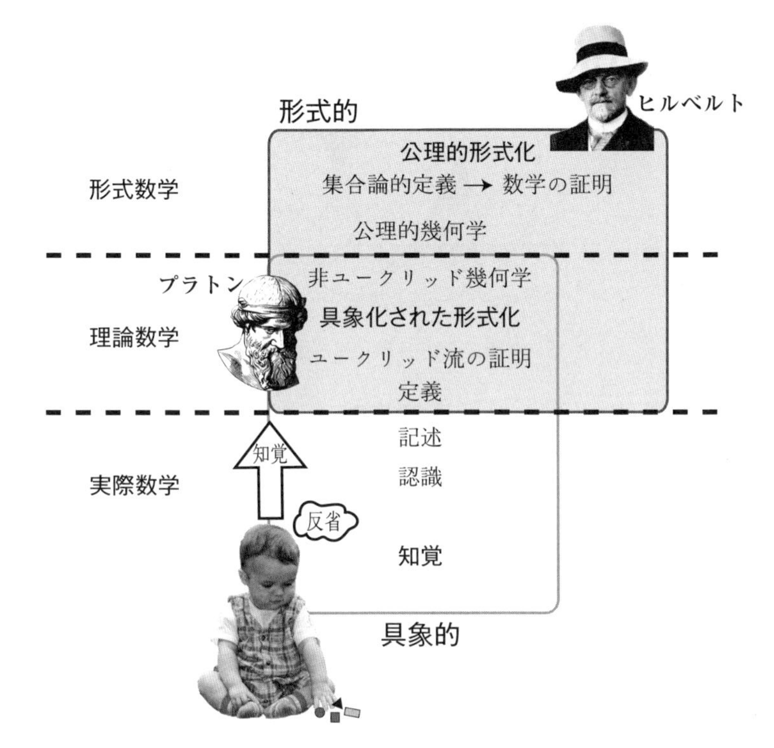

図 8.12　幾何学における証明の具象化と（から）形式的（へ）の発達

面体）は、各々１つの場合だけである。立方体は６つの、そして（正）十二面体は12の面を持つ。他は不可能である。

具象化証明は、次のような他の幾何学形式においても機能する。射影幾何学では、図形は固定面へ射影され、非ユークリッド幾何学においては、第９章で検討するポアンカレの双曲幾何学である。

ヒルベルトは、図の暗黙裡の性質に依存することなく言語的公理から定理を証明することを通して、ユークリッド幾何学を公理的集合論の形式に翻訳することで具象化から形式主義への主要なステップを踏んだ。

第６章の分析に基づいて、この幾何学における具象化された証明の発達は、図8.12のように概説される。

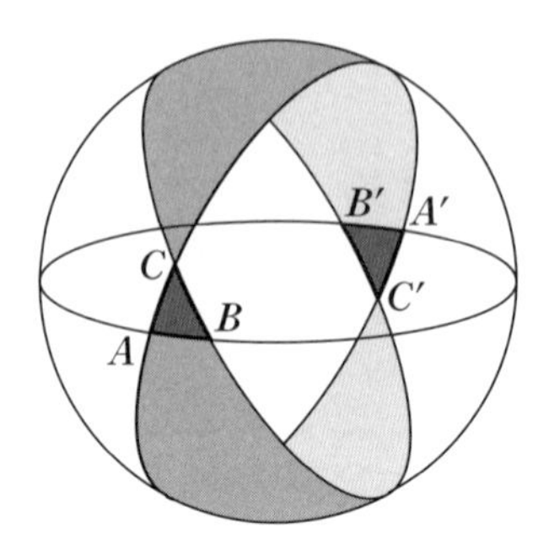

図 8.13　球面三角形 ABC とその鏡像 $A'B'C'$

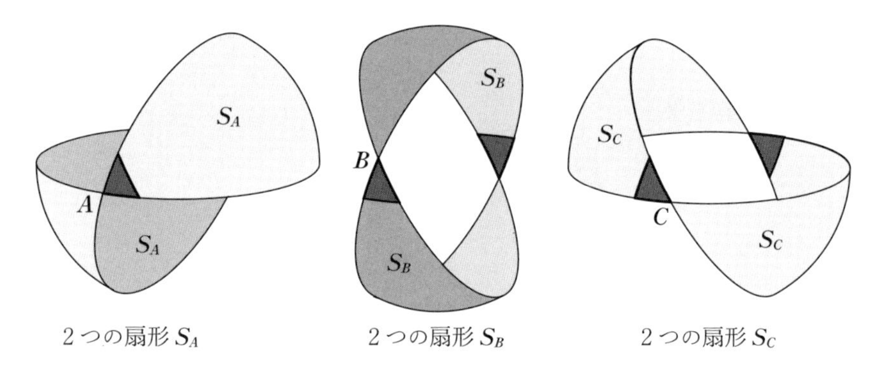

図 8.14　大円に沿って扇型のペアに表面を切断

3.2　具象化と記号化の融合

幾何学が測定を含むようになるやいなや、数学的思考は具象化と記号化の融合を必要とする。例えば、球面三角形の面積の公式を証明することは、球面上の図形の具象化と三角法の記号化のまさに両方を含む。球面三角形は3つの大円の部分としての辺を持ち、その面積は記号として表現される球の表面積 $4\pi r^2$ の割合として計算される。

図 8.13 で、球面三角形 ABC は、球面の反対側に鏡像 $A'B'C'$ を伴う大円上の辺を持つ。

各大円は、球面を3つの部分に切断し、その各々は S_A、S_B、S_C の面積を持つ2つの扇形からなる（図 8.14）。

これらをたし合わせるとき、次のことに注意せよ。3つの扇型のペアは正確に球面全体を覆うが、球面三角形はその2つが面積を算出する上で必要とされると

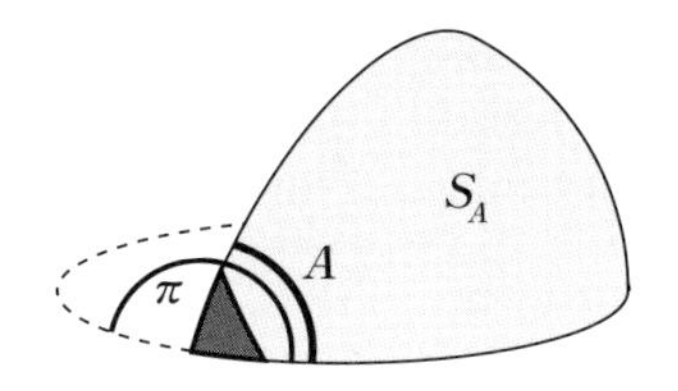

図 8.15　扇型の面積は半球の面積の A/π 倍である

きに6回繰り返される。これは、Δ を球面三角形の面積とするとき、次の式で与えられる。

$$2S_A+2S_B+2S_C = 4\pi r^2+4\Delta$$

度数法ではなく弧度法で角度を測定することで、2π ラジアンとしてフルターン、すなわち一周を定めるから、扇型 S_A は半球の表面積 $2\pi r^2$ の A/π 倍である（図 8.15）。

これより、

$$S_A = 2\pi r^2 \times A/\pi = 2Ar^2,$$

よって（同様にして）上の式にそれぞれの面積の値を代入すると、

$$4Ar^2+4Br^2+4Cr^2 = 4\pi r^2+4\Delta$$

これより次の結果を得る。

$$A+B+C = \pi+\Delta/r^2.$$

平面上の三角形の内角の和が π ラジアン（180°）であるのに対して、球面三角形の内角の和は $\pi+\Delta/r^2$ である。すなわち常に π より大きく、半径 r を固定したとき、その面積が大きくなればなるほど内角の和も大きくなる。

具象化と記号化の融合は、球面幾何学がユークリッド幾何学といかに異なる性質を有するかということを例証するが、その一方でそれらの性質は、具象化と記号化の融合を用いることで引き出す。

3.3　算術と代数における証明の発達

記号化された証明の長期間に渡る発達は、具象化された証明に比べてより複雑

$$\begin{array}{r} 1+\ \ 2+\ \ 3+\cdots+\ 50 \\ +100+\ 99+\ 98+\cdots+\ 51 \\ \hline \underbrace{101+101+101+\cdots+101}_{50\text{項}} = 50\times 101 = 5050 \end{array}$$

図 8.16　1 から 100 までの和の計算

である。というのも、それは、観察可能で後に数の性質へとつながる性質を有する数えるといった操作から始まるからである。具体的な算術証明は、特別な計算をすること、および生成的証明として生じる一般的パターンを見出すことから始まる。理論的証明は、整数を一意に素因数分解する「素数」のような概念の定義に基づく算術において、また代数において「計算法則」に基づいて代数的操作を実行することで生じる。より進んだレベルでは、形式的代数構造は、公理や形式的証明へとつながる集合論的演繹に基づいて定義される。

証明のテクニックの洗練さの高まりについて、「子どもガウスの定理」[5)] で説明することが可能である。それは、14 歳のガウスの学級に次のように示された。

1 から 100 までの和を求めなさい。

教師は、子どもが、1 から始めて、2 をたし、3 をたし、と 100 まで続けて計算すると予想した。明らかに、授業の残り時間を潰すための長くつまらない作業であった。ガウスは一瞬考え、すぐに自分のスレート（石板）に 5050 と答えを書いた。教師は、彼のあまりの早さに驚いた。ガウスは、求める和

$$1+2+3+\cdots+50+51+\cdots+98+99+100$$

を 50 までの項と 51 から 100 までの項に分け、後ろの列をひっくり返して前の列の各項と加えて 101 をつくり、これが 50 ペアあるので、合計は 50×101 により 5050 であると説明した（図 8.16）。

この問題の変形版は、毎年大学において教師を志望する学生に「整数の最初のいくつかの和を求めよ」として出され、真の問題解決のスタイルの中で、学生た

5)　このガウスの定理に基づく証明の発達については、Tall, Yevdokimov et al.（2012）も参照。

ちがパターンを得ようとしていくつかの特殊な例を検討することが示唆された[6]。

学生には、最初の n 個の整数の和の公式 $\frac{1}{2}n(n+1)$ を見出すことが期待された。しかしながら、学生が見出したのは、**1つ**ではなく、**2つ**の公式であった。偶数の場合、例えば6であれば、ガウスの論証のように1、2、3と6、5、4の2つの半分に分け、それぞれ1+6、2+5、3+4のペアをたし合わせてから7の3つ分とする。これは、7の6つ分の半分である。しかしながら、n が奇数の場合、この方法は使われない。奇数の場合、例えば5であれば、1+5、2+4のペアと中間項3がある。3を除く2つのペアは6×2とできる。ここにより複雑な問題がある。すなわち、3を1/2×6と見る洞察を必要とし、さらにこれにより合計を2×6と1/2×6をたし合わせたものとする。これは、1/2×5×6である。どちらの場合でも、最初の n 個の整数の和は、$\frac{1}{2}n(n+1)$ である。

異なる2つの場合が生じるのは、2でわり切れる n が偶数の場合と、$n+1$ が2でわり切れる n が奇数の場合とがあるからである。このことは、教師が授業を設計する上で、一般的問題の特別な場合を考慮すべきではあるものの、それでもなお予想外の複雑さを招くことに対する警鐘である。授業研究のように、ある問題を提示してどのような解決が出てきそうかを検証して慎重に授業を組み立てることは有用である。

複数のアプローチを慎重に選択することは、より優れた学習経験を提供する。例えば、最初の100個の数の和は、1+…+100の第二のコピーをひっくり返して1+…+100と100+…+1をたし合わせることで和101+…+101（百個分）の2倍となり、それを2で割って1/2×100×101を得られる。これは、**任意の**整数について成り立ち、一般に**すべての**整数に適用される。こうした手はずの後に、任意の整数を意味する n を用いた一般的な算術において、次のような代数公式として提示される。

$$1+\cdots+n = \frac{1}{2}n(n+1).$$

同様の証明は、長さ1、2、3、…の連続する列におはじきを並べた図で具象化される。これは、おはじきの三角形状の集まりを示し（図8.17の暗い方）、もう一方は同じ形をひっくり返して置いたもので（明るい方）、結果として、n と $n+1$ を2

6）この授業は、ウォーリック大学のロビン・フォスターによって行われたもので、彼は私に、教師志望の学生が様々な解決をしたことを見せてくれた。

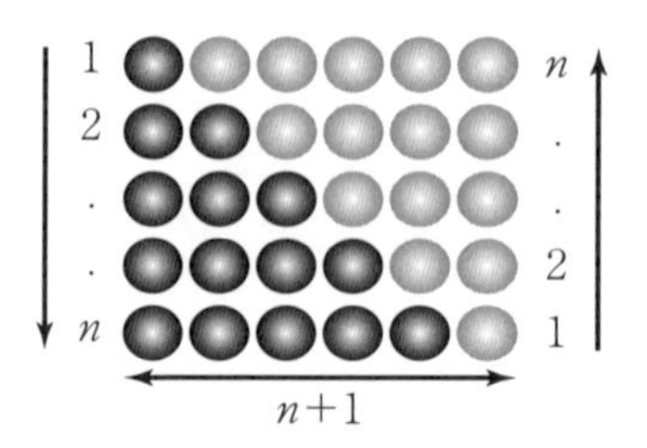

図 8.17　和 $1+\cdots+n$ は、$n(n+1)$ の半分である

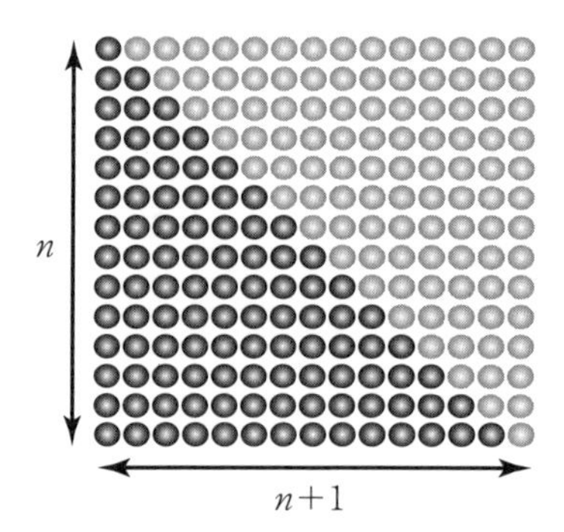

図 8.18　生成的な図を用いた証明

辺とする長方形状の配列として与えられる。これは、

$$1+\cdots+n=\frac{1}{2}n(n+1).$$

の視覚的論証である。

専門的に言えば、図を用いた証明は不十分であると明言される。というのは、その図が一般的な値 n についてではなく、5 という特殊な値についてだけ語っているからである。しかしながら、図 8.18 を見るとき、その論証は、数えることが容易ではないほど多くのおはじきが並べられているという点で視覚的に十分である。

この配列は明らかに長方形である。n 個の列と最終列に明るいおはじきの列をもう 1 行加えた $n+1$ 行である。もっとも重要なことは、実際のおはじきの数を数えることなくこれらのすべてを**見られる**点である。それゆえ、この視覚的イメージは、特別な数の場合についての図が一般的に操作されるように見られる点において、生成的証明である。

3.4 (数学的)帰納(法)による仮無限的証明

上述の公式は、2つのよく似た、しかし微妙に異なる帰納法によっても証明される。初めに、仮無限的証明を示す。

定理:$1+\cdots+n=\dfrac{1}{2}n(n+1).$

証明:$n=1$ のときに成り立つ。なぜならば、$1=1/2\times1\times(1+1)$ である。もし $n=k$ のときに成り立てば、$1+\cdots+k=\dfrac{1}{2}k(k+1)$ であり、$n=k+1$ の場合の式を導くために両辺に $k+1$ をたす。

必要とされるだけこの一般的ステップを繰り返しなさい。

$n=1$ が成り立てば、$n=2$ も真であり、
よって、$n=3$ も、よって $n=4$ も、……
と、任意の特定の整数に関して……(**無限に**)。

この証明はよく学校で教えられるが、最初から式についての知識が要請され、一見したところその式を次のことを導くためにある段階で使用するといった混乱を引き起こしかねない。**すべての n について**知る前に、特定の n について真であると知ることの区別を捉えにくい。

この証明は、数学者は具象化された証明よりもより厳密に検討するものではあるが、何も説明しないことと同じように学生にとってあまり役立たない。具象化証明は、なぜその式が真であるかを示す[7]。

3.5 (数学的)帰納(法)による有限の形式的証明

公理的形式世界では、(数学的)帰納法による証明は、自然数 $\mathbb{N}$ の公理的定義を導入することで**有限の**証明として作り直される。ペアノの公理は、1から始めて、各数 n はその前のいずれの数とも異なる後者 $s(n)$ を持つ性質を表現する。これは、集合 $\mathbb{N}$ と $s(n)$ が「n の後者」と見なされるとき関数 $s:\mathbb{N}\to\mathbb{N}$ として定式化される。この構造は、次のことを満たす。

7) Rodd (2000)。

公理Ⅰ：s は1対1対応である（$m \neq n$ であれば $s(m) \neq s(n)$）が全射ではない（任意の $n \in \mathbb{N}$ に対して $s(n)$ と等しくない元が存在する）。

第一の公理は、$s(n)$ の形ではない少なくとも1つの元が存在することを主張する。それを1と呼ぶ。これより、$1 \in \mathbb{N}$ であり、かつ任意の n について $s(n) \neq 1$ である。ここで、各 n について、$n+1$ を $s(n)$ であると定義する。これらの後者が $\mathbb{N}$ 全体を構成することは、1と各元のすべての後者を含む部分集合が $\mathbb{N}$ の全体でなければならないことを主張する第二の公理を必要とする。

公理Ⅱ：もし A が $\mathbb{N}$ の部分集合であれば $1 \in A$、
かつ、$s(k) \in A$ であるすべての $k \in \mathbb{N}$ について、
$A = \mathbb{N}$ である。

第二の公理は、通常「帰納の公理」と呼ばれる。
　これら2つの最小の公理から、私たちは自然数の通常の算術を作り出すことができる！　例えば、後者のない元はただ1つであることを示すことから始めよう。

定理：公理IとIIが与えられるとき、元1は一意である。

証明：すべての $k \in \mathbb{N}$ について $a \neq s(k)$ を満たす元 $a \in \mathbb{N}$ が存在すると仮定する。
a を除く $\mathbb{N}$ のすべての元からなる集合を A とする。
$a \neq 1$ であるから、$1 \in A$ である。
任意の $k \in A$ について、a の定義から、$s(k) \neq a$ より、$s(k) \in A$ である。
公理IIより、A は $\mathbb{N}$ の全体であり、これは $a \in A$ に矛盾する。
したがって、他の元の後者でない元は1だけである。

元1は、$2 = s(1) = 1+1$、$3 = s(2) = 2+1$ といったように書かれる後者を伴って集合をスタートさせる。たし算やかけ算は、（数学的）帰納法によって定義される。

定義：次のように定義する。【たし算】

$m+1=s(m)$ とする。また、もし $m+k$ が定義されれば、$m+s(k)$ を $s(m+k)$ とする。

和 $m+k$ が定義されるとき元 k の集合 S は、1 を含み（$m+1=s(m)$ より）、S が k を含めば、その後者 $s(k)$ も含まれる（$m+s(k)$ ならば $s(m+k)$ より）。したがって、帰納の公理により、集合 S は $\mathbb{N}$ に等しい。

かけ算も、$m\times 1=m$ を定めることで、また一般に $m\times k$ が定められれば、$m\times s(k)=m\times k+k$ として同様に定義される。整数に関する通常の決まりは、同様の仕方で導かれる。これらの形式的証明もまた、退屈でルーティンなものである。しかし、一度認められれば、形式的に定義された自然数 $\mathbb{N}$ の各種の性質の公理的形式的証明の基礎を与える。

いったんこのペアノの公理 I および II を用いた形式的アプローチが認められれば、最初の n 個の整数の和の新しい形式的証明が可能になる。

証明：$1+\cdots+n=\frac{1}{2}n(n+1)$ であるような $n\in\mathbb{N}$ の部分集合を A とする。

1. 与式に代入することで、$1\in A$ である。
2. $k\in A$ であれば、与式に k を代入することで $k+1\in A$ が示される。
3. 公理 II を用いれば、A は $\mathbb{N}$ の全体であることが導かれる。

この証明は、わずか 3 つのステップである（上記 1、2、3）。最初に $n=1$ について式を認め、第二に一般的ステップを認め、第三に帰納の公理を引き合いに出す。

すなわち、何度も、無限に、同じステップを実行することを伴う**仮無限的証明**から、わずか 3 ステップの**有限の**証明へといった**途方も無い**圧縮である。この構造の無限に関わる部分は、まさに公理自体に組み込まれる。なぜならば、公理 I を満たす写像 s を伴う任意の集合は、**無限でなければならない**からである。

数学者として私は、公理が仮無限の式についての 3 ステップの証明を認めることを喜び、数々の講義でこのことを、その素晴らしい圧縮を賞賛しながら示した。（しかしながら）それは、耳を傾けられなかった。

なぜだろう？　記号的ならびに図的証明は（共に）、よく認められた知識構造を基に、その論証が**なぜ**意味があるかを示す。学生の知識構造は、すでに長年にわたって築き上げられた連関を有する。彼らは、よく連関した古い考えと新しい集

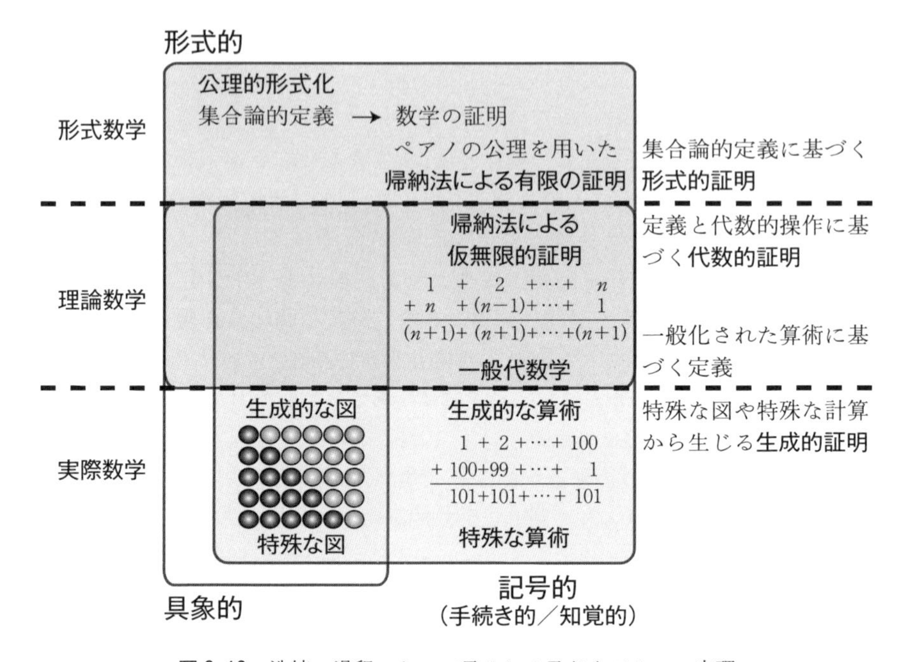

図 8.19　洗練の過程において示される子どもガウスの定理

合論の定義とに意味を与えようと試みる。そのような融合は、学生が（新しく）作られる連関に確信がないときに問題となる。暗黙裡に強力な連関が長年にわたって作られてきており、換言すれば、新しい連関は形式理論を要請する。表面的には、（数学的）帰納法による証明は、結果を証明するのに結果を用いる。「**すべての** n が真であることを証明したい一方で、それまでの**任意の** n **について**の結果を利用する」といった限量詞の巧妙さは、常に問題となる。

帰納法による有限の証明は、公理的形式世界の形式数学へと転換させる。そこでは、理論数学における具象化と記号化の経験を形式定義と証明に基づく知識構造へと転移させることが要請される（図 8.19）。

3.6　生活の中での証明と数学における証明

数学における証明の継続的発展は、数学がより洗練されたものとなる意味において微妙な変化がある。日常生活の実際の言語による推論は、理論数学や形式数学における証明とは異なる暗黙の仕方で行われる。親が子どもに「良い子にしていれば、アイスクリームを買ってあげる」というとき、子どもは、自分が良くしていればご褒美がもらえることが真であるだけでなく、良くしていなければアイスクリームをもらえないことも推量する。アイスクリームをもらうことは、良くしていることと同義であり、もらえないことは良くしていないことと同義である。この文脈において、「良くする」と「アイスクリームをもらう」の2つの考えが共に生じる。

日々の実際の言語では、「A ならば B」はまた「B ならば A」も意味する。しかし数学ではそうではない。「n が2よりも大きい素数であれば、奇数である」は真であるが、「n が奇数であれば、n は2よりも大きい素数である」は真ではない。

我々はまた、意味の微妙な違いについて他の語を用いもする。簡単な例として、「いくつか」という語の使用がある。この語は、日常生活と数学では微妙に意味が異なる。

私は、大学に入ったばかりの学生に次の言明が真か偽か[8] を尋ねるアンケート[9] を行った。その言明は、次の通りである。

「いくつかの有理数は実数である」

大部分の学生が、この言明を偽であるとみなした。数学で定式化するときには、言明「いくつかの A は B である」は、「**すべての** A は B である」の可能性を含む。この言明は数学的言語において真である。しかし、学生にとってはそうではない。彼らは、**すべての**有理数は実数である、ということを理解しており、それは「いくつか」ではない。

引き続いて、次のようなアンケートを試みた。

S を 19, 3677, 601, 2, 257, 11119, 7559, 12653, 11177 の数の集合であるとする。いかなる計算をすることもなく、以下の言明が真か偽かを答えなさい。

(1) 集合 S のいくつかの数は素数である、

(2) 集合 S のいくつかの数は偶数である。

---

8) Tall (1979)。

9) Tall (1977)。

言明 (1) は、例外なく真であるとみなされた（いくつかは見た目に素数であるが、学生にとって、残りのものは未知であった）。実際、**すべての**数は素数である。言明 (2) は、ほとんどの学生が偽であると考えた。この理由は、（おそらく）動詞が複数形であったためであろうと思われるが、しかし何人かの学生は、真であると考えて満足した。多くの場合に「いくつか」という後の口語での解釈は、「当該の集合のすべてであるという何らかの知識がないときには、与えられた集合の中の1つ以上」を意味するものと思われる。意味のニュアンスは、人によって様々である。形式数学において、「いくつか」という語は、単に「少なくとも1つ」を意味する。

3.7　矛盾による証明

矛盾による証明は、多くの学生にとって基礎的転機になる。この証明の仕方は、言明が真か偽であると仮定し、もしそれが偽であると仮定することが矛盾を導くとき真でなければならない、とするものである。証明をしている間中、証明を行う者は、ストレスを感じる。というのは、真である何かを偽であるとみなすよう仮定しなければならないからである。

学校数学における主要な例として、$\sqrt{2}$ が無理数である証明があげられる。通常の証明では、この命題が偽であり、$\sqrt{2}$ が、p と q を既約な整数として

$$\sqrt{2}=\frac{p}{q}\quad (p, q \text{ は既約な整数})$$

の形で与えられると想定し、p および q のいずれかだけが偶数であるとする。そうでなければ約数2で約分されることになる。いま、上式の両辺を平方すると、

$$p^2=2q^2$$

を得る。これより、p^2 は偶数であり、それゆえ p もまた偶数である（もし p が奇数であれば、p^2 は奇数になる —— これはもうひとつの矛盾による証明である）。したがって、ある整数 r に対して $p=2r$ であり、これを上の式に代入すれば、$(2r)^2=2q^2$、よって $2r^2=q^2$ であり、同様の論証によって q も偶数である。これは矛盾である。

アラン[10) という生徒が、「もし p^2 が偶数ならば p も偶数でなければならない

---

10)　アラン（仮名）は、数学解析の初年次コースを履修しており、筆者が5回のインタビューを行った学生の1人である。

か」という演繹推論について質問した。彼は、先生の権威を引き合いに出して次のように答えた。「先生は『偶数の平方根は偶数である』と言われたが、ただそう仮定しただけでした。」アランは、「4の平方根や16の平方根はともに偶数である」という例で自分の答えを補強した。彼は、具象数学という意味で、整数とその平方数は同時に偶数であると認識し、またそう記述する。しかし、彼は、理論レベルでの**定義**としての性質の使用を、それが演繹推論の基礎として用いられるようには把握していなかった。

学生が実際レベルで何かをすることすることは、適切で典型例を通して考えの意味を示す生成的証明を提供するので有益である。私は、大学1年生の講義で$\sqrt{2}$が無理数であることの矛盾による証明を、分子と分母に**偶数**の素因数が入っているかどうかを確かめるのに、典型的な分数、例えば、5/8とその平方（すなわち$5^2/2^6$）で始める生成的証明と共に提示する。このことは、素因数分解された分数を平方すれば各素因数の数が2倍になるという一般的原理を例証する。それゆえ、2（2/1と見れば、ただ1つの素因数2しかもたない）は、何らかの分数の平方にはならない[11]。

ほとんどの学生は、矛盾による証明よりも生成的証明の方を好み、初め矛盾による証明を好んだ学生も、2日後には生成的証明を好むようになった。生成的証明は、形式数学が非常に多くのことを要求することに比べて、実際的経験に基づく理論数学を必要とする学生にとってよりよく作用する。

しかしながら、形式数学において、矛盾による証明は、無限個のケースに適用される定理に関して、標準的証明の技法となる。したがって、ある言明がある1つの場合に偽であることを仮定し、矛盾を引き出す仕方は、極めて簡潔である。生成的証明が、主として計算と記号操作を必要とする実際数学および理論数学の応用を学ぶ学生にとって適切であることはこうした観察から首尾一貫している。学生たちがさらに形式数学へと旅を続けるにあたり、矛盾による証明は本質的なものとなる。

4. 形式的証明

形式数学は、ほとんどの純粋数学者にとって現在のところ望ましい証明形式で

11） Tall（1979）。

ある。すなわち、形式的定義を作り、そこから数学的証明（論証）によりあらゆる性質を導き出すものである。我々が定式化する定理は、我々の具象化と記号化から生じるが、その証明自体は、いかなる本質的でない考えを暗黙裡に用いることなく形式的定義からのみ演繹されなければならない。

しかしながら、生物学的生物として、我々はみな、知っていることを再利用（リサイクル）する。我々の知識構造が、形式的要素を組み込むことで成熟するにつれ、我々が簡単な算術を学んだときに脳の中に作られた結びつきを用い続ける。例えば、実数は、完備順序体として定義されるという形式的要請にも関わらず、我々のほとんどが、指でなぞることのできる数直線、計算時の小数表記系、形式的証明において用いられる完備順序体のような絶妙な多種混合の具象化をそこに維持する。

『数学の認知科学』において、レイコフとヌーニェスは、実数について、トップダウン型の知的「アイデア分析」を行うことで、二重構造に到達した。その1つは、連続する直線に点の集合を埋め込む「空間の集まり」としての融合であり、他の1つは小数の記号化である[12]。このことは、一方で点の集合としての具象化された直線と他方で操作的（演算に関する）記号化を融合する。ボトムアップ型の分析は、異なる順序（順番）で生じる様々な融合の側面を明らかにする。すなわち、具象化された数直線と学校数学での小数を表現する（その数直線上の）点との、また後に完備順序体としての実数の形式的定義との融合である。これは、次に、実際数学と理論数学が並行して発展すること、そして後にほとんどの学生にとって問題となる形式数学への移行へと続く。

4.1　公理系

公理系を教示されたばかりの学生は、専門家である数学者が用いるより豊かな形式的知識構造を共有していない。公理系を有意味なものとするための学生にとっての最初の段階は、先行経験を組み立て直すことである。数系のより初期の例は、学生の以前の整数（正と負）$\mathbb{Z}$、有理数（正と負）$\mathbb{Q}$、実数 $\mathbb{R}$、および複素数 $\mathbb{C}$ の経験を含む。

これらすべての系は、2つの演算（たし算とかけ算）を有する。たし算という演算は2つの元 a と b から $a+b$ と書かれる第三の元を与える（**和**と呼ばれる）。ま

12)　Lakoff & Núñez（2000）, p. 281。

たかけ算という演算は（同様に）ab または $a \times b$ と書かれる元を与える（**積**と呼ばれる）。その表記において、演算が実行される順序を示すために括弧が用いられる。例えば、$(a+b)+c$ は、「初めに a と b から和 $a+b$ を算出し、続いてこれと c から和 $(a+b)+c$ を得る」ことを意味する。

形式世界において、これらの演算がどのように実行されるかは問題ではない。いかなる性質がそれを満足するのに必要であるかだけが問題である。構想されることは、他のすべての性質が演繹される公理として機能する性質のリストを書き出すことである。

このことは、馴染み深いものであるように映り、かつ心的に多彩な先行経験と相互に連関する長い公理リストである（ことが要請される）ことを考えれば、初学者にとって容易なプロセスではない。すなわち、初学者は、先行する数学的考えとの暗黙の心的結びつきを有することなく公理を読むことはできない。したがって、学校数学において経験する具象化と記号化の先行経験の上に形式数学を組み立ててその意味を持たせるという試みは「自然」である。そうでなければ、所与のものとしての書かれた定義が与えられ、特殊な先行する経験を参照することなく形式的演繹に意味を持たせようと探求する「形式的」アプローチをとるしかない。

現実経験から形式的証明へ移行することは、形式主義（形式化）に関する先行経験を持たない読者にとって問題となる側面を持つ。しかしながら、数学的思考を行う人であれば誰でも、数学を特定の文脈との特定の結びつきから開放する形式的アプローチの強力さを知ることは重要である。一度定理が形式的に証明されれば、その結論は、既に知っている場面や、将来において生じる与えられた公理と定義を満たすいかなる文脈にも適用できる。

まず、数系に形式的アプローチを導入しよう。数系は、読者にとって自然な形式で馴染み深い考えの上に組み立てられるだけでなく、後の発展において幅広い構造へと形式的に一般化される。いま、以下のことがらを満足する2つの演算を有する集合 D を考えることから始めよう。

(0)　$a, b \in D$ である元の対 a, b に対して、元 $a+b, ab \in D$ が一意に定まる。

(A1)　すべての $a, b \in D$ に対して、$a+b=b+a$ が成り立つ（たし算の**可換性**）。

(A2)　すべての $a, b, c \in D$ に対して、$(a+b)+c=a+(b+c)$ が成り立つ（た

し算の**結合性**)。

(A3)　すべての $a \in D$ に対して、$a+0=a$ を満たすただ1つの元 $0 \in D$ が存在する(ここで、0は**零**と呼ばれる)。

(A4)　各々の $a \in D$ に対して、$a+(-a)=0$ であるようなただ1つの元 $-a \in D$ が存在する(a の**たし算についての逆元**)。

(M1)　すべての $a, b \in D$ に対して、$ab=ba$ が成り立つ(かけ算の**可換性**)。

(M2)　すべての $a, b, c \in D$ に対して、$(ab)c=a(bc)$ が成り立つ(かけ算の**結合性**)。

(M3)　すべての $a \in D$ に対して、$a1=a$ を満たす(0でない)ただ1つの元 $1 \in D$ が存在する(ここで、1は**かけ算についての単位元**、または**一**と呼ばれる)。

(M4)　$a \neq 0$ である各々の $a \in D$ に対して、$ab=1$ であるようなただ1つの元 $b \in D$ が存在し、これを**かけ算についての逆元**と呼ぶ。この一意なかけ算の逆元は、a^{-1} と書かれる。

(D)　すべての $a, b, c \in D$ に対して、$a(b+c)=ab+ac$ が成り立つ(分配法則)。

これらの公理を満たす系は、**体**と呼ばれる。例として、有理数(全体の集合)$\mathbb{Q}$、実数(全体の集合)$\mathbb{R}$、そして複素数(全体の集合)$\mathbb{C}$ がある。$\mathbb{Z}$ で示される整数(全体の集合)は、(M4)を満たさないので体ではない。例えば、$2 \in \mathbb{Z}$ は $\mathbb{Z}$ の中にかけ算の逆元をもたない。(M4)を除く体の公理を満たす系を**可換環**と呼ぶ。$\mathbb{Z}, \mathbb{Q}, \mathbb{R}, \mathbb{C}$ のすべての系は、可換環である。

自然数(全体の集合)$\mathbb{N}$ や正の分数(全体の集合)$\mathbb{F}$ といった系は、可換環にはならない。なぜなら、これらは(A4)のたし算の逆元をもたないからである。しかしながら、これらは可換環 $\mathbb{Z}$ や $\mathbb{Q}$ における正の元からなるものとして特徴づけられる。

「正である」元という考えは、可換環 D が以下の性質を満たす部分集合 D^+ を**もつ**ことで形式化される。

(O1)　$x \in D$ に対して、必ず次の3つのいずれかである:$x \in D^+$、または $-x \in D^+$、または $x=0$。

(O2)　$x, y \in D^+$ に対して、$x+y, xy \in D^+$ である。

算術についての馴染み深い考えは、D^+ の元 x が**正**の数、その逆元 $-x$ が**負**の数として形式化される。公理（O1）（「切断の法則」と呼ばれる）は、すべての元が**正**か、**負**か、さもなくば**零**（ゼロ）であり、相互に排他的であると主張する。上記２つの公理は、$\mathbb{Z}$ の正の元（全体の集合）として $\mathbb{N}$ を、また $\mathbb{Q}$ の正の元（全体の集合）として（正の）分数（全体の集合）$\mathbb{F}$ を特徴づける。

我々人間の脳は、自然数や分数を使って何かをするとき、形式的定義を具象化と記号化の経験に自然と融合する。しかしながら、形式世界は、基本的に異なる操作の様相を含む。記号は、公理で特定される以外のいかなる性質をもつことも仮定されない。他の性質は、我々の数に関する豊富な経験からそれが真であると信じられるとしても、一度そしてすべてについて、**公理から直接的に**証明されなければならない。

例えば、もし我々が $(-a)(-b)=ab$ という形で示される「〔負〕×〔負〕=〔正〕」を証明しようとすれば、それを公理のみから証明しなければならない。公理だけを用いて行うならば、さらに自明に映るかもしれないすべてのステップに対していかなる他の考えも持ち込まずに確認するならば、これは学習者にとって困難な課題である。

次節で、私は、この理解しにくい考えの形式的証明を探求するにあたって問題解決アプローチをとる。数学の専門的知識を持つ読者にとってこの作業はルーティンであると思われるが、形式的証明に慣れていない読者にとっては問題性を見出す可能性が高いと思われる。というのは、心の中での直観的つながりは、それらがいかなる公理から直接的に導かれるかを正確に特定することなく用いられてはいけないからである。同時に、直観的に何かを「認識」し、それを形式的に証明する必要があることは、極めて複雑となる。

さらに、形式的証明は、より基本的性質に立ち返ることを繰り返す。学校での理論的経験では、学習者は、いくつかの数をたし合わせるときにどのような順番で行ってもいつも同じ結果を得ることを知っているが、形式的アプローチでは、一度に２つの元のみを用いた演算に基づく。それゆえ公理は、$a+b=b+a$ を示すことはあっても、３つの元を加える柔軟性を何ら主張しない。その代わりに、別の公理が、一度に２つの元だけを加えることに対して、括弧を用いて最初にこれを実行し、$(a+b)+c=a+(b+c)$ であることを主張するために導入される。任意の個数の項を任意の順序で加えられる。そしてそれらが同じ結果となるような柔軟性は、公理から慎重に**証明される**必要がある。このことは、項数に関する帰納法による証明を必要とする。それは、面倒ではあるが、しばしば問題と思われる。

「〔負〕×〔負〕=〔正〕」の証明を検討することで、学習者が学校数学から形式的証明へ移行する上で直面する重要な課題を明らかにできる。さらに、どのような公理が実際に用いられるかを慎重に見ることで、どのような条件の下でこの定理が真であるかをより正確に特定できる。このことは、意味の並外れた飛躍を明らかにする。$(-a)(-b)=ab$ という関係は、負の数についての事柄について、どのようにかけ算という演算が行われるかを主張すると思われる。我々は、この命題を証明するのに必要となる公理が、順序を含まないことを見出す。それはすなわち、形式的証明が、特定の文脈において定式化された理論的証明に比べて、より強力であり、かつより一般的であることを例証する。

4.2 〔負〕×〔負〕=〔正〕

これまでの章で具象世界と記号世界を旅してきたように、我々は、様々な仕方による〔負〕×〔負〕=〔正〕という考えの具象化を見た。例えば、数直線操作で、数をかけることは乗数分だけ数直線を伸ばすことであり、負の符号はその方向を逆にするので、負の符号が2つあれば、2回方向を逆にする、すなわち元の方向に戻る。面積として2つの符号化された長さの積を考えるとき、反対側を見るために面（積）をひっくり返すことで負の面積を想像できる。2回ひっくり返すことは元の方向に戻る。

しかし、複素数の関係を証明したいときどうなるだろう。あるいは、他の系に関して、そのときにも真でありうるか。おそらく、我々は、新しい場面を具象化する新しい仕方を作り続けなければならない。

形式世界は、このすべてを一変させる。そこでは、所与の公理と定義から証明されるべき定理を必要とするだけでよい。それですべてである。具象化や記号化のより以前の意味に何ら訴える必要はない。

ここで検討する形式的証明の探求には、問題解決アプローチを用いるが、そこでは公理（0）、(A1)～(A4)、(M1)～(M4)、(D）および（O1)、(O2）が既に示されている。また、恒等式 $(-a)(-b)=ab$ を証明するのにどの公理を必要とするかを調査する。

各公理が最小限の形式でのみ与えられるとき、使えそうな公理から直接的に導出することは非常に困難であることが予想される。例えば、分配法則は、単に

$a(b+c)=ab+ac$ という形式でのみ与えられる。もしこれを $(b+c)a=ba+ca$ という形式で用いるならば、分配法則（D）（$a(b+c)=ab+ac$）と $a(b+c)$ を $(b+c)a$ に、ab を ba に、そして ac を ca に変形するために 3 回（M1）を適用することが要請される。同様に、$0+a=a$ という決まりを言うには、$a+0=a$ を言う（A3）と $0+a=a+0$ を言う（A1）の組合せを必要とする。

初めに、学習者が学校代数で馴染み深い柔軟な仕方で公理を扱えるように、2、3 の補助的結果を証明する必要がある。例えば、公理（0）は、一見してわかるようにより強力である。a, b が与えられれば、元 $a+b$ と ab が**一意に**存在することを規定することで、もし a や b が同じ元を表すために異なる記号（文字）で置き換えられても結果は同じであると主張する。

例えば、$c+(-c)=0$ という公理は、$c+(-c)$ や 0 が同じ元を表す異なる名称であることを意味する。それゆえ、式 $a+b$ の a をこれらの式のいずれに置き換えたとしても、$(c+(-c))+b=0+b$ であると主張する。実際、公理（0）は、公理または公理から証明された定理としてのいかなる言明にも式を代入することを認める。

我々は、より専門的かつ柔軟に公理を使用できるように、これら補助的結果が認められることを前提とする。

我々は、真の問題解決の習慣に従って、「何を知りたいか」について考えることから始める。それは、求められる恒等式 $(-a)(-b)=ab$ である。そして、証明へと移行するのに重要である「何を持ち込むことができるか」を検討する。

公理（4）から、元 $-a$ は、$a+(-a)=0$ を満たす**唯一の**たし算の逆元である。（A1）を用いて、次のように書ける。

$$(-a)+a=0.$$

ここで、$(-a)$ は、$-(-a)$ と書かれる独自の唯一の逆元をもち、次を満たす。

$$(-a)+(-(-a))=0.$$

逆元の**一意性**により、2 つの逆元は同じである。すなわち、

$$(-(-a))=a$$

したがって、求められたように、**〔負〕×〔負〕=〔正〕** である。

ここで、いったん立ち止まって上のことを振り返る。この論証を慎重に検査す

ると、「ある元の負の負」は元々の元であることを証明しただけである。つまり、証明はまだ終わっていない。我々が証明したいことは、2つのそのような逆元の**積** $(-a)(-b)$ に関するものだからである。

一連の公理を見直すとき、この論証に我々が持ち込むものを理解しようとすれば、たし算とかけ算に関連する唯一の公理は、分配法則（D）だけである。この公理で $-a$ を括弧の外側に置き、また $b+(-b)=0$ を括弧の内側に置いて公理（A4）を用いると、

$$(-a)b+(-a)(-b) = (-a)(b+(-b)) = (-a)0.$$

上式は実に期待が持てる。というのは、我々は既に $(-a)0=0$ を知っているから、

$$(-a)b+(-a)(-b) = 0$$

が成り立ち、これは、$(-a)(-b)$ が $(-a)b$ の唯一のたし算の逆元であることを明らかにする。

$(-a)b$ の項に焦点を当てると、これはかけ算の順序を変更することで柔軟に書き直せる分配の公理（D）に関して $((-a)+a)b$ の部分をなすもので、次式が与えられる。

$$(-a)b+ab=((-a)+a)b = 0b.$$

$0b=0$ であるから、

$$(-a)b+ab = 0.$$

わかった！　つまり、ab も $(-a)(-b)$ もどちらも $(-a)b$ のたし算についての逆元である。さらに、たし算についての逆元は一意に存在するから、$(-a)(-b)=ab$ である。

これで証明が完了した。

この瞬間を楽しもう。待望の結論に達したわけだ。ただし、お祝いする前に、この証明につけ入る隙がないかどうかを確認すべきである。

より深く見直すと、まだ公理から証明されていない段階が残る。それは、一般に $0x=x0=0$ であるかである。このことは明白であるように思われる。**しかしこれは、公理の一部をなしていない！**　何ということだ！　どうすればこれを証

明できるだろうか。

対策の可能性としては、公理（A3）によって $0+0=0$ を示し、その両辺に x をかけて、

$$x(0+0) = x0.$$

分配の公理（D）により、

$$x0+x0 = x0.$$

公理（A4）を用いて、両辺に $-x0$ を加えると、

$$(x0+x0)+(-x0) = x0+(-x0).$$

公理（A4）より右辺は0に等しい。左辺に結合法則（A2）を用いると、

$$x0+(x0+(-x0)) = 0.$$

たし算に関する逆元の定義から、

$$x0+0 = 0$$

また0の定義から、

$$x0 = 0$$

これより、題意は証明された。

ちょっと紛糾したが、これでようやく旅の終りを迎えられた。

4.3 形式的証明の体系化

振り返れば、この証明はかなり厄介である。形式数学の講義を担当する数学の教授であれば、より組織化（体系化）されたステップの系列に並べ直す。今からこれを行ってみよう。各段階を形式的に進んでいくとき、どのような情報が証明の各段階に用いられているかという説明をしながら、どのような性質が当該の関係を証明するのに必要とされるかを見ていく。

よりすっきりした仕方で証明を書くため、わずかな（補題と呼ばれる）予備的結果から始める。

補題1：所与の公理を満たす系において元 a が $a+a=a$ を満たせば、$a=0$ である。
証明：(A4) より $a+(-a)=0$ を満たす元 $-a$ が存在する。　(A4)
$a+a=a$ より、$(a+a)+(-a)=a+(-a)$ が成り立つ。　(0)
結合法則 (A2) より、$a+(a+(-a))=a+(-a)$。　(A2)
$a+(-a)=0$ を左辺と右辺に代入すると、$a+0=0$。　(A4)
たし算に関する交換法則 (A1) より $0+a=0$ であり、0 の性質 (A3) から $a=0$ である。これが求めるものであった。　(A1) (A3)

続いて、2つ目の補題を用意しよう。

補題2：所与の公理を満たす系の任意の元 x について、$x0=0x=0$ が成り立つ。
証明：分配法則より、$x0+x0=x(0+0)=x0$。　(D)
よって、補題1より、$x0=0$。
かけ算は可換であるから (M2)、$0x=0$。　(M2)

これで、本来問題としていた論証をする準備が整った。

定理：所与の公理を満たす系において元 a, b について、$(-a)(-b)=ab$ が成り立つ。
証明：分配法則 (D) より、　(D) (M1)

$$(-a)b+(-a)(-b)=(-a)0 \quad \text{かつ} \quad (-a)b+ab=0b$$

補題2より、$(-a)0=0$ かつ $0b=0$ であるから、　(補題2)

$$(-a)b+(-a)(-b)=0 \quad \text{かつ} \quad (-a)(-b)=0 \quad \text{(D) (M2)}$$

よって、たし算に関する逆元の一意性より、$(-a)(-b)=ab$。　(A4)

この証明は、公理まで遡ることができる既に演繹されたことがらを用いて証明される組織化された一連の定理から構成される。

これより、こうした専門的証明がその構成と表現においていかになされるかを理解できる。大学の教授は、より学生たちにとって好ましいものとするために、証明の最終ステージのみを示すかもしれない。多くの学生が、自分のなすべきことが試験において再現するために2つの補題とともに証明を丸暗記することであると考えたとしても不思議ではない。しかしながら、この後見ていくように、形式的証明を作り出すことができることには、莫大な見返りがある。

4.4 さらなる意味の展望

この証明をよく見てみると、$(-a)(-b)=ab$ を証明するのに、(0)、(A1)〜(A4)、(M1)〜(M3) および (D) のわずかな公理しか用いていない。順序公理 (O1)、(O2) にいたっては、まったく用いられていない！ 換言すれば、**この結果は、任意の可換環において真である。**そこでは、$-x$ は $x+(-x)=0$ を満たすたし算に関する逆元を意味する。

そこで、「〔負〕×〔負〕=〔正〕」の考えを、順序を持たない、あるいは「正」や「負」のように分類される元を持たないさらなる数系へと拡張できる。すなわち、可換環の公理を満たす数系である。

そのようなものとして、複素数体、あるいは可換環 $\mathbb{Z}_n$（n で割った余りが $0, 1, 2, \cdots, n-1$ であるような「時計の算術」）がある。また、1変数あるいは多変数の多項式にも適用される。これらの係数は、有理数、実数、複素数、n を法とする整数、その他、任意の可換環の元であってよい。

n を法とする整数環 $\mathbb{Z}_n$、あるいは複素数体 $\mathbb{C}$ の場合、所与の元の負（の元）は対象として具象化されるかもしれない。例えば、複素数 $z=x+iy$ の負は $-z=-x-iy$ であり、原点を通る直線上の対称な点として見られる（図 8.20)。

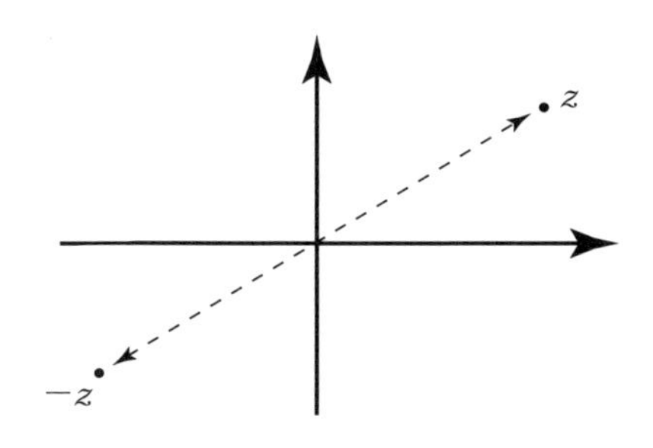

図 8.20 $\mathbb{C}$ におけるたし算に関する逆元

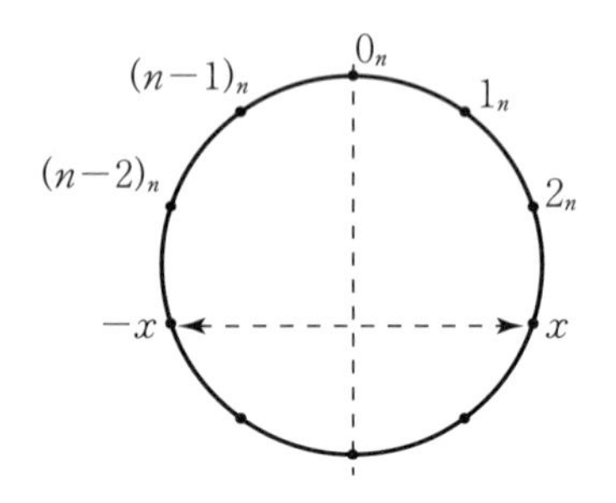

図 8.21　$\mathbb{Z}_n$ におけるたし算に関する逆元

$\mathbb{Z}_n$ の場合、その元を円周上に均等な間隔で配置すれば、x の逆元は縦軸に対して対称に見出せる（図 8.21）。

これら2つの例においても、我々はなお視覚的表現を有する。そこでは、x と $-x$ の関係が対称として示された。しかし、それは $(-a)(-b)=ab$ の関係を証明するために視覚的対称に訴えることを主張しない。我々は今や、任意の可換環の任意の元についてこれが真であることを知っているからである[13)]。

4.5　公理的証明の威力

上のことは、公理的形式世界の究極の威力を示す。一度形式的構造が公理系として構築され、一連の定理が系の中で証明されたならば、それらすべての定理は公理に従う任意の系において適用される。具象世界及び記号世界は、一般に、具象化と記号化の意味を変える外延的融合を通して発展するが、公理的形式世界は、公理を満たす**任意の**構造において考えられる形式的に演繹されるものから成り立ち、そこには既に知っているものだけでなく将来直面するいかなるものをも含む。

公理系において演繹されるものは、公理や定義から導かれる性質を伴う結晶概念の究極の形式を与える。数学研究者は、任意の興味関心のある文脈において必要な性質を定式化するために独自に諸公理を選択し、それら諸公理が首尾一貫していることを示せば、これら諸公理とこれらに基づく定義から導かれるすべての

13）より一般的に言えば、かけ算は可換である必要はない。もし分配法則（D）が $a(b+c)=ab+ac$ と $(b+c)a=ba+ca$ の両方を含むように拡張されれば、可換の公理（M2）は取り除くことができ、それゆえ定理は一般の環においてなお真であることが主張される。例えば、$n\times n$ 行列の環は、そのような例である。

性質は、所与の公理や定義を満たす任意のより一般的文脈においても真であり続ける。数学は今や、古い問題を新しい方法で解決し、そして思考の新たな領域を探求することで生じる新しい問題の解決を見出すために、新しい、これまで未知であった領域へと拡張される。

こうした理由から、数学者は、他のあらゆる種類の特定の具象化あるいは記号化を超えて、妥当性の最終テストとしての形式的証明を重んじる。そうであるとしても、数学者として、形式論理の適用よりも人間としての資質を持ち続ける。公理的形式世界は、問題解決の活動が、新しい問題を提起し、新たな仮説を定式化し、さらに定理—証明の構造に組織化される新しい証明を探し求めるといった、新しい世界である。

研究の成果は、それが一度形式的に証明されれば、新しい文脈に適用されるためにより広い共同体によって用いられる。それは、十分に広範囲な数学的思考が、社会が未来へと進化できる仕方で共同体全体の利益となるように。

このことは、具象世界や記号世界から形式世界へと数学的思考の認知的発達を定式化する我々の道のりの１点へと導く。第９章では、数学の歴史的発展を三世界の枠組みを用いて検討する。それは、数学的証明の現代的見方へと導く。その後、学校数学の具象世界や記号世界から純粋数学の形式世界に移行する上で生徒が直面することがらに立ち戻る。

第Ⅲ部
間　奏

第9章　数学の歴史的進化

我々が今日使用している数学は、先人の歩みの上に後続の世代が積み上げることを続けてきた概念の留まることのない進化の流れの中にある。現代というこの時代においては、コンピュータの進歩によって一世代前には想像もできなかった新しい方法で数学的な計算や操作を行うことができ、我々は数学的地平が変容するありさまを目のあたりに見ることができる。

それぞれの世代の子どもは、それぞれの文化の中で利用できる概念に触れ、やがて成人したときには概念と概念を融合させて新しい形の数学を創造し、次の世代に伝えていく。数学の歴史とは結局のところこのような一歩一歩の歩みの物語なのである[1)]。

本章では、幾世紀にもわたる数学の進化を辿る出来事に注意を向け、歴史的発展もまた、実用数学における具象化と記号化から、幾何学と代数学における理論的数学の発展に到るまでの数学三世界で記述される系統に従うことを説明し、併せて、デカルト平面における両者の融合や、方程式の解法における負の数と虚数に纏わる歴史上の厄介な問題についても触れよう。微積分の発展によって、変化の認知と無限小というやっかいな概念を伴う記号化の威力との間に新しい融合がもたらされた。19世紀における数学の発展は、様々な領域における困難な側面[2)]に目を向けることにより、20世紀の形式主義を引き起こした。形式主義はその後ますます強力に発展を続けているが、一方、数学的思考の境界線が未来へと拡大していくにつれ、希望に満ちた、しかし解決困難な問題もまた依然として存在している。

---

1)［訳註］歴史（ヒストリー）とは物語（ストーリー）であるという著者の結論はヨーロッパ諸言語の底流に流れる伝統的な考え方を踏襲したものである。実際、英語のヒストリーがストーリーと同源であることは語形から明らかだが、さらに、ギリシャ語、ラテン語、ドイツ語、フランス語では物語を意味する語がそのまま歴史という意味も兼ね備えている。この文の根底には、歴史とはすなわち〈物語〉であり、事実は語られることによって歴史になるという歴史観があるといえるだろう。

2)［訳註］19世紀末から20世紀初めにかけて集合に関する逆理がいくつも発見され、そのような逆理の存在は「数学の危機」と呼ばれた。

1. 記数法の発展と初等算術

人々が食物を求めて移動することに明け暮れていた狩猟採集状態から脱すると、一か所に集って安定した共同体を形成し、組織的生活を営むために数学が必須となった。土地を耕し家畜を飼う新しい生活様式には、生活物資を秤にかけて測る方法と、暦を理解し季節の変化を予測することが不可欠であった。メソポタミアのチグリス川とユーフラテス川に挟まれた広大な流域とエジプトのナイル川流域のデルタ地帯で2つの文明が発生し、そこでは整数と分数を扱うそれぞれ独自な方法が編み出された。

紀元前2000年ごろ、メソポタミアではバビロニア人が情報を記録する粘土板をすでに長い間使っており、粘土板の上に尖った筆のような道具を用いて単位1つを表す細い線状の楔𒁹と単位10個を表す三角形状の楔𒌋を刻み込んだ。1年が約360日に分かれることに示唆を得て、単位が10個集まって10になり、10が6個集まって60になる60進法の考えが生み出された。60までの塊を順に作っていき、それらを大きいものから順に左から右へ並べていった（図9.1）。

この記数法は状況に応じて柔軟に、いろいろな大きさの単位を表すのに使われた。例えば、83という表示は60分の1の83倍と読むこともでき、その場合には $1+\dfrac{23}{60}$ という数を表しているのだった（図9.1）。記数法のこの特徴によって柔軟な算術が促されたことは、イエール大学バビロニア・コレクションに収められている1枚の粘土板にも顕著に見ることができる。そこには1辺が30の正方形が示され、その対角線には42, 25, 35を表す記号で示されたある数が書き込まれている。この数を分数に直すと $42+\dfrac{25}{60}+\dfrac{35}{60^2}$ となるが、これは $\sqrt{2}$ の優れた近似、小数第5位まで正確な1.414213の30倍である。この同じ近似値は、2000年以上の時を隔てたトレミー（プトレマイオス）の数表まで使われ続けた[3)]。

エジプト人は10を底とする記数法を考え出し、1を|で、10を∩で、100を𓍢でというふうに桁が上がるごとに順に新しい象形文字（ヒエログリフ）で表した。この体系では、小さな自然数を曖昧さなく表すことができ、例えば∩|||は13を表している。現代の我々の記数法では13と31は異なる数を示しているが、エジプト式の記数法では順序は重要ではなく、|||∩も|∩||も明らかに同じ数13を表している。実際には読み取りやすくするためにこれらの記号は同じ種類ごとに

3)　Neugebauer（1969）, p. 35。

図 9.1　60 を底とするバビロニアの位取り記数法

<table>
<tr><th>かける数</th><th></th><th>倍化する</th><th></th><th>必要な計算</th></tr>
<tr><td>|</td><td>(1)</td><td>∩∩|</td><td></td><td>✓</td></tr>
<tr><td>||</td><td>(2)</td><td>∩∩∩∩||</td><td></td><td></td></tr>
<tr><td>||||</td><td>(4)</td><td>∩∩∩∩∩∩∩∩||||</td><td></td><td>✓</td></tr>
<tr><td>||||||||</td><td>(8)</td><td>𓍢∩∩∩∩∩||||||||</td><td></td><td>✓</td></tr>
<tr><td>∩|||</td><td>(13)</td><td>𓍢𓍢∩∩∩∩∩∩∩|||</td><td>(273)</td><td>(1、3、4 行目を加える)</td></tr>
</table>

図 9.2　次々と 2 倍した結果から適当に選んで加えることで 21×13 を計算する

まとめて書かれた。

エジプトの記数法ではたし算が簡単にできる。例えば、13+8 は

∩|||　||||||||

であり、ここで 10 個ある単位の 1 を

∩［|||　|||||||］|

のようにまとめて 10 の記号 ∩ に置き換えれば、結果

∩∩|

を得る。これはもちろん 21 である。

かけ算にはたし算の手続きを繰り返す 1 つの効率的な手法（倍加）が使われた。例えば、21 を 13 倍する場合を考えよう。∩∩| の塊 13 個を加える代わりに、エジプトの書記官は数を 2 倍する手続きを繰り返し実行して、21 の塊が 2 個、4 個、8 個集まった数を順に計算した。そして最後に、1, 4, 8 と書かれた列の数字を用いて 21+84+168 を合計し、求める積を得た（図 9.2）。

わり算には逆の手順を使用した。65 を 13 で割るとき、書記官は 1 つの列を 13 から書き始め、次にそれを 2 倍し、またさらに 2 倍し、結果が 65 を超える直前の

かける数		倍化する		必要な計算
|	(1)	∩∩|||	(13)	✓
||	(2)	∩∩||||||	(26)	
||||	(4)	∩∩∩∩∩∩∩∩||||	(52)	✓
|||||	(5)	∩∩∩∩∩∩|||||	(65)	（1、4行目を加える）

図 9.3　13を次々と2倍することによって65を13で割る

13×4＝52で停まった。65から52を引くと13となり、それはちょうど1行目にある数と同じである。そこで、1行目と3行目の乗数1と4を加えると正しい答5が得られるのである（図9.3）。

エジプト人は、わり算の答が割り切れないときのために、まずある数の逆数をその数の上に楕円形を描きたすことで表した。それで、「21分の1」は

のように書かれる。

他の分数は単位分数の組合せとして書かれた。例えば、$\frac{3}{4}$ は $\frac{1}{2}+\frac{1}{4}$（$\overline{\text{II}}$ $\overline{\text{IIII}}$）と書かれ、$\frac{2}{13}$ は $\frac{1}{8}+\frac{1}{52}+\frac{1}{104}$ と書かれた。原則として、異なる単位分数が使用された。それで、$\frac{2}{7}$ は $\frac{1}{7}+\frac{1}{7}$ ではなく $\frac{1}{4}+\frac{1}{28}$ と書かれた。このことによって分数の算術は極めて複雑なものになった。

大英博物館に所蔵されているリンド・パピルス（紀元前1650年頃）[4] において、ある書記官は $\frac{1}{10}, \frac{2}{10}, \cdots, \frac{9}{10}$ の形の分数を単位分数の和として表す値の表を書き残している。彼はこの情報をいくつかのパンの塊を10人に分配する一連の6題の問題を解くのに用いている。

パン1切れを10人に分配すると1人分は明らかに $\frac{1}{10}$ である。しかし、書記官はこれら10個の部分が合わせて1切れのパン全体になることを示すのに、当時の算術で許されている方法だけに頼らなければならないのだった。$\frac{1}{10}$ の10倍を計算するのに、書記官は標準的な倍加の手法と単位分数のリストを用いる。それには、まず $\frac{1}{10}$ の2倍、次に $\frac{1}{10}$ の4倍、そして $\frac{1}{10}$ の8倍を計算しなければならない。次に、2と8とで10になるので、$\frac{1}{10}$ の10倍の値は $\frac{1}{10}$ の2倍と

4）　Chace（1927―1929）。

$\frac{1}{10}$ の 8 倍の値を加えれば計算できる。$\frac{1}{10}$ の集まりを単位分数で表すリストから、$\frac{1}{10}$ の 2 倍は $\frac{1}{5}$、$\frac{1}{10}$ の 4 倍は $\frac{1}{3}+\frac{1}{15}$、$\frac{1}{10}$ の 8 倍は $\frac{2}{3}+\frac{1}{10}+\frac{1}{30}$ とわかる。したがって、2 人と 8 人が受け取るパンは $\frac{1}{5}$ と $\frac{2}{3}+\frac{1}{10}+\frac{1}{30}$ を合計したもので、これを簡略化すると 1 になるのである。他の問題は、同様の方法を使って 2、6、7、8、9 切れのパンをどのようにして 10 人で分けあうかを詳しく示すものである。

この文章を書いた書記官アーメスが $\frac{1}{10}$ の 10 倍が当然 1 になることに気づいていなかったとは信じにくい。リンド・パピルスは実用算術を訓練するための学生用の教本の問題を集めたものであり、慣例的な手法を構わずに用いて解き進めている。そうであるとしても、このテキストは古代エジプトの分数算術の複雑さを如実に示すものである。

紀元前 450 年頃、古代ギリシャ人はアルファベットを用いて数を表記する体系を考案した。彼らが用いたのは、ギリシャ語のアルファベット 24 文字にフェニキア文字 3 つを合わせた合計 27 個の記号である。これらの記号は順に 1 から 9 までの数、10 から 90 までの数、そして 100 から 900 までの数を表すのに使用された。例えば、α、β、γ はそれぞれ 1、2、3 を表し、ι、κ、λ は 10、20、30 を、ρ、σ、τ は 100、200、300 を表していた。これにより、1000 未満の数を高々 3 つの記号の組合せで書き表すことができた。例えば、κ は 20 を、$\kappa\alpha$ は 21 を、$\tau\kappa\alpha$ を 321 を表すのである。

これは簡便な記数法であり、現代の我々の記数法のパターンと似た面もいくつかある。例えば、$1+2=3$ が $21+2=23$ に類似しているように、$\alpha+\beta=\gamma$ は $\kappa\alpha+\beta=\kappa\gamma$ に類似しているといえるだろう。しかし、現代の記数法における計算式 $1+2=3$、$10+20=30$、$100+200=300$ に見られるパターンを、対応するギリシャ式の計算式

$$\alpha+\beta=\gamma,\quad \iota+\kappa=\lambda,\quad \rho+\sigma=\tau$$

の間に見ることはできない。したがって、ギリシャ式の記数法で行う暗算は、現代の十進法によるよりも複雑である。

ギリシャ人は小石[5]を並べることによって整数の性質を具象化した。例えば、偶数の具象化では 2 列に並べた小石から 2 つずつの小石の組を容易に作れるが、

5)［訳註］現代の英語において、計算を意味する calculus は小石を意味する言葉が語源となっている。

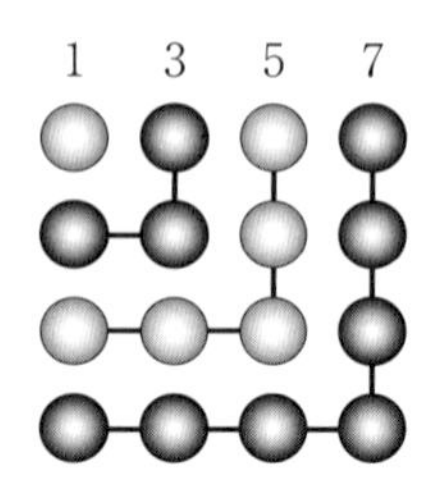

図 9.4　初めの4つの奇数の和は4の平方として具象化される

一方、奇数を具象化する際には同数の小石の集まりが2つと余りの小石1つができる。1つの正方形の2辺に沿って、左上の頂点に置かれる小石1つから始めて順に奇数個の小石を並べていくと、連続する奇数の和が平方数になることをうまく見て取れるようにたし合わせることができる[6)]（図 9.4）。

同様にして、ある数が2つの整数の積ならば、その個数の小石はそれらの2つの数で与えられる辺をもつ長方形に並べることができる。このような数は**矩形数**と呼ばれ、矩形数でないものが**素数**である。このことが素数の研究への導入となり、素数の個数が可能無限であることのユークリッドによる有名な証明に繋がる。

ローマ人は5と10の塊に基づく数の体系を構築した。その記号の定め方がどのような意味を持っていたかについては、様々な示唆がある。私が気に入っている1つの説明は、5は「片手にいっぱい」のことであり、親指だけを開いてその他の指を閉じた状態で持ち上げた片手を横から眺めたときに見える形Vがそのことを表しているというものである（図 9.5）。2つのVを、一方を逆さにして重ねるとXとなり、それは10を表す。これに1を表す縦の線Iを加えることにより、小さな数の1つの記数法ができあがり、例えばXVIIは10+5+2、つまり17を表す。ひき算の原理を用いると、使われる記号の個数を最小にすることができる。すなわち、小さい単位が大きい単位の前に置かれるとそれはひかれるものとするのである。IIIIでは四つの記号が必要だが、IVという記法は5−1、すなわち4を表し、2つの記号しか使わない。しかし、そうすると今度は記号の順序が問題になってくる。XIXは19を示し、XXIは21を示し、そしてIXXは使われない。

ローマ人の数の体系は、数の表記に関しては十分に満足できるものだが、それを用いて計算するためには実用的でない。その代わりとして、ローマ文明は整数

6）［訳註］この文で登場している「正方形」と「平方数」という語は英語の原文ではどちらも「スクエア（square）」と記されている。そして、それは偶然ではないことがわかるだろう。

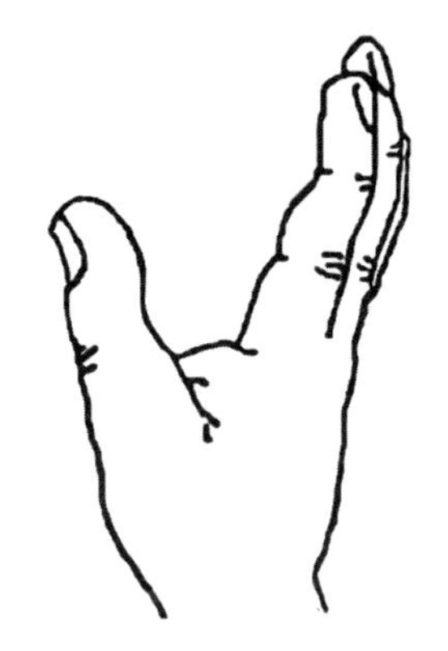

図 9.5　5 は片手いっぱいである

の算術には、物理的算盤を使用した。測りきれない小さな端の量はより小さな補助単位を用いて扱った。これは、今日 1 メートルは 100 センチメートルあり、1 メートルの $\frac{3}{4}$ の代わりに 75 センチメートルと言うのと同じ考え方である。

中国の数の体系には 9 つの数字に対応する言葉と、10、100、1000 などに対応する言葉があり、これらの言葉が非常に効率的に使われる（図 9.6）[7]。1 から 10 までの数のそれぞれには短い単音節の言葉[8] が対応し、そこから先は 11 が「十一」（シー・イー、ten one）、12 が「十二」（シー・アル、ten two）などとなる。20 は「二十」（アル・シー、two-ten）、21 は「二十一」（アル・シ・イー、two-ten one）[9]、87 は「八十七」（パー・シ・チー、eight-ten seven）である。さらに大きな数になると、10 の冪に数字をかけたものの和で表され、例えば 356 は「三百五十六」（サン・パイ・ウー・シ・リョゥ）である。10 の冪（べき）を表す言葉が声に出して発音されるので、ある桁が 0 になっても問題は起こらない。すなわち、例えば 203 は、「二百三」（アル・パイ・サン、two-hundred three）のように言えばよく、23、すなわち「二十三」（アル・シ・サン、two-ten three）との間の混同は起こらないのである[10]。

7）［訳註］ただし、日常的には 2 を両（リャン）と言う場合もある。

8）［訳註］音節数が 1 である言葉。

9）［訳註］3 音節語になると真ん中の十（シー）はアクセントを失って軽くシのように発音される。

10）［訳註］ここに説明されているのは、中国語で空位を表す「零」（リン）が登場する 15 世紀ごろより以前の状況であり、現代中国語で 203 は「二百零三」（アル・パイ・リン・サン）という。また、本文中にある「二百三」（アル・パイ・サン）は現代中国語では 230 の意味になってしまうことにも注意しよう。中国から日本に漢字が伝わってきたのは中国語でこの変化が起こるよりも古い時代のことであったので、ここでの説明は現代日本語の数詞にむしろよく当てはまる。

1 一 yi イー
2 二 er アル
3 三 san サン
4 四 si スー
5 五 wu ウー
6 六 liu リヨウ
7 七 qi チー
8 八 ba パー
9 九 jiu ジヨウ
10 十 shi シー
100 百 bai パイ
1000 千 qian チエン
10000 萬 wan ワン

図 9.6　中国の数詞

中国人の数の記号体系は非常に効率的であり、それはまた体系的算術に向いている。10 が底であることが明示されていることによって、幼い子どもにとって数を学ぶことが英語文化圏よりも容易になる。英語を始めとする他の言語では、10 から 20 までの間に不規則な単語のパターンがあるからだ。1000 ごとに名称に繰り返しが見られる現代の西側世界の十進数とは異なり、中国の方式では 10,000 ごとの数詞に繰り返しが見られる。例えば、「十一万」（シー・イー・ワン）は「一万」（イー・ワン）の十一倍、「百万」（パイ・ワン）は「一万」の百倍（つまりは 1,000,000）である[11]。

中国の記法では、「万」(10,000) の冪ごとに新しいシンボルを導入しなければな

11）［訳註］現代中国語では 100 は「百」ではなく「一百」（イー・パイ）と言うので、1,000,000 は「百万」ではなく「一百万」（イー・パイ・ワン）と言う。

らない。現代のインド—アラビア式十進記数法にはそのような弱点はなく、10個の数字0, 1, 2, 3, 4, 5, 6, 7, 8, 9と単純であるが極度に洗練された位取り法だけを用いて、任意の大きさの整数を表せる[12]。十進記数法343において、2つの3は異なるものを指している。初めの3は3つの100であり、2番目の3は3つの単位である。右から左へ順に1, 10, 100, 1000, …を表す位を用いることにより、任意の整数を、それがどのように大きくても表すことができる。一方、もとのアラビア語では文字は右から左へ読まれるので、925367884のような数についても、まず4つの単位、次に8つの10、8つの100、…というふうに読まれることになるだろう。文章を左から右へ読む現代の西洋の言語では、数を声に出して読む前にまず並んでいる数字の全体を走査して最初の9が九億なのか九千万なのかを判断しなければならず、余計な努力を必要とする[13]。

位取り記数法は数の演算におけるパターンに着目するために有用であり、そのことが暗算を実行する助けになる。例えば、53+4=57, 130+40=170, 300+400=700ではすべて1桁の計算3+4=7が形を変えて現れている。十進法は、**表記**の方法として効率的であるばかりでなく、**計算**の用途にも最適な記数法であるといえるだろう。1桁の数を扱うのに必要な数量関係さえ学んでおけば、すべての加減乗除の計算が柔軟に実行できるようになる。

中国とインドの数学者は、1×1から9×9までのすべての積を含む1桁の算術の基本的数量関係を記憶することに基づく整数の算術の信頼できるアルゴリズムを編み出した。

両文明とも、ヨーロッパ人よりもずっと早くから算術の中に分数を取り入れた。中国人は紀元後1世紀には分数を「いくつかの等しい部分に分けてその中からいくつかをとる」の意味の言葉で書き表した。例えば、$\frac{3}{4}$は「四分之三」(スー・フェン・ジー・サン)のように記されるが、これは当時の中国語で「4つの等しい部分に分けて3つをとる」という意味の言葉を簡略化したものといえるだろう[14]。彼らの分数算術は完全で、加法には最小の共通分母を用いるというものだ

12) [訳註] この部分の議論には、記数法(書き言葉)と言語の一部である数詞(話し言葉)との混同が見られる。インド—アラビア式十進記数法であっても、それを読み下すときには、それぞれの言語において位取りを表す言葉が必要である。

13) [訳註] ここに書かれている推測は正しくない。アラビア語では数は3桁ごとに区切り、各区切りの中では、100の位、1の位、10の位の順に読まれる。アラビア語で単語を読むときは綴られた文字を右から左へ読んでいくが、アラビア語で4桁以上の数を唱えるときには1の位から唱え始めるわけではなく、右から左へ数字を並べていくわけでもない。

14) [訳註]「之」は日本語の「の」、現代中国語の「的」に相当する助辞である。これが日本に伝播して

った。同様の方式はインドでも使われた。

シモン・ステイフィン[15][16]は1585年に整数に対するインド―アラビア式の十進記数法を十進小数を含む形まで拡張した。その結果、任意の数を、どのように大きくても、またどのように小さくても、望む任意の精度まで表示できるシステムが完成した。このシステムも、現在の形に至るまでにはさらに微細な圧縮のプロセスを経過する必要があった。ステイフィンのもとの記数法では、記号327①5②4③2のように、順に10分の1、100分の1、1000分の1の位を示す余計な記号が使われていた。この概念を現代的で簡潔な327.542という形で書き表すには、さらに微細な圧縮が起こることが必要だったのである。今では、数字10個と小数点だけを使用する高度に圧縮されたシンボルを用いることによって、小さい数も大きい数も含めて、どのような大きさの数の計算も実行できる。これによって、今日に至るまで使用されている柔軟な計算のシステムが完成した。

数を表す音声言語の中には、我々の文化的伝統に由来する特徴が今なお色濃く刻まれている。英語のelevenは「1つ余り」を意味する古英語*ein leifon*、twelveは「2つ余り」を意味する古英語*twe lif*にそれぞれ由来する[17]。この古い語形が持っている意味から、数詞は我々の手の具象化された[18]配置に結びつけられていることがわかる。この現象は今日の子どもの中にも存在し続けており、例えば、5（片手いっぱい）と6（片手いっぱいより1つ多い）がたし合わされると、10と「余り1つ」になるというような場面で見ることができる。

この後に続く、「～ティーン」の形の、いわゆる「10代」の数詞には1桁の数詞と同じ語形の繰り返しが見られ、thirteenとfifteenではやや不規則となるが、six-teenからseven-teen, eigh(t)-teen, nine-teenで規則性を取り戻す[19]。英語で20を意味するtwentyという言葉は「2つの10」という意味の古英語*twe ty*、あるいは*twain ty*に由来する。それに続くtwenty-one, twenty-twoからtwenty-nine

「四分の三」になったと思われる。なお、現代中国語は「四分三」である。

15) http://en.wikipedia.org/wiki/Simon_Stevin（2012年8月29日に閲覧）を参照。

16) ［訳註］オランダ人。日本では（誤って）ステヴィンと表記されることが多い。

17) ［訳註］ここで古英語として紹介されている語形は古英語（Old English）の語形ではない。古英語ではこれらの単語は*endloefon*、*twelf*と綴られ、すでに一語として認識されていた。本文に紹介されている*ein leifon*、*twe lif*という語形はゴート語などの英語成立以前にヨーロッパで話されていた諸言語に見られる。

18) ［訳註］あるいは、手という身体と脳との関係に着目するならば、「身体化された」。

19) ［訳註］ハイフン（-）は、単語の内部構造の説明のために原著者が付け加えたものである。

までは規則的パターンに従い、その後の連続する10ごとのグループ10、20、…を表す言葉には「〜ティーン」の形の10代の数詞と同じパターンに基づくパターンの繰り返しが見られる[20)]。100ごとの単位で数えるときの規則性はより明らかである。すなわち、100（one hundred)、200（two hundred）から900（nine hundred）まで規則的に続き、その後も1000（one thousand)、1100（one thousand one hundred)、1200（one thousand two hundred）のように続く。より大きな数、例えば1212（one thousand two hundred and twelve）のような数の読み方には、古い言葉遣いと後に現れた規則性とが混在している。

他の西洋の言語の数体系にもそれぞれの特徴が見られる。ドイツ語では2桁の数の1の位と10の位をひっくり返して、35はfünfunddreißig（5と30）と言う[21)]。筆者が子どもの頃、この言い方の名残りが英語の中にもあり、時刻の1.25（1時25分）をfive and twenty past one（1時5分と20分過ぎ）と言っていた。今ではデジタル時計の影響によってより平板なone twenty-five（1, 25＝1時25分）という言い方が主流になった。

フランス語はさらに変わっていて、quatre-vingts（4つの20）で80を表し、quatre-vingt-dix-neuf（4つの20と10と9）で99を表す。ベルギー人は80と90に対してoctantおよびnonantという独自の用語を用いることでこれを簡易化した。このフランス語の語法は、昔、ケルト人やその後に来たノルマン人が数を20ずつの塊で数えていた時代まで遡るもので、当時は40を「2つの20」、60を「3つの20」、80を「4つの20」と表していた。1694年、アカデミー・フランセーズは10ずつの単位で数えることを合法化する提案を提出したが、全土、特にパリ、で抵抗にあい、69までの数は10ずつを単位とする方式に変更されたものの、70はsoixante-dix（60と10)、80はquatre-vings（4つの20）のまま残り、その結果70から99までの数は古い形を残した。これに類似した言い回しは英語にも対応するものがある。20を意味する語scoreの使用がそれで、例えば人物の伝記では「70年の生涯」をthree score years and ten（20年が3つと10）と書くことがある。

これらの様々な例が示しているのは、我々が数学で使う記号は異なる社会では異なる形が選ばれること、そして、それらはある目的には優れているかもしれないが、他の目的には劣っていることもあるということである。十進記数法はこと

20）［訳註］ただし、14はfourteenであるのに対し、40はfortyと綴られる点に注意。
21）［訳註］長い数詞を1単語として綴ることもドイツ語の特色である。

のほか強力であるが、言語的特異性や微妙な問題が潜在的に存在し、それが子どもの学習において大きな困難の原因となることがある。例えば、英語における不規則性が1桁の数と11から19までの範囲の対応する数との間の関係を見えなくさせている。英語で算術を学習する子どもは中国語で学んでいる子どもよりも位取りに関して遥かに多くの困難を抱えている。英語圏の子どもは連続する数の列を表すのにnine、ten、eleven、twelve、thirteen、…のような言葉を使うのに対し、中国語圏の子どもは「九、十、十一、十二、十三、…」と唱える。この唱え方では、10の塊と1の塊の役割の違いが明確に示されている。ある統計データによれば、5歳から6歳で位取りを把握しているアメリカの子どもはごくわずかであるのに対し、同年代の中国の子どもの間ではその割合はずっと大きい[22)]。

2. 幾何学と証明の発展

2.1　ギリシャ幾何学における長さと比

実用的な幾何学的作図は、メソポタミアでもエジプトでも広く用いられていた[23)]。例えば、エジプトの「縄張り師」は縄を長さ3, 4, 5の三角形に結ぶと直角三角形になることを知っていた。これは、測量や建築において価値を発揮する実用的作図である[24)]。しかし、証明の概念は必要そうに見えない。

探究心に溢れるギリシャ人は、幾何学を系統的理論として構築した。その理論は図形を作図するだけではなく、それらの作図から結論を導き出し、やがては図形のプラトン的イメージとユークリッドによる証明の言葉を用いた定式化へと繋がっていった。

ギリシャ人は数学的思考をメソポタミア、そしてエジプトの双方の伝統から受け継いだが、これらはいくつかの点で異なっていた。例えば、バビロニア人が用いていたπの近似値は$3\frac{1}{8}$（3.125）であったが、エジプト人は$4\times\left(\frac{8}{9}\right)^2$（およそ3.16）を用いた。そこで、ギリシャ人が精力を注いで取り組んだ問題の1つは、正多角形の辺の個数を増やしていくことによって、円周率のより良い近似値を計算することだった。アルキメデスは、1つの円の円周を、その円に内接および外接

---

22)　Ma（1999b）。

23)　［訳註］本節は、ギリシャ幾何学を扱う前半と証明を扱う後半に分かれる。この訳書では原著の構成を変更して前半も1つの項として扱うことにする。

24)　［訳註］古代エジプトに「縄張り師」という専門職があったことはエジプト政府観光省の公式見解であり、考古学的あるいは歴史学的証拠があるわけではない。

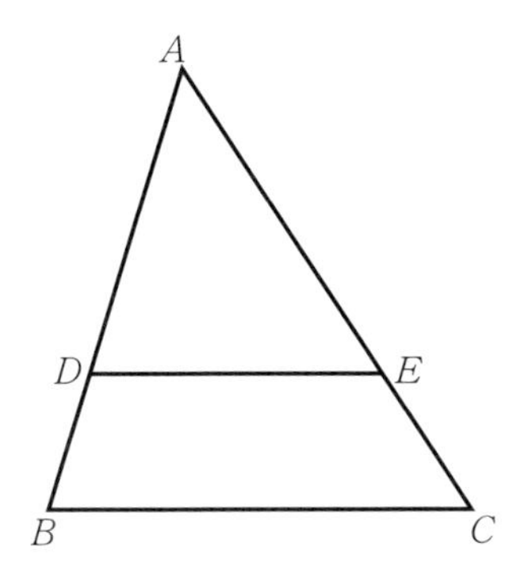

図 9.7 平行線と比例

する正多角形の間に挟まれるように描いた。彼は、正 96 角形を使った計算によって、円周が $3+\frac{1}{7}$ と $3+\frac{10}{71}$ の間にあることを導いた。

古代ギリシャにおいては、また、幾何学の貴族主義的芸術としての側面と算術の実用的側面との間の乖離も存在していた。例えば、算術は適当な単位によって長さ、面積、体積を求める実用計算に用いられるが、一方、ユークリッド幾何学では、作図にはいっさい目盛のない定木[25]が用いられ、したがって、長さ、面積、体積は計算されることはなく、ただ比較されただけであった。

ユークリッド『原論』の第 II 巻命題 2 の主張は「三角形の 1 辺に平行に引かれた直線は三角形の辺を同じ比に分ける。また、三角形の辺を同じ比に分ける点を結ぶ直線は残りの辺に平行である」と述べている。

BD が AD に対する比は CE が AE に対する比に等しく、このことは $BD:AD::CE:AE$ と書かれる（図 9.7）。

ユークリッドの著作全体を通して、比は同種の大きさを比較している。例えば、ユークリッドは「同じ高さを持つ三角形の一方が他方に対する比は、それらの底辺の一方が他方に対する比である」ことを証明している。これは、面積の間の比が長さの間の比に等しいことを主張している。

整数の概念とプラトン的図形概念を融合するに当たって、ギリシャ人は直角二等辺三角形の斜辺が 2 つの整数の比としては表現されないというジレンマに直面した。さらに、整数の体系には自然な単位、すなわち 1 があり、他のすべての整

25) ［訳註］幾何学の作図で用いられる目盛りのない定規をとくに定木と書くことがある。

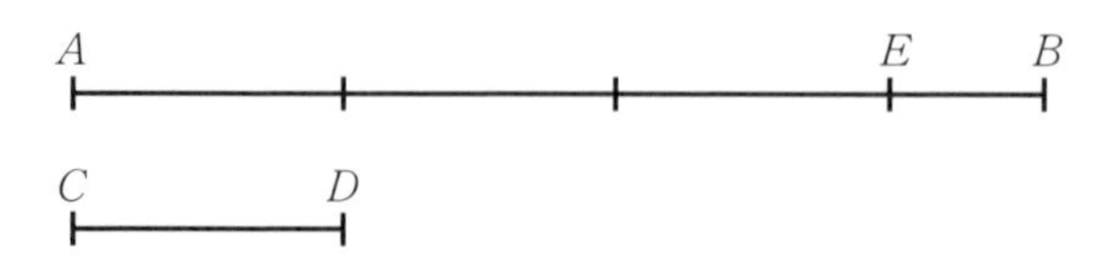

図 9.8　1つの長さを別の長さで分割し、商と余りを求める

数は前の数に順々と1を加えることによって生じるが、空間と距離の幾何学に自然な単位は存在しない。そこで、現代の我々がヤード・ポンド法かメートル法の単位を選ばなければならないのと同様に、(実用上は) 何らかの長さの単位を**選択**しなければならない。

しかし、ギリシャ人は幾何学において、特別な単位を選択しなかった。彼らの直線定木とコンパスによる作図では、直線定木には単位がなかった。特定の単位の長さを用いる代わりに、ギリシャ人はある長さ AB とより短い長さ CD が与えられたとき、AB から CD に等しい長さを繰り返し取り去り、残りの長さ EB が CD よりも短くなるまでにいくつの線分が取り去られたかを数えることによって2つの長さを比較した。これによって、求める比は1つの整数と余りの長さ EB で近似されることになる (図 9.8)。

EB が今度は CD より短くなっているので、ここからは2つの場合に別れる。もし $EB=0$ ならば、AB は CD のちょうど整数倍の長さであることがわかる。また、もしそうでなければ、この手続きを繰り返し、今度は EB が CD の中に何回嵌め込めるかを調べればよいことになる。その後のプロセスも同様である[26)]。こうして整数からなる1つの系列が得られるが、この系列はより近い結果が順次に得られる進行形のプロセスとして、比の値のどこまでも続くより良い近似を与えるのに用いることができる[27)]。

26)［訳註］この手続きはユークリッドの互除法と呼ばれ、ユークリッド『原論』の第 VII 巻 12 節で最大公約数の決定のために利用されている。

27)［訳註］この部分の原文には、「この系列は**連分数**の概念に繋がるもので」という記述があった。著者のトール氏に問い合わせたところ、その部分は次回の改訂で削除し、代わりにここに訳出した本文のように変更するということであった。ギリシャ時代には手続きとしてのユークリッドの互除法はあったが、概念としての連分数はなかった。無理数の存在はユークリッド『原論』より 100 年ほど前に知られていたが、それが整数論に影響を与えることもなかったことから、ギリシャの人たちは無理数論を深く研究する動機を持っていなかったことがわかる。結局、連分数が理論的に研究されるまでには、18 世紀まで待たなければならなかった。ユークリッドやその後継者たちが連分数を我々が知っているものと同じような理論体系として扱っていたという、ヨーロッパにおいて時折見られる言説は明らかに誤りである。参考文献：斎藤憲・三浦伸夫『エウクレイデス全集』第1巻 (東京大学出版会、2008)。

現代の記号で説明すると、直角二等辺三角形の斜辺を他の1辺と比べるには、長さ$\sqrt{2}$の中に長さ1が何回嵌め込めるかを見ればよい。嵌め込めるのは1回のみであり、余りは$r=\sqrt{2}-1$である。次に、長さ1の中にrが何回嵌め込めるかを見なければならないが、それには1のrに対する比を計算すればよく、次のようになる：

$$\frac{1}{r}=\frac{1}{\sqrt{2}-1}=\frac{\sqrt{2}+1}{(\sqrt{2}-1)(\sqrt{2}+1)}=\sqrt{2}+1=2+(\sqrt{2}-1)=2+r$$

これにより

$$\sqrt{2}=1+r=1+\frac{1}{2+r}$$

がわかるので、rを$\frac{1}{2+r}$で繰り返し置き換えることができ、連分数

$$\sqrt{2}=1+r=1+\frac{1}{2+r}=1+\frac{1}{2+\frac{1}{2+r}}=1+\frac{1}{2+\frac{1}{2+\frac{1}{2+\cdots}}}$$

を得る[28)]。ギリシャ人は、ある幾何学的議論を用いてこの公式を計算し、連分数を最初の整数1と繰り返しの系列2, 2, 2, … からなる系列として書き下すことによって記号法[1;2, 2, 2, …]を得た[29)]。大きな利点は、2の平方根がこれによって整数の列で表されることである。$\sqrt{2}$の無理数性の問題に対するこの審美的解答は、比と比例の精緻な理論の展開につながり、それによってギリシャ人は長さ、面積、体積の算術における新しい方向へ誘われることとなった[30)]。

ギリシャ人は他の無理数に対しても近似値を計算することができた。例えば、

---

28)［訳註］これは分母が無限に続く無限連分数である。

29)［訳註］註27にも書いたように、連分数の概念もその表記法もギリシャ数学には存在せず、後世に考案されたものである。このように後世に考案された理論や思想が当該の時代にすでにあったと誤って考えることを、歴史学研究では「投影」という。

30)［訳註］この部分の原文では、「連分数を用いた比と比例の精緻な理論の展開につながり」と書かれていたが、著者に問い合わせたところ、「連分数を用いた」という記述を改訂版では削除するということだった。ユークリッドやそれ以前の時代の無理数論や比例論については過去に多くの研究がある一方、西洋には、連分数の起源をギリシャ数学に求める伝統があるようだ。しかし、ギリシャの人たちが連分数の概念に到達することはなかった。そもそも歴史研究は、過去の数学の成果を現代の数学的体系に立脚してに再構築することとは違う。ギリシャ時代に連分数を利用した計算が多少あったとしても、それはあくまでユークリッドの互除法の副産物でしかなかった。なお、著者からは下記の論文を紹介されたので、原著者と訳者の見解の違いに対して公平を期するために、ここに記しておく。
David H. Fowler, *Ratio in Early Greek Mathematics*, Bulletin (New Series) of the AMS, vol. 1, no. 6, pp. 807-846 (1979).

π は $[3;7,16]$ から始まる形

$$\pi = 3+\cfrac{1}{7+\cfrac{1}{16+\cdots}}$$

に書くことができ、これは π の近似分数

$$3+\frac{1}{7}=\frac{22}{7} \quad \text{および} \quad 3+\cfrac{1}{7+\cfrac{1}{16}}=3+\frac{16}{113}=\frac{355}{113}$$

に対応する[31)]。

2.2　ギリシャにおける無限大と無限小の概念

ギリシャ人は、自然数の列 1, 2, 3, …を実無限としてではなく、**可能無限**として捉えていた。すなわち、**すべての**数の集まりを考えることはできないが、与えられた任意の数に対して、いつでもそれよりも大きな数を想像することはできると考えた。

これとは逆に、1つの線分を繰り返し繰り返し半分にしていくと、限りなく小さくなるが決して0になることはないある長さが得られる。よく考えると、この現象は人間の脳の自然な働きと見ることができる。脳が、段階を追って次々と小さくなり続けるが、決して0になることのない項からなる系列について突き詰めて考えるとき、自然に選択される概念結合は、いくらでも小さいが0ではない1つの変量を想定することである。このことが示唆しているのは、無限小の概念は生物学的脳の自然な生成物であるということである[32)]。

---

31) ［訳註］これらの有名な近似分数は、歴史的にはいろいろな文明圏で「偶然に」得られたものである。中国の天文学者の祖沖之（そちゅうし）は、5世紀の頃、$3.1415926<\pi<3.1415927$ を示し、さらに、分数での近似値 $\frac{22}{7}$ と $\frac{355}{113}$ を与えているが、その方法は伝わっていない。連分数から得られる近似分数が、列を長くするほど精密な値に近づいていくことは想像されるが、それが分母に対して最良近似の条件を満たすことの証明は、歴史上、連分数についての理論的研究の成果である。参考文献：中村滋『円周率—歴史と数理（数学のかんどころ22)』（共立出版、2014)。

32) ［訳註］幼稚園児の自然な思考にも無限小の概念の萌芽が見られることが幼児教育において指摘されている。数学史において、無限小を定式化したのは17世紀のライプニッツが最初である。ギリシャ数学においては素朴な概念としての無限小はおそらくあったが、それを矛盾のない論理体系として定式化することはなかった。エウドクソスが初めて厳密な理論づけをし、アルキメデス、ユークリッドが用いた取り尽くし法は、一種の二重の背理法であり、有限の量しか認めないギリシャ数学において、無限小を扱うのと同等な結果を導き出すための論法であった。参考文献：レイコフ、ヌーニェス『数学の認知科学』（丸善出版、2012）第11, 12章を参照。

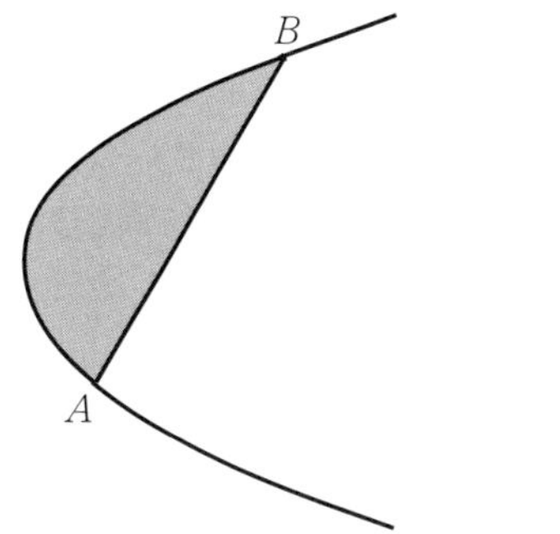

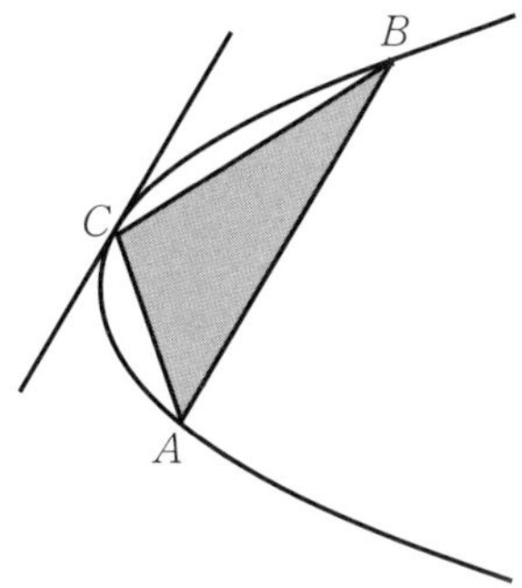

図 9.9　AB で切られた放物線の部分の面積は、三角形 ABC の面積の $\dfrac{4}{3}$ である

一方、物理的長さを繰り返し繰り返し半分に切るとき、小さすぎてもうそれ以上は半分に切れなくなるまでに分割できる回数がそんなには多くはないことも、実際上の事実である。それ以上は分割することが不可能になるまでに、何回切ることができるだろうか。1 回の分割で大きさは半分になり、$2^{10}=1024$ であるから、20 回の分割で大きさはもとの $\dfrac{1}{1{,}000{,}000}$（百万分の一）よりも小さくなる。たった 20 回も物理的には不可能なのである[33]。

この理論と実践の間の明らかな相違によって、ギリシャ人はどちらの結論が正しいか議論することを促された。分割を無限に続けて、限りなく小さな量—**無限小**の量—を生成することが可能なのだろうか。それとも、逆に、**分割不可能**な量を示すことが可能なのだろうか。

このような解決されることのない議論の光の中で、ギリシャ人は面積の計算を「取り尽くし法」による証明を用いて定式化することを選択した。彼らは面積が指定された値よりも小さくも大きくもなり得ないことを、境界に近い内側および外側の多角形による近似を用いて、背理法によって示した。

例えば、アルキメデスは図 9.9 の直線 AB によって切り取られる放物線の内側の面積を計算した。彼は、グラフ上で接線が AB に平行となる点 C を求め、求める面積が三角形 ABC の面積の $\dfrac{4}{3}$ であると初めに宣言することによってその後の計算を実行したのだった。

アルキメデスが発表した証明は、放物線で囲まれた図形を内部と外部の多角形

33）［訳註］ここでの議論は、「分割が物理的に不可能」ということの意味を定義していないので厳密ではなく、たとえば、原子 1 個の大きさと比較するなどのことが必要である。

で近似する取り尽くし法によるものだった。もし面積が提案されているものと異なれば、それよりも近い多角形を間に挟み込むことが可能になることを示したのである。結論は正しかったが、初めにその結果を思いつくことはどのようにしてできたのだろうか。アルキメデスが論文を発表してから2000年以上が経った1906年、ある別の文書が上書きされた羊皮紙が見つかった。そこに隠れていた文書は、以前には知られていなかったアルキメデスの著作『方法』[34]の1つの翻訳の写本であることが判明した[35]。

これによって明らかになったことは、アルキメデスは2つの面積が直線あるいは細い帯からできているものとして考察し、幾何学を天才的に使用して両者を比較したということである。ここではこの計算の詳細は重要ではない。重要なのは、ギリシャ人は表向きには取り尽くし法を形式的に使用して面積の証明を発表したが、アルキメデスは個人的には具象化された思考実験によって面積を求めたこと、面積は直線あるいは限りなく細い帯でできていると考えていたことである。洞察を深めるのには適しているが議論となることも多い具象化された直観と、形式的証明がもっている厳密性との間の使い分けは、2000年以上昔のギリシャ人の思考にすでに深い影を落としていた。

3. 代数学の発展

算術から代数学への一般化の萌芽はすでに古代において始まっていた。例えば、「アハ[36]とその$\frac{1}{7}$は19である」という問題に対するエジプト人〔代数学〕の解答には、まずアハが7に等しい単純な場合に「アハとその$\frac{1}{7}$」を計算してそれが8であることを得る部分と、次に、この見積もり7を19倍して8で割ることによって正しい答を得る部分とからなっていた[37]。

ギリシャの数学では、さまざまな代数的公式が幾何学の命題の形で証明された。例えば、ユークリッド『原論』第II巻命題4は、代数的公式$(a+b)^2=a^2+$

34)　Archimedes, Heath 訳 (1912)。

35)　〔訳註〕正式な書名は『エラトステネスに宛てた機械学的定理に関する方法』である。1906年に再発見されたのはイスタンブールで発見されたC写本といわれている写本で、これはアラビア語訳でもラテン語訳でもなく、10世紀に書かれたギリシャ語写本である。その後、第1次世界大戦後の混乱の中で再び姿を消し、1998年に競売にかけられた。参考文献：斎藤憲『よみがえる天才アルキメデス』(岩波書店、2006)。

36)　〔訳註〕アハは古代エジプトの言語で量、塊、堆積を意味する。

37)　〔訳註〕参考文献：上垣渉『はじめて読む数学の歴史』(ベレ出版、2006)。

b^2+2ab を「もし直線が任意に切られるならば、全体の上の正方形は 2 つの切片の上の正方形［の和］と 2 切片によって囲まれる長方形の 2 倍［との和］に等しい」[38] という幾何学的な形に述べ直したものである。この命題の目的は、幾何学的な作図問題の解法を意味づけることであり、そこには記号代数を展開しようとする意図はまったく含まれていなかった。

紀元後 820 年頃、ユークリッド『原論』第 II 巻に精通していたペルシャの数学者アル＝フワーリズミーはある重要な新しい方法を編み出した。彼は驚くべき人物であり、インドの十進記数法を西洋に紹介する著書[39]『インドの数の計算法』をアラビア語で著し、当時知られていた世界のより正確な地図を描くためにトレミー（プトレマイオス）の計算を修正した。

彼の主要な業績は 1 次と 2 次の方程式を解くための方法を考案したことだった。その新しい方法の中には、「両辺に同じ量を加えること」（*al-jabla*、アル・ジャブラ）と「すべての同類項を一方の辺に移すこと」（*muqābala*、ムッ・カーバラ）が含まれていた。英語で代数学を意味するアルジェブラ（algebra）は、このアラビア語「アル・ジャブラ」からとったものである。

アル＝フワーリズミーは方程式をアラビア語の手書き用文字で書いた。そこで、今日の我々なら $x^2+10x=39$ のように書くところを、彼は「1 つの平方と 10 個の根は 39 単位に等しい」という意味になる文章で表した[40]。彼の解答は 1 枚の具象化された図であった。その図の中で、彼は辺 x の正方形を描き、次に面積 $10x$ を、1 辺が x に等しくもう 1 辺が $\dfrac{10}{4}$ に等しい 4 つの長方形として配置した（図 9.10）。

彼は次に、$\dfrac{10}{4}$ に等しい辺をもつ 4 つの正方形を各頂点の位置に 1 つずつ加えた。そうすると全体の面積は $39+25=64$ となり、それからその 1 辺の長さが $\sqrt{64}$、すなわち 8 として与えられる。しかし、これは $x+2\times\left(\dfrac{10}{4}\right)$、すなわち $x+5$ でもある。8 から 5 を引いて、ただ 1 つの解 $x=3$ を得る。

同様の具象化された方法によって、$ax^2=bx$、$ax^2=c$、$bx=c$、$ax^2+bx=c$、$ax^2+c=bx$、$ax^2=bx+c$ のような他のタイプの方程式も扱うことができた。

16 世紀、イタリアの数学者はこのような方程式をラテン語で表現した。例え

38）［訳註］翻訳は、斎藤憲・三浦伸夫『エウクレイデス全集』第 1 巻（東京大学出版会、2008）による。

39）［訳註］12 世紀にラテン語に翻訳されてヨーロッパで読まれたが、アル＝フワーリズミー自身が西洋に紹介することを意図して書いたわけではない。

40） Van der Waerden (1980), p. 8。

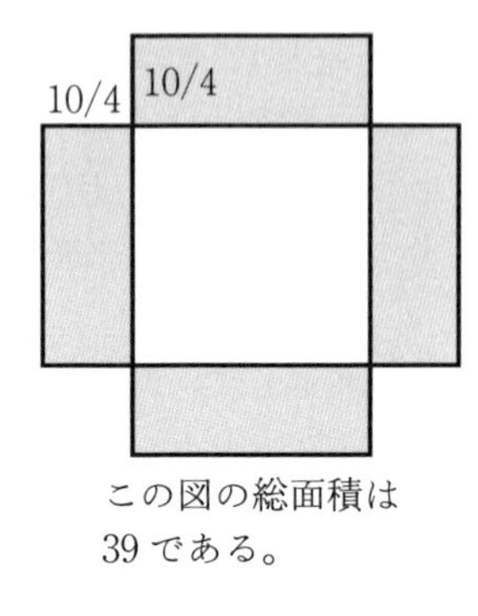

この図の総面積は
39 である。

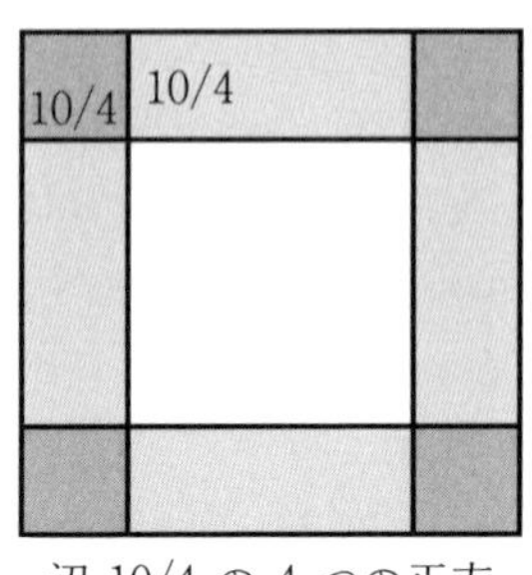

辺 10/4 の 4 つの正方形を加えて「正方形を完成する」と総面積は 39＋25＝64 となる。

図 9.10　平方を完成する

ば、「その平方がその数の 2 倍プラス 8 に等しい」ような数を求める 2 次方程式、我々であれば $x^2=2x+8$ と書くであろう 2 次方程式は、ラテン語で「census equales 2 rebus et 8」と書かれる。ここで、「rebus」（もの）はある数を意味し、「census」はその平方を意味する。そして、各タイプの方程式に対する解がラテン語の文章の形で与えられた。例えば、現代の記法で $px+q=x^2$ と書かれる方程式のただ 1 つの根[41] は、現代の我々の数式

$$\frac{p}{2}+\sqrt{\frac{p^2}{4}+q}$$

に相当する言葉で表現された。3 次方程式の解法の探求には、3 次元的状況のイメージを描くこと、すなわち、2 次方程式に関する知識を、3 次方程式に対応できるように拡張することが必要であった。可能なすべての 3 次方程式のパターンを、正の係数をもつ方程式として書き下していくと、より多くの分類が必要になり、状況は 2 次方程式の場合よりもさらに複雑そうに思われた。

1530 年、イタリアの数学者タルターリア[42] は、$x^3+px=q$ の形の方程式の解法を見つけたと主張した。ただ、彼はそれを公表しなかったので、それによって他の数学者との試合であらゆる挑戦者を打ち負かすことができた[43]。その後、タル

41）［訳註］条件 $q>0$ から、このタイプの方程式のもう 1 つの根は負となり、17 世紀には根として認められなかった。

42）［訳註］タルターリアは渾名。本名は、ニッコロ・フォンターナである。

43）［訳註］当時のイタリアでは、数学者どうしが方程式を出題しあい、腕前を競う数学試合が行われた。

ターリアの方法は、ジェローラモ・カルダーノの『アルス・マグナ』(偉大なる術)[44] によって世に知られるところとなったが[45]、そこには巧妙な記号の操作が用いられていた。彼の方法は精妙かつきわめて複雑であったが、ここでその概略を検討し、彼がどのようにして3次方程式を解く問題を、すでに解法がわかっていた関連する2次方程式の解法に帰着できたかを理解しておくことは、有用である。

現代の記号で

$$x^3+px=q$$

の形の方程式の解は、結果 x が2つの立方体の辺の差であると考えること、すなわち、$x=r-s$（ただし、$r=\sqrt[3]{u}$、$s=\sqrt[3]{v}$）と考えることによって求められた。このとき

$$\begin{aligned} x^3 &= (r-s)^3 \\ &= r^3-3r^2s+3rs^2-s^3 \\ &= r^3-s^3-3rsx. \end{aligned}$$

である。これを方程式 $x^3+px=q$ に代入すると

$$r^3-s^3-3rsx+px=q$$

となる。これを x に関する $a+bx=q$ の形の恒等式としてみると、この方程式は $a=q$ かつ $b=0$ のとき満たされるので

$$r^3-s^3=q \quad \text{かつ} \quad 3rs=p$$

である。これらを $u=r^3$、$v=s^3$ を使って書き直すと

$$u-v=q \quad \text{かつ} \quad 27uv=p^3$$

となる。第1式から得られる $v=u-q$ を第2式に代入すると u に関する **2次方程式**

$$u^2=qu+\frac{p^3}{27}$$

を得る。この2次方程式はすでに知られているタイプのものであり、(すでに述

44)　Cardano (1545)。

45)　［訳註］そのため、今日、3次方程式の解の公式はカルダノの公式と呼ばれている。

べたことから）次の解をもつ。

$$u=\sqrt{\frac{q^2}{4}+\frac{p^3}{27}}+\frac{q}{2}$$

$v=u-q$ なので、これより

$$v=\sqrt{\frac{q^2}{4}+\frac{p^3}{27}}-\frac{q}{2}$$

となる。最後に、そして華々しく（！）、これから3次方程式 $x^3+px=q$ の解の公式が $x=\sqrt[3]{u}-\sqrt[3]{v}$、すなわち

$$x=\sqrt[3]{\sqrt{\frac{q^2}{4}+\frac{p^3}{27}}+\frac{q}{2}}-\sqrt[3]{\sqrt{\frac{q^2}{4}+\frac{p^3}{27}}-\frac{q}{2}}$$

という形で得られる。カルダーノはこの公式を $x^3+6x=20$ の1つの解が

$$x=\sqrt[3]{\sqrt{108}+10}-\sqrt[3]{\sqrt{108}-10}$$

であることを示すことによって説明した。カルダーノは次に $x^3=px+q$ のタイプの方程式に取り掛かり、上記と同様の方法で、x を $\sqrt[3]{u}+\sqrt[3]{v}$ で置き換えることによって類似の公式を得た。その方法によると、$x^3=15x+4$ の1つの根は

$$x=\sqrt[3]{2+\sqrt{-121}}+\sqrt[3]{2-\sqrt{-121}}$$

であることがわかった。しかし、この式は問題を孕んでいた。0でない数の平方は正であり、したがって負の数は平方根を持ち得ないことを彼は知っていた。

当初、これは行き止まりであるように思われた。しかし、それから数年後、イタリアのボンベッリは $\sqrt{-1}$ があたかも通常の算術の規則を満たすかのように扱ってこの問題に挑んだ。彼は

$$(2\pm\sqrt{-1})^3=2\pm\sqrt{-121}$$

が成り立つこと、したがって

$$\sqrt[3]{2+\sqrt{-121}}+\sqrt[3]{2-\sqrt{-121}}=(2+\sqrt{-1})+(2-\sqrt{-1})=4$$

であることを見つけた。見慣れない根は、数4が単に姿を変えていたものに過ぎなかったのである。こうして、これらの神秘的な負の数の平方根を用いて正しい解に至る道が可能になったのであるが、この解法には、まだ対応する具象化を持たない記号操作が含まれていた。

フランスの哲学者ルネ・デカルト（1596―1650）は負の数の平方根という考えを拒否し、それを「想像上の」数と呼んだ[46]が、一方では、数学的思考を新しい柔軟な領域に向かって動かした重要な一歩を進めることになった。

4. 代数学と幾何学を繋ぐ

デカルトは数学と哲学の双方で重要な進歩を引き起こした。彼は心身二元論[47]を理論化し、精神とは結局、意識と自己認識に他ならないとして、身体装置としての脳から精神を分離した。デカルトはまた代数的記号法を導入し、2つの長さの積を面積ではなく長さとして計算する基礎として、ギリシャ数学における比と比例の考え方を採用した。

デカルトは、彼の『幾何学』(1637)[48]において、「長さをできる限り数に近く関係づけるために」まず特定の長さを単位として選ぶことから始め、次に、長さどうしのかけ算やわり算を幾何学的作図を用いて行って、再び長さである結果を得た。

新たな道を切り拓いたデカルトの発想は、深遠であり、また単純でもあった。彼が行ったことは、単位を表す特定の長さを図の中に選び、比例に関するギリシャ幾何学の定理を用いて計算を実行したということに過ぎない。

デカルトによれば、2つの長さ（例えば、図9.11の BD と BC）をかけ合わせるには、次のようにすればよい。

> AB が単位として選ばれたとし、BD に BC をかけなければならないとしよう。それには、点 A と C を直線で結び、CA に平行な直線 DE を引くだけでよい。このとき、BE が BD と BC の積である[49]。

彼はまた、ある長さを別の長さでわって長さを得る方法について、次のように述べている（図9.11）。

> BE を BD でわるには、点 E と D を直線で結び、DE に平行な直線 AC を引

---

46) ［訳註］これが、現在の「虚数」(imaginary number) という用語の起こりとなった。
47) ［訳註］精神と肉体は互いに独立であるというそれ以来の西洋哲学において伝統的となった考え方。
48) ［訳註］デカルト『方法序説』の付録。
49) Descartes, Smith & Latham (Ed.) (1954), pp. 2–4。

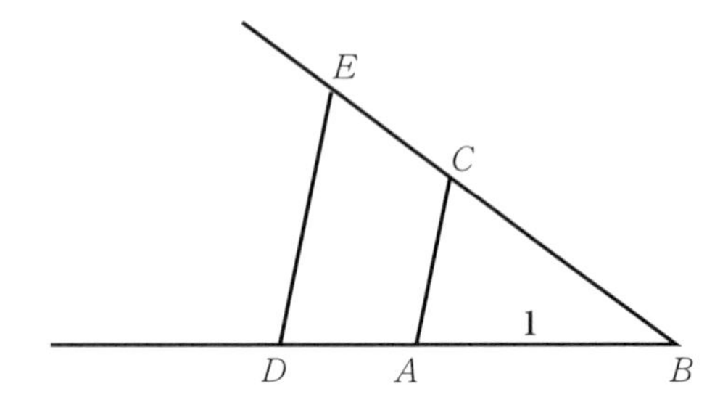

図 9.11　AB を単位として、BD に BC をかけると BE を得る

く。このとき、BC がわり算の結果である。

デカルトは、2つの長さをかけ合わせると面積になるのではなく、2つの数の積が長さという同種の数になるような長さに関する完全な算術を作り出し、そのたった一筆の言論によって数学の風景を完全に塗り替えたのである。

さらに、これだけでは不足であると言わんばかりに、彼は続けて後にデカルト平面の名で知られるようになる平面において、代数学と幾何学との間の関係を示す表現形式を導入することに進んだ。

デカルトが20代初めであった頃の物語である。彼はドイツのバイエルン州のある農家に駐屯する兵士であった。戦争はなく、することがないデカルトは、暇な時間のほとんどをあるストーブのある部屋の中で過ごした。ストーブは天井を暖め、そこには蠅が集まっていた。蠅を眺めながら横になっていた彼は、ふと、どうすればある特定の蠅の位置を記述できるだろうかと考えた。一瞬の閃きで、彼は部屋の1つの隅に対して蠅の位置を関係づけられることに気づいた。まず壁に沿ってある距離 x を測り、次に蠅にぶつかるまで直角に距離 y を測るのである(図 9.12)。

天井のあたりを動く蠅についてのこの単純な観察が、後に、幾何学を代数学に関係づけ、幾何学の問題を代数的手段で研究したり、またその逆も可能とし、具象世界と記号世界を統合する鍵となった。こうして、蠅の物理的位置が2つの数 (x, y) によって特定できるだけでなく、円、楕円、放物線などのような幾何学的図形も、x と y との間の代数的関係を書き下すことによって記述できることとなった[50)]。

50）［訳註］このエピソードには他のバージョンもあり、幼い頃のデカルトは身体が弱かったので病院のベッドに横になっていることが多く、ある日、天井に一匹のハエが動き回っているのを見て x 軸、y

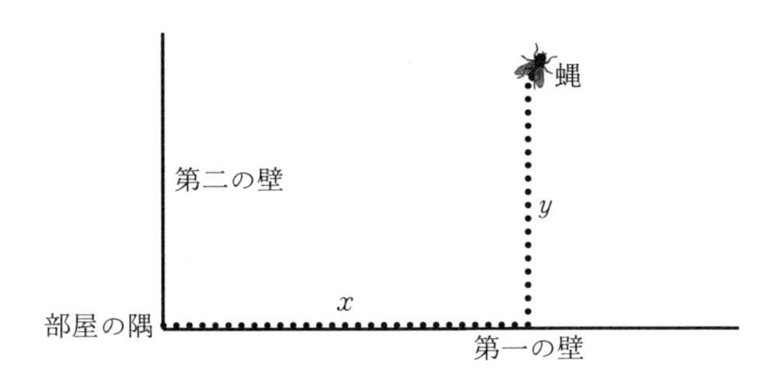

図 9.12 天井の蝿

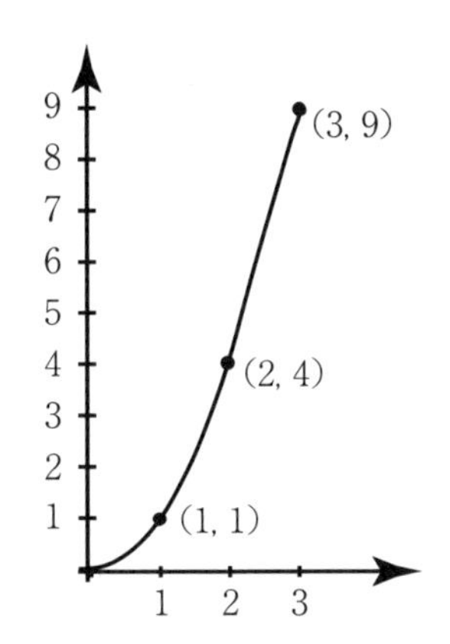

図 9.13 $y=x^2$ の幾何学的表現

例えば、代数的関係式 $y=x^2$ は $x=0, y=0$；$x=1, y=1$；$x=2, y=4$；$x=3, y=9$ のような対応する値を計算し、点 (0, 0), (1, 1), (2, 4), (3, 9) をプロットすることによって幾何学的に図示できることになった。中間の点もプロットして結ぶと、ある範囲にわたる x と y の値の関係を表すことができる（図 9.13）。

代数学と幾何学との間のこのような関連づけは、数学の進化における決定的瞬間の1つである。これによって、視覚的具象化に基づく分野と記号的計算に基づく分野という、数学の2つの分野が互いに結びつき、補い合うことが可能になった。その結果は一大事件と言ってよいものであった。それに続く年代の間に、新しい数学的思考の爆発的出現が見られたのである[51]。

軸を思いついたとも伝えられている。

51） ［訳註］正確にいうと、デカルトの著作では、2つの座標軸は直交しておらず、また関数のグラフは

5. 微積分

代数学と幾何学をデカルトの方法で結びつけることによって、アイザック・ニュートン（1642—1727）は惑星の動きを研究し、宇宙の運動を記述するまったく新しい理論を生み出した。ニュートンとライプニッツ（1646—1716）は独立に、きわめて小さな量の比を使って変化率を計算したり、多数のきわめて細い帯をたし合わせて面積を計算したりする方法を生み出した。彼らの方法は、それ以降、変化率、曲線の長さ、面積、体積を計算する強力な方法となった。だが、それを論理的な言葉で説明することは困難であることがしだいに判明した。無限に大きいものや無限に小さいものを理解し、説明する努力は、その後何世紀も続いたが、それについては、第11章で詳しくとりあげよう。

微積分の手法を武器として、それに続く世代は以前には想像もできなかったモデリング、計算、予測のための道具を編み出し、それによって地球の上空を飛ぶ通信衛星や、月まで旅して帰ってくる宇宙船、そして、太陽系の外宇宙まで旅する探査機の軌道までも計画することが可能になった。

6. 複素数の意味づけ

17世紀後半、微積分が開花しつつあった一方で、虚数の算術はいまだ神秘に覆われたまま留まっていた。ニュートンは複素数の根を、物理的にも幾何学的にも意味を持たないという理由で拒否した。ライプニッツは$\sqrt{-1}$を「あの観念の世界の不吉な兆候、存在と非存在との狭間に彷徨う二重人格の輩」と呼んだ。ウォリスは1685年に書いた代数学の本の中で、水平軸に沿ってx進んだ後に、直角に曲がってy進むという$x+y\sqrt{-1}$の幾何学的意味を示唆したが、そのような考え方は一般には受け入れられず、その代わりに、方程式の記号的な解を得るための具象化された意味を持たない方法、正の数に対しては効を奏した代数的方法が、そのまま負の数に対しても適用されるという時代が続いたのだった。

オイラーは$\sqrt{-1}$に対して記号iを導入し、計算の結果、項i^2が生じたときはいつでもそれが-1で置き換えられることを除いては、他のどの代数的記号とも

描かれていない。そして、デカルト以前にも点の座標の考え方はあり、同時代のフェルマーは図形を方程式で表現することを始めた。このことは、しかし、デカルトが数学史に残した変革の偉大さをいささかも減ずるものではない。

同様であるとして扱った。$\sqrt{-c}$ の形の「想像上の数」はすべて $i\sqrt{c}$ と書け、「複素数」はすべて $x+iy$ と書けることになった。複素数による計算を通して、意外な関係が明らかになった。例えば、微積分によって関数を冪級数で計算する方法が得られた結果、指数関数は

$$e^x = 1+\frac{x}{1!}+\frac{x^2}{2!}+\cdots+\frac{x^n}{n!}+\cdots$$

で与えられることがわかった。ただし、$n!$ は n の階乗で、$1\times2\times3\times\cdots\times n$ を表す。

角度をラジアンの単位で測ることによって、オイラーは三角関数を次のような級数で表すことができた。

$$\sin x = x-\frac{x^3}{3!}+\frac{x^5}{5!}\mp\cdots$$

$$\cos x = 1-\frac{x^2}{2!}+\frac{x^4}{4!}\mp\cdots$$

次にオイラーはこれらの3つの級数を用いて、e^x の x を ix で置き換え、記号があたかも算術の通常の規則に従うかのように操作して驚くべき等式

$$e^{ix} = \cos x+i\sin x$$

を与えた。$x=\pi$ とおくと

$$e^{i\pi} = \cos\pi+i\sin\pi = -1$$

となり、両辺に -1 をかけると

$$-e^{i\pi} = 1$$

となる。これは注目すべき結果であり、数学で物議を醸すことの多い4つの記号—マイナス記号（$-$）、無理数 e と π、そして虚数 i—の結合によってすべての数の中で最も単純な数1が表されているのである。

単純さの中に美を追求する数学者にとって、この「解答」こそは可能な限り甘美な作品であるといえよう。あらゆる複雑怪奇な記号が、単位を表す1というたった1つの極めて初等的な式に帰着している。

さらに、第4章[52]と第7章[53]で既に扱ったように、複素数によれば三角関数の

52）第4章、2.16項、pp. 112-115を参照。
53）第7章、2.2-2.4項、pp. 170-175を参照。

性質への新しい洞察が与えられる。オイラーの関係式 $e^{ix}=\cos x+i\sin x$ において $x=\theta+\varphi$ と置いて等式

$$e^{i(\theta+\varphi)}=e^{i\theta}e^{i\varphi}$$

の右辺の積を展開すると次のようになる。

$$\begin{aligned}&\cos(\theta+\varphi)+i\sin(\theta+\varphi)\\&\quad=(\cos\theta+i\sin\theta)(\cos\varphi+i\sin\varphi)\\&\quad=\cos\theta\cos\varphi-\sin\theta\sin\varphi+i(\sin\theta\cos\varphi+\cos\theta\sin\varphi)\end{aligned}$$

ここで、実部と虚部をそれぞれ比べると三角関数の公式

$$\begin{aligned}\cos(\theta+\varphi)&=\cos\theta\cos\varphi-\sin\theta\sin\varphi\\\sin(\theta+\varphi)&=\sin\theta\cos\varphi+\cos\theta\sin\varphi\end{aligned}$$

を得る。三角形の角しか扱わない三角法での証明（図 3.14）とは異なり、この証明は解析的三角法において一般に成り立つ。

今日の数学者にとって、複素数を複素数平面内に描いて行うこのような計算は、自家薬籠中のものである。しかし、歴史上この段階に到達するのには長い時間を要した。その理由は、複素数の意味づけを巡る問題、すなわち、複素数は現実的意味を持たないにも関わらず、実際的計算には驚くほど役に立つ「実用的関数」であるという考えが、18 世紀を通して数学者の意識の中に根強く残っていたからである。時代が下り 1831 年になってもなお、かの誉れ高き数学者ド・モルガンは次のように書いている：

> 想像上の式 $\sqrt{-a}$ と負の式 $-b$ とは以下のような意味で類似している。すなわち、これらのどちらもがある問題の解として現れること、そしてそのこと自体が、ある種の不整合あるいは不条理を示しているということである。現実的意味に関する限り、両者は等しく観念の産物である。なぜなら、$0-a$ は $\sqrt{-a}$ とまったく同程度に考えがたいからである[54]。

ド・モルガン個人によるこのような考えは同僚とも共通のものだった。その考え

54）De Morgan（1831）。

によれば、代数的側面では負の数や複素数をうまく操ることができたが、一方、具象化された側面では依然として問題が残されていた。

とはいえ、認識の変化はすでに数学界に広がりつつあった。19 世紀初頭には、少なくとも 3 人の数学者が、$x+iy$ を平面内の点 (x, y) と考える複素数の具象化を開始した。その 3 人とは、デンマークのヴェッセル[55]、ドイツのガウス[56]、フランスのアルガン[57] である。こうして、複素数 i は単なる仮想的記号としてではなく、縦軸上、原点から単位 1 つ分だけ上に位置する正真正銘の点 $(0, 1)$ として見られるようになったのである。ある数の平方が負にもなりうるという問題は、新しい光の中で見られ始めた。それ以前の議論によれば、正または負の数の平方は正である。しかし、この議論は x 軸上の数についてだけ適用できるものであるとする見方が可能になった。それは i の平方については適用できなくても構わない。これは水平な数直線上にはなく、y 軸上を水平軸より単位の距離 1 だけ**上に**上がった点にあるからである。

今日、我々は複素数の乗法を平面の変換として考えることができる。複素数 $re^{i\theta}$ をかけることによって、原点からの距離はスカラー倍率 r で拡大され、平面は原点を中心として反時計回りに角度 θ だけ回転される。複素数 i は点 $(0, 1)$ にあって極座標 $r=1, \theta=\frac{\pi}{2}$ を持つので、$i=e^{i\pi/2}$ をかけることによって平面は 90° だけ回転される。

こうして、複素数の記号的操作が幾何学の具象化された変換と融合され、その結果、平面上の点として表された複素数と幾何学的変換によって与えられた記号の算術とを伴う新しい知識の融合が生み出されることになった。

19 世紀には、古くからの多くの問題に対し複素数を用いた新しい解答が与えられた。たちまちの間に、これらの数に纏わりついていた哲学的困難は問題ではなくなった。複素数を平面内の物理的な点として表し、古い問題を見る新しい方法として「見る」ことができた。

この歴史の展開からわかるように、数学的概念の展開はいつも具象化から記号化へと構築されるとは限らない。これは第 7 章で述べた見解と一致する。ブルーナーが提案している活動的表象の段階、映像的表象の段階、象徴的表象の段階を

55) Wessel (1799)。

56) ガウスはすでに 1797 年には研究に複素数を使用していた。彼は一般向けの講義の中で複素数平面の概念を使用している (Gauss, 1831)。

57) Argand (1806)。

辿る系列は自明に思われるが、すべての段階において必ずしもこのような順序を辿るわけではない。2次方程式と3次方程式の解法の記号化によって、具象化されたどのような概念が想像されるよりもずっと早くから、操作的意味が発展した。一方、視覚的、映像的な概念化が出現した**後に**、より高度な数学における活動的な概念が初めて明晰に認識されることもある。例えば、微積分に関する私自身の個人的な発達過程については第11章で論ずる予定だが、私は、具象化されたあるいは活動的な土台を形成するよりも10年以上前に、曲線に沿って手を動かして勾配の変化を感じとり、それを後に導関数へと繋がっていく勾配関数として視覚的に表現することによって[58]、微分に対する力学的で視覚的な理解方法を編み出していた[59]。

7. 現代の形式主義的数学の誕生

7.1　幾何学における意味の危機

19世紀後半を通じて、人類は数理科学の恩恵を享受していたが、その一方で理論にひび割れが生じ始めていた。2000年以上にわたって、ユークリッド幾何学は数学的厳密性と証明の砦であり続けた。観念上の図形を表すために図を描くことはあったが、理論の主要な基盤は言葉による定義を設定し、論理的推論を行うことにあった。言葉による定義と推論が確かに自己完結的であり、描かれた図の視覚的な知覚を基盤とする暗黙の仮定にはいっさい依存していないことを確認しようとするとき、高度に繊細な問題が生じた。例えば、幾何学の公理の1つ「平行線の公準」は、「プレイフェアの公理[60]」として知られている定式化によると次のようになる:「各直線 L と L 上にない点 P に対して、P を通り L に平行な直線が**ちょうど1本**存在する」(図9.14)。

我々が住む物理的世界では、この考え方は自明である。もし P を通る直線を少しだけ傾ければその直線は一方の側で直線 L と交わり、逆の向きに傾ければもう一方の側で L と交わる。我々が心に描く具象世界はこのようなものである。描かれた図の上の思考実験では、平行線の公準は明らかに真である。しかし、この公理にはある困った性質があった。それは—数世紀にわたって個々の人間がどの

58)　Tall (2009)。
59)　Tall (1986a)。
60)　Playfair (1860), p. 291。

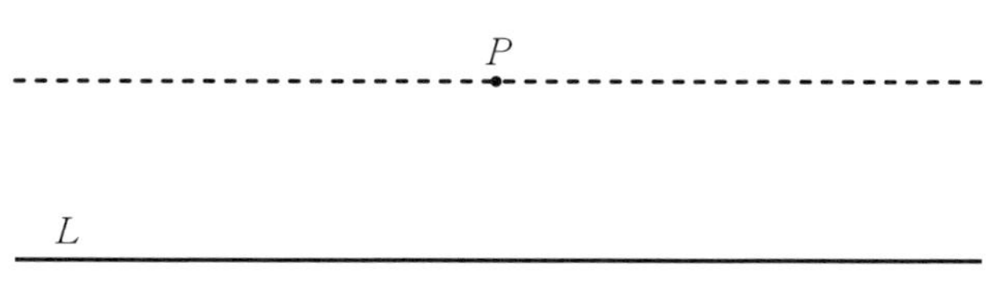

図 9.14　平行線の公理

ように試みても—それが他の公理からの帰結として真であることを証明することも、あるいは、他の公理から独立であることを示すことも、可能には思われなかったということである。

19 世紀になって、ボヤイとロバチェフスキーはこの問題に対する新しい知見を明らかにした[61]。実は、上に述べた平行線の公準は、我々が世界をどのように具象化しているかに微妙に依存するということである。我々は、描かれた図を見るとき、当然のようにそれが平坦な平面の上に描かれたものとして見る。古典時代の幾何学者にも、問題を別の見方で見るという考えは思い浮かばなかった。ところが、別のタイプの曲面上で幾何学を考え、「点」、「直線」、「平行」という言葉を適当に解釈し直すこと（例えば、「直線」は曲がった曲面上の 2 点間の最短距離であってもよく、2 本の「直線」が決して交わらないとき「平行である」と考えてもよい）によって、平行線の公準がもはや真ではない新しい形の幾何学が考案された。

例えば、「直線」L 上にない「点」P が与えられたとき、P を通り L に「平行」な「直線」がないことも可能である新しい幾何学の体系や、また、「平行線」が 2 本以上ある体系を考案できるかもしれない。

ボヤイとロバチェフスキーが行ったのは、まさにそのことであった。彼らは与えられた点を通る平行線が引けない「楕円」幾何学や、平行線が何本も引ける「双曲」幾何学と呼ばれる新しい幾何学を考案した。後に、偉大なフランスの数学者アンリ・ポアンカレは双曲幾何学の具体的で単純な 1 つの形を定式化した[62]。ポアンカレは「点」と「直線」をある固定された円 C の内部にあるものと考えた。彼は「点」とは C の内部の任意の点であり、「直線」とは円 C と直角に交わる任意の円の C の内部の部分であると定義した。任意の 2 つの「点」P, Q が（C の内部

61）　http://en.wikipedia.org/wiki/Hyperbolic_geometry（2012 年 8 月 29 日に閲覧）を参照。
62）　http://en.wikipedia.org/wiki/Poincaré_disk_model（2012 年 8 月 29 日閲覧）によると、ポアンカレが記述したモデルは、もともとベルトラミ（1868）によって提案されたものである。

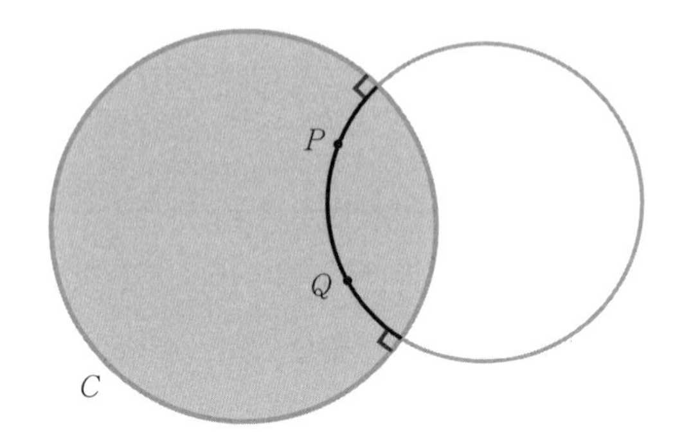

図 9.15　2つの「点」P, Q を通る「直線」はただ1本である

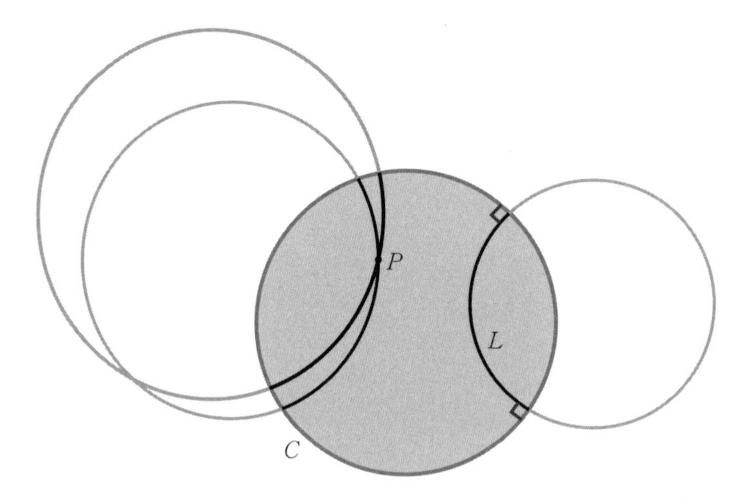

図 9.16　P を通り「直線」L と交わらない2本の「直線」

に）与えられたとき、彼は P と Q を通る「直線」（C と直角に交わる円）がちょうど1本あることを（ユークリッド幾何学により）示すことができた（図 9.15）。

円 C の内部の点だけが「点」としてカウントされるので、2本の「直線」が1つの「点」で「交わる」と考えられるのは、その「点」が円の内部にあるときだけである。これは、「直線」L と L 上にない「点」P が与えられたとき、P を通り L と「交わら」ない多数の「直線」があり得ることを意味する（図 9.16）。

もし交わらない2本の「直線」を「平行」であると呼ぶなら、その幾何学においては P を通って「直線」L に「平行」な多数の「直線」があることになる。これ

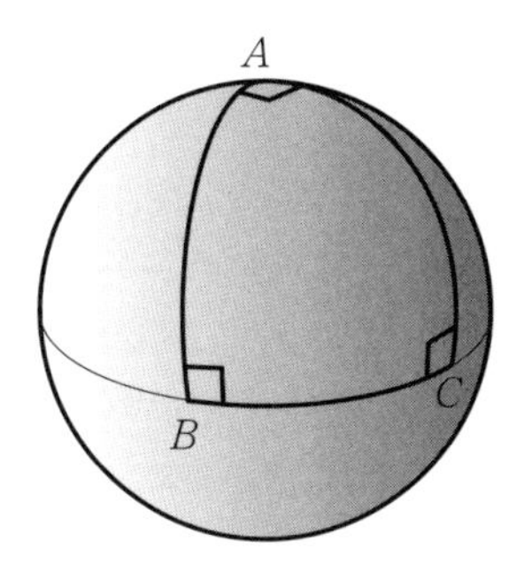

図 9.17 3つの直角をもつ球面三角形

は非常に興味深い性質をもつ双曲幾何学の1つの例である。例えば、「直線」は実際には円の一部分であるため、2つの「直線」の間の「角」を、それらの円に引いた接線の間の角で「測る」ことができる。この角の測り方はとても興味深い。というのは、「三角形」を3本の「直線」からなるものと定義すれば、「三角形」の内角の和はもはや180°とはならないからである。この幾何学では、任意の「三角形」の「角」の和は、いつでも180°より**小さい**のである！

一方、球面の上で幾何学を研究するとどうだろうか。球面は、何と言っても、我々の地球の形そのものなのだが、そこでは「直線」として大円を取ることができ、それらの間の「角」を、再び、交点で大円に引いた接線の間の角で「測る」ことができる。第8章で見たように、任意の球面三角形の角の和は、いつでも180°よりも**大きい**。例えば、北極 A を通る2本の大円を直交するように取り、球面三角形の底辺 BC を赤道上にとることは容易である。このとき、できる三角形の3つの角はすべて直角となる（図 9.17）。

これらの新しい幾何学は、ユークリッド幾何学の姿を新しい光の中で明らかにするものであった。2000年以上にわたる間、人類は点と直線を平面内の実体として考え、平面を我々に馴染みのある3次元空間内にあるものとして心に描いてきたが、ここで我々は、別の可能性も考えに入れなければならなくなった。

ビールの地下貯蔵室での一瞬のひらめきによって、偉大なドイツの数学者ダフィット・ヒルベルトは我々が概念に与える名前は本質的問題ではないことに突如として思い至った。概念が「点」、「直線」、「平面」と呼ばれるかどうかは重要ではなく、それらが、ことによれば、「机」、「椅子」、「ジョッキ」と呼ばれていたとしても不都合はない[63]。それらはポアンカレの幾何学における「点」や、球面上の「直線」のようなものであってもよいし、また、それ以外のどのような実体であってもよい。いわゆる幾何学とは似ても似つかぬ、完全に異なる実体であってもかまわない。重要なのは、名づけられた概念が形式的定義の中で指定された適切な性質を満たすことである。このような、「既知の対象」から「性質によってのみ与えられた概念」への視点の転換によって、数学は唯一の具象化という束縛から解放され、公理的に定義された性質によってのみ定式化される形式的概念について考察することが可能な段階に移った。

この時点を契機として、数学の理論は我々の感覚的知覚に基づいた概念から離れ、集合論による定義と形式的証明によって定義される形式的概念の方に近づいたのである。しかし、このことによって直観が数学から奪い去られたのではない。むしろ、それは**拡大**されたのである。形式的に定義された対象から導かれる定理は、しばしば予期しなかったような新しい着想の方法を持つことに数学者は気づいた。負の数の平方根という奇妙なものは平面上の点として表象され、与えられた点を通って与えられた直線に平行な直線が何本も引けるという、それとひけも劣らぬ風変わりな考え方は、ポアンカレのモデルを用いて視覚化できる。違いは、これらの奇妙な概念がある一貫した文脈における形式的定義を持ち、その文脈の中ではそれらの概念の性質が形式的証明によって導き出せるということである。

7.2　無限大の算術

19世紀に変容した数学の分野は幾何学だけではなかった。解析学では、数学者はオイラーによって開拓された方法にならい、無限級数を使って数学的な関数に対する良い近似を得ていた。しかし、そのような級数は微妙な問題を引き起した。例えば無限級数

$$\frac{1}{2}+\frac{1}{4}+\frac{1}{8}+\cdots$$

を考えよう。始めの2つの項の和は

$$\frac{1}{2}+\frac{1}{4}=\frac{3}{4}$$

---

63)　Reid (1996), p. 57。

で、これは1より$\dfrac{1}{4}$だけ小さい。

始めの3つの項の和は

$$\frac{1}{2}+\frac{1}{4}+\frac{1}{8}=\frac{7}{8}$$

で、これは1より$\dfrac{1}{8}$だけ小さい。項が次々とたされるたびに、その和と数1との差は半分に縮んでいく。

始めのn個の項がたされた時点での和は

$$\frac{1}{2}+\frac{1}{4}+\cdots+\left(\frac{1}{2}\right)^n=1-\left(\frac{1}{2}\right)^n$$

となる。したがって**すべての**項の和は

$$\frac{1}{2}+\frac{1}{4}+\cdots+\left(\frac{1}{2}\right)^n+\cdots=1$$

であると考えるか、あるいはそれは少なくとも1に信じられないほど**近い**だろうと考えるのは「理にかなっている」。しかし、もしこのような無限和に対して総和を求めることが許されると考えるならば、次の級数の和はいくらだろうか。

$$1-1+1-1+1-\cdots$$

もし項に

$$(1-1)+(1-1)+(1-1)+\cdots$$

のように括弧をつけると

$$0+0+0+\cdots$$

となり、これは0であるが、もし項に

$$1-(1-1)-(1-1)-\cdots$$

のように括弧をつけると

$$1-0-0-\cdots$$

となり、これは1である。これは$0=1$を意味するのだろうか。それとも、我々はどこかで何らかの規則に反することをしてしまったのだろうか。

7.3　形式主義的方法論の発展

19 世紀以前には、数学は自然を起源として発展した実用的および理論的概念から成り立っていた。ニュートンの主著『プリンキピア』の正式な書名は、*Philosophiæ Naturalis Principia Mathematica* であり、これは「自然哲学の数学的原理」という意味のラテン語である。「自然科学」は自然哲学から起こった学問であり、英語で natural science というように、その学問名称の中にラテン語の scientia（スキエンティア、知識）という言葉が使われているのはそれが自然に関するスキエンティアであることを示すためである。数学の理論面は、自然な論理に基づいていた。

ところが、19 世紀末から 20 世紀初めにかけて数学の中で次々と逆理が発見された。逆理の発見は「数学の危機」を引き起こし、数学の基礎が再考されることになった。議論の基礎を自然な論理に置く代わりに、数学者は、数学的証明の基礎として、慎重に選ばれた性質に基づいた形式的定義を用いて、概念を定式化し始めた。幾何学における平行線の公準や、任意の 2 つの数 a, b に対して $a+b=b+a$ であるという事実のような「明らか」なことを証明しようとする代わりに、数学者はこれらのようなある種の性質を選び出して、それを新しい理論の基礎に据えた。命題

$$\text{すべての } a, b \text{ に対して } a+b=b+a \text{ である}$$

は数の体系を定義する一連の他の規則に並ぶ基本的な公理（交換法則）として捉えられる。これらの基本的な公理は、定義されようとしている数の体系の他の諸性質が、それらから導き出されるように選ばれる。これは著しく繊細な作業であり、もとになる公理を極めて注意深く選択することを必要とする。

より一般に、数学者は必要とするすべての数学的概念を定義し、これらの概念の性質を論理的に導くための基礎としてそれらの定義を使うことによって、理論を発展させた。例えば、無限和

$$\frac{1}{2}+\frac{1}{4}+\frac{1}{8}+\cdots$$

の正確な意味については、次々と増えていく項に対して和を計算する過程にではなく、それらの和が近づいていく特定の値に光を当てることによって、隘路から抜け出した。その極限がこの無限和の値であり、この場合、その極限は 1 である。ある特定の極限に近づく無限和は**収束する**といわれる。

前掲のまだ求めていなかった和

$$1-1+1-1+1-\cdots$$

については、初めの2項の和は0、3項の和は1、4項の和は0であり、和は0と1の間を振動する。和はどのような単独の極限にも近づかず、無限和は収束しない。極限を持つ無限和と持たない無限和との間のこのような区別によって、収束する和の極限の理論に焦点を当て、収束しない場合すべてを除外することができる。このように、数学者は考察の対象を収束する和に制限することによって収束の理論を構築することができ、そのようにして豊かで整合的な理論が得られるのである。

7.4 数学の新しい見方

20世紀の初頭、いくつかの異なる方向に沿って数学を基礎づける新しい理論がいくつも現れた。それらはどれも、この数学の基礎づけという計画全体がもつ異なる側面のそれぞれに焦点を当てたものだった。これらの中で、**直観主義**、**論理主義**、**形式主義**という3つの強力な思想が出現し、それらの信奉者の間で激しい論戦が繰り広げられた[64]。

直観主義の主導者はブラウワーであり、カントの哲学に基づいて、数学という精神的行為の根拠を空間、時間、数の直観に求め、定理は直接これらの基礎的概念から有限の段階を踏んで導かれるべきであるとする。特に、直観主義は可能無限（望むだけ多くの数が存在する）を受け入れたが、実無限（「すべての」数という概念）は受け入れなかった。また、背理法による証明も受け入れなかった[65]。

論理主義は、ゴットロープ・フレーゲが導入し、バートランド・ラッセル、アルフレッド・ノース・ホワイトヘッドが拡張した数学の方法論で、数学を論理学の一部分と考える立場から、量化された命題および論理的演繹法のメカニズムに関心の焦点を置いている。

形式主義はダフィット・ヒルベルトが唱導した方法論で、数学の本質が記号の

64） 詳しくは、例えばSnapper（1979）を見よ。［訳註］参考文献追加：菊池誠『不完全性定理』（共立出版、2014）。

65） ［訳註］正確に言うと、直観主義では排中律（AであるかまたはAでないかのどちらかが成り立つ）を排除したのであって、背理法による証明をすべて排除したわけではない。すなわち、「Aでないと仮定すると矛盾を生じるからAである」という論法は「AでなくないならばAである」という二重否定の原理に基づいており、それは排中律と同値なので排除したが、「Aであると仮定すると矛盾を生じるからAでない」という論法は「Aでない」の定義だけに基づいているので排除しなかった。

操作にあると考える立場から、公理と定義の使用、および有限の段階からなる論理的推論によって定理を証明することを基礎としている。論理の純粋な展開を基礎とする論理主義の方法論とは異なり、ヒルベルトは、形式主義的方法を純正な現実世界の問題から出発し、与えられた公理や論理的推論のみによって新しいレベルに到達するものと理解した。ヒルベルトは数学の新しい公理主義的枠組みに焦点を当てた彼の有名な1900年の講義の中でこのことに触れ、20世紀の数学の発展にとって中心的となるであろう23の主要な問題のリストを提示した。

> 確かに、数学のいずれの分野においても最初で最古の諸問題は、経験から起こり、外界の現象世界によって示唆される。整数の計算規則ですら、今日の子どもが経験的方法によってこれらの法則の応用について学習するのと同じようにして、人間の文明の低い段階においてこのような方法で発見されたものに相違ない……。しかし、数学の1つの分野がさらに発展を続けると、人間の精神は、数々の解決の成功によって勇気づけられ、その分野の独立性を自覚し始める。そのような分野は、新しく実りある問題の中で、論理的結合、一般化、特殊化などの手段を使い、幸運なやり方で概念と概念を分離したり集合させたりすることによって、多くの場合他の分野から特に注目すべき影響を受けずに、それ自身の中から独自に進化し、そうした後に真の問題の提示者としての姿を見せる[66]。

ヒルベルトは、形式主義の方法論を発展させる過程で、公理体系はしばしば具体的問題から起こってくることに気づいた。例えば、彼は、順序関係 $a<b<c$ が直線上に並んだ連続する3点として視覚化される場合のような、数学的概念の直観的基礎に言及している。形式的で公理的方法の微妙な点は、記号が意味をもたないことではない。逆に、記号には**重複**する意味がある。記号は与えられた定義を満たす特定の例にだけ適用できるのではなく、定義を満たす**どのような**例にも適用できるのである。

このことは数学を特定の文脈における特定の理論の研究から、公理を満たす**すべての**文脈において適用可能な一般理論に拡大する。数学界が最も好んだのは、形式主義的方法論のこのような実践主義的な見方であった。

66）Hilbert（1900）。

大まかに言えば、数学者は純正な問題に焦点を当て、そこから一般論を発展させ、形式的定義と演繹的証明を用いて命題が真であることを確立した。数学者はその過程で、カルダーノがその当時には具象性を持たなかった負の数と虚数への新しい拡張を行ったように、どのような具象化にも先行して記号化と論理的推論のみに依存する新しい概念を編み出すことができた。このような理論は、ちょうど17世紀の代数学から起こってきた複素数という理解不可能な概念が平面内の見慣れた点として具象化されたように、最終的には新しい具象化を発展させることもあった。ヒルベルトの形式主義の到来とともに、数学はついに完全な公理主義的基礎を持った。

7.5 形式主義の瑕疵

新しい形式主義の輝きは30年間続いた。1931年、クルト・ゲーデルは同じ非常に公理主義的方法を用いて、形式主義にとっては致命的打撃を与える定理を生み出した[67]。彼はある無限の数え上げの議論を用いて、算術の中には確かに真ではあるが有限の証明が存在しない定理が存在せざるを得ないことを証明した。形式主義の方法論には、本質的に、欠陥があった。それは望める以上のものを達成しようと試みたからである。集合（例えば、数える数の集合）は**無限**でありうるが、集合の性質についての各証明は、それが書き下せるためには、**有限**のステップ数で実行されなければならなかった。ゲーデルは、要するに、無限集合に関して証明すべき定理の個数が、すべてを有限のステップ数で達成するには多すぎることを示したのである[68]。

この致命的とさえ思われる衝撃にも関わらず、公理体系の中で証明**できる**定理がまだ多く残っている。目標を少し低く設定しなければならないだけである。1つの公理体系内の**すべての**定理を証明しようと試みる（ゲーデルはこれが不可能であることを示した）代わりに、専門の数学者は数学の形式主義的表現を使って形式主義のパラダイムに適合した多くの定理を定式化し、証明し続けている[69]。

---

67) Gödel (1931)。［訳註］英訳がネットに載っている。

68) ［訳註］この本文にある説明は、ゲーデルの不完全性定理について原著者がなるべく専門的な用語を使わずに簡潔に説明しようと試みたものであるが、それに伴って定理自身の意味を含む多くの情報が失われていることは指摘しておいた方がよいだろう。参考文献：菊池誠『不完全性定理』（共立出版、2014）。

69) ［訳註］ヒルベルトのプログラムが不完全性定理によって破綻し、数学の危機を解消する明確な証拠は見つかっていないにもかかわらず、数学の危機が真面目に論じられていた「不安の時代」は意外に簡単に終わった。現在、数学の危機を本気で心配している数学者はほとんどいない。

これによって形式的理論の莫大な内容が生成された。

論争は未解決のまま継続している。ある数学者は、数学的実体の明示的構造を与えることを主張し続け、背理法を許していない。このことはそれ自体としては有効な方法で、推奨すべき部分も多い[70)]。しかし、結局のところより大きな勝利に繋がる可能性のある選択は、より大きな力を与えてくれる選択であり、現時点でのそれは、依然として優位な影響力を維持し、数学の地平の広がりとともに着実に拡大を続けているヒルベルトの形式主義である。

7.6　形式主義の具象化された基礎づけ

形式的定理は、まず第一に着想されなければならない。そしてこのことは、心的描像を用いて概念どうしを互いに関係づけ、定理が論理的順序に並べられる前に、どのような定理が有効に証明されうるだろうかということをあれこれ想像する人間の脳によって行われる。すでに研究者として長老であった数学者ジャック・アダマールは、研究を行う際にどのような精神的プロセスを使用しているかを仲間に尋ねたことがあった。その結果、彼らはあらゆる種類の心的描像を使っていることがわかった。アインシュタインはアダマールに次のように説明した：

> 言葉や単語は、書き言葉も話し言葉も含めて、私の思考メカニズムの中では、どのような役割も果たしていないようです。
> 思考の要素として機能していように見える精神的実体は、ある種の徴候と、鮮明な、あるいはおぼろげな描像で、それらは「意のままに」再現したり組み合わせたりすることができます。それらの要素と、当該の論理的概念との間には、もちろん、ある種の結びつきがあります。最終的に論理的に結合された概念に到達したいという欲求がうえで言及した要素を操るこのかなり曖昧なゲームの感情面の支えになっていることも明らかです。しかし、心理的観点から解釈すると、この組合せゲームは―他人に伝達可能な言葉やその他の記号で表された論理的構造とのどのような結びつきが成立するよりも以前の―創造的思考の本質的特徴であるようです。
> 上で言及した要素には、私の場合、視覚的なものといくらか運動感覚的なものがあります。社会で慣用となっている言葉や記号は、上に言及した連想ゲ

70）［訳註］直観主義では証明に使える数学的手法が大きく制限されるが、それでも数学の多くの部分が直観主義的に再構成できる。

ームが十分に確立され、意のままに再現できる第二の段階に至ってから入念に探し求めるべきもので…（中略）…上述の要素を操る遊びは探し求めているある種の論理的結合に類似したものであることを意図しています―少しでも言葉が介在するときは、それは、私の場合ですが、純粋に聴覚的なものです。しかし言葉が介在するのは、先ほども述べたように、第二の段階になってからのことです[71]。

アインシュタインの思考過程は、その初期の段階では言葉ではなく、「視覚的」な描像と「ある種の運動感覚的なもの」に立脚している。これらの感覚―運動知覚は、高度な概念を「具象化」しており、それについて後で言葉によって省察したり表現したりすることができ、そしてその段階ではアインシュタインはその言葉を見るというよりはむしろ「聴く」のである。

他の科学者も物理的対象についての心的な思考実験に基づく心的表象の個人的なスキームを使用している。例えば、物理学者リチャード・ファインマンは、数学者によって出されてくる定理を理解しようとする彼独自の方法を編み出した。

誰かが私に何かを説明して私がそれを理解しようとしているときに今でも使っているあるスキームがあった―例を作り続けるのだ。例えば、数学者が素晴らしい定理を携えて私を訪れてくることがある。そんな時、彼らはたいてい興奮しているんだがね。彼らが私に向かって定理の条件を説明している間、私は条件すべてに合う何かを頭の中に構成する。そう、例えば、ある集合があって（ボールが１個あるとする）―それは分離条件を満たしているとする（ボールが２個になる）。それから、彼らが新しい条件を付け加えるたびに、ボールは色を変えたり、毛を生やしたり、あるいは、そう、何でもいいのだが、とにかく私の頭の中で姿を変えていく。そして、最後に定理の主張が述べられるわけだ。その主張というのはボールに関するある何とも馬鹿げたことで、それは私の毛むくじゃらの緑のボールみたいなやつについては当て嵌まらないので、私は「間違い！」と言う……推測はまぁ十中八九までは当たっていたね。というのは、この超高精度の品定め事業を何度もやっているとだんだん慣れてきて、結果がどうなるか容易に推測できるようになるか

71)　Einstein, Hadamard による引用（1945）, p. 85。

らなんだ[72]。

ここに例として挙げた2人の数理科学者は、身体的経験に根ざした思考実験に基づいて彼ら自身の概念を構築したといえる。筆者が「具象化」されたモードの活動を含む数学的発展の素朴な理論を構築したのはこの理由による。具象化されたモードは、記号を操作したり、定理を論理的に証明するのとはまったく異なる様式で作用する。具象化されたモードでは要求されている条件が成り立っている状況を思い描いて**思考実験**を行い、定理で与えられている結論が導かれるかどうかを考える。

すべての数学の研究者が自分の研究の中でそのような知覚的で具象化された思考を用いていると認めているわけではない。彼らは子どもの時代に経験した世界との関係から抜け出し、数学的思考の基礎を身体的知覚ではなく、記号の操作と数学的証明の論理的推論の上に置いている。しかし、公理主義の立場から定式化したり証明したりすることができる可能性のある定理を示唆するために思考実験を通して具象化される関係を心に描く職業的数学者も多く存在する。そして、さらに興味深いのは、形式主義による証明が時には具象化と記号化のより洗練された形に立ち戻る新しい定理に結びつき、円環的発展の環が完成することがあることである。生物学的脳は具象化から出発し、記号化を経て形式化に至り、次に具象化され記号化された思考のさらに高度に形式化された段階へと進む。

8. コンピュータの役割

20世紀中葉における人間の知能を補完するさまざまな機能をもつコンピュータの発明は、完全に新しい可能性を引き起こした。脳は豊かな連想能力をもつ一方で間違いを犯しやすいのに対して、コンピュータは現在のところ真性の知性こそ備えてはいないが、複雑な計算をほとんど瞬時に、かつ（プログラムにバグがなければ）完全に正確に実行することができる。個々の人間が問題を解くために暗算や代数的操作を実行しなければならない場面で、コンピュータは操作する人間が指令すればこれらの計算や式変形を実行するようにプログラムすることができる。

72)　Feynman（1985）, p. 85。

私は有機化学を学んだ10代の時のことを覚えている。その時、私は炭素が生命の基盤を形成する巨大で複雑な分子の基礎となっていると学んだのだった。シリコン[73]はこの点においては哀れな2番走者である。私はシリコンを基盤とする別の生命体を作ることができるかどうかについて思い巡らせたことを思い出す。その時点では、シリコンがコンピュータの演算装置を構築する基盤となろうとはまったく想像できなかった。

突如として、人類は道具の製作において新たな飛躍の機会を持つことになった。この新しいツールであるコンピュータは、棍棒や槍のように、個々の人間の動きによって使える道具を超えるものである。それはもはやユーザーの動きにだけ応答する受動的な道具ではなく、また、粗雑で機械的な道具でもない。その代わり、コンピュータはデータを蓄積し、それをスクリーン上の（音やその他のマルチメディア出力と調整された）イメージによって表現し、プログラマーによってソフトウェアで指定された方法でデータに作用することができる。

これは世界経済のみならず、数学を学習している子どもの知的概念の成長にとっても、重大な影響をもっている。幾何学では、オブジェクトをコンピュータのソフトウェアによって描くことができ、子どもがそれを適当なインターフェースによって操作できる。その結果、子どもの（マウスを動かしたり、タッチスクリーン上で指を動かしたりという）簡単な操作によって、対応するアクションを画像に対して引き起こすことができる。こうして、子どもは（手の動きという）具象化されたヒューマンインターフェースを使用して影響を確かめながら、より高いレベルの幾何学的関係への洞察を与え得る幾何学的概念を探求することができる。

コンピュータ・グラフィックスが出現するより前の1971年に初めて出版された本『数学学習の心理学』[74]の中で、リチャード・スケンプは、人間は言葉や記号の入出力の機能を持っていた—話声が人間の耳に聞こえる音を出すスピーカーの役割を果たした—と述べた。しかし、人間は視覚情報を目から取り込むことはできても、大げさなジェスチャーと身体的な動き以外には、視覚的出力に関してプロジェクターに匹敵するものを持たなかった。今や適切にプログラムされたコンピュータは、個々の人間の制御の下で、高度に洗練された視覚的出力の可能性を提供している。ハードウェアとソフトウェアの進歩に伴って、グラフィカルな表

73)［訳註］シリコンSiは炭素Cと同じ第14族元素である。
74) Skemp (1971)。

示の制御がジェスチャーで行えるようになり、人間の具象化と記号的に計算された視覚化との間のより親密な相互作用が可能になっている。

同様に、算術、代数学、微積分における進歩も、深く飛躍的に進行している。従来は紙の上に書かれ、個々の人間の知能によって意識的に操作されていた記号は、今ではソフトウェアの中にプログラムされ、ユーザーがほんの少し手を加えるだけで操作できる。手続きと概念として二重に作用する「手続き―概念」(プロセプト）という考え方は、新しく、より強力な役割を帯びるものである。操作する人間が、公開されているフォーマットに従って概念を定式化すれば、コンピュータは必要な計算や式変形を行ってくれる。

人間はますます概念に注意を向け、コンピュータは手続きに責任をもつことによって、概念と手続きの間のバランスが変化してきている。

さらにもう1つの大きな歩みが、人類によって進められている。数学のルーチンな側面をコンピュータの支援に任せることによって、個々の人間の知能をより精緻な問題解決の側面に専念させることができる。人類とコンピュータとの出会いは、数学における人類の進化の物語に思わぬ新たな展開を提供するものとなっている。それはこの新しい技術の時代における数学的成長に不可欠な要素であり、今日の数学は最終的解答ではなく、むしろ数学的思考の継続しつつある進化の中での我々の現在の段階にすぎないという事実を、よりいっそう際立たせている。

9. 要　約

本章では、数学の進化の過程で発生した重要な考えのいくつかを見てきた。その1つは、幾何学を概念化し、算術を実行する新しい方法を開発するための言語と記号の使用である。

エジプトの算術では整数と単位分数が扱われ、倍加と半減の手続きを使用した。その後、さまざまな文明は、それぞれに独自な形式による記数法を編み出したが、それぞれが長所と短所を合わせ持っていた。現代使用されている十進算術は、10個の数字、小数点、マイナス記号に基づく高度に精緻なシステムであり、これを用いることによって、正または負の任意の大きさの数を表現し、算術操作を効率的かつ柔軟に実行することができる。

ギリシャの算術と幾何学は、どちらも具象化から発展した。ユークリッド幾何学は言語を使用し、プラトン的な幾何学的概念を一貫した概念の枠組みの中で記述した。一方、ギリシャの算術は、数の概念を小石の配列として記述し、平方数[75]、三角数、矩形数、素数(矩形数でない数)の概念に繋がった。しかし、定木とコンパスによる作図を用いた幾何学の研究から、整数の比として表せない量の存在が明らかとなり、具象化された幾何学と記号化された算術は別々の道を歩んでいくことになった。

ギリシャの幾何学は比と比例、および連分数という精緻な概念を用いて進化した。そこでは、量は比較されたが、完全な算術が与えられることはなかった。デカルトがある選ばれた単位の長さを含むようにユークリッド幾何学を洗練したときに初めて量の完全な算術が可能になった。それによって、デカルト平面における幾何学的具象化と代数的記号化との間の関連づけに繋がっていった。

代数的記号化は、(問題が計算の直接的方法によって解かれた古代エジプトにおける「塊(アハ)」の使用のような)一般化された命題を定式化するための表現から出発し、アル=フワーリズミーによる言葉によって表現された解答のような具象化された方法へと発展した。3次方程式の解には、操作はできたが、当初具象化された意味をもたない負の数の平方根の使用が伴っていた。

デカルトによってもたらされた幾何学的図形の純粋な具象化と代数学の記号的表現との間の結合は、具象化と記号化という2つの世界の創造的融合へと繋がっていった。さらにそれは、量の変化の割合とその集積による成長を計算し、モデル化するための微積分に繋がっていった。

複素数に対して記号計算ができるようになれば、一見無関係に見える概念さえ関係づけることができる。例えば、指数関数 e^{ix} と三角関数 $\cos x + i \sin x$ である。数世代にわたる対立の後、複素数を平面の点として視覚化することによって、平面の変換の幾何学と複素数算術の記号化は最終的に融合した。

微積分における無限小の使用に含まれる基礎づけの問題と、ユークリッド幾何学についての長年の懸念は、19世紀に形式主義による公理的方法の導入によって取り組まれた。すべてのことの証明を述べることはできないため、公理的形式主義の方法には欠陥があるが、それでも整合的に組織された数学的知識の巨大な内容を構築することは可能であり、現代数学の証明を提示する標準的書式となっている。

75) [訳註] 四角数ともいう。

このことは、実用的、理論的な概念という自然な基盤に基づいて出発した数学が、その後以下のように進化することを明らかにしている。

知覚される対象から想像されるプラトン的な完成へと発展する意味のある数学的概念を定式化するための、人間的な**具象化**

計算能力を増大させるために縮約された、算術や代数学における**操作の記号化**

後に、これらはさらに次の形に転換される。

演繹的な数学の理論を構築するための、**形式的な定義と証明**

第Ⅳ部
大学数学とその先

第 10 章　形式的知識への移行

本章では、学校数学が備えた具象世界と記号世界から集合論的定義と形式的証明に基づく大学の形式数学へと移行するにあたって、学生が直面する課題について考察する。数学三世界の枠組みは、集合、関係、関数、同値関係、順序関係に関する基本定義が備える支持的側面と問題提起的側面とを分析するのに用いる。次に実数の形式構造を見直し、学生がどのように解析学における極限概念を理解するのかを説明する。このことによって、それまでの具象化と記号化の意味に基づく「自然な」アプローチから、集合論的定義からの演繹に基づく「形式的アプローチ」に至るまで、考えが広がる様相が明らかになる。本章は、それぞれの進度における支持的側面や問題提起的側面に応じた、自信と不安の度合いによって、学生がどのようにして自身の具象化された経験や記号化された経験から定義に「意味を与え」、またある学生は、形式的定義から形式的証明を組み立てることを習得して定義から直接「意味を引き出したか」を分析する。様々なデータの分析手法が検討され、本書に示す数学的思考の長期的枠組みと関連づける。

1. 具象世界および記号世界から形式世界への主要な革新

具象化された対象と記号操作という実際的で理論的発展段階から公理体系という形式世界の発展段階へ移行する際には、意味において著しい革新が伴う。ユークリッド幾何を学んだ学生は、定理が公理や既に示された定理から演繹されるという知識構造を構築することを経験する。しかしながら、その構築では形式的証明における定量化された集合論的演繹よりも合同や平行線の性質の原理を用いる。一方、計算「法則」に基づく算術や代数の証明もまた、公理からの形式的証明への有用な導入となる。

学校数学は、日常で自然に起こる幾何学あるいは算術における具象化された演算に基づき、日常経験から来る論理的定義や演繹へと発展する。公理的形式的アプローチへの移行は、子どもにとって問題となる。なぜなら形式的演算は特定の操作手続きを要請しないからである。要請されるのは、集合の2つの要素 x、y が与えられ、第三の要素が $x \circ y$ と表され、その要素が $x \circ y = y \circ x$ を満たす性質を持つ場合のみである。

形式的アプローチでは、演算の性質に注目することが重要で、それがどう定義されているかについて述べる必要がない。特定の公理と集合論的定義から導かれる形式的証明は、**どんな**体系でもこれら公理と定義さえ満たせば、演算する際の手順のいかんに関わらず成り立つ。

「自然」や「形式的」という用語は、それらの歴史上の使われ方に一致し、ヒルベルトの形式化が導入される以前には、「自然哲学」や「自然科学」は幾何、算術、代数、微積分を使って自然現象を研究する学問を意味した。

形式的証明が明らかに威力を持つならば、それは経験を積んだ数学者が数学研究を表現する定番の方法となる。しかし以前の具象化され記号化された経験から形式的推論への移行の際、意味の革新が必要となるため、公理形式は多くの学部生にとって問題となる。このような困難の原因は、我々が以前に出会ったことがある暗黙の性質が、形式的定義では明確に述べられていないことにある。

2. 集合と関係

数学への形式的アプローチの根底にある課題は、集合と関係という基本的考えを研究することによって説明できる。

形式数学へ移行するためには、集合概念が基礎となる。これには形式的定義が与えられてない（少なくとも、後の論理学の進歩が導入されるまで与えられていなかった）。そのため、学生がそれを理解するためには、自分のよく知っている経験から拡張しなければならない。基本的に、数学者は集合 S が何か要素を持ち、x がどんなものであっても、その x が S の要素である（$x \in S$ と表される）か否か（$x \notin S$）は判定できると認識している。

集合に関する暗黙の概念に基づいて、$x \in A$ かつ $y \in B$ なるすべての順序対 (x, y) の集合で定義される $A \times B$ のような新集合を築ける。$A \times B$ の各要素は A のただ1つの要素と B のただ1つの要素に関係している。それがすべてで、それ以上の仮定は必要ない。しかしながら、数直線上に具象化できる（実数）$\mathbb{R}$ の集合の場合、集合 $\mathbb{R} \times \mathbb{R}$ は平面 $\mathbb{R}^2$ 上の点として可視化できる。$\mathbb{R}^2 \times \mathbb{R}^3$ や $\mathbb{C} \times \mathbb{C}$ のような、より一般的な集合についての心的な図を思い描くことは難しい。

2つの集合 A、B の**関係**は、$A\times B$ の指定された**任意の**部分集合 R と定義される。これこそがそうなのだ。いずれにせよ、それがどういう集合なのかという制限はない。しかしながら、関数や順序関係、同値関係などの特定の関係は、学生のこれまでの経験の影響を受けた個々の方法で概念化されるかもしれない。その結果、学生は関係について、定義にあるものとは違った様々な暗黙の性質を持つと仮定するかもしれない。その例を以下に示す。

2.1 関数

集合 A から B への**関数**は、次の2つの性質を満足する関係 F である。

(F1) $x\in A$ に対し、$(x,y)\in F$ となる要素 $y\in B$ が存在する。
(F2) $(x,y_1),(x,y_2)\in F$ ならば、$y_1=y_2$ である。

性質 (F1) および (F2) から、$x\in A$ に対して $(x,y)\in F$ となる要素 $y\in B$ がただ**1つ**存在する。この要素 y を $F(x)$ と表すこともあるが、その方が $F(x)$ を $x\in A$ に対応するすべての順序対 $(x,F(x))$ からなる**グラフ**としてイメージしやすい。このグラフは $F:A\to B$ と表され、ここでは A は定義域、B は終域（あるいは値域）と呼ばれる。

この関係が、実関数 $F:A\to\mathbb{R}$（定義域 A は $\mathbb{R}$ の部分集合である）のグラフとして具象化される場合、性質（F1）から、$(x,F(x))$ がグラフ上に存在する点 $F(x)$ が存在することがわかり、また性質（F2）からそれがただ1つに定まることがわかる。このことから、関係が関数であるかを調べるための「垂線テスト」が与えられる（図 10.1）。x 軸上の任意の点 $x\in A$ を通る垂線を引いてグラフと

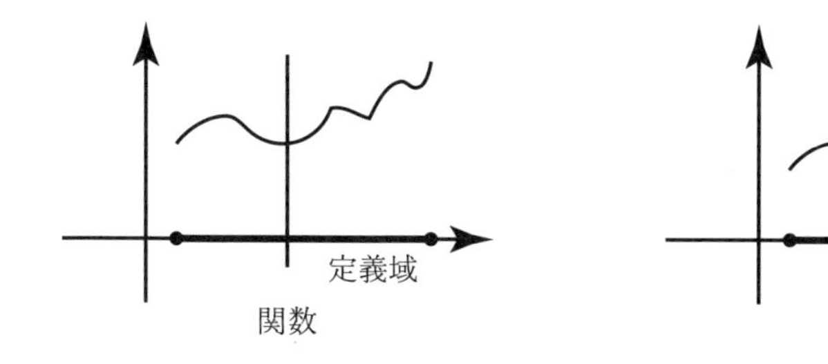

図 10.1 垂線テスト

1点のみ共有点を持つかを調べるとき、この点が $(x, F(x))$ となる。

これ以外、関数には形式的定義以上の制限はない。

学校数学で出会う関数には様々な慣れ親しんだ特性があるが、これが関数概念の意味に影響を及ぼす。例えば、関数は通常、多項式、三角関数、指数、対数の式によって与えられ、そのいずれもどの関数か区別できる形をしている。中等学校から大学へと移行するとき、学生はこのような以前に出会ったものから、例えば、関数は単一の式で表されなければならないといった暗黙の性質があると考える。なぜなら学生は定義域の異なる部分では複数の異なる式で表される関数にはめったに出会わないからである。

高校3年の生徒36人と大学の数学科初年度の学生109人を対象にした研究で、メテノール・ベーカーはいくつかの図の中でどれが関数を表すかを尋ねた[1)]（図10.2）。

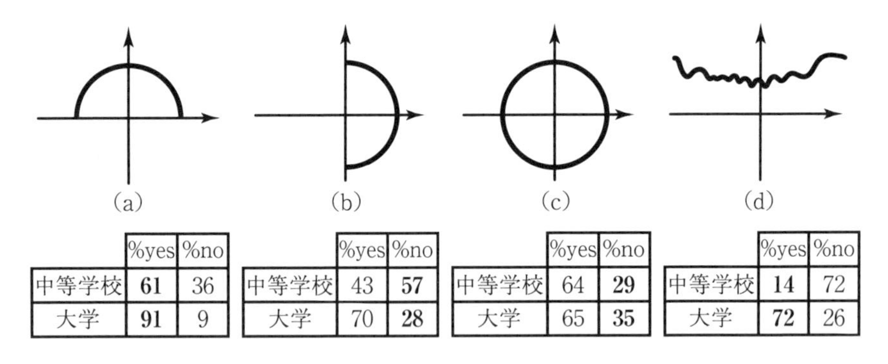

(a)

	%yes	%no
中等学校	**61**	36
大学	**91**	9

(b)

	%yes	%no
中等学校	43	**57**
大学	70	**28**

(c)

	%yes	%no
中等学校	64	**29**
大学	65	**35**

(d)

	%yes	%no
中等学校	**14**	72
大学	**72**	26

図10.2 スケッチのうちどれが関数を表すか？ 説明しなさい

グラフ（a）は高校生には難しく、何人かの生徒は「もしこれが関数なら、グラフは連続で止まらないはずだ」、「関数は常に連続で、条件がなければならない」とした。この「連続」という用語は、ずっと伸びていき突然止まることのない曲線を描くという、具象化された作用の一連の動態を指し、学校数学におけるほとんどの例はこの特徴を持つ。

この問題で、y は x の関数として図を表すという暗黙の仮定があり、そのため、図（b）は関数でないと回答することが求められた。しかしながら、2人の大学生

1) Bakar & Tall (1992)。

は、x は y の関数であるとし、1人は「異なる見方をすれば」とし、もう1人は関数を表す式を $f(y)=x$ と書いた。

2/3が（c）を関数と見なしており、これは、垂線テストに通らないが、その式が「陰関数」と表わされるため、驚くべきことではない。

グラフ（d）は、高校生の3/4と大学生の1/4が関数ではないとした。その理由として、「決まったパターンがない」、「不規則すぎる」、「複雑すぎるので関数ではない」がある。学校での経験は、慣れ親しんだ陽関数の式で表されたものにつながり、このグラフは彼らの心的イメージに合わなかった。

こうしたうまくいかないことは、学生に対して形式的定義の正確な意味をじっくり考えるよう勧めることで、是正できる。例えば、定義では何を言っていて、何を言っていないかに着目することが重要である。公理（F1）では、どのような x に対しても y が存在しているが、異なる x に対して異なる y が対応するとは言っていない。y のすべてが与えられた x に対応しなければならないとは言っていない。関数が決まった式で表されなければならないとは言っていない。関数概念に関する様々な視点を浮き彫りにした例の広がりを考えると、教授はよきメンターとして、学生が自身の概念形成を向上させられるだろう[2)]。

2.2 同じ集合の要素同士の関係

A と B という2つの集合が同じであれば、我々は A **における関係**を論じることができる。これは単に、$x, y \in A$ であるような、順序対 (x, y) の特定の集合 R と定義される。それは、$(x, y) \in R$ である xRy と書かれる正則関係のように記号化されるかもしれない。例えば、関係 R が次のように与えられたとき、

$$R = \{(x, y) \in \mathbb{N} \times \mathbb{N} | x < y\}$$

この関係は xRy と表されるが、これはまさしく、慣れ親しんだ $x<y$ に対応し、「<」を記号 R に置き換えたものである。それは、x と y が両方とも整数である点 (x, y) をプロットし、$x<y$ が成り立つ部分集合をマークすると、これを視覚的関係として図示できる（図10.3）。

しかしながら、この図はめったに用いられない。それよりはむしろ、順序関係は通常、二つの整数 x、y を数直線上にマークすることによって具象化され、$x<y$

2) Akkoc & Tall (2002); Bayazit (2006)。

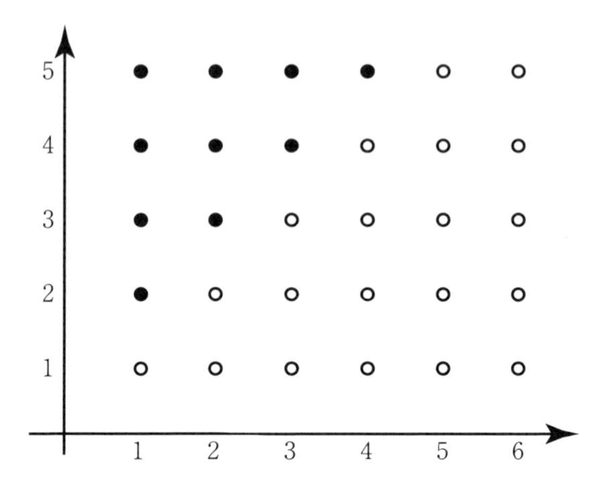

図 10.3　黒円によって示された部分集合としての関係 $x<y$

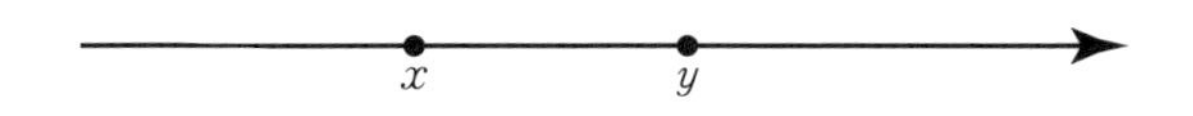

図 10.4　x が y の左側にある関係 $x<y$

は x を y の左に書くことで表される（図 10.4）。

A の上の関係を $A\times A$ の部分集合として図示することは、順序対のすべての集合を表す。元の集合 A 上の対のもう 1 つの表し方は、A のどの位置もとれる、それらが動き回って異なる対を表すような 2 つの一般的要素という観点でも見られる。そうした関数のような関係は、デカルト積の部分集合として表される（図 10.3 のように）。その他、順序関係や同値関係は、集合自身の中の要素間の関係として表される（図 10.4 のように）。ここから、後に述べる同値関係の例で見るような、うまくいかない意味づけにつながる。

2.3　順序関係

順序関係は、集合の要素を与えられた順序に並べるという考えから起こったものである。前章で与えられた、数体系での順序概念は、どの集合にも当てはまるよう修正できる。

集合 A の順序関係は、$(x,y)\in R$ であるとき、$x<y$ と表わされる順序対 (x,y) の集合 R であり、以下を満足する。

(O1)　$x, y \in A$ が与えられたとき、次のうち**1つだけ**が成り立つ。

$$x < y \quad \text{または} \quad x > y \quad \text{または} \quad x = y$$

(O2)　もし $x<y$ かつ $y<z$ ならば、$x<z$ である。

公理（O1）は、**三分律**と呼ばれる。3つの関係のうち、一度に1つだけ成り立つ。ここでは、$x \neq y$ ならば $x<y$ か $x>y$ のいずれかが成り立つが、両方ではない。例として、通常の順序をもつ自然数 $\mathbb{N}$ または実数 $\mathbb{R}$ があり、その順序では数直線上で左から右へと、$x<y$ ならば x は y の左になるよう視覚化することで具象化される。

同様に、我々はアルファベットの26文字を、$A<B<\cdots<Z$ のようにアルファベット順に並べられる。この並べ方は、第一の単語の最初の文字が第二の単語の前にあるならば、第一の単語が第二の単語の前に来て、最初の文字が同じならば、順序は2番目の文字について同様の判定を行い、次に3番目についても行う、という形の単語のアルファベット順序に拡張できる。例えば、$AAB<AB<B<BC<BDA<\cdots<ZZZZ$ という順序が得られる。

しかしながら、順序はアルファベット的である必要はない。単語の集合における順序関係は単にそれらが特定の列に置かれることを必要とするだけで、そのやり方に制限はない。例えば、CAT, SAT, MAT の3つの単語を $MAT<CAT<SAT$ のように順序づけすることもできる。

順序関係の概念は、学生が経験したことのあるどんなものよりもはるかに普遍的である。例えば、自然数の集合 $\mathbb{N}$ と、そのいずれとも異なる追加の要素 ω を考えて、この $\mathbb{N}$ の要素と ω からなる拡張集合で、$\mathbb{N}$ 上の標準的な順序を使い、すべての自然数 n について $n<\omega$ と定義して新しい順序関係が得られる。この感覚において、我々は通常の自然数の集合が永遠に続く可能性があることを具象化できるが、それでもなお、そのすべてに対して $n<\omega$ を満たすような追加の要素が存在する。

これは、慣れ親しんだ整数の順序と「そのどれよりも大きい」追加の要素を合わせた、新しい、安定を損なう考えである。これは、慣れ親しんだ、整数は「際限なく」広がるという、これまでに出会ったことに矛盾し、「いかなる自然数よりも大きく」なる要素を想像すらできない学生には考えにくいものである。要素 ω はいかなる自然数よりも「大きい」わけではない。これは単に、$\mathbb{N}$ および追加要素ωからなる集合において形式的順序の条件を満足するというだけのことである。それでもなお、人間の脳は、年月を経て様々な関連を身につけていて、意識の有無に関わらず、そういった関連を自然に使うことができ、定義からの形式的証明から構成されたつながりにのみ注目するには大きな意志の力を必要とする。

2.4　同値関係

同値概念は、具象化の過程でも、記号化の過程でも浮上する。例えば、算術や代数において、分数、代数式、自由ベクトルなど同値なものが存在する。ユークリッド幾何にもまた、三角形の合同や平行線のように、同値なものがある。

形式的には、ある集合Sにおける**同値関係** $\sim$ は、次の公理を満たすよう定義される。

(E1)　任意の$x \in S$に対し、$x \sim x$である。
(E2)　$x \sim y$ならば、$y \sim x$である。
(E3)　$x \sim y$かつ$y \sim z$ならば、$x \sim z$である。

(E3) がまさに (O2) と同じであることに触れておきたい。しかしながら、2つの同じように見える公理は異なる文脈では異なる働きをし、異なる振る舞いをする。

例えば、以下の公理を考える。

(E3)$'$　$x \sim z$かつ$y \sim z$ならば、$x \sim y$である。

公理 (E1) と公理 (E2) の文脈では、公理 (E3)$'$ は次のように (E3) を確立するのに使える。

(E3) の左側：$x \sim y$かつ$y \sim z$が与えられていたとする。(E2) によりこれから$x \sim y$と$z \sim y$が得られる。よって、(E3)$'$ より$x \sim z$が得られる。

逆も同様の議論によって証明でき、そのため同値関係の文脈から、(E3) と (E3)$'$ は入れ換えられ、どちらも定義の一部として使える。

しかし順序の文脈では、2つの公理は同値ではない。整数の集合において順序

関係 $m<n$ が与えられたとき、公理（E3）は満たされるが、(E3)′ は満たされない。$2<5$ と $5<9$ より、我々は $2<9$ であることを演繹できるが、不等式 $3<5$ と $2<5$ から $3<2$ は得られない。

このことから、驚くべき原理が導かれ、それを明らかにすることが重要である。

> **公理や定義の文脈上の役割**：単一の公理や定義は、文脈に応じて異なる働きをする。形式構造は独立した公理系や定義系の諸役割に依存するだけでなく、特定文脈におけるそれらの関係それ自体にも依存する。

例えば、$\mathbb{R}$ 上の関係の概念は、$\mathbb{R}^2$ の部分集合として定義される。それにも関わらず、エイブ・チンが次の質問を数学科として名高い学科の学生に尋ねたところ[3)]、ほとんどの学生は回答できなかったか、質問が理解できないと言った。

> $A=\{(x,y)\in\mathbb{R}^2 \mid 0<x<10, 0<y<10\}$ であるとき、A は $\mathbb{R}$ 上での同値関係か？

部分集合 A は、平面上の正方形の内点である（図 10.5）。これは同値ではない、なぜなら (E1) を満たさないからである。例えば、$11\in\mathbb{R}$ だが、$(11,11)\notin A$ である。

数学科 1 年の中から 15 人、2 年の中から 15 人に面接したところ、正しい回答（反例 $(11,11)\notin A$ を用いたもの）をしたものは、1 年は**皆無**で、2 年生ではたった 1 人だけだった。他では、コメントを書いた者は皆 3 つの公理を書き出すことはできたものの、しきりに質問が理解できないと言い、(E1) が集合の**すべての**要素に当てはまらなければならない必要性に言及しているものはいなかった。

さらに詳しく調べると、学生は同値関係を図 10.5 のような $A\times A$ の部分集合ではなく、A の要素間の関係と捉えていた。

この解釈は、同じ大学の 277 人の学生に対して行われた質問でさらに顕著になった[4)]。

> $X=\{a,b,c\}$ とし、関係 $\sim$ は $a\sim b, b\sim a, a\sim a, b\sim b$ と定義される。しかし、

---

3) Chin (2002)；Chin & Tall (2001, 2002)。

4) Chin & Tall (2002)。

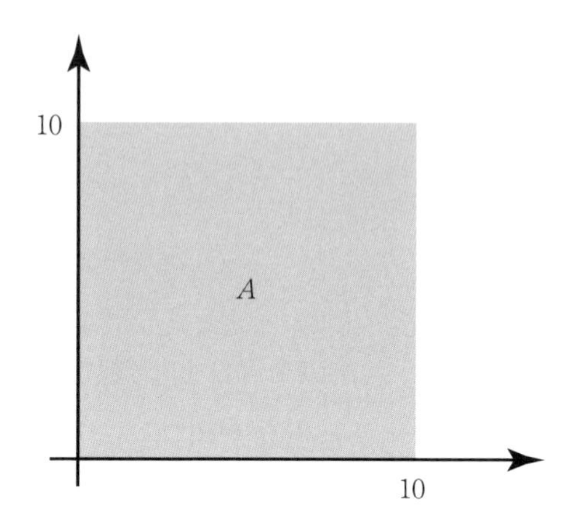

図 10.5　$\mathbb{R}^2$ の部分集合としての関係 A

それ以外の関係は成り立たない。これは**同値関係**か？　もしそうでないなら、それはなぜか？

これもまた同値関係ではない、$c \in X$ であるのにも関わらず $c \sim c$ が明記されず、(E1) に反するからである。しかしながら、139人の学生（50％）の学生が正しい理由もつけて正しく回答した。他の68人（25％）は正しい答えを出したが、関係が**推移的でない**と主張するなど、理由が間違っていた。

関係自体は $x \sim y$ かつ $y \sim z$ ならば $x \sim z$ なので、まさしく推移的である。関係が2つの要素 a と b のみについてしか規定されないため、推移律のいかなる適用も明らかに成り立つ。例えば、$a \sim a$ かつ $a \sim b$ ならば、$x=a, y=a, z=b$ から $x \sim z$ が得られ、これはすなわち $a \sim b$ ということになり、真である。

ここで問題となる以前に出会ったことは、多くの場合に推移律は暗黙のうちに x, y, z が**異なる**と仮定することである。例えば、順序関係 $x<y$ は自動的に x と y が異なり、数直線上で x が y の左隣にあるという点の配置に具象化される。

学生が遭遇したことのある例では、関連する関係は含まれる要素が異なっていた。例えば、もしも平面上の2つの直線が平行である概念を、両者が共有点を持たないと定義するなら、直線はそれ自身とは平行とはならない。なぜならば、それはその長さにわたって共有点を持つからである。この場合、(E1) は成り立たないが (E2) は真である。一方、(E1) は、a, b, c がすべて異なる場合は真であるが、a と c が同じで a が b と平行である場合は成り立たない（このとき a は b と平行で b は a と平行であるが、a は a と平行でないからである）。

ギリシャ人は、合同の概念を2つの**異なる**三角形の関係として扱ったので、三角形を自身と合同であると認めなかった。しかし現代の理論ではこれは問題なく認められており、合同は同値関係である[5)]。

同様のことが日常生活でも起きる。私にはグラハムという兄弟がいる。彼は私の兄であり、私は彼の弟であるが、私が私自身の兄弟である、などと言うのは数学者だけである。

私たちが、日常計算で何かを述べるとき、私たちは自分が正確に知っていることを言うためにこの情報を用いる。例えば、「3+2は5に等しい」、「3+2は6より小さい」とは言うが、「3+2は6に**等しいかまたは小さい**」とは言わないのは、既に等しくないと**知っている**ためである。このような経験の背景から、私たちの同値関係の概念の解釈には、集合論的定義には明示的に含まれていない、微妙に以前に出会ったことが含まれる。特に、集合 S 上の対称律 $a \sim a$ は、**すべての** $a \in S$ に当てはまらなければならず、他の2つの律も関わる要素がすべて異なるとは限らない。

これらの例から、以前に出会ったことから築き上げられた豊かなつながりが、学生が形式的数学思考に移行する新しい状況に際して先入観となり、理解の妨げになる。

3. 実数と極限

有理数から実数への移行は、多くの学生にとってひとつの分水嶺である。学校では、$\sqrt{2}, \pi, e$ のような無理数に出会い、これらの無理数がどんなものであるか正確にはわからないまでも、数直線上には有理数でない数が存在することを理解し始める。

歴史的には、こうした新しい数のもつ難しい性質は、整数を別の整数でわって得られる有理数ではないことを示す**無理数**という名前に表れている。ジョン・モナハンによれば、16歳から18歳の学生には、こうした後から加えられた数はど

---

5) 驚くべきことに、「合同」の概念はユークリッド幾何学では名称を与えられていなかった。これは対応する三辺が等しいというような、ある対応する特性を持つ2つの（異なる）三角形がその他の属性もすべて同じであることを示す過程である。

うも「正しくない」と考えている者もいる[6)]。それらは整数を使った単純計算では得られない数である。$\sqrt{2}=1.414\cdots$ のようにこうした数は無限小数になり、「無限」の数と考えられるが、それは大きさが無限ではなく、**広がり**が無限である。これらは、小数桁が無限に続くため正確には計算できない。

循環小数 0.999… は特殊例である。これは、例えば小数第 n 位までの $1-(1/10^n)$ となる計算を行って近似する。この近似は、1に限りなく近づくが、**決して1にはならない**。この結果、大多数の学生や教師は、0.999… は1に等しくなく、それは1より**少しだけ小さい**と思っている[7)]。

このような解釈が起こるのは、その奥に何か理由がある。生物学的な脳は $s_n=1-(1/10^n)$ という項を処理しなければならず、「n が増加するにつれて」何が起こるかを考えなければならない。脳は、各項を同じように理解すると仮定するので、n が増加するとともに変化する1つの変化する項について考える。これが、異なる項の連続から一つの変化する項へと知識を圧縮することである。この変化する項は、1に限りなく近づくものの1には等しくならない。だから極限も1に限りなく近づくものの1には等しくならないと考えるのは自然である。

こうした、量は「いくらでも近く」や「いくらでも小さく」できるという考えは、いくら小さくしても0にはならないという心的概念に自然と行き着く。こうした観念は、具象化においても記号化においても生じる。

この、いくら小さくしても0にはならないという考えは、鉛筆で描いた点や紙上に描いた直線から得た経験とも重なる。このように描いた点は小さいものの目には見えないほどではないため、「限りなく小さく」なることが想像できる。直線も、どんなに細くても幅をもっており、緻密さを求めるなら、可能な限り細く描ける。しかし太さのないものを描くことはできない。結果として、我々が知覚に基づいて思い描ける点や直線は、限りなく小さく、限りなく細くなる。たとえ我々が、位置を持つが大きさを持たない点や長さを持つが幅を持たない線について、プラトン的思考を持ち込んでも、生物学的な脳が以前出会ったことがある点や線についてどんなに小さくても大きさを持つという**振る舞い**に左右される。

これは、ライプニッツが定式化した「連続性の原理」で次のように述べている通り、微積分の歴史において明らかである。

---

6)　Monaghan (1986)。
7)　Cornu (1991)。

任意の移り変りで、どこかの最終端点に行きつくものにおいて、最終端点をも含むような一般論を立てることは許される[8)]。

$1/2, 1/4, \cdots, (1/2)^n, \cdots$ と単調減少しながらも常に正である項が連続する数列において、ライプニッツの述べる原理では、「最終端点」は無限に小さい正の量である。すなわち無限小は、人の脳機能の自然な産物である。

同様に、$\frac{1}{3}=0.333\cdots$ や $\sqrt{2}=1.4142\cdots$ のような無限小数の広がりは当初、極限**そのもの**よりも極限に**近づくもの**と考えられてきた。

1986 年[9)]、私は、ライプニッツの連続性の原理を用いて、必ずしも数学的な意味での極限ではなく、「項の連続の持つ共通な性質から推定される、彼らが心中に持つ極限概念」という**生成的極限**概念を説明した。この考えはまた、真の接線ではなく「曲線と共有点を 1 つだけ持つが交わらない」という**生成的接線**[10)] のような他の関連する概念へと拡張された。生成された考えは、特殊例がより一般概念の典型であると考えることから生まれる。

この現象について有効となる例が、私の研究生であるラン・リーの研究で起こった。彼は数学を教えることを研究している学部生に次のように尋ねた。

(A) $0.1+0.01+0.001+\cdots$ とずっとたしていくとき、厳密に答えを求めることができるか？（はい／いいえ）

(B) $\frac{1}{9}=0.\dot{1}$ であるが、$\frac{1}{9}$ は $0.1+0.01+0.001+\cdots$ に等しいか？（はい／いいえ）

望ましい回答は、(A) に対しては**いいえ**で、(B) に対しては**はい**である[11)]。そこで学生に質問したところ、(A) については、これを左から右へ $0.1+0.01+0.001+\cdots$ というように潜在的無限過程を終わらないものとして記号を読んだのに対し、(B) については、$\frac{1}{9}=0.1+0.01+0.001+\cdots$ では、必要な項分を割ってみる姿が見られた。

この課程で、私は、収束する列について、あるものが他のものよりも早く収束

---

8) Leibniz, Child 訳 (1920), p. 147。

9) Tall (1986a, b)。

10) Tall (1986b), p. 74。

11) Li and Tall (1993) 参照。(A) に**はい**、(B) に**いいえ**と回答した学生は、学期前は 25 人中 18 人 (72%) で、学期後は 23 人中 14 人 (61%) だった。

することを体験するために、プログラムを書く機会を学生に与えて、無限小数は有限の近似値に実用上必要なだけ近づく**固定値**を指すことを注意深く説明した。私はこの原理を説明する例を与えた。特に、小数第 n 位までの 0.999…9 は $1-(1/10^n)$ であり、任意の正数 ε に対して、$n>N$ であるなら、1 と 0.999…9 を小数第 n 位までとったものとの差が ε より小さくなる N が存在することを示した。$1/\varepsilon$ を十進数で表して、$10^N>1/\varepsilon$ となるような N を選ぶ。そのとき、$n>N$ ならばいつでも、$1/10^n<\varepsilon$ となり、1 と 0.999…9 を小数第 n 位までとったものとの差はどんなときでも ε より小さくなる N が存在することを説明した。私は、極限とは、その定義に従って収束する数列についての、**固定数**であることに注目した。

講義前には、学生のほとんど（25 人中 21 人）は 0.999… が 1 より小さいと信じていたが、筋の通った説明をすることでその見方を変えられると信じていた。2 週間後、私が再び同じ質問をしたところ、23 人中 21 人がなお 0.999… が 1 より小さいと答えた。その後の議論で、「0.999 の繰り返し」は決して 1 には達しないと確信しているため、そうでないと**定義**することは真でないということが学生にとって主な論拠であることがわかった。

私の院生ラン・リーが、修士論文のためこの実験結果をまとめようとしたとき、彼女は指導教官が学生に考えを十分に説明できなかったと書くことは憚られると言った。私が学生に最善の説明をしようとしながらも、それが起きたとすれば、そこには深刻な原因があるはずだ、と私は答えた。

私がこのことや他の証拠について思いをめぐらせているとき、私は、当時私を驚かせた別の研究について思い出したのだが、考えるにつれて道理にかなうものとなった。ニコラス・ウッドは、1 年以上解析の手法を学んできた純粋数学の学生に質問をした。「**最小の**正の実数は存在するか？」また「**最初の**正の実数は存在するか？」と彼が尋ねたとき、少数派ながらかなりの学生が最初の正の実数はあるが最小の正の実数はないと答えた[12]。

こうした相反する回答が出たことは、その元になる経験がある。幾何学的または代数学的には最小の正の実数 x は存在し得ない。なぜなら $\frac{1}{2}x$ の方がより小さい正の数になるからである。しかしながら、算術の記号化において、数値を、例えば小数第 4 位まで表したなら、最初の 0 でない数が**存在する**し、具体的に

12）　Wood (1992)。

0.0001 は「0.000 というようにゼロを繰り返して最後に 1」という形の無限の桁数の場合と考えられる。これは、1−0.999… の差がゼロの連続で、小数の「最後の」桁に 1 が来ると考えることに関係する。

レイコフとヌーニェスは、彼らが「無限に関する基本的比喩」と呼ぶ表現で一般概念を言い表した。

> 我々は、無限のすべての事例（無限集合、無限遠点、無限級数の極限、無限交点、最小の上界）は、手続きが無制限に続くものの中に、終わりと最終的な結果があるという同じ概念的比喩の特殊な場合であるという仮説を立てた[13]。

著者らは新しい定式化の手法を用いているが、これらの表現は、基本的にライプニッツの連続性の原理の言い換えである。例えば、彼らは無限小数の概念を有限小数の連続 $R_1, R_2, \cdots$ と説明し、その R_n は小数表記で小数第 n 位まである実数の集合である。無限に関する基本的比喩は、そのシステムには終わりがあり、その最終結果は無限小数の集合 R_∞ であるという。レイコフとヌーニェスは R_∞ の要素は実数ではなく、実数のために**名づけた**数字であるとし、その正しい意味づけには基本的比喩をさらに用いる必要がある。

この点において、彼らが述べていないことは、学生にとってまたは大多数の人間にとって、無限小数は無限に広がる少し変わった（正しくない）数であるが、有限小数で経験した性質を暗に共有しているということである。

有限の場合、R_n の異なる数字はすべて異なる小数である。こうした適切でない数を解釈するために同じ神経回路を使う生物学的な脳にとって、異なる無限小数もまた**異なる**値を持つ。有限の数列である 0.999…9（小数第 n 位まで）は、1.000…0 より小さく、**だから** 0.999… **という正しくない数は 1 よりも小さいのである！**

学生からこの見方を支持する回答が数多く寄せられるだけでなく、ウッドの驚くべき調査結果が出ていることもその証跡である。それは相当数の学部生が、最小の正の数は存在しないが**最初の**正の数は存在し、それは R_n では 0.000…1 であることや、R_∞ の最初の正の実数は 1−(0.999…) と書くことのできる

---

13) Lakoff & Núñez (2000), p. 158。

「0. 無限 01」であると信じることにつながるという調査結果である。

このことは、学生がどのように自分の過去の経験に基づいて新しい考えの意味を理解するかについて、認知科学によるトップダウンの「思考分析」にボトムアップの認知開発分析を補って行う必要があることを物語る。レイコフとヌーニェスの著書『数学の認知科学』およびフォコニエとターナーの著書『思考の実際』では、融合概念を分析することは、現代の哲学者や数学者、認知科学者が様々に用いる高次概念によって行われる。そのような概念は、初めて新しい考え方の意味を理解しようとする個人にとっては普通には使えない。例えば、ジル・フォコニエとマーク・ターナーは、複素数を体に関する現代の公理的概念を用いた新しい融合として解釈したが、この手法は歴史の初期において個人には利用できなかった。歴史においても、学生の進歩においても、重要なのは、専門家の視点ではなく**学習者の視点から**個人がいかに体系の意味を理解するのかについて、理解することであり、より正確に言うなら、学習者が個人的に以前出会ったことという観点からである。

学生がいかに実数や極限を理解するかを言い表すには、学生がどこからそのように考えるようになったかを知ることが重要である。彼らは、当面の目的にあった十分な解を得るのに適した精度の計算を扱うような、私が「実用的に十分な」計算と呼ぶものを伴った経験によってもたらされたものである。実用的に十分な計算は、我々が生活する世界における実際数学に関係する。そこでは直線は物理的器具を用いて引き、数量は必要に応じた精度で与えられる。ときには、π は 3.142 あるいは $\dfrac{22}{7}$ でよく、条件次第ではそのどちらでも十分であり、別の条件では精度の高い値が必要になる。大工やエンジニアには実用的に十分な計算による実際数学で十分である。

学習者が慣れるにつれて、数値を扱う実用的に十分な方法の長所と短所を学ぶ。もしある量を半分に切り、それをまた半分に切っていくとき、現実には量は小さくなり過ぎて分割できなくなるが、理論的には永久に続けることができると知っている。

実用的に十分な計算は、日常の計算ではうまくいくが、完全ではない。コンピュータの浮動小数点演算は、現実的目的には十分な精度の解を与えるが、すべての計算規則を満足しない。例えば、$a=1$ で $b=10^{-1000}$ のときなど、$(a+b)-a$ は実際の計算では b にならない。なぜなら浮動小数点演算で桁数が限られている場合 $a+b$ は丸められて 1 になり、$b\neq 0$ であるにも関わらず、演算結果は $(a+b)$

$-a=1-1=0$ となるからである。さらに深刻な問題は、小さい数値の比率計算では非常に大きな誤差を生む可能性がある。実用的に十分な計算では微積分で数値計算による微分係数を求めようとすると問題が生じる。

数学研究者は、完璧を求めて実用的に十分な計算から実数の理論計算へ移行して完全な算術を得る。より高度なレベルに行くと、これは形式的極限概念に至る。しかしながら、多くの工業実務家や我々の社会に必要な職業では、極限の形式的概念はまったく必要なく、実用的に十分な計算をきちんと身につけ、問題をモデル化し、必要に応じた精度の解を計算することのみが求められる。

このことは、実務上応用される実用的に十分な計算を用いて整合的に考えるための**理論上の**極限と、解析学において形式的に定義づけられた**形式的**極限の違いを物語る。

純粋数学者は、形式的極限概念を1つの分水嶺と見なす。形式的方法としてそれを使える学生は、公理的形式数学での証明を構築する、真に数学的思考のできる潜在的素質がある。現実は少し違う。実解析学の最初の講座でこの概念に遭遇した学生は自分の現在の知識構造上に構築しなければならない。彼らは、専門的純粋数学者による究極の表現方法と考えられている形式的思考とは質の違うやり方で行うかもしれない。

応用数学者は、次のことだけに限定して理論的アプローチをとる。すなわち、それは与えられた状況を解明して起こりうる結果を予測できるような、数学モデルを構築するためだけに純粋数学を使う。

3.1 実数の数学的構成

19世紀後半、ゲオルグ・カントール[14]とリヒャルト・デデキント[15]によって、実数概念は別々の方法で形式的に構成された。

カントールの方法は、コーシーによって導入された特定の有理数列、$s_1, s_2, \cdots, s_n, \cdots$ を用いて、次の意味で「互いに近づいていくもの」から始まる。

> **定義**：コーシー列とは、次のような数列 $s_1, s_2, \cdots, s_n, \cdots$ である：任意の有理数 $\varepsilon>0$ において、$m, n>N$ であり、かつ s_m と s_n の差が ε より小さくなるような N が存在する。

---

14) Cantor (1872)。
15) Dedekind (1872)。

図10.6　集合 L（灰色）と U（黒）に分割する有理

与えられた2つのコーシー列、$a_1, a_2, \cdots$ と $b_1, b_2, \cdots$ において、数列 $a_1-b_1, a_2-b_2, \cdots$ が0に収束するかを考える。収束するとき、このような2つのコーシー列は「同値である」という。

この考えによって、実際にそれぞれの極限を計算しなくとも、2つの同値なコーシー列は同じ極限を持つ。有理数のコーシー列において、2つの同値な数列が同じ実数であると定義することによって、実数を**定義**するのがカントールの考えである。有理数 r は、すべての項が r である定数コーシー列と見ることができる。このとき、有理数は実数の特殊例と見なされるため[16]、このような意味で拡張された実数系における部分集合と見なせる。

カントールによって触発されたデデキントの手法は、数直線上の有理数を、互いに素な集合 L と U とに切断するものと見なす。その切断によって、L に含まれるすべての有理数が U に含まれるすべての有理数よりも小さくなる。これは、すべての有理数を下界 L と上界 U に分けるもので、図10.6のようになる。

この図は**有理**数のみを表すものだが、次のような2つの切断形式を示唆する。1つの切断形式は、有理数 r によって、集合 L を r より小さい有理数集合と定める切断である。U は r より大きい有理数集合となり、r 自身は L か U のどちらかに含まれるが、ここでは L に含まれる。もう一方の切断形式は、有理数では起こり得**ない**。例えばすべての正の有理数で、集合 U を2の2乗よりも大きい数の集合とし、集合 L をその補集合とする。この切断は、有理数では**ない**新しい数、具体的には $\sqrt{2}$ に対応する。

デデキントは、2つの下界集合の要素と2つの上界集合の要素の和を新しい切断と定めることによって、切断による加法を定義した。彼は減法・乗法・除法も定義したが、負の値を扱うには工夫が必要だった。これらの「切断」を「数」と見なし、有理数に対応するものもあれば、新しい切断が**無理**数に対応するものもある。デデキントの手法は、有理数も無理数も含むように数直線を効果的に拡張したものである。「実在的な」感覚で、カントールもデデキントも無理数を導入す

16)　この発想の巧妙な使い方とその算術は、定数列の同値な種類と同じくらい洗練された概念である。

ることで、数直線を「完備」にした。

いったん数直線が「完備」され、有理数も無理数も含むと、厳密な数学上の解析学として微積分への科学が整ったことになる。

完備化は、後に「カントール―デデキントの公理」と名づけられ、それは以下である。

実数は幾何学的直線に順序同型である[17]。

これで、平面上の点を順序対 (x, y) で表し、特に、x 軸上の点 $(x, 0)$ が、数直線にそのまま対応するというデカルトの思想が根源的に完成された。実数直線は幾何学上の点と記号上の数の融合とみられる。

実数系 $\mathbb{R}$ は順序体の公理を満たし、以下に述べる完備性の公理も満たす。

(C)　$\mathbb{R}$ 上の任意のコーシー列は、$\mathbb{R}$ 上の極限に収束する。

例えば、$\sqrt{2}$ を小数第 n 位まで求めた値を第 n 項とする数列 $a_1 = 1.4, a_2 = 1.41, a_3 = 1.414, \cdots,$ はコーシー列である（なぜなら、$m, n > N$ に対して、項 a_m と a_n は少なくとも小数第 N 位まで一致するため、両者の差を最大でも $\dfrac{1}{10^N}$ だからである）。

完備性の公理 (C) は、任意の無限小数が実数であることを保証する。任意の順序体で完備性の公理を満たすものは無限小数の算術と同じ算術構造を持つ。それが、数学者が単一のプラトン的対象として想像する精巧な方法において整合する、単一の結晶構造を持つことは別に述べる。

数学的に洗練された新しい水準を築くため、極限の形式概念が今こそ導入されなければならない。

3.2　極限概念の導入

極限概念の形式的定義では、数列 $a_1, a_2, \cdots, a_n$ が以下の条件を満たすとき、極限 a（固定値）に収束する。

17）例えば、Wikipedia のカントール―デデキントの公理、検索元 http://en.wikipedia.org/wiki/Cantor-Dedekind_axiom（2012 年 7 月 28 日閲覧）。

任意の $\varepsilon>0$ が与えられたとき、$n>N$ ならば $|a_n-a|<\varepsilon$ であるような自然数 N が存在する。

この定義の意味を理解しにくいのは、その文章が任意性と存在に関わる量化子を伴うためである。全称記号 ∀（任意の～）や存在記号 ∃（～が存在する）で表すと、以下のようになる。

$$\forall \varepsilon > 0, \exists N \in \mathbb{N} \quad \text{such that} \quad \forall n > N, |a_n-a| < \varepsilon$$

ここには、「任意の～」と「～が存在する」という複雑で扱いにくい相互に入れ子状になった3つの量化子が含まれる。さらに、カントールとデデキントによってなされた実数の構成は、視覚的イメージと四則計算経験を基盤にする。ヒルベルトの形式化は、完備順序体の公理系による集合論的演繹のみに基づく。

私とマルシア・ピントは、学生の極限概念形成過程を調査した。マルシアは、20週にわたる解析講座の7つの異なる時期に11人の学生に面談を行い、長期研究に基づいて[18]、社会調査法・グラウンデッド・セオリーを用いて学生の持つ背景理論を探求した[19]。グラウンデッド・セオリーのデータから、学生が学生自身の概念イメージに基づいて定義に**意味を与える**か、それとも数量子を操作して形式証明を構築することで**意味を引き出す**ことによって極限概念を構成したかをタイプ分けし、カテゴリ化した。これら2通りのアプローチは概念イメージに基づいた**自然なアプローチ**と、形式定理を形式定義に基づいて構成する**形式的アプローチ**に関連する。

トールとビンナーの研究で定義された概念イメージには「すべての心的イメージとそれに関連する性質とプロセスが含まれる[20]」。この定義は、イメージだけでなく、実際数学や理論数学を学ぶ過程で遭遇する記号化まで含む。この定義は、幾何学、算術、代数、微積分を含む「自然哲学」において、19世紀末に形式数学が導入される以前に、自然現象を記述するのに使われた「自然」という言葉の歴史的用途とも整合する。

---

18)　Pinto（1998）；Pinto & Tall（1999, 2001, 2002）。

19)　Strauss & Corbin（1990）。

20)　Tall & Vinner（1981）, p. 152。

4. 自然なアプローチと形式的アプローチ

この定義では、証明の発展は以下の２つのカテゴリーに分けられる。

- 具象や記号、または両者の融合を含む理論数学に基づいた自然なアプローチ
- 集合論的定義と演繹による形式数学を用いた形式アプローチ

我々は、学生から４人を選んでそのデータを考察する[21]。

4.1　具象と記号を融合した自然なアプローチ

クリスという学生は、具象と記号から形式定義を構成するタイプとみなされた。収束の定義を書き出すために、彼は図を描き、各項を表す数列 (a_n) が極限 L に収束するダイナミックな過程を思い描いた（図 10.7）。

彼は略図を描きながら、手ぶりを交えて定義に内在する考え方を示した。その時語ったのは以下の内容である。

> それ［極限の定義］は覚えていません。それを考えるとき、僕はこれ［図のこと］で考えるようにしていて、もうそれに慣れています。今ではほとんどすぐに書くことができます。
> 図で考えると……グラフをここに書いて、ここに関数を書きます。そして私は個々が極限だと考えて……それで ε はこんな風にずっと線を引いて、N の

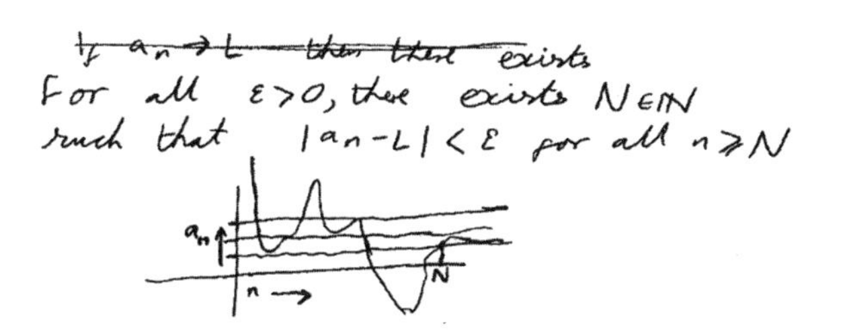

図 10.7　クリスの極限概念についての思考

21）　この後に出てくる資料は Marcia Pinto（1988）の博士研究に基づく。

> 後の点ではこの境界の内側になります……私が最初にこれを考えたときは理解しづらかったですが、これを n がここを通っていって、これが a_n で……えーと、これは本当はグラフではないですね。これは点です。

彼の最後の言葉では、彼は自分が鉛筆を動かして点列でなく連続したグラフを描いていたことを認識していた。とは言いながらも、彼のダイナミックな議論の趣旨は正しく、それによって彼は彼の具象イメージから形式定義を構成できた。

講座全体を通して、彼は自分の着想をいろいろと検討していた。例えば、彼は形式証明では、仮定から始まって**すべての**論理ステップを構成しなければならないと思っていた。彼は各「証明」は自己完結的でなければならないという主張を頑として譲らなかったので、既に講義で証明された結果を利用することを拒否した。彼は20週コースの第8週目になって、自分の証明があまりにも長くなりすぎたため、初めて諦めた。

彼は、定義になりうる様々な選択肢を求めていた。例えば、彼は標準的定義の方が適切であると結論するまでに、ε から始めて N の値を探す代わりに、N の値を定めて ε の値を探すことを検討していた。

彼は、挑戦に伴う緊張感を楽しんでいた。彼は明確に、数学的課題に向き合い、成功のスリルを感じていた。彼は感情的に気分が上がっており、ストレスに晒されたときも楽しんでいた。彼は常に自分の考えに明確さと正確さを求め、自分のストラテジーを見直すことで間違いを乗り越えた。

クリスのアプローチは、形式化された着想が具象イメージと熟達した記号操作によって支えられる状態となり、具象・記号・形式が融合されていた。彼のアプローチは「自然な」ものである。というのは、ダイナミックな視覚イメージに注目した定義に「意味を与え」、それを量化子で表された記号による定義の意味ある操作に融合したからである。

4.2　定義と証明に基づいた形式的アプローチ

ロスという学生は、反復によって定義に対処した。

> 暗記しているのです。だいたい、私たちは何回も講義で書いているし、そのとき、質問するときはいつも定義を書き留めるようにしていて、繰り返し書くことによって記憶に刷り込まれて覚えることができるようになるのです。

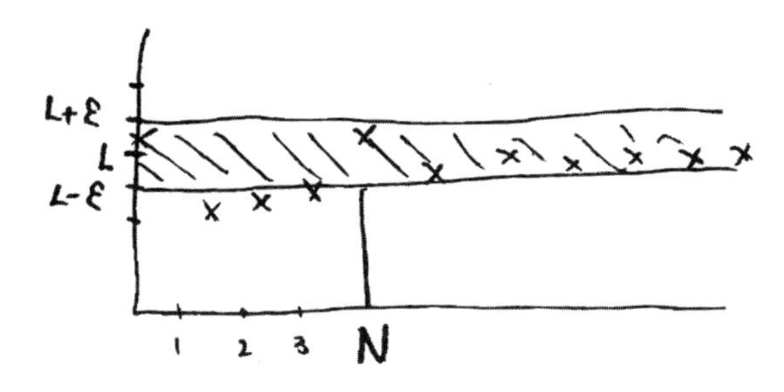

図 10.8 収束についてのロスの略図

彼は数列の極限を調べたとき、定義を使った。彼は定数列 1, 1, 1, … は 1 に収束すると断言した、なぜなら与えられた任意の $\varepsilon>0$ について、$N=1$ をとるなら、$n>1$ に対して $|a_n-1|=0$ であり、したがって明らかに $|a_n-1|<\varepsilon$ となるからである。

しかしながら、他の多くの学生は「収束する」という語句が「極限に近くはなるが等しくはならない」という意味になることに、以前に出会っていた。これは、0 に収束する $\dfrac{1}{n}$ のような例で主張されていて、0 に**収束する**が、項 $\dfrac{1}{n}$ は決して 0 自体にはならないのである。

多くの学生は定数列を特殊例で、極限に向かって近づくがその値に達しない数列とは違うと思っていた。ロスは秀でた巧妙な見解を持っていた。彼は収束の考えについて注意深く考え、ある ε の値についてある数列では他よりもずっと大きな N の値が必要となり、ある種の他よりずっと遅く収束する数列を論じることもできると悟った。後の個別指導で、彼はこの問題をとりあげ、定数列が「最も速く収束する数列である」と語った。これぞ真の数学者の特徴である。他の学生なら定数列は別の事例だと考えるが、ロスは中心的な事例だと考えていた。

ロスは面談の際に図を描いたが（図 10.8)、自分はダイナミックに何が起こっているかを考えることによって自分の考えを組み立てていると断言した。面談での彼の説明は以下である。

> あの、以前は……誰かがこういうのを描いているのを見たのですが、これはただ、うーん…… n が N より大きくなったら a_n は両者の差が小さくなっていくように L に近づくと考えて、基本的にはそれより小さくなるようにどんな値を試しても、進めていけば 2 つの差は小さくなります。図を見る前に考

えたのはこういうことで……そんな風です。

回答の中で、彼は「n が N より大きくなれば」、「a_n が L に近づいていく」、「2つの差は小さくなっていく」というダイナミックで比喩的な言葉を使った。彼は図にダイナミックに表わされた具象概念から考えを構成したのではないが、彼は極限へ収束する過程で関数的具象化を用いた。そのようにすることで、彼は形式定義に基づいて自分の極限概念を視覚的に解釈する問題を含んだ性質に対する懸念を抑えた。

時が経って、彼は量化子 $\forall$（任意の～）や $\exists$（～が存在する）のような論理記号を扱うのが非常に上手くなった。彼は「任意の～について」の記述が偽であることを示すには反例を1つ挙げればよいことや、記号 $\neg$ を使うことによって「～でない」を表わすことができるので、$\neg\forall$ を $\exists\neg$ に置き換えられることに気づいた。同様に、「～が存在する」の記述が偽であることを示すのにすべての場合について、偽であることを証明しなければならないため、$\neg\exists$ は $\forall\neg$ に置き換えられる。彼はこれらの原理を使って収束しない数列を表す記号を次のように書いた。

$$\neg(\forall\varepsilon > 0\ \exists N\ \forall n > N{:}|a_n - L| < \varepsilon)$$

そして、否定記号を入れ込んで量化子に作用させて、以下を得た。

$$\exists\varepsilon > 0\ \forall N\ \exists n > N{:}\neg|a_n - L| < \varepsilon$$

したがって、

$$\exists\varepsilon > 0\ \forall N\ \exists n > N{:}|a_n - L| \geq \varepsilon$$

ロスは「形式的」学習者であり、証明を追いかけて論理構造の意味を理解して、極限の思考可能概念に対して豊かな知識構造を構成した。彼は定義を表わすのに論理記号を使い、容易にかつ論理的に操作する。その一方、項が極限値へ好きなだけ近づいて行く極限のプロセスを関数的に具象化して考えている。

4.3　うまくいかない具象化の手順

コリンは、自分の描いた単調減少曲線上に具象化された動きに基づいて、収束に関する自分の考えを形成し、ダイナミックに記述した（図10.9）。彼は言う。

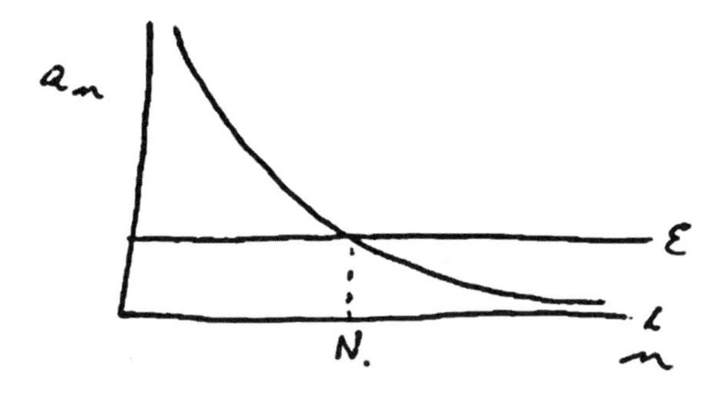

図 10.9　コリンの収束のイメージ

……えーと、[私は] 何かこんな風に下がっていく曲線を想像して、この ε の位置を下げていって……これは N になります。そこから下へ下がっていくと……これを十分小さく取れば [と言いながら値 ε を指す]、この点より下がるとすぐに……この項より大きくなると [と言いながら N から右側を指す]、ある極限へ向かいます。

彼は、自分が形式証明を行ったのと同じやり方でその考えを形にできなかった。例えば、以下を証明するように言われたとき

$a_n \to 1$ として、任意の $n > N$ について $a_n > \frac{3}{4}$ となるような $n \in \mathbb{N}$ が存在することを示せ。

彼の答えは以下のようであった。

これってばかばかしい問題みたいに思えます……もし a_n が 1 へ近づくのなら、質問は a_n が $\frac{3}{4}$ より大きい場合っていうことなので……これが境界ですよね。これはどうも……なぜか解りません。

彼は、もし項が 1 に近づくなら最終的に a_n は $\frac{3}{4}$ よりも大きくならなければならないことはわかりきったことと考えていた。ところが、a_n の一般項を表す特定の式も ε の具体的数値も無いため、N の数値を求められない。

講座が進むにつれ、彼は、自身が具象化イメージと形式化とのせめぎ合いを感

じだした。例えば、彼のダイナミックなイメージは0.999…（0.9で9以降が繰り返される循環小数）が1に達することなく、「近く、また近く」なるといったものだが、形式定義では極限は1**である**と教えている。講座の終わりまで、以下のコメントのように、極限に対する彼の概念についての困難は続いた。

これは何というか……1にならなければならないとはわかりますが……数列の極限は実際には1なので……そう表記にありますよね。0.9999の繰り返しをそのように持っていくのはちょっと大変みたいで……

4.4　根本的に手続き的なうまくいかない記号化の手順

ロルフという学生は、自分の代数と算術についての記号化の経験から、収束の定義を計算として解釈した。彼にとって、定義は以下の意味である。

数列の第n項の式とεがどの程度小さくなければならないかを求めるなら、私は$n>N$ならばn番目の項と極限値との差がε以内となるようなNを定義できます。

彼は自分が数列の一般項に対する明示的な式が与えられ、それからεの値を求められる事例で、計算手続きによるアプローチを使えた。彼にとって、手続きは特定の事例には使えたが、式が与えられず、εに数値を与えて計算に使えない場合、その手続きは意味を持たない。彼自身の説明によると、彼は実際に何が起こっているかを理解しないで、定義のみ拠りどころにすることに慣れてきたという。

えーと……私は（以前は？）定義なんてばかばかしいと思っていました。意味がないと思っていました……複雑な定義をすることが。でも今はそれでいいと思います。つまり、**慣れてきたんです**。でも私は定義というのは、ええと、私は定義というものを本当にはわかっていませんでした。

しかしながら、彼は数列が極限Lに向かわ**ない**ことが何を意味するか理解できなかった。

……それって役に立たない定義じゃありませんか？　言ってることわかりま

すか？　だってもし極限へ向かわないなら、それは……L は何だと仮定しているのですか？　定義かもしれませんが、使えないですよね。

ロルフは、解析学をうまく勉強できていなかった。彼は極限がどうダイナミックに機能するかを感じ、必要な情報が与えられたら極限の定義を計算で確認できたが、形式定義を使ってどうやって正式の証明の中で推論するかつかめなかった。学期が終了してから彼は専攻を変えて応用数学を勉強し始めた。

4.5　形式的な数学思考に至るルートの分類

前項の 4 つの例は、11 人の学生の反応の中から、極限について個々の考えが広がる様相を表わすものを注意深く選択したものである。大まかに言って、これらはある幅のものの見方で理解の支えとなるものと妨げるものが一定の振れ幅で混在したものである。

クリスは視覚的思考実験から意味を引き出そうとし、自分の具象を量化子記号と融合して形式証明を導いた。一般に、具象に依存する自然な学習者にとって、具象的推論を量化子記号に翻訳することが重要である。

ロスは基本的に形式的アプローチをとり、定義を反復することで意味を引き出し、十分に慣れ親しむまで証明を処理してそれらを熟考し、公理的形式化を理解した。彼は理解に役に立つ論理的知識構造を持っていたが、想像力を抑制し、想像によってうまくいかないと考えて限定的に利用した。彼は言語論理に集中したため、(定数列の収束など) 多くの学生にとって困難を伴う内容を、そこで使える形式的知識構造の筋が通った内容として捉え直すことで理解できた。

コリンは、具象イメージから意味を引き出して、自分の極限に関する考えを築こうとしたが、複数の量化子の意味を理解できなかった。彼は、極限概念を直観的に認めたが、数列が「極限に近づく」などのイメージの様々な視点が形式定義の理解を妨げた。

ロルフは、定義から「意味を引き出した者」と分類されるが、量化子に対応できなかった。彼は、記号を使って自分の論点を立てたので、図は描かなかった。彼は、与えられた ε の値に対して第 n 項の式が与えられたので、N の数値を計算できた。彼は自身の自然な記号経験に頼っていたため、完全には形式的アプローチを発展できなかった。

図 10.10 に、実際数学における特定かつ生成的事例から、理論数学における自

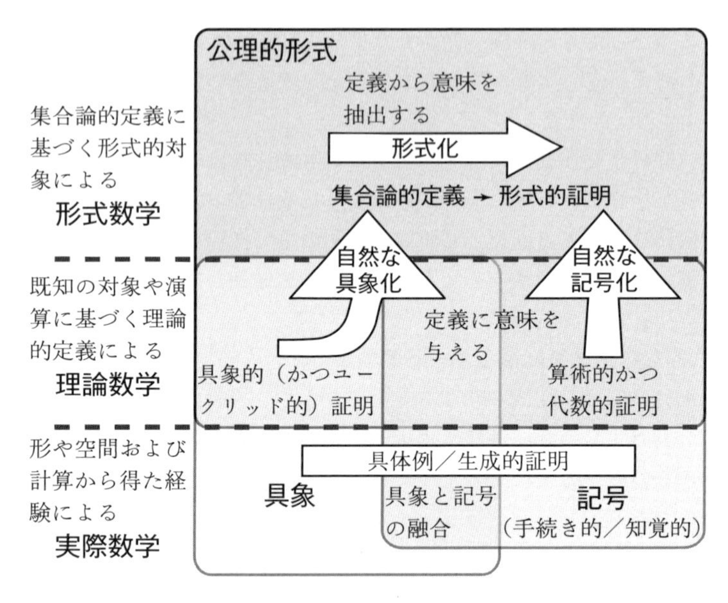

図10.10　数学的分析における証明の長期発展

然な具象世界と記号世界における証明へ、そして量化子で表された集合論的公理と定義に基づいた形式世界における証明へと発展する認知発達の過程を示した。

5. 理論枠組みの比較

証明の長期発展像は様々な方法で分類される。ジャネット・ダフィンとアドリアン・シンプソンは、過去の経験から自然に構成していくアプローチを「自然な」という言葉を使って表現した。学習者が定義を受け入れ、それらに特定の意味を与えることなく使う「外部的」アプローチの対立概念とした[22)]。彼らは、学生が過去の経験と新しい形式的思考の矛盾によって理解を妨げられる「コンフリクト」アプローチにも言及した。ピントとトールは「自然な」アプローチという用語を採用したが、形式的証明を表わすために「形式的」アプローチという用語も使った。コンフリクトは、自然なアプローチと形式的アプローチの対立から発生

22)　Duffin & Simpson（1993）。

する[23]。

同時期の研究で、キース・ウェーバーは3つのカテゴリに「自然な」や「形式的な」、「手続き的な」という言葉を与えて以下のように記述する。

- 学生は直観的に記述し、それを用いて形式的証明を導く**自然な**アプローチ
- 学生はほとんど直観を使わず論理的に自分の証明の正当性を主張できる**形式的**アプローチ
- 学生は何らかの形式的妥当性を与えることなく、教授から決まりきった証明を学ぶ**手続き的**アプローチ[24]。

さらにウェーバーは、指導法を分析した。ここで教授は、学生が定理を証明するときその演繹過程を構成できるように支援する**論理構造的**書式を採用した。学生は自分の作業領域を2列に分けて左を証明の文章、右を「メモ欄」とした。学生は定義を左列の一番上に書き、右のメモ欄をその情報を解釈したり、仮定から始まって最後の結果に至るために可能な筋道を考えたりするために利用した。

問題解決の解釈として、学生は「わかっていること」(仮定) と「求めたいこと」(結論) を右のメモ欄に書き、「導くべきこと」を求めてから、左の欄に仮定から結論に至る形式的論証を構成した。

講座の後半で学生は自分の証明をより連続的な**手続き的**書式で書いた。すなわち左欄に証明を書き、右欄に決まりきった記号処理など細部の検討に用いる。主題として幾何学的アプローチに焦点が当たったとき、学生は**意味論的**書式と呼ぶ方法を使った。すなわちそれは、図を描いて考えを視覚的に導入し、具象から形式証明を作り上げるものである。

様々なテストにおける学生のアプローチは、その時々の指導法に関係する。論理構造へのガイド的書式または手続き的書式で指導した場面では、学生6人中4人の回答が形式的アプローチ、1人は手続き的アプローチ、1人は自然なアプローチに分類された。意味論的書式で指導した場面では、形式的アプローチと分類される回答はなく、1人は手続き的アプローチ、5人は自然なアプローチであった。論理構造的書式の指導法では、形式的アプローチによる回答が多かったが、視覚的具象化では自然なアプローチによる回答が多かった。

---

23) Pinto & Tall (1999)。
24) Weber (2004)。

ララ・アルコックとアドリアン・シンプソンはグラウンデッド・セオリーを用いて、大学の解析課程を研究した。その解析課程は、並行して、同じ指導目標「数列と級数の収束と実数の完備性について形式的定義に基づいたアプローチによって網羅する」で行われた[25]。一方では標準的講義も行い、他方ではロバート・バーン著の教科書『数と関数：解析へのステップ』に基づいて協同学習を行った[26]。後者では、学生は解析概念を学校の計算や代数の自然な延長として学び、共同して0に収束する数列の計算を行って、量化子による定義に意味づけて形式的考え方を構成した。

アルコックとシンプソンは、18人の学生に対してペアを作って面接し、そのデータから「視覚的」アプローチと「非視覚的」アプローチという分析結果を導いた。視覚的アプローチを行った学生は、グラフを導入し、説明のときには身振りをつけ、代数的説明には図を使う方を好んだ。非視覚的アプローチを行った学生は、代数的表記法を使い、グラフは導入せず、証明に図を使わなかった。9人の学生が視覚的アプローチに分類され、7人が非視覚的アプローチ、残る2人は面接で会話のほとんどが一方の学生によってなされたため分類不能だった。特に、ペアの中に視覚的な者と非視覚的な者がいたとき、視覚的な者が証明を視覚的イメージに基づいて説明するのに対して、非視覚的な者は沈黙していた。

学生はさらに3つの達成域に分類された。低域の視覚的アプローチの学生は限定的な視覚情報しか言及しなかった。低域の非視覚的アプローチの学生は定義や論拠に対処しなかった。

中域では、視覚的アプローチの学生はその考えが具象に基づき、多少定義とのつながりがあった。非視覚的アプローチの学生は形式概念の理解が不完全で、本や教師の権威に判断を委ねた。

高域では、視覚的アプローチの学生は、量化子による形式的アプローチを発展させるのに具象と記号を融合させた。非視覚的アプローチの学生は代数的経験から量化子による形式的アプローチを構成した。

後の論文で、ララ・アルコックとキース・ウェーバーは共同して「意味論的」および「構文論的」と分類される証明過程について2元論的分析をした[27]。彼らは意味論的アプローチを「証明者が概念に対する自分の直観的理解を用いるも

25） Alcock & Simpson（2004, 2005）。
26） Burn（1992）。
27） Alcock & Weber（2004）。

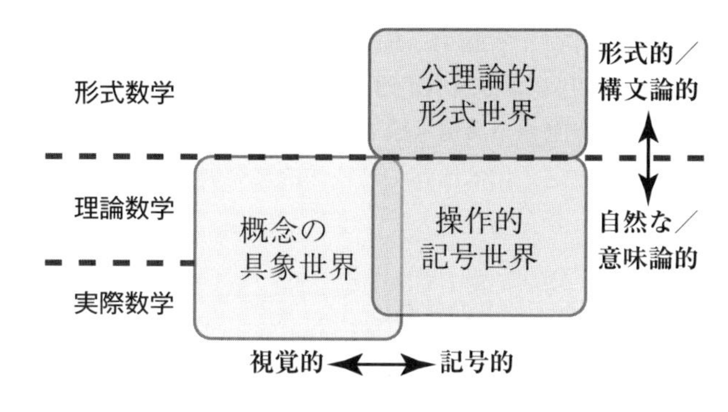

図 10.11　数学的思考と証明の成長の 2×2 分析

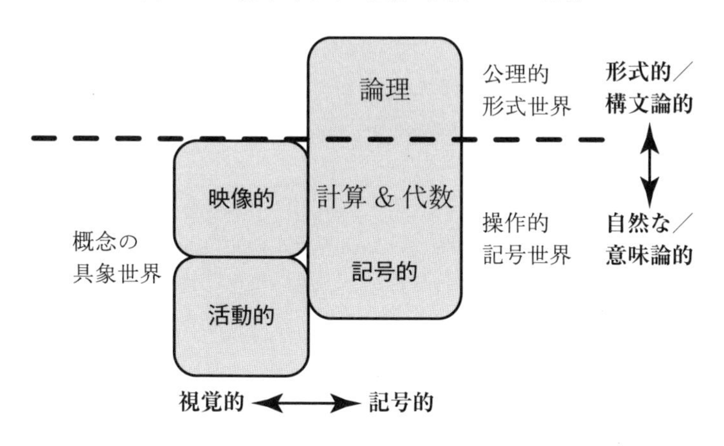

図 10.12　ブルーナーの 3 つのモードと数学三世界

の」、構文論的アプローチを「証明者が含まれる定義の文書から証明を行うもの」とする。

数学三世界枠組みでは、視覚的―記号的分析は、概念の具象世界と操作的記号世界の関係と考えられる一方、意味論的／構文論的分析は、具象世界や記号世界から公理的形式世界への移行に関係する。細部の違いはあるが、広く捉えた発展は図 10.11 である。

三世界の枠組みが、ブルーナーによる「活動」―「映像」―「記号」という一般の認知発達における操作モードに対応する。「活動モード」と「映像モード」は、概念の具象世界に組み合わさる。「記号モード」は、算術や代数の記号世界と、公理的形式世界の論理を導き出す言葉による証明に分けられる。これは学校数学に視覚的と記号的という2通りの分析になる。視覚は言語化され、記号は、公理的な形式世界の量化子集合論的論理に翻訳しうるように一般化される（図10.12）。ここでは論理が記号の高位水準として表わされるが、ヒルベルトによるユークリッド幾何学の再定式化は活動的・映像的な発展結果としての幾何学の言語的・論理的拡張である。

5.1 自然と形式に関わるデータの見直し

もう1つの二元論的分析は、具象世界と記号世界に基づく自然な数学から集合論的定義と形式的証明に基づく形式数学への発展に重点を置くものである。

概念イメージは、心象と記号化の過程を伴った過去の経験に基づく。自然な思考は思考実験や記号操作を通してなされる自然な経験から構築される。形式的思考は、特別な形式状況を明示するために選択された量化子による公理と定義を選び、公理や定義、既に証明済みの定理から形式的演繹によって一連の定理を構成する（図10.13）。

情動的側面が、そこに加わる。対処する新しい考えに自信のある人は、過去の経験から自然に、さもなければ新しい公理的形式枠組みから形式的にその考えを構築できる。そのとき、数学がわからないと思い自信のない学生は、その主題を不安の源と感じ、意欲をなくすか、手続き的に学んで「試験で証明の再現に失敗する」という反目標を避けようとする。

学校数学における具象化や記号化と、大学における公理的形式的思考には大きな違いがある。長年にわたり大学教師、また試験官を務めた身として、私はたくさんの現場で学生がよく練習したアルゴリズムで解ける問題の方を、形式的証明の微妙な技で解けるものより好むことを見てきた。

並はずれて優秀な18歳が書く高度な数学論文に等級づけをする審査でも、候補者のほぼ全員が、数行で書きつくせるような群論の初歩的形式的証明よりも微積分の長い技巧的アルゴリズを選ぶ。1年生の解析学コースでは、学生は証明を要求する問題よりも計算を使う収束の試験問題を好む。群論では、彼らは、置換操作のように記号操作を要求する問題を好む。複素解析では、一番人気があるのは通常視覚的および記号的手法を結合させた閉曲線積分である。どんな場合も、学生は、公理的証明よりも自分が計算と操作の記号世界で練習してきた、決まった手法を使う「安全な」問題を好む。形式的理論による問題解決法を最低限しか要求しない問題でも、機械的に習った定理を再現する以上のことが含まれる場合

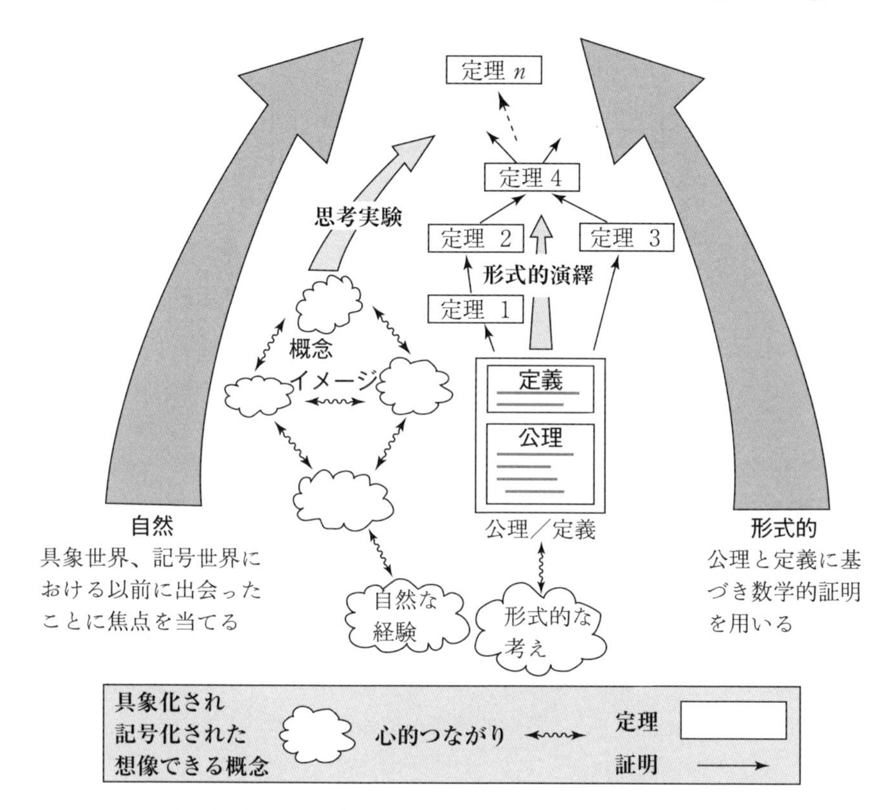

図 10.13 証明を構成するための自然ルートと形式的ルート

解こうとしない。

このことは、具象世界と記号世界とその先の公理的形式世界というパラレルワールドの間に広大な差があることを示す。私が数学について、カテゴリの少ない世界像よりも数学三世界の 3 つの構造を心に留めているのはこの理由からである。このことは、根源的な具象世界と記号世界という自然な世界における数学的思考と、数学研究者が研究結果を報告するのに使う厳密な公理的形式世界の違いを分ける相違点を反映する。

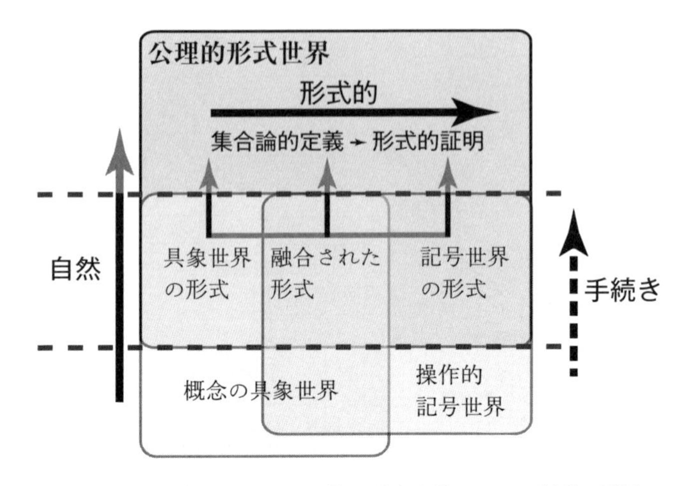

図 10.14　具象世界・記号世界・形式世界における証明の発展

6. さらなる大きな図

この枠組みは、解析学の発展におけるデータをもとに得られた。第8章や本章の初めの部分では、具象世界・記号世界・形式世界を様々な方法でつなぎあわせるような、様々な文脈を与える数学的思考の他の視点も検討した。

ヒルベルトの形式世界はユークリッド幾何学の形式的具象世界を、「点」、「直線」、「平面」からなる形式的存在のみに言及する集合論的形式化へと転換した。これらは「机」、「椅子」、「ジョッキ」と読み換えられる。これは具象世界から形式世界へ、測定の操作的記号化について言及することなく構築する。

第8章の球面三角形の面積の証明は、球の具象世界と表面積計算の操作的記号世界の重要な融合である。第8章で示したその議論は、公理的な形式的証明への翻訳を必要としない理論的論証であった。

数学的証明の様々な発展については、図 10.14 に示した。

自然な証明は、具象と記号からなる概念イメージに基づいて構成される。自然な証明は、具象世界と記号世界とその融合に組み込まれる。証明のデフォルト形式は、手続きの開発を通して生まれる。その手続きは、試験で再現されるように学習できる機械的証明に組み込まれる。この手続きの開発という行為は、証明を理解するために再構成したり振り返ったりできるまでに証明を暗記する人の行為と混同すべきではない。形式的証明には集合論的定義に基づいた筋の通った演繹を行うことが含まれる。

自然な証明から形式的な証明へと発展することを示す縦の矢印は下の部分を黒く塗ってあり、上の方は灰色である。これは、証明が集合論的定義と証明の形式的世界へ移ることなく、自然な具象と記号の理論世界に留まりやすいことを示す。

我々は自然な具象世界と記号世界で証明している。数学研究者は、その証明がより形式的方法で表現**でき**またそうであるべきと知りつつも、このような証明を喜んで受け入れる。

形式的証明では（できる限り）、後でうまくいかなくなる可能性がある隠れた仮定に証明が依存していないかを確かめることが重要である。自然な証明は特定の文脈に依存しており、理論的に一般化できるかもしれないが、形式的証明は、基となる集合論的公理や定義を満足する**いかなる**文脈にも当てはまるような、量化子による論法に関する数学的思考への明確な変化を表す。

7. 考　察

数学三世界の枠組みは、認識と操作の理論数学から定義と演繹の形式数学への発展が学生にとって大きな挑戦であることを明らかにした。形式的知識構造は、次のように広がる様相による発展が可能である。それは、定義と関係を意味づける具象経験や記号経験を用いる自然なアプローチから、定義から形式的証明によって意味を引き出す形式的アプローチまでの様相である。

学生は、その広がりの様相の中で認知面および情意面から次の選択をする。彼らは自然なアプローチないし形式的アプローチの意味を理解するか、さもなければ理解に失敗することによって、自信を持つかやる気を失くす。

第 11 章では、我々は微積分と解析学の認識の発展を探求するために具象世界と記号世界から形式世界への枠組みを扱う。我々はさらに進んだ数学的思考における形式的知識構造を構築する旅を続ける。

第11章　微積分に見る考えの融合

微積分は、正統派数学の名誉を冠しており、変化の様子（微分）や変化の累積（積分）を計算するための力、そして両者の関係（微積分の基本定理）を我々に与える。これらの考えは、曲線の傾き変化や曲線下の面積として視覚的および動的に具象化され、量の変化率や累積を計算するなど広い範囲に応用される。一方何世紀も経ても、微積分は批判的論争対象であり続ける。

微積分は、無限小や可能無限過程に関する論争を歴史的に繰り返した。その問題に対する解決策として、19世紀に極限概念が定義され、公的に解決された。その定式化は、期待される精度を指定し、その精度の範囲で極限計算する方法を見つけることである。それは、「あなたがどのくらいの近さ（正の数イプシロン）で値を求めるのかを指定すれば、私は、その指定に応じて、入力がその値の近さの範囲に収まるように、デルタで範囲を与えることで、出力をイプシロンの範囲に収まる値を返せる」という有名なイプシロン―デルタ論法である。

数学者は、イプシロン―デルタ論法を導入することで、現代の解析学を構築した。しかし、第10章でみたように、微積分に初めて出会う生徒にとって、しばしば障害となる。彼らの数学的知識構造は、幾何学とグラフによる具象世界に基づき、そして算術と代数の記号世界に基づく。その具象世界とは、物体が至る所で連続的に動く物理世界と、手の動的な動きを伴う連続的に描かれたグラフを意味する。「連続性」という言葉は、動的具象感覚として用いられる。この連続性は、極限概念によって与えられたイプシロン―デルタによる形式的連続の定義と区別するために、**動的連続**と記述する。

動的連続および形式的連続の意味は、根本的に違う[1)]。動的連続は物理的知覚や動作を意味する。その知覚や動作とは、物理世界における物体の動きや、手もしくは視覚的にコンピュータ画面へグラフを動的に描画することである。我々は、これらの経験を通して、共有している「連続性」という概念を動的に意味づ

1)　例えばNúñezら（1999）を参照。

ける。

我々の目に映るものと頭の中で想像するものは微妙に異なる。概念は、一群の神経のスパークに伴って人間の脳内に発生する。それは、第2章で思考可能概念の構成で参照した、マーリン・ドナルドによる意識の3つのレベル[2)]である。

意識の第一レベルは瞬く間に起こるもので、脳が様々な神経構造のスパークによって選択的結合を形成し、人間の知覚を思考可能概念として解釈する。意識の第二レベルは、短期の気づきである。短期の気づきとは、選択的結合の経時変化が数秒間にわたって継続する。この操作レベルは、我々の感覚に情報を与える動的連続性という知覚を与える。意識の第三レベルは、延長された気づきである。延長された気づきとは、より拡張された知識構造を作るために時を異にして引き起こる事象や概念を振り返る。

我々は、この枠組みから、微積分に対する洞察を得る。選択的結合が（$\frac{1}{40}$秒程度の）短時間に実行されると、人間の精神はそれより短い事象を知覚できない。ただし、短期の気づきを通して、連続的な流れとして時間とともに起こる動的変化をたどることは可能である。

例えば、もしフットボールの試合を観戦するならば、フットボール選手がボールを蹴り、そのボールがゴールポストの間を連続的に滑らかに通過するのを見るだろう。映像で同じ試合を見ると、我々は1秒間につき約25から30フレームのスチール写真が次々と映写される連なりを見るが、それでも脳は動きがある連続的な動きとして見る。

我々は、量に関する動的連続変化を知覚するため、曲線の傾き変化を手振りで表現したり、1枚の紙にグラフを描いたりする。我々は、判別できないほど小さな離散的画素で描かれ、動的変化を表現すると見なせる静的グラフを、コンピュータ画面に見ることができる。我々は、2本の垂直な直線間のグラフの下にある静的図形の面積をみて、1本の垂直な直線が動いているものとして面積が連続的に変化しているとイメージでき、量が動的に変化しているものとして面積を概念化できる。このようにして、身の回りにある世界の変化を動的連続なものとして知覚する。

2)　Donald（2001）。

1. 微積分概念の起源

ギリシャ人は、可能無限をイメージしたり、実無限の存在について議論したりするために、何度も繰り返される様々な過程を考えた。量を繰り返し分割する操作が、不可分者を生み出すのか、さらに続けて繰り返し分割し無限小に最終的に至るのか、このことを彼らは議論した。

アルキメデスは、面積を算出するため無限小の方法（アルキメデスの「方法」）を用いた。その方法では、面積を、無数の直線もしくは非常に細い短冊の集まりとみることから算出する。他方で、彼が公表した証明は、これらの方法が偽仮定法を用いた論証（取り尽くし法）でなされた。

17 世紀初頭、ニュートンとライプニッツの微積分において花開いた面積や接線の傾きを計算するときに、無限小[3] や不可分者を用いる方法が復活した。

このとき、ケンブリッジにおけるニュートンの師であるアイザック・バローは、彼の著書『幾何学講義』で次のように記述し、認知的意味を伴う無限小概念を用いた。

> 瞬間、もしくは無限に小さいごく微量な時間ごとに（時間が瞬間で構成されていると仮定しようと無限に小さな経過時間で構成されていると仮定しようと違いがないため、瞬間もしくは不定微量と呼ぶ）、つまり時間の微量な瞬間ごとに、速度の度量が対応する。そこでは、動いている物体はその瞬間の総体と考えられる[4]。

バローは、面積を計算するために、非常に幅が狭い長方形で置き換えることが望ましいことを認めながらも、直線によって面積が構成される立場から「どちらの方法をとろうと結果は同じである」と主張した。

バローは、幾何学的方法を用いて、接線の傾きと曲線の下の面積を計算し、それらの関係を明らかにした。その関係は、微積分学の基本定理の先駆けとして知られる。

ニュートンもライプニッツもバローの研究に学んだ。ニュートンは、変化量を

---

3) ［訳註］$\Delta y/\Delta x$ に対してその極限を dy/dx と見るのか、dy/dx を値と見るのか。値と見るのが無限小である。積分で言えば、短冊は幅のない線分となる。

4) Isaac Barrow（1670）, Child による翻訳 p. 38 による。

イメージして計算する方法を説明するために、3つの試みを行った。彼はバローの考えから始めて、彼が**流量**と呼ぶ時間に伴う連続的変化量xを考察し、**流率**と呼ぶ速度を持つとき、$\dot{x}$として表現した。流量を計算することは微分法の考えにつながり、流率によって与えられた流量を見出す過程は積分法につながる。その流率と流量の関係は逆であるというのが微積分学の基本定理である。

ニュートンの計算方法は、微積分への第2の方法である。そこでは、xにおける小さな変化oを考え、xにおける変化に対するx^nにおける変化比$((x+o)^n-x^n)/o$を計算した。そして（彼自身が定式化した）二項展開を用いて次式へ約分した。

$$nx^{n-1}+o\left(\frac{1}{2}n(n-1)x^{n-2}+\cdots\right)$$

oが小さくなれば、後ろの項は無視できるので、傾きはnx^{n-1}として与えられると述べた。

第三の方法において、ニュートンは比を比べるというギリシャ人の流儀で計算を考察した。それは、**最初の比**

$$(x+o)^n-x^n : o$$

が、いつかは**最後の比**

$$nx^{n-1} : 1$$

になるということである。この説明でさえ、最初の比から最後の比へ、十分に説明がなされない微妙な段階がある。

その一方、ライプニッツは接ベクトル成分であるdxとdyを想定し、単にdxでdyをわることによる2つの有限な量の比とdy/dxを見た（図11.1）。

図から次のように記している。

$$\frac{dy}{dx}=\frac{y}{BX}$$

そして、縦座標yと接線影BXがわかればdy/dxを計算で求められる。

しかしながら、接線影を見いだすためには、最初に接線の傾きを知る必要があり、ライプニッツはこれを見出すことを試みた。彼の解法は、多角形の辺を伸ばしたものとして接線を視覚化できるように、無限小辺を無数に持つ多角形として曲線を想定することであった。

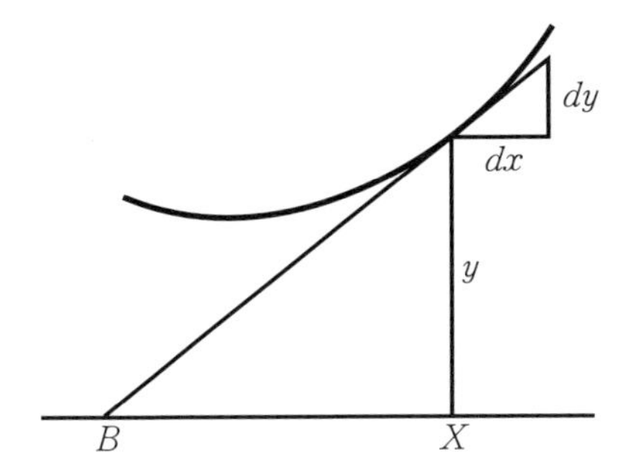

図 11.1　dx と dy のライプニッツの定義

> 接線を見出すには、無限小距離で曲線の 2 点を結ぶ直線、もしくは曲線の代わりをなす無数の角を持つ多角形の延長された辺を描くことに留意しなければならない[5)]。

$y=x^2$ の場合、ライプニッツは $dy=(x+dx)^2-x^2$ を計算し、次式を見出した。

$$\frac{dy}{dx}=2x+dx$$

このとき、もし dx が無限小ならば、ライプニッツは、付け加えられたときでも有限値 $2x$ を変えないことを認めた。したがって、次式が成り立つ。

$$\frac{dy}{dx}=2x$$

ライプニッツは次のように、非常に異なる大きさの量の仮想的な使用による議論は正当であると説明した。

> 無限や無限小には異なる程度がある。天体間の距離に比例して地球の球体が点とみなせば、遊具のボールは地球の半径と比べれば点である、すなわち天体間の距離はボールの直径に対して無限の無限である[6)]。

バークレイ司教は、「凡人」の役割を担って、ニュートンの流率とライプニッツの無限小の両方を非難し、人間の感覚は「極めて微少な物体の知覚で歪められたり

5)　Struik（1969）による翻訳からの引用（p. 276）。
6)　Struik（1969）からの引用（p. 280）。

惑わされたりする」。それは、「すべての人間の理解を超越する」という「死んだ量の幽霊」であると主張した。例えば、バークレイは次のように主張する。

> ……無限小量を考えること、それは、どんな知覚できるもしくはイメージできる量、また、どんな最小の有限な大きさにも無限に満たないと、私の能力の上で認める。しかし、そのような無限小量の一部を考えることは、それにもまだ無限に満たない。それゆえ、無限にその数が増えたとしても最も微少有限量と等しくはならない。それは、どんな人にとっても無限の困難さとなると私は思う……[7)]
> 始まりの始まり・終わりの終わり・最初の前・最後の後を考えられる人は、これらを考える鋭い目を持っているかもしれない。しかし、ほとんどの人は、いかなる意味においてもそれらが何なのか理解できないとわかるのではないかと、私は信じている[8)]。

バークレイの批判は、実際数学の「常識」を使って定式化されており、たとえ理論数学に学校で出会っても、彼の議論は今日まで色濃く残っている。けれども、第13章で見るように、形式的定義と演繹の世界で別の可能性が生じる。そこでは、順序公理を満たすより広い体系の部分体として実数を定義できる。これは、どんな正の実数よりも小さいがゼロより大きい、広い体系の要素を我々が熟考することになる。

バークレイや同年代の人は、そのような視点を持たなかった。例えば dx は比 dy/dx を計算するにはゼロではないとし、極限計算するには dx をゼロと見なすことを要請する技法について論争するなど、彼は微積分について批判した。

その論争は数世紀にわたって続いた。19世紀に、コーシーは無限や無限小に「なる」ことができる変量について次のように述べている。

> 極限ゼロに収束するように数値がいつまでも減少するとき、変量が無限に小さくなるようにできる[9)]。

---

7)　Wilkins（2002）に収録された『解析家』からの引用（p. 3）。

8)　Wilkins（2002）, p. 21。

9)　Cauchy, Boyer（1923/1939）からの引用（p. 273）。コーシーの考えは長年議論されてきた。私自身の認知的視点では、彼はゼロに向かう数列の考えに基づくが、そこでは操作することができる心的対象として数列を用いた。そのようにして、心的対象として過程をカプセル化した。

一方1803年イギリスにおいて、ケンブリッジの実用主義の数学者ロバート・ウッドハウスは、xの1階導関数が$\dot{x}$として表現され、10階導関数になると記号の上に10個の点が必要になるという理由で、ニュートンの表記法が面倒であると批判した。彼は今日用いられ続けているライプニッツの表記法の改良を提案した。xとyにおける有限な増分に対応するものとしてδxとδyを定義し、無限小の増分に対応する意味でΔxとΔyを定義した。微分を意味するものとしてdx、dyを定義した。もし$y=x^2$ならば、次のようになる。

$$\text{（有限な}\ \delta x\ \text{に対して）}\quad \delta y = (x+\delta x)^2 - x^2 = 2x\,\delta x + \delta x^2$$

$$\text{（無限小}\ \Delta x\ \text{に対して）}\quad \Delta y = 2x\Delta x + \Delta x^2$$

そして、

$$\text{（無限小}\ dx\ \text{に対して）}\quad dy = 2x\,dx$$

この表記法は、実際に有効で、有限な計算で違いが出ないほどの小さい量の知覚的イメージに合致する。しかしながら、それは無限小概念を意味づける論理的必要性を満たしていない。その問題は、無限小の必要性を消去することによって最終的に解決された。その突破口は、カール・ワイエルシュトラスが提唱した純粋に算術的アプローチとして、極限のイプシロン―デルタによる定義を用いることである。これは、実際の無限小を有効に主張しており、要求された精度を生み出すために誤差デルタの範囲で入力を求めることによって、高々イプシロンの要求された誤差に収める可能無限という概念に達した。このことは解析学に新たなそして厳密な基礎を与えた。それはまた、ライプニッツの無限小論およびその批判に対する突破口となった。

2. 微積分指導の問題点

数学者は、極限概念を導入することによって、新しい形式的概念を含む形式的知識構造を作る。そして、その新しい形式的概念は、定理を証明するとき、強力な新しい方法を与える。しかし、極限概念は、学び始めの生徒にとって障害となる。その障害には微積分の概念の意味について以上のような複雑な論争は役立たない。

イギリスにおいて、20世紀中頃の微積分の形式は、1世紀半前にウッドハウスによって導入された考えになお基づいていた。y は x の関数であり、x が $x+\delta x$ に増加するに伴って y が $y+\delta y$ に増加し、δx は小さくなる。このとき、傾き $\delta y/\delta x$ が決まった極限に収束するならば、記号 dy/dx は極限値として次のように**定義される**ことが英知として継承された。

$$\frac{dy}{dx}=\lim_{\delta x\to 0}\frac{\delta y}{\delta x}$$

もはや記号 dy/dx は、ライプニッツによって最初に与えられた意味やウッドハウスによって与えられた意味を持たない。ジェフリー・マシューズは、当時、次のように記している。

> dy/dx は単なる表記法であり、問題になっている曲線の勾配を表す。ここでは $\delta y/\delta x$ のように比として見なされず、「$\delta x\to 0$ のときの $\delta y/\delta x$ の極限」を表現する便利な方法だけである[10]。

彼の見解は、ヒラリー・シュアードとヒュー・ネイルによって、彼らの著書『微積分の指導』で次のように確固として支持された。

> 生徒は……、それを学ばなければならない。まったく正反対の証拠があるにもかかわらず。それは、
>
> $$\frac{dy}{dx}\times\frac{dx}{dt}=\frac{dy}{dt}$$
>
> のような命題から作り上げるように思われる。dy/dx は分数記号ではなく、弦の傾きの極限である[11]。

それは、『学校数学プロジェクト高等数学』の初期版の１冊で次のように表されていた。

> 少なくともそれなりの指導時間では、ちょうど「δx」がそうであるように、「dy/dx」は一体で分離できないものとして教えられるべきである。「dy を dx でわる」のように、単純で直接的方法として意味をなさない。

10)　Matthews（1964）。
11)　Neil & Shuard（1982）。

$$dx\text{が打ち消しあう}\ \frac{dy}{dx}\times\frac{dx}{dt}=\frac{dy}{dt}$$

は、理解できないと言える[12)]。

この解説では、商のように見たり、商のように振る舞ったりする記号に対する見方を邪魔しているが、生徒はどう考えろと言うのか？　本質的に生徒は極限概念を理解するという目標だけでなく、導関数をわり算の商と考えることを避けるという反目標も示されている。

記号 dy/dx は「x **に対する** y の導関数」を意味し、$\int f(x)\,dx$ における記号 dx は「x に対する $f(x)$ の積分」を意味していると記される。

dy/dx は商ではないと言われてきたが、生徒が次のような微分方程式に出会うならば、

$$y\frac{dy}{dx}=x$$

そのとき、「両辺に dx をかけて、その結果を積分すること」によって

$$\int y\,dy=\int x\,dx$$

を得て、

$$\frac{1}{2}y^2=\frac{1}{2}x^2+c$$

を与える解決が見出されると述べられている。この技法は世界中で道具的に教えられているので、生徒は応用で用いたり試験で解答したりするための手続きとして用いる。生徒に、自然な確かな方法による考えを用いることを避けることを求めなければならない。生徒にそれを求めることは、長さの商として導関数を考えることを避けるよう勧める情緒的指導になる。第5章で議論したスケンプの目標と反目標の理論は、高度な知的論争に関しても活用できる。スケンプの理論は、知識の通用しない局面に対する基本的な人間の反応に関して、説明できる。

社会の中に生きる者として我々は考えを後世に伝えることを繰り返しており、我々の世代の役割として、生徒にそれらを伝える。我々の以前に出会ったことは、認知的コンフリクトによって誕生し、不可避の障害として以前に出会い、学

12)　Schools Mathematics Project (1982), p. 221。

習されたり危惧されたりして後の世代に受け継がれる。関係的理解という目標は、コンフリクトによって挫折する。その結果、応用することや試験に合格することに役に立つ技法として習得する範囲で、満足する手続きを学習するという目標へ、目標は転換する。

2.1　微積分概念を表現するためのコンピュータ・ソフトウェアの使用

1970年代のパーソナル・コンピュータの出現は、微積分を概念化するための新しい方法をもたらした。しかし1980年代に数値計算に使用されたコンピュータは、ある小さい数を別の数でわるときに致命的なエラーを発生した。例えば、$\sin x$ の $x=\pi/3$ での傾きの数値は、微分係数 $\cos(\pi/3)=1/2$ になることを示したいとしよう。浮動小数点演算を備えたBBCコンピュータは、$\dfrac{\sin\left(\dfrac{\pi}{3}+h\right)-\sin\left(\dfrac{\pi}{3}\right)}{h}$ の値を、$h=1/10^n$ まで、n を1から10まで増加させながら次のように計算した。

$$
\begin{array}{lllll}
0.455901884, & 0.495661539, & 0.499954913, & 0.499980524, & 0.499654561, \\
0.500585884, & 0.465661287, & 0.232830644, & 0, & 0.
\end{array}
$$

最初の4個の値は、期待された極限0.5に向かって増加するが、それからの値は数値誤差が作用しておかしくなる。分母がゼロでないにもかかわらず浮動小数点演算が分子にゼロの値を返すため、最後の2個はゼロという結果になる。

最近のソフトウェアは、これらの誤差があまり露呈しないように大幅に向上した精度で計算する。とはいえ、差が非常に小さいときの浮動小数点演算をなお行っている。

微積分における考えを表すソフトウェアを開発した初期の開発者は、満足のいく出力を示すように、いわゆる数値計算の「獣を飼い慣らす」ことに苦心し、それは概念的洞察を与える技術方法を考えることと同様であった。

記号操作ソフトウェアは、新しい完全化の要素を導入した。これは問題の記号的解決を適切な方法で解釈し直す必要がある。

3. 微積分への局所直線アプローチ

人間は、約 $\frac{1}{40}$ 秒の短い出来事をまとめたり、連続した知覚としてそれらを滑らかに結合したりする能力を持つので、動的コンピュータ・グラフィックスは、変化や増大について人間の知覚を表現するのにふさわしい。次に必要なことは、学習者の知識構造を強化するカリキュラムである。

数学三世界枠組みは、この状況を解決する。それは次を可能にする、すなわち連続的変化に対する人間の知覚を学習者が具象化すること、数値による近似値を得るために実用精度計算を用いること、導関数についての完全な記号表現を追究することである。公理的形式世界を経験していない生徒にとって、極限形式を指導することは困難である。

幾何学的側面、算術的側面、記号的側面の組合せは、アメリカにおける微積分の改革にみられ[13]、その提案は、様々な側面を融合しながら個々を強化するよりも、グラフ表現、記号表現、解析表現の間の相互翻訳に焦点を当てる。

生徒の認知発達を考慮した指導法では、生徒は、具象化された動的変化を経験し、実用精度計算と代数的操作を用いて変化の割合を計算する。

その指導法では、教具として、グラフの任意の場所をズームインすることができる動的グラフ描画ソフトウェアを使用する。生徒が通常学ぶ関数グラフは、標準関数（多項式関数、有理関数、三角関数、指数関数、対数関数）の組合せである。これらのすべては、既習として共有する。

グラフにズームインし、より高い拡大倍率にして徐々に小さくなる一部を見るとき、グラフは湾曲を徐々に失い、高倍率に拡大された小さな部分は直線のように見える。グラフがこのような性質を備えるとき、**局所直線である**という。

局所直線という考えは、ライプニッツの見方からすれば変化対象である。高拡大倍率で曲線を見るために今日の我々が使える道具を彼が利用可能であったならば、無限小でまっすぐな辺を無数に持つ多角形グラフとしての滑らかな曲線という彼自身の概念より、もっと完全である光景を**表現できた**だろう。多角形は**角（かど）**を持ち、小さな回転を伴う。それらは小さいかもしれないが、そこにまさに存在する。局所直線アプローチでは、曲線にズームインすると、もしその関数が微分可能ならば、そのときグラフは局所直線に見える。微分可能な関数には、

13) Gleason & Hughes Hallett (1994)。

どこにも目に見える角はない。その光景は完全である。

このことから、(紙から鉛筆を離さずに手を動かして描けることを意味する) 動的連続グラフと局所直線グラフの間に違いがある。それはまさに勾配関数グラフである。鉛筆を使って物理的に描かれたグラフは、与えられたスケールでは捉えられないような極めて小さいしわをその上に持つ。それは局所直線でなく動的連続である。グラフが適切な高拡大倍率で視覚化されると、そのしわは目に見える。

これは、連続と微分可能性の違いを視覚化する新しい方法であり、微分可能であるグラフだけに焦点を当てた伝統的指導にはない。さらにおまけもある。接ベクトル成分は dx と dy によって示される。その場合、導関数 dy/dx は有限な長さの商とみなされる。そのように見なすことで、導関数を分数ではなく一つの比の値とみなす反目標を生徒に示す必要はない。その代わりに、適切な拡大による局所直線において微分可能性を認める関係的理解を肯定する目標を示すことで、微分法と積分法の計算可能な記号化をなしえる。

3.1　局所直線であるグラフの勾配関数

微積分への局所直線アプローチは、関数グラフ自身に対する人間の知覚として始まる。それは、指でなぞることができ、紙上に実際にもしくは心の中に描かれた対象としてみる (図 11.2)。これによって、動的連続として、グラフの連続を**感じる**。しかし、傾き変化について、十分に伝わらない。

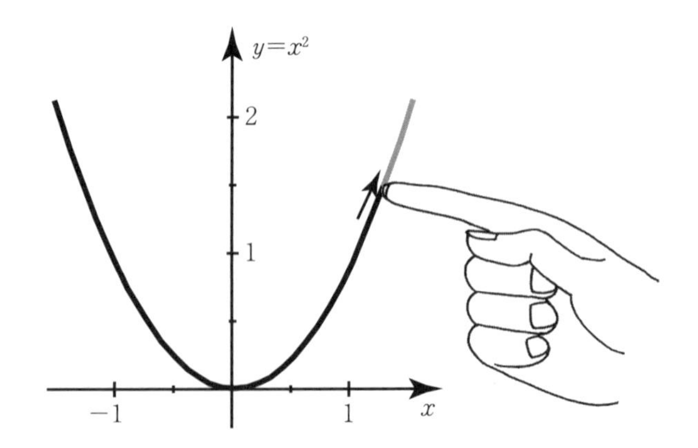

図 11.2　物体としてグラフを見たり感じたりするためのグラフのなぞり書き

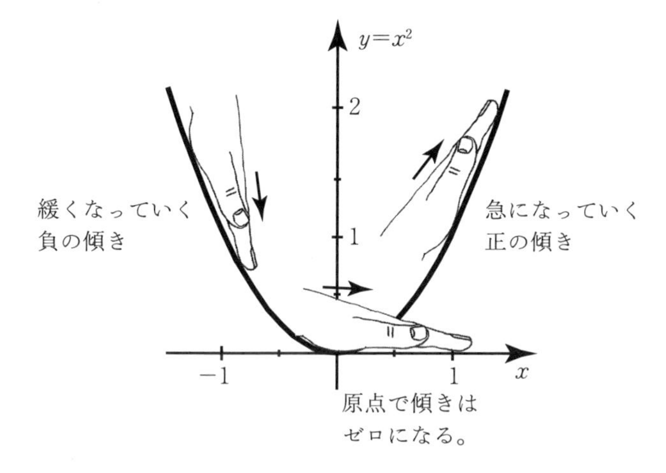

図 11.3 傾き変化の感覚を得るグラフに沿った手の滑走

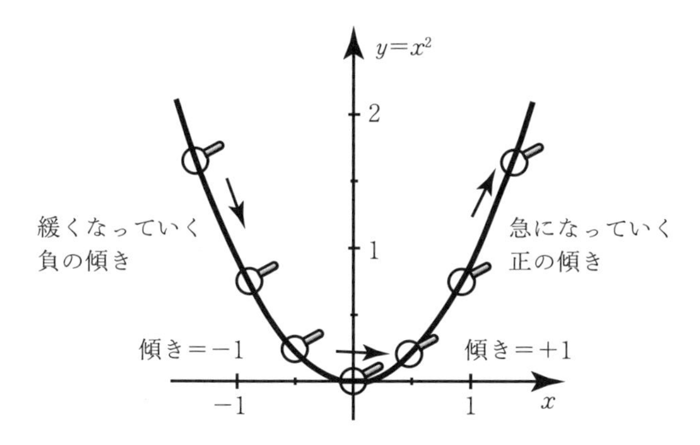

図 11.4 傾き変化を観るために曲線に沿って拡大したグラフを動く

今度は、傾き変化を手の傾きでたどらせるように、曲線に沿って手を滑らせることをイメージする（図 11.3）。これは可視対象（グラフ）上の活動であり、これによって曲線の傾き変化の具象化された意味を理解する。

傾き変化を見るために、曲線に沿って虫眼鏡を動かすことをイメージすると、虫眼鏡が動くとき傾き変化を**観る**ことができる（図 11.4）。$y=x^2$ のグラフでは、傾きは、原点より左側で下向き（負）に見え、原点でゼロになる。それに伴って、傾きは値として増加し続ける。1, 2 個の整数値になるような点を認めると、大き

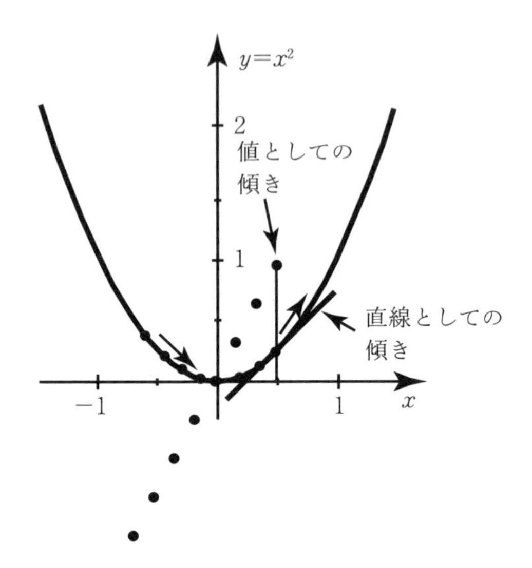

図 11.5　新しいグラフとして傾き変化値をコンピュータで描く

さについての感覚が明確になる。例えば、$x=-\dfrac{1}{2}$ のとき傾きは -1 であり、原点ではゼロ、$x=\dfrac{1}{2}$ のときは1である。

h を固定し、点 (x, x^2) とそれに近い点 $(x+h, (x+h)^2)$ を通る直線を、ソフトウェアを使って描く。この直線は、x における**実用接線**と呼ばれる。図 11.5 は、グラフ $y=x^2$ 上の点の並びで、$h=0.01$ として描かれた実用接線と、描かれた傾きの値を示す。x の値に対して、実用接線が描かれると同時に、傾きの値が点で描かれる。その点は、連続的に実用接線が描かれたり移動したりするとき、傾き変化の値を表現する点の並びとして残される。

実際に、図は h を任意に小さくすることまで要求しない。多くのよく知られた数値、すなわち $h=0.1$ や $h=0.001$ の値で行う。

この単純な考えには、また別の側面がある。$f(x)$ と $f(x+h)$ の値が定義されている**任意の**関数 f について、$(x, f(x))$ から $(x+h, f(x+h))$ に実用接線を描ける。特に、グラフが局所直線ならば、小さい h に対して、実用接線は理論接線と見分けられない。これは、無限小の距離だけ離れている曲線上の2点を通る接線をイメージしたライプニッツによる方法に結びつく。

学習者の認知発達にも関連し、それは初期段階の**実際数学**から、微積分に対してグラフの概念的具象化と代数の操作的記号化が融合した**理論数学**へと移行する。人間の知覚と行為に基づき、傾き変化の実用および理論上の意義を認めることは、極限の形式的定義を学ぶ**以前に**なされるべきである。

関数 $y=x^2$ の場合、傾き変化値のプロット群は、1本の直線のように見える。それはどのような方程式か？　そこでなすべきことは、洞察的具象化から正確な記号化へ切り替えることである。

点 (x,x^2) から点 $(x+h,(x+h)^2)$ への直線の傾きは、次のようになる。

$$傾き = \frac{(x+h)^2-x^2}{h} = \frac{2xh+h^2}{h} = 2x+h$$

この式は直線を表す。特に小さな値 h に対しては、$2x$ と見なせる。$y=2x$ のグラフは元のグラフの傾き変化を表し、**一つの総体として**勾配関数と見なす。

勾配関数は、関数グラフの**構造**、すなわちどのように上昇したり下降したりするのか、傾きがどのように変化するのかを表象する。それは、（基になる対象として）可視化された関数グラフに沿って観て、傾き変化を辿り、新しいグラフ、すなわち勾配関数グラフとして手の操作の**効果**を表す操作として、**具象圧縮**を起こす。**記号圧縮**は、極限**過程**を極限**対象**（導関数）にカプセル化する。それに対して、**対象**（グラフ）上で新しい**対象**（勾配関数グラフ）を与える操作をする**具象圧縮**が勾配関数となる。生徒は導関数を変化する勾配関数として**観る**ことができる。新しい課題は、実用精度計算で近似値を求める勾配関数のこの見方を記号化することであり、完全な記号表現化を進めることである。

この勾配関数の見方は、コンピュータによって実現可能で、コンピュータ以前の従来のアプローチとは異なる。後者は、x を**固定**して、記号計算を「単純化し」、x と $x+h$ に対する曲線上のすぐ近くの2点を通る傾きを計算し、h をゼロに近づけることで極限をとる。その上で、全体を導関数と見なすために x を変数と改めて見なす。これは、h がゼロでないという前提で成り立つ商 $(f(x+h)-f(x))/h$ において、$h=0$ と置く議論をして結論を得るという不可解さを伴う。それは、その存在が正しいと認められる必要がある対象を導くという、可能無限の極限過程に基づく。

局所直線アプローチは、**グラフ全体**で活動し、傾き変化を視覚化するためにその上で操作する。これは、勾配関数の視覚的グラフを、生徒の自然な知覚と行為の上に築くという、従来の扱いに比べ自然なアプローチである。そこでの課題は、誰でも見ることができるように可視的なものとして勾配関数を**導出する**ことである。

関数 $y=x^2$ の場合、勾配関数はこのように $y=2x$ に固定され可視化される。元の関数の傾き変化を観て、感じて、気づくことと、新しく具象対象として傾き変化を辿った**結果**を観ることは、具象世界と記号世界の両世界で最良の結果である。そのとき、勾配関数は、対応する記号に結びつけられる。極限の形式的概念は、後から導入される。それは、関数の組合せについて記号上で導関数を計算するために、標準規則を開発する必要が生じたときである[14]。

一般には、関数 f のグラフから始め、固定された勾配関数 Df のグラフを与える操作 D を実行するためにそのグラフに沿って観ることである。イメージ上で Df のグラフを視覚化した上で、特定の点 x での $Df(x)$ の値を接線成分の商 dy/dx と等しくする。

3.2　標準関数の勾配関数

生徒は、具象世界と記号世界の組合せによって、すべての標準関数（$x^2, x^3, x^n, \sin x, \cos x, e^x, \ln x$）について豊かな探究ができるようになるので、勾配関数を具象化できる。例えば、（ラジアンの角についての）$\sin x$ のグラフに沿って観ることは、$\cos x$ のような形をなす勾配関数を明らかにし、その一方 $\cos x$ のグラフは、逆さまの $\sin x$ すなわち、**マイナス** $\boldsymbol{\sin x}$ という勾配関数を持つ（図 11.6）。

ソフトウェア *Graphic Calculus*[15] で最初にこれをプログラムしたとき、私は様々な速さで連続接線を描く可能性を組み込み、それを停止するオプションを組み込んだ。それは、メンターとして教師が、実用接線の傾きと、傾きのグラフを作るために同時に点でとられた対応する値との関係を議論できるためであった。

私は、画面上に作られる動的連続グラフに見えるようにとても多くの点を打てるような、コンピュータ技術が進歩することを待ち望んでいた。

1980年代中頃にイギリスのBBCコンピュータが8ビット・プロセッサから32ビットRISCチップに切り替わり、プログラムが突如として100倍以上速く走るようになったとき、私が期待していたより早く好機が訪れた。私はつながったグ

14)　数学者は、このアプローチに驚くだろう。なぜなら、最初に点における微分係数を見出し、それから、それを変化させて導関数を得なければならないということを、経験が教えているからである。彼らは、最初に固定された h に争点があり、すべての定義域上の h における**一様**変化と特定の点での h における**点別**変化の微妙な差異に関連すると理解する。この争点は、後に $f(x)=1/x$ について見ることで十分に取り組むが、原点を除いて、x と $x+h$ が原点に対して同じ側にある必要がある。この例は、解析学の後期で、一点での連続性と一様な連続を区別する必要がある理由を示す。

15)　Blokland & Giessen（2000）。

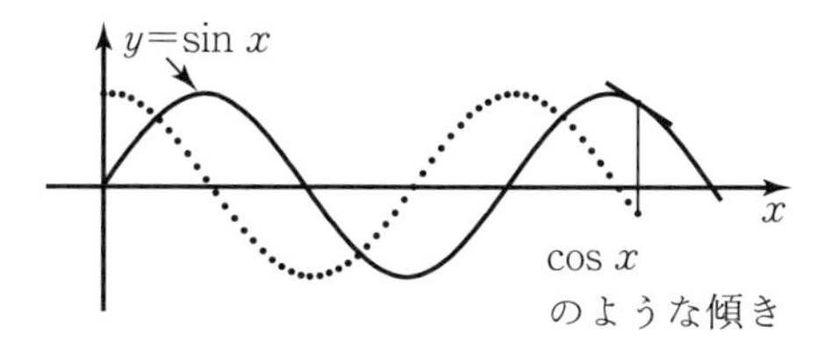

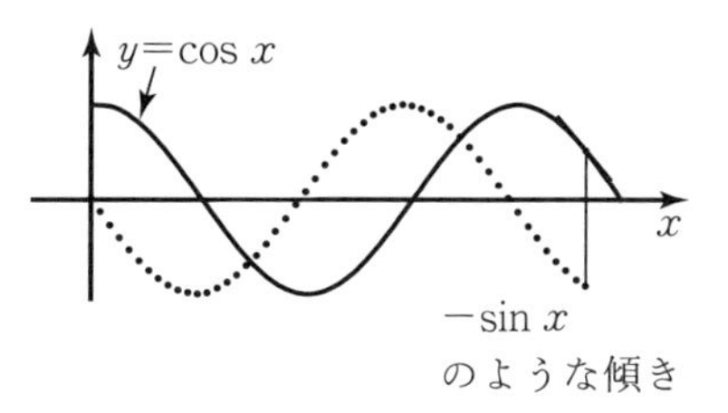

図 11.6　sin x の傾きは cos x であり、cos x の傾きは逆さまの sin x である

ラフに成長して見えるように勾配関数に多く点を打つためのプログラムを作った。私という人間の目には、滑らかに動く接線と滑らかに成長する傾きのグラフとが相互に関連しているようには見えなかった。それは、可干渉性の選択的結合のため、すべてが速く起こりすぎたからである。概念化は、落ち着いてクリックするたびに動く実用接線が必要である。そのステップでは、傾きのグラフ上の明確な点の連続を伴う傾き変化と、私の意識が相互に関連するようなステップに沿う必要がある。再び、我々人間の知覚に明確に解釈されるような表現を作り出す必要性が改めて認識された。

3.3　指数関数

k が定数である形式 k^x のグラフの場合、2^x や 3^x の傾きを探求する。両方とも絶え間なく増大するグラフである。それぞれ増大する勾配関数を持つ。しかし、2^x のグラフは、元の関数グラフより低い傾きのグラフであり、3^x のグラフは、元の関数グラフより高い傾きのグラフである（図 11.7）。

我々の動的な連続知覚は、k が 2 から 3 へ連続的に変化することをイメージでき、2 と 3 の間のどこかで e^x のグラフとその勾配関数が一致する値 e が存在することがわかる。

この関数が（もしかすると非常に長い）次の多項式で近似できるとする。

$$e^x = A + Bx + Cx^2 + \cdots$$

このとき、これはその導関数と等しくならなければならない。

$$B + 2Cx + 3Dx^2 + \cdots$$

$x = 0$ を代入すると、$e^0 = 1$ を用いて、$A = 1$ を得る。項と項を比べることで

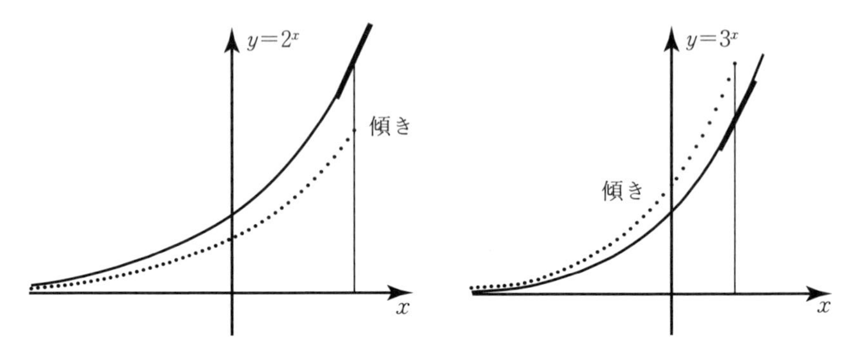

図 11.7　2^x と 3^x の傾き

$B=A, 2C=B, 3D=C, \cdots$ が得られ、$B=1, C=1/2, D=1/(2\times 3), \cdots$ となるから、次式を得る。

$$e^x = 1+x+\frac{x^2}{2!}+\cdots+\frac{x^n}{n!}+\cdots \quad \text{ただし、}\ n! = 1\times 2\times \cdots \times n$$

$x=1$ を代入すると次式を得る。

$$e = 1+\frac{1}{1!}+\frac{1}{2!}+\cdots+\frac{1}{n!}+\cdots$$

それは、簡単に計算できる。つまり、まず1を書き、次にそれを1でわり、さらにそれを2でわり、さらにそれを3でわり、といったように繰り返して、その結果をたし合わせることで e を見出せる。小数第10位まで示したものが次ページの表である。定数 e は、小数第10位までで 2.7182818285 である。（このとき、後続項は、前の 1/10 より小さい。だからそれらの合計は、小数第10位を変えない。）

数学者にとって、この方法は隠れた問題をはらむ。それは、例えば、e^x は不特定の長さの多項式で与えられるという考えである。しかし、生徒にとって動的に変化するグラフを伴う実用精度計算と調和しながら、以前の経験の自然な拡張をもたらす。生徒は、自ら e を計算することによって、後の項が小さくなり問題とはならなくなる**理由**を理解する。

1	1.0000000000
1 で割ると	1.0000000000
2 で割ると	0.5000000000
3 で割ると	0.1666666667
4 で割ると	0.0416666667
5 で割ると	0.0083333333
6 で割ると	0.0013888889
7 で割ると	0.0001984127
8 で割ると	0.0000248016
9 で割ると	0.0000027557
10 で割ると	0.0000002756
11 で割ると	0.0000000251
12 で割ると	0.0000000021
13 で割ると	0.0000000002
14 で割ると	0.0000000000
15 で割ると	0.0000000000
合計＝	2.7182818285

4. ライプニッツの再訪

ライプニッツが、変数 x と y の関係の導関数を、接ベクトル成分である dy と dx について比 dy/dx として表現した。これらの成分は、**微分**と呼ばれる。それぞれの成分は微分方程式という呼称に埋め込まれた微分である。

ライプニッツが無限小の議論を導入する原因となったのは、接ベクトルの傾きを計算する必要性だけであった。彼の具象化概念を表現するために動的コンピュータ画像を使える今、**接ベクトル成分**として dx と dy を定義することと量 dy/dx として導関数を定義することにおいて、彼の立場をとることができる。曲線にズームインし、そしてグラフが局所直線に見えるとき、点 x におけるグラフの傾きである導関数を**観る**ことができる。

接線の水平成分は任意の実数 dx となるので、現代的な関数の表記法 $y=f(x)$ を用いると、導関数 $f'(x)$ がわかれば、垂直成分 dy は次のようになる。

$$dy = f'(x)dx$$

この接ベクトル成分としての dx と dy の意味は、疑問の余地を残す。それは、ライプニッツの場合には無限小を導入することで解決できた。その問いを明確に言えば、「接線」概念が何を意味しているのかである。

4.1　接線とは何か？

「tangent（接線）」という語が、ラテン語の動詞*tangere*に由来し、それが「接する」を意味するように、接線概念は、幾何学における具象化から生じる。円の接線はちょうど1点（ときどき「2点が一致する点」とも言われる）で円に触れることがイメージされる直線である。これが一般曲線の接線に一般化されれば、接線は「1点でグラフに接し、グラフと交差しない」という以前に出会ったことを想起させる。そこで、問題提起的局面に直面する。これは、私が「生成的接線」と呼ぶ接線概念である[16]。これは数学的接線である必要はない。すなわち、それは「グラフに接するが交差しない」直線である。例えば、次の関数が与えられたとする。

$$f(x)=\begin{cases}x & (x\leq 0)\\ x^2+x & (x>0)\end{cases}$$

この関数は、原点で接線$y=x$を持つ。しかし、これは、左側のグラフと一致するため、生徒には受け入れられない。そのような状況で、1点だけでグラフに接する生成的接線を描くために、しばしば接線を少しだけ動かす（図11.8）。局所直線アプローチで教えられた生徒と従来のアプローチに従って教えられた生徒と比べた比較研究では、局所直線アプローチを行った後が20%（40人中8人）であった。一方従来のアプローチによる生徒の46%（65人中30人）が生成的接線を描いた[17]。

生成的接線の困難の原因は、一つには信念から生じる。その信念とは、極限をとる割線は接線の正確な位置に決して達しないということである。その困難の原因は、以前に出会ったことがある円の接線の1点だけで円に接し、円に交差しないという定義である。

その困難を克服するには、接線の考えとグラフが1点で接線を持つとはどのようなことかをより広く考察することである。局所直線が、解決の糸口となる。局所直線である場合、そしてその場合に限り、グラフが1点で接線を持つ。グラフが局所直線であるような特定の点に焦点を当ててグラフにズームインすると、グ

16）　Tall（1986a, b）。
17）　Tall（1986a, b）。

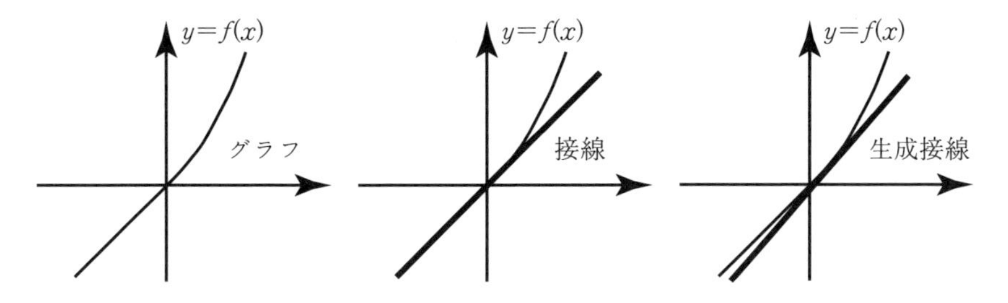

図 11.8 (原点における) グラフへの生成的接線

ラフとその接線がすぐに区別できない。接線は、与えられた点における曲線への「最もよい線形近似」である。1点だけで曲線に接することから程遠い、有限な太さの鉛筆で描かれるとき、描画の物理的な精確さの範囲内で、拡大された画像での接線とグラフは同じに見える。

これは接線概念を(接線が直線と一致する)直線に包含する。変曲点では、曲線の一方の側から他方の側へ通り抜ける。これらの両方が微積分において生じる。それは「1点だけで曲線に接し、曲線と交差しない」ものを接線と考える生徒にとって困難である。

5. 媒介変数関数

導関数を接線の成分比と考えることは、媒介変数関数や合成関数の場合において役立つ。

媒介変数関数 $x=x(t), y=y(t)$ は、一般に2次元の (x, y) 空間における曲線として描かれるが、t によって x と y の値が変化すると見ることで3次元の t-x-y 空間における曲線 $(t, x(t), y(t))$ としてもイメージできる。例えば、図 11.9 は、媒介変数曲線 $x=\sin t, y=\cos t$ を示す。左上には3次元の視点でコンピュータ画面上に描いたものを、他の3つのウィンドウには3つの座標平面上への投影を示す。

ソフトウェア[18]は、3次元画像を3つの投影を明らかにするために異なる角度から見られるよう、空間で回転できる。また、dt, dx, dy 成分で理論接線を表現で

18) このソフトウェアは『実関数とグラフ』(Tall, 1991b) のために作成した。最近のコンピュータではもう使用できない。

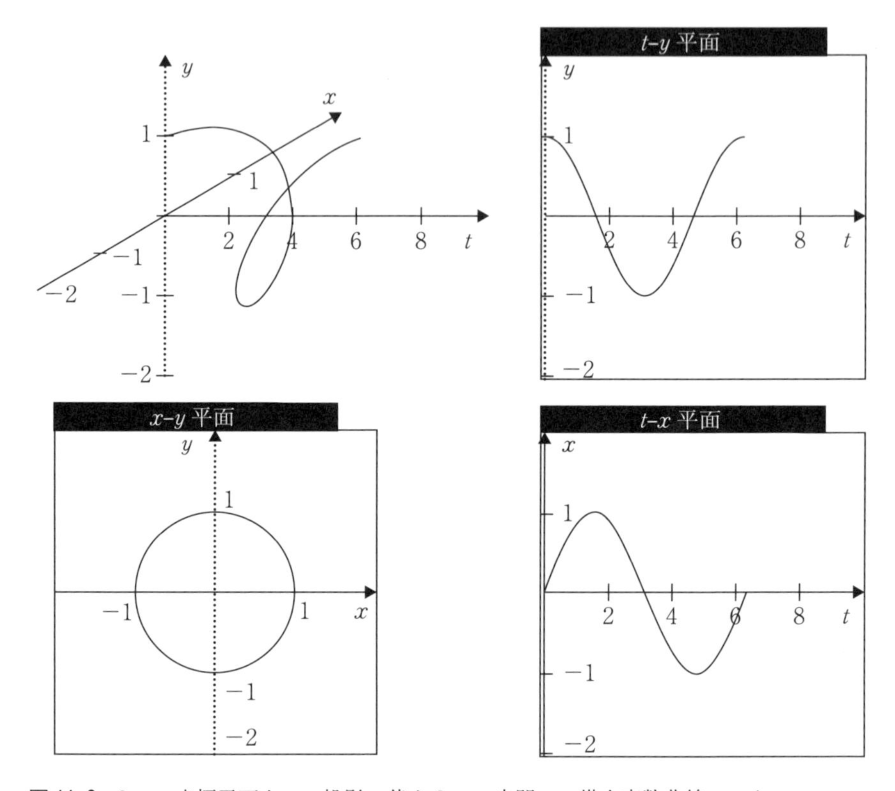

図 11.9　3 つの座標平面上への投影に伴う 3 つの空間での媒介変数曲線 $x=\sin t, y=\cos t$

きるよう、パラメーター t で任意に選んだ点における曲線に実用接線を描けるようにしている。dt の値は、そのとき、次式のように計算される dx と dy を持つ任意の長さにできる。

$$dx = x'(t)dt, \quad dy = y'(t)dt.$$

図 11.10 は、接ベクトルと 3 次元における dt, dx, dy 成分（左上）を座標平面上の投影と共に示す。

x-y 平面では、接線は dx, dy 成分を持ち、その傾きは次のようになる。

$$\frac{dy}{dx} = \frac{y'(t)dt}{x'(t)dt} = \frac{y'(t)}{x'(t)}$$

ライプニッツの表記法 $x'(t)=dx/dt, y'(t)=dy/dt$ を用いれば次のようになる。

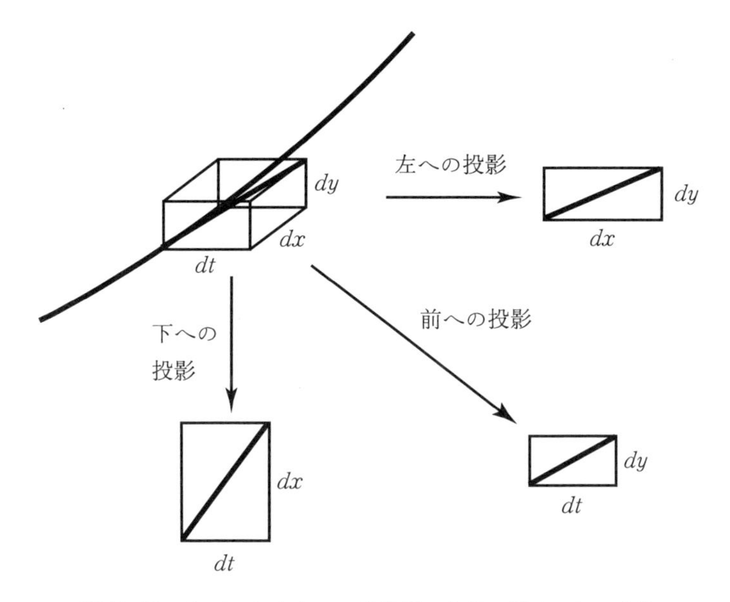

図 11.10　dt, dx, dy としての 3 次元における接ベクトル成分

$$\frac{dy}{dx}=\frac{\dfrac{dy}{dt}}{\dfrac{dt}{dx}}$$

この解釈では dt, dx, dy はすべて**長さ**であるため、等式は商として妥当である。dt は常にゼロでない値をとるため、唯一の技術的側面として $dx=0$ のときが生じる。これは、次第に辿っていったグラフ上の点の場合であるが、接線は x 軸に垂直であると見ることができる（図 11.11）。

6. 合成関数と連鎖律

図 11.9 での独自のソフトウェア[19] をプログラムしたとき、合成関数を描くために同じソフトウェアを使用しようと考えた。その合成関数とは、y を x の関数として入力できるようにする $x=f(t)$ と $y=g(x)$ である。そのとき、$x=f(t)$,

19)　Tall (1991b)。

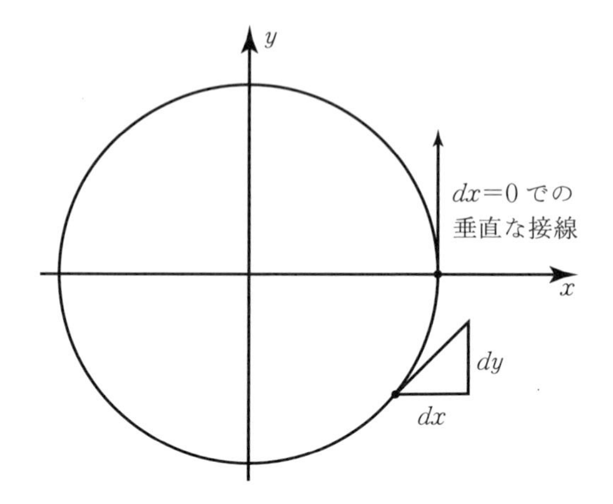

図 11. 11　t の関数としての x と y を持つ媒介変数関数に対する垂直な接線

$y=g(f(t))$ の形式で媒介変数関数として与えられる。米国数学協会によって刊行された本で提案しようとしたとき、この考えは査読者に批判された。その査読者によれば、関数の関数として合成関数のグラフを見ることに本質があって、媒介変数関数の特別な場合ではないと断言した。その節のみは、投稿部門に移す条件で発表された[20]。その査読者が問題にしたことは、$(t, f(t), g(f(t)))$ の形式において、$A\times B\times C$ の部分集合として合成関数 $f:A\to B, g:B\to C$ を一般に認めることができないことに起源する。その批判は私には問題ではなく、特定の視点からの主張であり、概念の柔軟性が欠如した数学観から生じたものであると私は指摘した。投稿部門で、別雑誌において別論文としてすぐに受理された[21]。

この見方に基づく洞察によって、接ベクトル成分が dt, dx, dy である t-x-y 空間における合成関数が明確になる。dt の値は、任意の実数であり、$dx=f'(t)dt$, $dy=g'(x)dx$ である。

dt がゼロでないならば、差分 dt, dx, dy を操作でき、次の形式で「連鎖律」を導ける。

$$\frac{dy}{dt}=\frac{dy}{dx}\times\frac{dx}{dt}$$

20)　Tall (1991a)。
21)　Tall (1992)。

関数の表記法では、次のようになる。

$$h'(t) = g'(x)f'(t) = g'(f(t))f'(t)$$

ここで微分 dt, dx, dy は、3次元空間における箱の各側面である。値 dx は、通常、この等式を等式として解釈できるよう打ち消せると考える。ただし特異例がある。それは、$f'(t)=0$ のときは $dx=f'(t)dt$ もゼロになり、等式として解釈できない場合である。しかし、その場合を大げさに言う必要はない。$dx=0$ ならば $dy=g'(x)dx$ もまたゼロである。ゆえに $h'(t)=\dfrac{dy}{dt}=0$（ここでは $dt \neq 0$）となり、$h'(t)=g'(x)f'(t)$ 形式での連鎖律は、両辺がゼロになるため、真である。

この特異例によって、数学者はイプシロン―デルタ論法を用いた連鎖律の完全な形式的証明の必要性に気づく。これは、人類の創造力の証として現代的な解析学の体系の一部であり、他のどんな種をも超えた方法で考えることである。しかし、それは、最初に微積分に出会った生徒にとって難しい飛躍である。適切なものは、動的具象化の経験、実用精度計算、dy/dx が接ベクトル成分の商であるような親しみやすい記号操作から作るアプローチである。これによって、学習者は微積分課程の入門期に実用数学や理論数学に基づいて学習できる。その上で学習者は、実際問題をモデル化し記号的に解決する上でこの理論的アプローチをとるか、あるいは解析学における形式的アプローチへ進むか否かを自ら選択する。

7. 逆関数

逆関数もライプニッツの表記法で自然に表現される。この表記によれば、$y=f(x)$ が1対1であり、逆関数 $x=g(y)$ を持つならば、逆関数は座標軸を入れ換えることによって見出されるグラフ（それは直線 $y=x$ に対して対称である）で表される（図11.12）。

これは単純に接ベクトル成分を入れ換えることである。すなわち逆関数の導関数は、元の関数の導関数の逆数である。

$$\frac{dx}{dy} = \frac{1}{\dfrac{dy}{dx}}$$

$y = \ln x$ の場合、逆関数は $x = e^y$ であり、それは次の導関数を持つ。

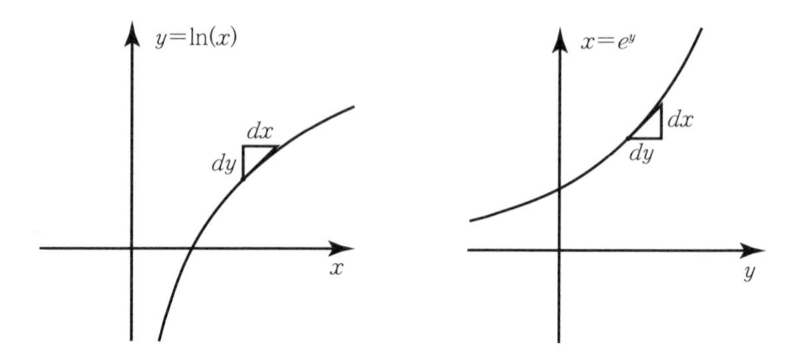

図 11.12　逆関数は座標軸の入れ換えによって見出される

$$\frac{dx}{dy} = e^y \quad \text{または} \quad \frac{dx}{dy} = x$$

元の関数 $y=\ln x$ の導関数は、次式が成り立つ。

$$\frac{dy}{dx} = \frac{1}{x}$$

これによって、微積分課程の入門期の基本となる標準導関数リストが完成する。

8.　極限概念の導入

視覚化される新しい関数として（局所直線である）関数の傾き変化の具象的意味を理解した生徒は、極限概念に取り組む準備ができている。生徒は、局所直線関数の勾配関数も、関数であることを「観る」ことができる。そこでの課題は、それを**計算する**ことである。

微積分は、グラフを**見ること**と導関数の公式を**推測すること**の内容からなる。$x\sin x$ や $e^{1/x}$ のような複雑な関数になるとすぐに、「見ることと推測すること」は実行できない。勾配関数が究極の形に具象化される知覚的イメージを備えたとき、複雑な関数を微分する微積分公式を導くために、極限概念を導入する時期となる。

8.1　微分法の公式

勾配関数のイメージが視覚化され、極限概念が導入されると、次の段階は、導関数が既知の関数 $f(x)$, $g(x)$ で、$f(x)+g(x)$, $f(x)-g(x)$, $f(x)g(x)$, $f(x)/g(x)$, $f(g(x))$ という組合せの導関数を計算することである。

たし算とひき算は自明であり、合成関数 $f(g(x))$ の導関数は前節で行った。

残っているのは積および商の法則である。ライプニッツは長方形の面積として積 uv を観る考えを持っていた。すなわち u を $u+du$ に増加させ、v を $v+dv$ に増加させたとき、長方形は大きさが次のように増加する。

$$(u+du)(v+dv) = uv+u\,dv+v\,du+du\,dv$$

実際の増加は次のようになる。

$$u\,dv+v\,du+du\,dv$$

dx でわれば傾き変化は次のように与えられる。

$$u\frac{dv}{dx}+v\frac{du}{dx}+du\frac{dv}{dx}$$

dx がゼロに近づく前提であり、ここで u と v で有限な導関数 du/dx と dv/dx を与える局所直線であるとすれば、dx がゼロに近づくので、du も同様にゼロに近づき、次の uv の導関数を得る。

$$u\frac{dv}{dx}+v\frac{du}{dx}$$

同様な議論を、商 u/v の導関数を求める公式に適用できる。

8.2　微分不可能な関数

微積分課程の入門期では、標準関数の組合せによって与えられる正則関数に焦点を当てる。このことは、必然的に関数は常に微分可能である印象を与え、それが以前に出会ったこととなり、解析学における後の考えがモンスターのように思えるようになる。しかし、具象化アプローチは、微分**不可能**であることを意味するものも、洞察することができる。これは、π の倍数ごとに角を持つ $|\sin x|$ のように、角のあるグラフを持つ関数である（図 11.13）。

それは、高拡大倍率下で直線に見えることは**ない**しわが寄った関数である。そ

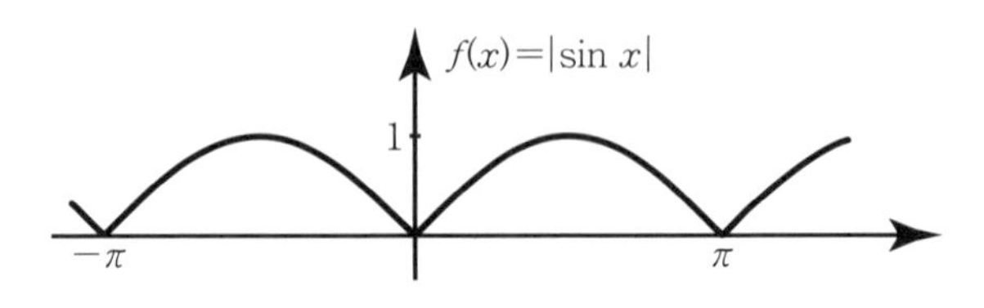

図 11.13　角をもつ関数

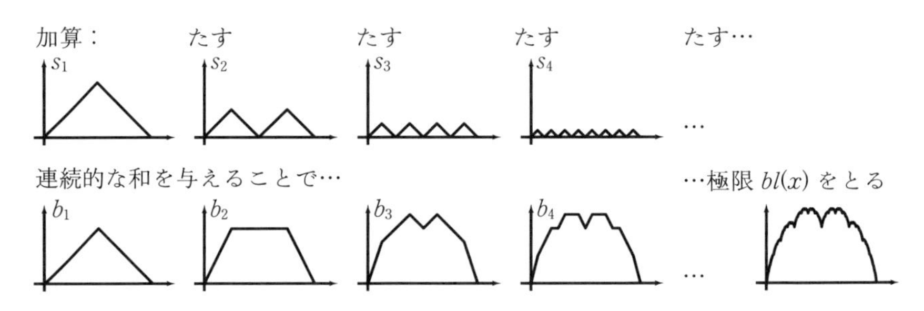

図 11.14　ブラマンジェ関数を得るにはより小さい鋸刃を引き続き加える

のような関数は**ブラマンジェ関数**[22]であり、鋸刃関数

$$s(x) = \begin{cases} x & (0 \leq x \leq 1/2) \\ 1-x & (1/2 \leq x \leq 1) \end{cases}$$

で始まって、すべての単位間隔での値、すなわちすべての整数 n について $s(x+n)=s(x)$ が繰り返されることによって作られる。

ブラマンジェ関数は、半分の大きさの鋸刃 $s_n(x)=\dfrac{1}{2^{n-1}}s(2^{n-1}x)$ を続けて構成し、それらを次のようにまとめてたし合わせて作られる。

$$b_n(x) = s_1(x)+s_2(x)+\cdots+s_n(x)$$

ブラマンジェ関数 $bl(x)$ は、この和の数列の極限である（図 11.14）。

図を描く実際世界では、鉛筆やコンピュータ画面上の画素数で図を表現するために必要な回数で鋸刃を加算する必要がある。高解像度ディスプレイでは、1000画素かそれより高い。この場合、「実用精度」の図を与えるために10回繰り返す必要がある。そこから先、追加した鋸刃は、1画素内の範囲内におさまる小さい

22）［訳註］日本では、高木貞治の名にちなみ、高木関数とも呼ぶ。

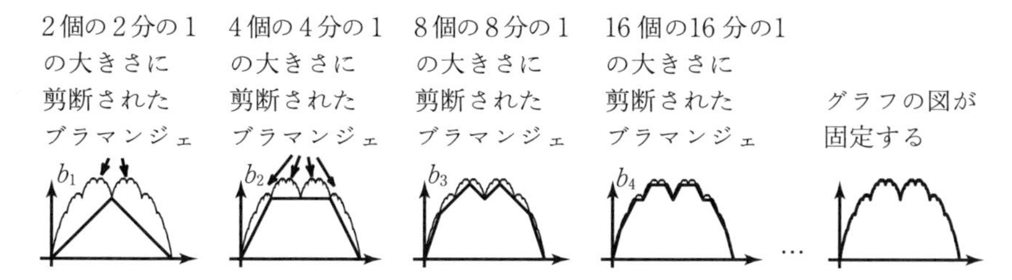

図 11.15　どこにおいてもブラマンジェである！

ものとなる。その詳細を表すためにグラフが拡大されるならば、より多くの鋸刃を加える必要がある。

鉛筆の連続的な一筆の動きによって描かれるならば、そのグラフは動的連続である。その詳細は、同じ鉛筆を用いたグラフを高倍率に拡大してイメージするときわかる。必要があれば、関数が形式的に連続であることを示すには、決まりきった計算をすればよい。しかし微積分課程の入門期においてそれは要請されない。

なぜブラマンジェ関数がどこでも微分可能でないのかを観ることは、後に要請されたときに形式的証明に変換できる具象化された議論によって示すことができる。そのストラテジーは、ブラマンジェ関数へ逐次近似で重ね合わせることである（図 11.15）。これは、どこでも小さなブラマンジェをもつフラクタル曲線の存在を示す。それは、場所によって明白に認識でき、そうでない場所では角をなす2線分によって垂直的に剪断されるように覆われる。

これは、与えられたブラマンジェの総和が、初めの n 個の鋸刃とその残りを加えたものに分解されるからである。ブラマンジェは、次のようになる。

$$b_1(x)+(s_2(x)+s_3(x)+\cdots)$$

これは、$b_1(x)$ に**2分の1の大きさのブラマンジェ**を加えたものである。これは次のようになる。

$$b_2(x)+(s_3(x)+s_4(x)+\cdots)$$

これは、$b_2(x)$ に4分の1の大きさのブラマンジェを加えたものである。そして、一般にブラマンジェ関数は、$b_n(x)$ に $\left(\frac{1}{2}\right)^n$ の大きさのブラマンジェを加えたものである。グラフを繰り返し拡大すると、小さいブラマンジェをその上に生

図 11.16　傾きが急勾配になるときにブラマンジェの一部に起こること

やしているような $b_n(x)$ から生じる直線部分を観ることができるように、n の値を選ぶことができる。あなたは心の目でこれを行う必要がある。そこでは、グラフは急勾配であり、加えられたブラマンジェは、画素数上の切り立った直線として押し寄せられる。このとき、水平に図を押しつぶされるように観ることは、線が急勾配になったときに起こったと見ることで説明できる（図 11.16)。

一般に、このグラフ上には2つの性質を持つ点がある。それは、任意の整数 k と $n(n \geq 0)$ について、$k/2^n$ の形式となる x の値である。そこでは、グラフは左から垂直に下がり、右へ垂直に上がる。ここで、高拡大倍率下のグラフは、上を指し示している半直線のように見える。どのような場所でも、グラフは局所的に、小さい直線部分で剪断された小さなブラマンジェである。それは、急勾配でなければ容易に見えるかもしれないが、ほとんど垂直であれば、上下の振動は画素の垂直な直線として表され、画素の中に埋もれてしまう。

我々が心の目で観ることができるのは、コンピュータ画面上に表現されるものより繊細である。我々は直線部分上のブラマンジェをイメージできるが、垂直な直線ばかりが目立つコンピュータ画像は、2つを区別できない。

これはマーリン・ドナルドによって定式化された意識水準に関係する。つまり、我々の実際世界の知覚は、視力および時間の中で小さな細部を見分ける我々の能力によって制限されるが、我々の延長した思考能力は、実際に表現できない考えをもイメージできる。

歴史および個人における微積分の発展において、大部分の関数は、わずかな特異点を除けば、すべての場所で微分可能であると考えやすい。我々は今や、どこでも連続であるが、どこでも微分可能でないグラフを「観る」ためにソフトウェアを使用できる。

与えられた図において、どこでも微分可能である関数とどこでも微分可能でな

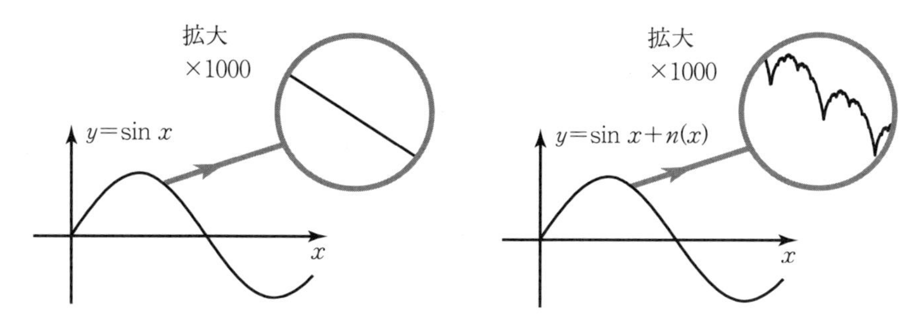

図 11.17 ある水準では同じに見えるが拡大すると異なる 2 つのグラフ

い関数の違いを観ることはできないかもしれない。例えば、小さなブラマンジェ関数 $n(x)=bl(1000x)/1000$ は、元の関数の 1/1000 の大きさしかない。私はこれを「厄介関数」と呼ぶ。もし**任意の**微分可能な関数 $f(x)$ をとって厄介関数を加えるならば、そのとき $f(x)$ はどこでも微分可能であるが、$f(x)+n(x)$ はどこでも微分可能ではない。しかし、加えられた関数 $n(x)$ によって与えられる付加情報が失われるぐらいの尺度で描かれたとき、2 つのグラフは同じに見える。

この理由は、物理的に描くことは鉛筆を用いて行われるからである。その鉛筆では、両方のグラフを覆ってしまう太さをもつ細い線で描く。ある尺度でコンピュータ画面に描かれたとき、厄介なしわは画素中に含まれる。局所直線を見る一方でその上に生える可視のブラマンジェを持つことは、これらのグラフが 1000 倍に拡大されたときだけである（図 11.17)。

微積分への具象化アプローチは、初学者に教えるには素朴なアプローチよりも適切である。我々の具象化したイメージを精緻化しなければならない理由や正確に記号化したり適切な段階で形式的定義を厳密にしたりしなければならない理由に対して、本当の洞察が明らかになる。これは、モンスターとみえた概念にも自然な意味を与えるという、新しい具象化を思い描く洗練された方法となる。

9. 動的に具象化された連続から形式的な定義へ

具象化された感覚において、動的意味での連続関数は、グラフが紙から鉛筆を離すことなく描かれる。心の目でこれをイメージし、それから、そのとても小さい部分へ焦点を当てて水平に引き延ばすことをイメージしよう。水平のスケール

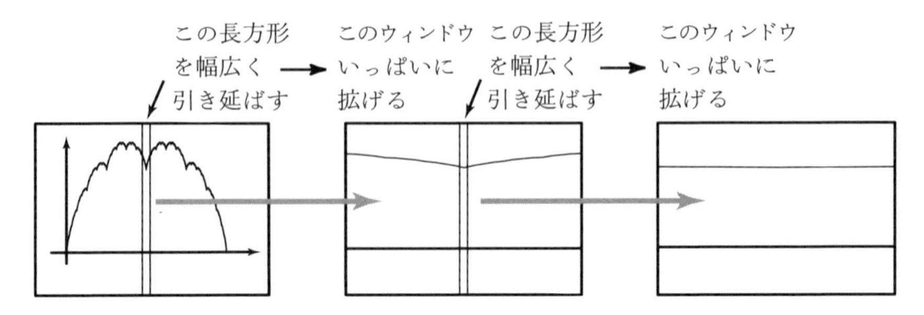

図 11.18　連続な曲線を水平に引き延ばして水平な直線を明らかにする

を増加させ、垂直のスケールを同じままにするとき、それはより平らになる。コンピュータ画面では、個人がウィンドウの中に任意のグラフを描き、ウィンドウ全体になるよう拡張させる縦に細長い長方形を選べるようにすることで、この過程を具象化できる。これは、$x=1/2$ でのブラマンジェ関数においても起こる。そこでは、等倍率下では垂直な半直線にみえるが、固定されたウィンドウで水平に引き延ばされると、グラフは水平な直線と見えるように平らに引っ張られる（図 11.18）。

コンピュータ画面上の図は、小さいがゼロではない大きさの画素で作られている。人間の視器官で画面上を見れば、それは画素による水平な直線である。点 $(x_0, f(x_0))$ のまわりで「グラフを平らに引っ張る」ことを可能にするには、画素数が高さ 2ε に相応し $(x_0, f(x_0))$ が画素の中心にあると仮定したとき、x が区間 $x_0-\delta<x<x_0+\delta$ にあるとき $f(x)$ が $f(x_0)-\varepsilon<f(x)<f(x_0)+\varepsilon$ となる幅 δ を見出さなければならない（図 11.19）。

この連続に対する具象化アプローチは、形式的定義を導き出す。

> 関数 f が x_0 で形式的連続であるとは、次が成り立つことである。
>
> $\varepsilon>0$ が与えられたとき、
> $x_0-\delta<x<x_0+\delta$ ならば $f(x_0)-\varepsilon<f(x)<f(x_0)+\varepsilon$
> となるような $\delta>0$ を見出すことができる。

様々な著者が、連続の形式的定義は奇怪な結果であると示してきた。『数学の認知科学』において、レイコフとヌーニェスは、連続の形式的定義は自然で動的な

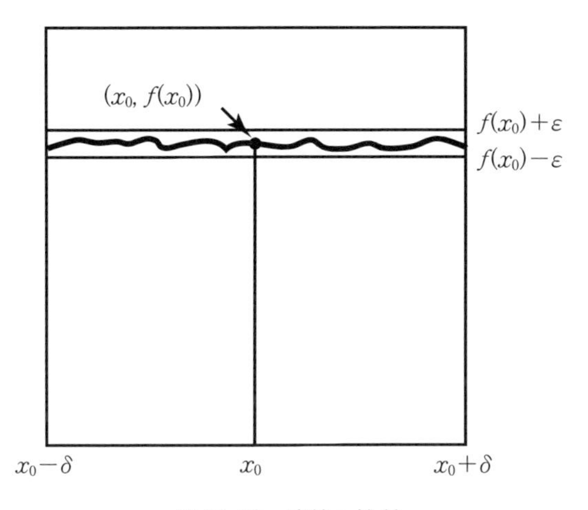

図 11.19 連続の性質

連続形式と異なると言う。彼らの議論は、具象化された連続的知覚と形式上別個の数学的定義の特性をリストアップすることや、その2つの間の大きな相違点を明らかにすることによって、定式化される。例えば、「自然な」連続は、ある滑らかさを暗黙のうちに含む。つまり「自然なグラフ」は、すべての点で接線を持ち、角を持つような例外を場合によって除けばよい[23)]。

この「自然なグラフ」の考えは、動的連続と局所直線の具象化理論を用いることで概念化される。ここで、ほとんどの点で接線を持つ滑らかなグラフと、動的感覚で単に連続であるグラフの間において、「自然な」区別がある。もし本章で記述した意味での微積分への「局所直線」アプローチに生徒が従えば、そのとき彼らは連続であるが微分可能でない関数をイメージできる潜在能力を持つ。それは従来のアプローチでは事実上思考不可能という概念である。

アメリカの大学の微積分課程で出会う、一般的な関数は、異なる区間で分離した式で与えられ、それらは有限個の点を除いたすべての点で微分可能である。私はそのことに気づくことをひそかに楽しんでいる。これは、微分可能性を確認する技法、すなわち最初に式が与えられている区間にわたるとき、角がある点で分離して考慮するということに至る。「局所直線」の考えが身につけば、大学の微積分の関数は、異なった左と右の導関数を持つ角を除いて、局所直線であるだけで

23) Lakoff & Núñez (2000), p. 307。

なく、微分可能性と「自然な」動的連続の両方に関係する幅広い考えを支える具象化された視覚的意味も存在する。それは、形式的連続の一見したところ「モンスターな」特性に対する洞察さえ与える。

第10章において、私は「公理や定義の意味は、文脈に依存する」という原則を記した。例えば、推移律は、順序関係の定義における役割と比べて、同値関係の定義の一部として異なる。同様に、連続の定義は、異なった文脈において異なる作用をする。形式数学では、定義が、例えば有理数上だけで作用するように適用されたとき、まったく異なる特性を持つ。

関数 $f:\mathbb{Q}\to\mathbb{Q}$ が次のように定義されたとする。

$$f(x)=\begin{cases}1 & x^2>2 \text{ のとき}\\ 2 & x^2<2 \text{ のとき}\end{cases}$$

これは定義域のどこでも連続であるが、$-\sqrt{2}$ と $+\sqrt{2}$ の両側で飛躍がある。しかし、これらの飛躍は、関数の定義域の**外**、無理数の点で生じる。関数が形式的定義を満たし、点 $x_0\neq\pm\sqrt{2}$ をとるならば、図11.19の解析は有効さを保つ。グラフが平らに引っ張る画像を得るために飛躍が生じる2点を排除するような区間 $x_0-\delta$ から $x_0+\delta$ となるように、単純に δ を選ぶ。

具象世界から形式世界へ自然に移行するためには、具象世界での考えが自然に形式世界へ転換するふさわしい文脈で活動する必要がある。図11.9で示した動的連続の概念は、いくつかの点 $(a, f(a))$ で始まり、$(b, f(b))$ で一筆の動きが終わるまでの間における**すべての**点を通して（動的意味において）連続する。連続なグラフは閉区間 $[a, b]$ 上で描かれる。実閉区間上の連続関数は、一様連続である。これは、与えられた正の数 ε に対して、全区間の至る所で連続条件を満たす δ の単一の値を見出せる。

この文脈では、形式的連続は具象的連続を含む。与えられた鉛筆でもって閉区間 $[a, b]$ 上の形式的連続関数を描くことについて、鉛筆で作られた跡は有限な大きさを持つため、グラフは形式的に定義された曲線を**覆う**ように鉛筆を引きずって描かれる。

証明は、辺の長さ ε の正方形が鉛筆の跡で覆われるように、$\varepsilon>0$ の値を十分に小さく選ぶ必要がある。ある値 δ を見出すためにこの ε の値を用いよ。その値 δ とは、中心 x、幅 δ の区間におけるすべての t の値に対して、$f(t)$ の値が中心 $f(x)$ と高さ ε を持つ垂直範囲に存在するようにする。

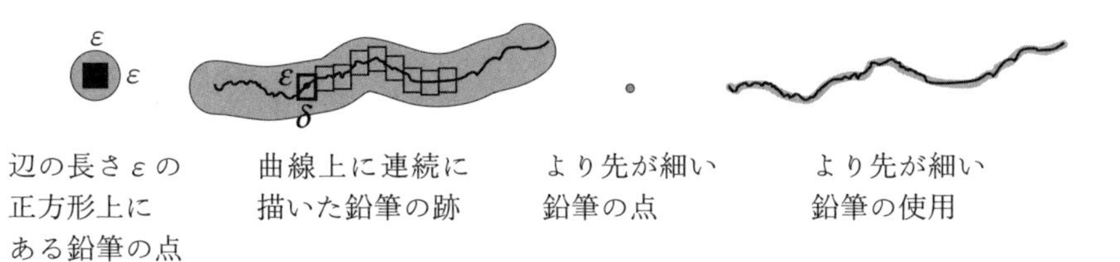

図 11.20　ある区間上にある連続関数の物理的描画

（厳密にはδは、$|x-t|\leq\frac{1}{2}\delta$ならば$|f(x)-f(t)|\leq\frac{1}{2}\varepsilon$ということを満たさなければならない。）

もし$\delta>\varepsilon$ならば、幅δ、高さεの長方形が鉛筆の点で作られた跡によって覆われるように、小さい値εでδを置き換えよ。それぞれがその中心点をグラフ上に位置するように、目盛りδ区切りで連続長方形を描くならば、その長方形の中にある区間におけるグラフは、その長方形の中に完全に存在する。それから、連続長方形上に鉛筆の点を置き、動的連続なグラフが得られるように曲線に沿ってそれを引きずる（図 11.20）。

先が細い鉛筆（および多数のより小さな正方形）を用いることで、描かれた曲線は要求されたグラフの図のように見え始める。我々が紙面もしくはコンピュータ画面上に見るのは、この具象化された図である。鉛筆が太かったり画面の画素が大きかったりすれば、我々が観るものは大雑把に見える。しかし、重要なのは、画面上の図ではなく、我々の心の目にある図である。

我々は、（図 11.17 における$\sin x+n(x)$のグラフのような）動的連続関数が、どこでも微分不可能であるにもかかわらず、標準尺度では滑らかに見える理由を理解できる。

これは、単一の図だけでは、与えられた実関数が微分可能であるかどうかを判断できないことを我々に伝える。局所直線であること、導関数を求められる計算の仕方が保証されていることを知る必要がある。

10. 連続なグラフ下での面積

2つの垂直な直線間にある連続なグラフ下で描かれた面積[24]は、固有の数値を持つ。ライプニッツとニュートンはともに、x 軸上の固定された点 a から変動点 x までの y のグラフ下での面積を計算したものを、x に依存する変量 A と見た（図11.21）。数学者は、その面積に対して、その存在が証明され、極限をとる議論を用いて計算されることを要求する。我々は、連続曲線下での面積に対する知覚の常識に基づいて、その面積を**観る**。問題は、特定の面積に対応する1つの数だけではなく、x が変数として変化するときの関数 $A(x)$ として、それを**計算する**ことである。

A を計算するために、ライプニッツは、高さ y、幅 dx の細い短冊で構成されているとイメージした（図11.22）。

ライプニッツは、細い短冊の大きさ $y\,dx$ のすべての和として面積を観て、「summa $y\,dx$」とラテン語で記述し、語「summa」の代わりに引き延ばしたようなSを用いて、次のように表した。

$$A=\int y\,dx$$

もし面積が異なる始点 b から計算されるならば、A の値は a と b の間の曲線下の面積から変化する。だから、一般的な面積関数は、次である。

$$A=\int y\,dx+c$$

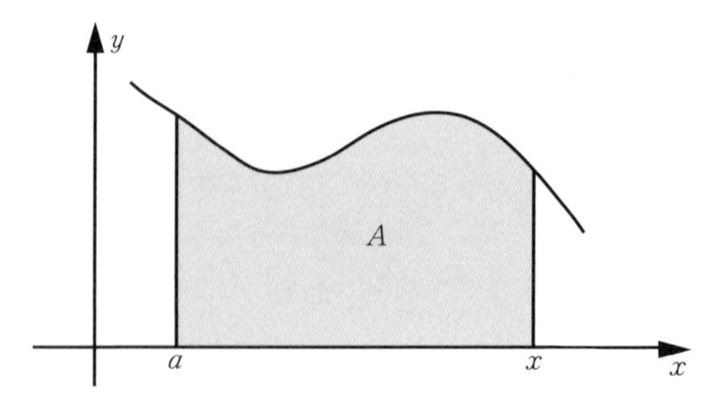

図11.21　a から x までの曲線下での面積 $A(x)$

24）［訳註］英語では、面積も領域も area である、積分領域とふつう正となる面積の区別は日本語のようにはできない。

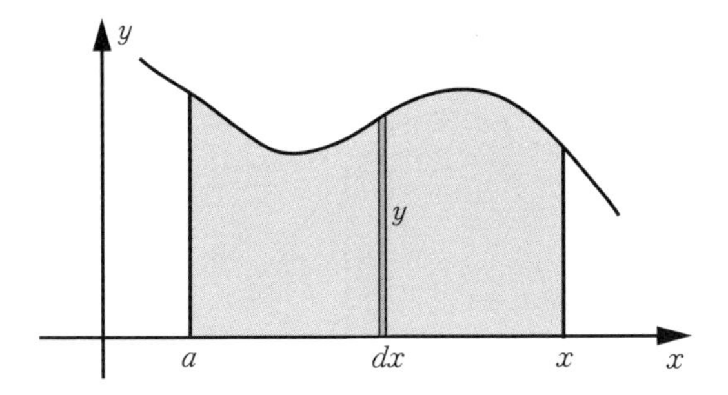

図 11.22　幅 dx、高さ y の細い短冊で構成される面積

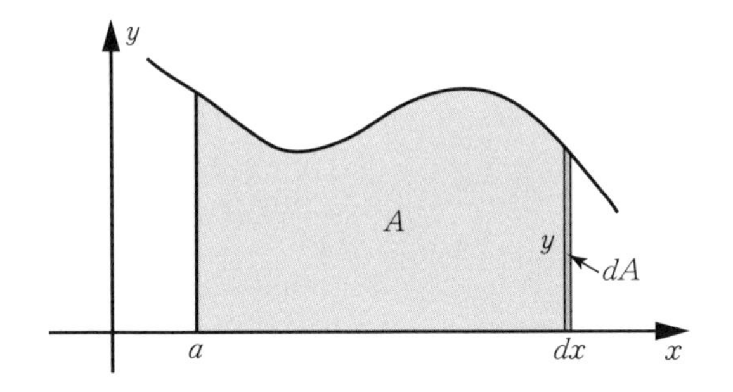

図 11.23　面積での増加 dA は $y\,dx$ に等しい

ここで、c は積分定数と呼ばれる。

10.1　微積分の基本定理

ライプニッツは細い短冊をたし合わせることで面積を計算しなかった。代わりに、彼は、x が量 dx で増加するとき、幅 dx、高さ y の細い短冊の面積である量 dA で面積 A は増加すると予測した（図 11.23）。

上部が曲がったグラフの一部なので、面積 dA の細い短冊は正確な長方形ではない。しかし連続関数に対して、短冊が水平に引き延ばされたとき、グラフは平らに引っ張られ、面積の増加が幅 dx、高さ y の長方形となるくらいに、最終的な短冊の幅 dx は小さくとれる（図 11.24）。

実用精度計算を用いると、面積は次のようになる。

$$dA = y\,dx$$

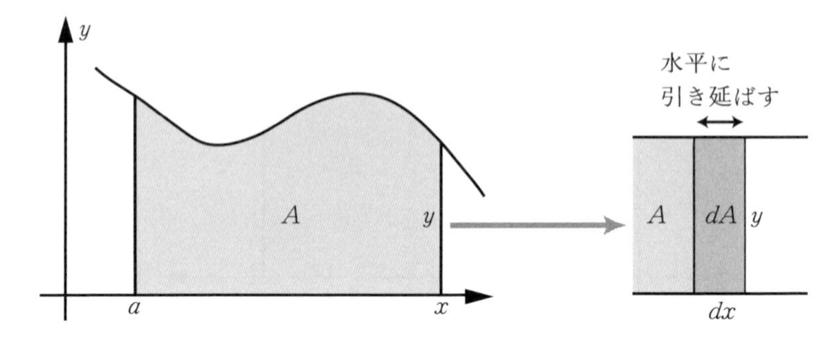

図 11.24　平らに引っ張られるように短冊を引き延ばす

曲線は正確には水平ではないために生じるどんな誤差も、グラフを描くのに用いられた鉛筆の線の太さの中に収まる。

等式を dx でわることで、ライプニッツは次の関係を得た。

$$\frac{dA}{dx} = y$$

2つの等式

$$A = \int y\,dx + c \text{ と } \frac{dA}{dx} = y$$

は、積分法と微分法の操作は、本質的に逆であることを、最も簡単な言葉で表す。それは、**微積分の基本定理**である。これは驚くべき知識圧縮であり、2つの短い等式で変化と増大の間の本質的結合を表現する！

多数の細い短冊を用いて面積計算するとき、たくさんの小さい誤差の和は、合計するとゼロにはならないかどうかという疑問が生じる。私が16歳で微積分を学習してこの考えに出会ったとき、たくさんの小さい誤差が重大な誤差を与えるくらいに増大するかもしれないと心配したことを今でも思い出す。私が学習した数学では、理論に基づいて正しい答えが得られるので、この私の気がかりは抑えられ、問題を解決することに集中できた。この問題の議論は微積分課程の入門期では適切でない一方で、ニュートンやライプニッツの表記法の変形を用いて解決されるということを私は確信する。

a から b までの区間は、短冊 $a = x_0 < x_1 < \cdots < x_n = b$ に細かく分割される。そこでは、$x_r - x_{r-1}$ が dx_r と表される。幅 dx_r、高さ $y_r = f(x_r)$ の長方形の短冊の和は、次のように記述される。

$$\sum_a^b f(x)dx_r$$

連続関数 $f(x)$ に対して、任意の $\varepsilon>0$ が与えられたとき、$\delta>0$ を見出すことができる。その δ とは、各短冊が δ 未満の幅を持つならば、短冊における変分が $dx\times\varepsilon/(b-a)$ 未満で作られる。この特定値は、すべての短冊における変分の合計が次に満たないように選ばれる。

$$(dx_1+\cdots+dx_n)\times\varepsilon/(b-a)$$

ここでは、$dx_1+\cdots+dx_n=(b-a)$ であるから、変分の合計は ε 未満で与えられる。

このようにして、r 番目の短冊で任意に選ばれた y の値として $y_r=f(x_r)$ とすると、この短冊の和 $\sum_{r=1}^n y_r\,dx_r$ は、面積に対して「実用精度」の近似値となる。表記法を簡単にすると、有限の短冊を用いて計算される a から b までの面積は、次のように記述される。

$$\sum_a^b y\,dx$$

連続関数 $y=f(x)$ に対して、短冊の幅は、実際の面積値として実用精度の数値近似を与えるように小さくとられる。そこで、(形式的な極限概念によって与えられた) 精密な値は、次のようなコンパクトなライプニッツの表記法で記述される。

$$\int_a^b y\,dx$$

10.2　面積累積関数

固定された点 a から変動点 x までの面積関数は、数値計算でき、「面積累積」関数は点列として描かれる (図 11.25)。

この「面積累積」関数は、連続する短冊の面積をたす累積和を描く。短冊の幅を小さくするとき、面積累積関数のグラフは実際の面積関数に落ち着く。それは、元の関数が連続であるから、局所直線である。正確な面積関数 A のグラフを描き、点での実用接線を見るならば、その成分は dx と dA によって示される (図 11.26)。

細い短冊をとると、図 11.27 のように、面積関数の拡大図は局所直線に見える。

我々はライプニッツ問題の根源にいる。ライプニッツは、グラフ下の面積では

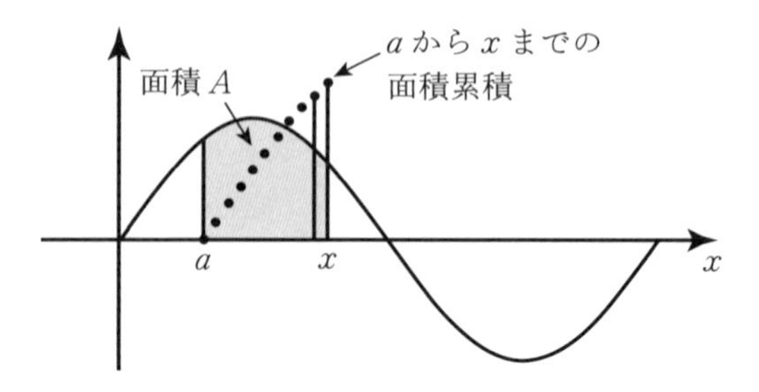

図 11.25　固定された点 a から x までの面積累積

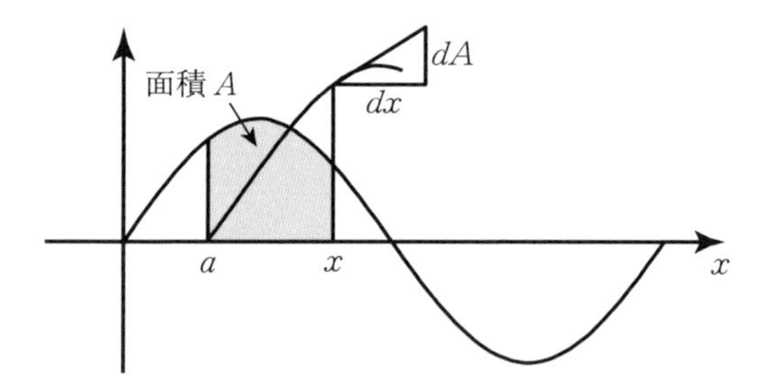

図 11.26　成分 dx と dA を持つ面積関数の接線

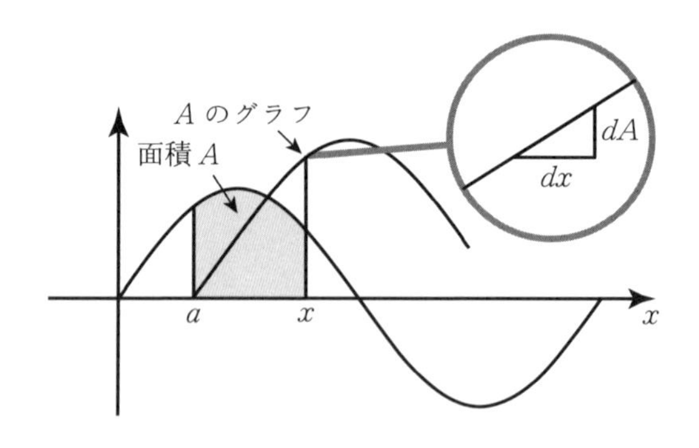

図 11.27　面積関数の拡大

なく、図 11.28 にある上部に影をつけた長方形の階段の面積を効率よく計算するよう、短冊 $dA = y\,dx$ をたし合わせることによって y のグラフ下の面積を得ることを提案した。

ここで、有限な短冊の幅をとるとき、誤差が**ある**ように見える。しかし、関数

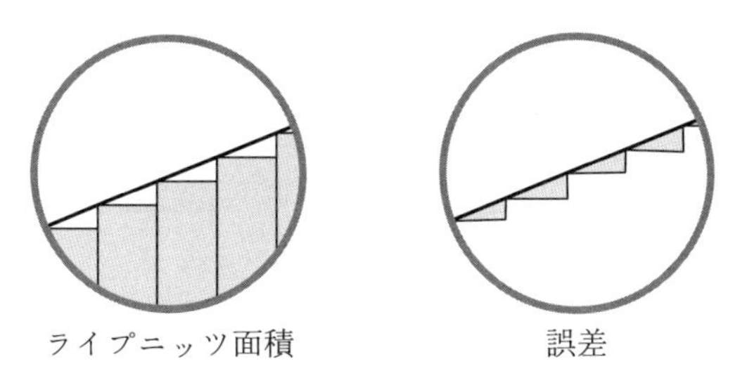

図 11.28　ライプニッツ面積とその誤差

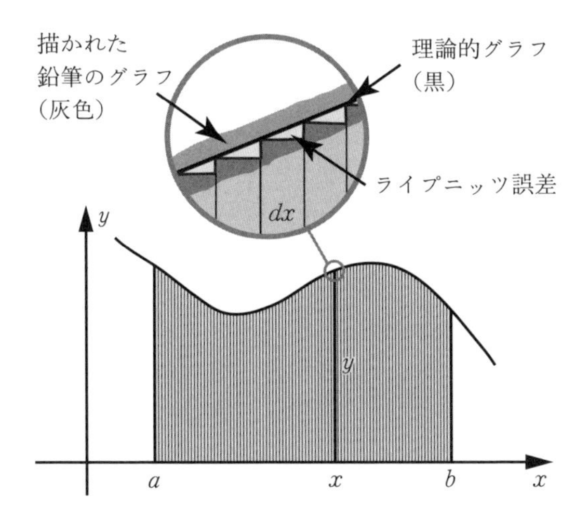

図 11.29　誤差を鉛筆の線の範囲にあるよう要求された小ささにする

が**連続**ならば、以前に示した議論によって、一緒にたし合わせたこれらの誤差は、実用目的として計算が実用精度であるくらいに要求される小ささまで小さくできる。実は、誤差を適切に小さくすることによって、それがグラフを描いている画素の線や鉛筆の線の内側にあるようになり、面積に直線をたすことは何らかの有効量でもって面積を変化させないという、ライプニッツの実行不可能な考えを思いつく（図 11.29）。実は、具象化感覚としてグラフは**連続**であるため、任意の $\varepsilon>0$ が与えられたとき、太さ $\pm\frac{1}{2}\varepsilon(b-a)$ の高さの線を描くことができる先の細い鉛筆を選び、幅 δ の短冊での y における変分が $\pm\frac{1}{2}\varepsilon(b-a)$ よりも小さくなるように δ を選べる。そのとき、a と b の間の面積誤差の合計は、ε よりも小さい。

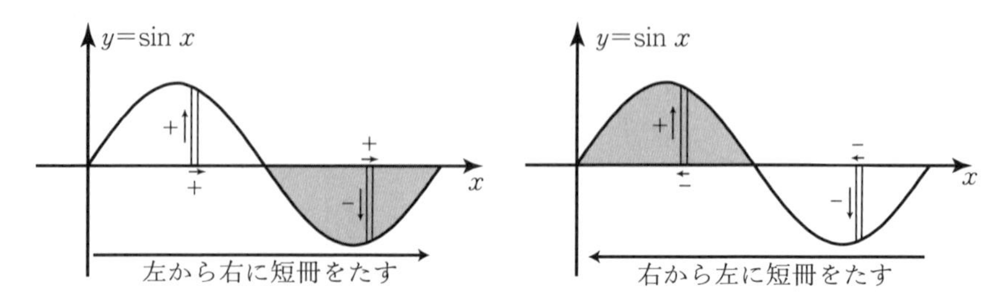

図 11.30　異なる方向で短冊をたす

10.3　正と負の面積の計算

第7章において、代数学での符号のついた数の導入が、視覚表現における複雑さの原因となったことを見た。これは、グラフが x 軸上にある図を描くことで、前述で行ったように通常は解決される。しかし、短冊の高さ y に幅 dx をかけることによって短冊の面積を計算するとき、量 y と dx のどちらかもしくは両方は、正か負をとる。グラフが軸の下にあるとき y の値は負であり、和が右から左に行われればステップ dx は負になる。すべての組合せが可能である（図 11.30）。

影をつけた面積は、（正に負をかけることで）負の結果になる。それに対し、影をつけていない面積は、（正に正をかけるか、負に負をかけるかのどちらかで）正である。これは、方向の考えである。その面積は、反対方向に向けて転回すれば符号が変わる。具象化は、動的運動に関して、新しい洞察をもたらす。

実際には、$a<b$ に対して b から a までの積分を次のように定義することによって、数学者はこれを回避する。

$$\int_b^a f(x)dx = -\int_a^b f(x)dx$$

しかし、第7章で議論したように、負の量の導入が具象化を複雑にするにもかかわらず、我々は、このように主要な考えの図から、重要な洞察を得る。

10.4　有限回微分可能な関数

我々は、具象化することで、高度に洗練された数学的な考えに対する洞察を得る。例えば、ブラマンジェ関数は連続であり、微積分学の基本定理によって、$B(x)=\int_a^x bl(x)dx$ は微分可能で導関数 $bl(x)$ を持つ。これは、$B(x)$ は1回微分可能であるが、2回微分可能とは言えない。もし $bl(x)$ を27回積分して関数

$C(x)$ を得るならば、これは27回微分可能で、28回ではない。

我々は、微積分のこのような考えを具象化することによって、「常識」を予定外に利用することによって理解を超える方法として、洞察を得る状況を心の中に作ることができる。これは人間の脳の驚くべき機能である。必要な経験もなく予定外の心的構えにおいては理解できないかもしれないが、素朴な直観をはるかに超える我々の数学的思考における人間の能力を示す。

11. 微分方程式

微分方程式は、量の変化における変化量としての比を話題にしており、我々の課題はその量を表すことである。微分方程式は、次である。

$$\frac{dy}{dx} = 2x$$

これは「x に関する y の導関数は $2x$ である」と一般に読まれ、解 $y=x^2+c$ を持つ。しかし、次の微分方程式はより興味深い。

$$\frac{dy}{dx} = \frac{x}{y}$$

なぜなら、その解は、x の関数としての y を**与えない**からである。それは次の**微分**方程式として、洞察力のある方法で記述される。

$$y\,dy = x\,dx$$

この式は、解曲線に対する接ベクトル成分としての dx と dy を述べる。これはコンピュータ・プログラムにおいて具象化される。そのプログラムは、微分方程式によって与えられる傾きをもつ短い線分をソフトウェアが描くとき、ユーザーがグラフ・ウィンドウの中にどこでも指し示せるようにできる[25)](図 11.31[26)])。

学習者は、マウスをクリックして線分の端から端へと順に線分をつなげて描き、微分方程式で方向が与えられる曲線を追いかけることによって解を操作する感覚を得る。

$x\neq0$ とし $y=0$ を方程式 $y\,dy=x\,dx$ に代入することで、解曲線が x 軸を通る

25) Blokland & Giessen (2000)。
26) 画像では、中点で線分を計算して描かれる。これは接線の方向についてよりよい近似を与え、同様に要求された解に対するよりよい近似値を与える。

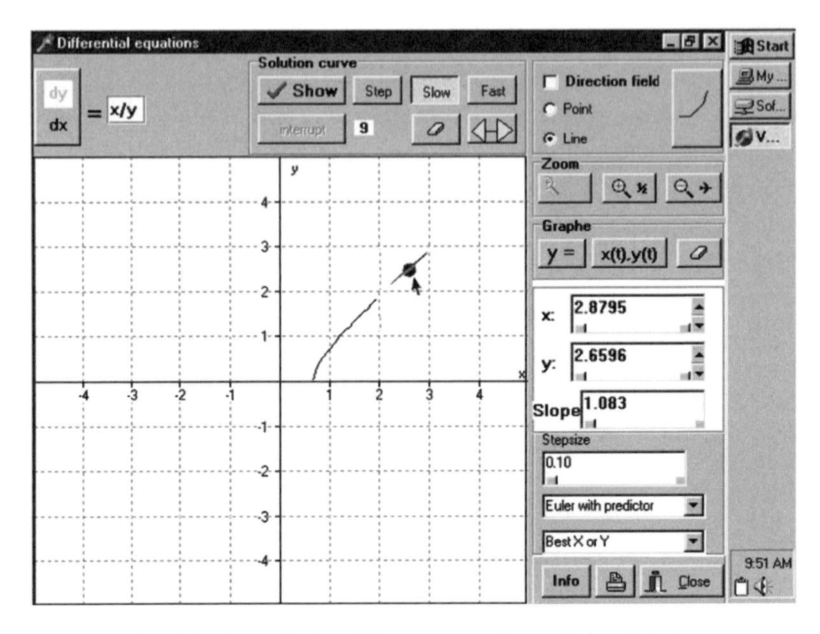

図 11.31　方向を明確に記述することで微分方程式の解を得る

ときに垂直な接線を持つことがわかり、$dx=0$ を得る。x と y がパラメータ時間 t の関数として与えられれば、この微分方程式は、可変接線によって与えられた方向に追随する、一般解曲線として表せる。

(a,b) で始めて (x,y) で終わる実用精度近似解を得るために、微分方程式 $y\,dy=x\,dx$ に対して線分をつなげることは、次の式で表される。

$$\textstyle\sum_b^y y\,dy = \sum_a^x x\,dx$$

これは、積分記号を用いて次の式に置き換えられる。

$$\int_b^y y\,dy = \int_a^x x\,dx$$

微積分課程の入門期では過度に強調すべきではないが、これは微分方程式を解く人が無視する現象である。ライプニッツ流に線分和として面積を考えれば、短冊の幅 dx と dy は正に思えるが、微分方程式 $y\,dy=x\,dx$ において、dx と dy の符号は x と y の値によって変わる。解曲線に沿って追随すると、接線の方向は漸次変化する。この微分方程式の解は、$\dfrac{1}{2}y^2=\dfrac{1}{2}x^2+c$ の形式であり、それは、ある定

数 k に対して次の形式の双曲線である。

$$x^2-y^2=k$$

実際の画面上では、動的解は、図 11.31 における双曲線の一片に沿って動く点 (x, y) で表示され、その x と y は時間に依存して表示される。

このソフトウェアにより、人間の感覚で知覚できる。ソフトウェアは、微分方程式によって与えられた方向に短い線分を表示できるように、ユーザーが点を指し示し、クリックできる。短線分を連続的につなげることで、微分方程式で方向が定められる局所直線で与えられる曲線として、解曲線を**観たり感じたり**できる[27]。

これは、1 階微分方程式にだけ適用できる単純解ではない。それは、1 つの独立変数 t における微分方程式のすべての系にも当てはまる高度に洗練された考えである。例えば、時間 t の関数である 2 変数 x と y の連立 1 階微分方程式が次の形式になっているとする。

$$\frac{dx}{dt}=f(t, x, y), \quad \frac{dy}{dt}=g(t, x, y)$$

これらは 3 次元 t-x-y 空間で視覚化でき、方向 $(1, f(t, x, y), g(t, x, y))$ で次式によって記述される接ベクトル (dt, dx, dy) を持つ。

$$dx=f(t, x, y)dt, \quad dy=g(t, x, y)dt$$

特定の始点を通る解は、そこから接線の変化する方向へと追随する曲線になる。

2 階微分方程式

$$\frac{d^2x}{dt^2}=f\left(t, x, \frac{dx}{dt}\right)$$

は、新しい変数 $v=dx/dt$ を導入することで、次のような 2 つの連立微分方程式に変えられる。

$$\frac{dx}{dt}=v, \quad \frac{dv}{dt}=f(t, x, v)$$

27) 解が潜在する曲線を追いかけることができるように、与えられたステップ s に対するアルゴリズムは、始まりでの s の符号をいずれかの向きに選択するように置き、方程式から dy/dx の値を引き続いて計算できる。そこでは、dy/dx が dx か dy のどちらかより大きい絶対値をもっている方へ、符号と割り当てられた s の値を変化させたときはすぐに、s の符号を変える。各ステップでの実際の長さは、いつも $\sqrt{2}|s|$ よりも小さくできる。

そして、同じように視覚化できる。

一般的に、任意階数の微分方程式の任意系は、1階微分方程式系に縮約できる。これは、独立変数 t に依存する n 個の変数 $x_1, \cdots, x_n$ を持つ一般的な場合を生成する際の、生成概念として1階微分方程式の簡単な場合と見なすからである。具象化感覚で微分方程式系を解くことは、高次空間において解曲線を作り上げるために、微分方程式系によって与えられる方向を追随することである。

空間が成分 $(t, x_1, \cdots, x_n)$ を持ち、$n+1$ 次元であるとき、それは人間のイメージを広げる。しかし、我々は、n 個の座標平面 t-x_1, t-x_2, $\cdots$, t-x_n 上の射影をイメージすることによって、2次元の中でそれを見ることができる。そして、点 $(t, x_1, \cdots, x_n)$ が $n+1$ 次元空間を動くとき、n 個の座標平面のそれぞれにおける同期移動の組合せとしてその漸進を見ることができる。

12.　偏微分

1変数関数から多変数関数への移行は、一見したところ複雑な考えを必要とする。それは2量の比として偏微分 $\partial z/\partial x$ を考えることに単純に従わない。この場合、2変数の関数 $z=f(x, y)$ は、次式で与えられる偏微分を持つと定義される。

$$\frac{\partial z}{\partial x}=\lim_{h\to 0}\frac{f(x+h, y)-f(x, y)}{h}, \quad \frac{\partial z}{\partial y}=\lim_{h\to 0}\frac{f(x, y+h)-f(x, y)}{h}$$

これらは次の恒等式を成り立たせる。

$$dz=\frac{\partial z}{\partial x}dx+\frac{\partial z}{\partial y}dy$$

等式が $dz=\partial z+\partial z$ になるとき、それが何を意味するにしても、異なる記号 dx、∂x と dy、∂y は、打ち消さない。これは、偏微分が商として考えられるべきではないことを意味する。しかしそうではない。問題は、数学自体にあるのではなく、**表記法**にある。

関数 $z=f(x, y)$ は、3次元における曲面を与える。そこでは、水平面にある点 (x, y) が、曲面上の点を垂直に上に距離 z を与える。曲面上の点 (x, y, z) を通る接平面は、y が一定である垂直面で切り取れば成分 dx と dz_x の接線を得て、x が一定である垂直面で切り取れば成分 dy と dz_y の接線を得る。すなわち偏微分は、次のようになる。

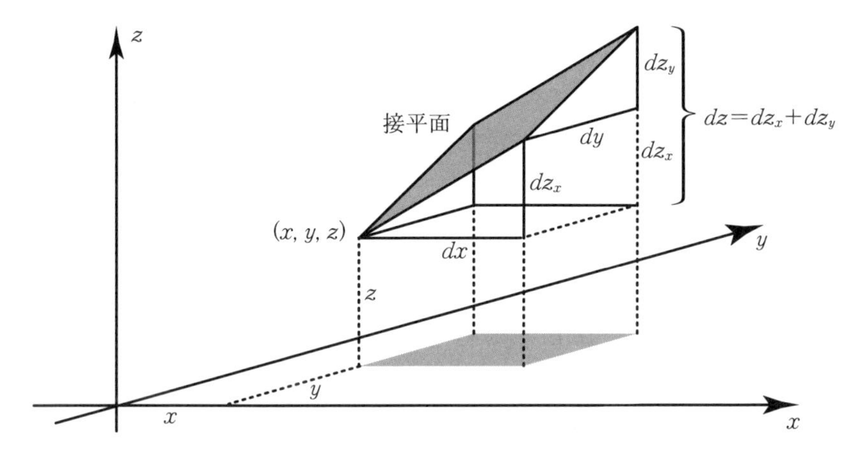

図 11.32　曲面 $z=f(x,y)$ に対する接平面

$$\frac{\partial z}{\partial x}=\frac{dz_x}{dx},\quad \frac{\partial z}{\partial y}=\frac{dz_y}{dy}$$

接平面に対する dz における垂直変化のベクトル和は、単に2つの垂直成分の和 $dz=dz_x+dz_y$ である（図 11.32)。

偏微分 dz_x/dx と dz_y/dy の新表記法は、前と同じように長さの比である。そこでは、dx と dy が任意の値をとることができ、対応する接平面に対する増加量 dz は次の式を満たす。

$$dz=\frac{dz_x}{dx}dx+\frac{dz_y}{dy}dy$$

ここでは、dx と dy の両方とも、打ち消し合って $dz=dz_x+dz_y$ を与える。

これは、微分法だけでなく、積分法、微分方程式、偏微分においても、微積分への局所直線アプローチは、ライプニッツの表記法を自然に解釈したものである。

これは、ライプニッツの表記法を尊敬の念をもって再評価したものである。それは、微積分の意味形成において直観的方法を与え、現在の大学の微積分では見られない。それだけなく、局所直線の考えを通して、人間の基本的な知覚から、解析学の形式的定義につながる。そして、後に見るように、応用数学における無限小の使用だけではなく、無限小を用いる微積分への代替的な非標準的アプローチにもつながる。

13. 具象化と記号化の関係

我々は微積分への局所直線アプローチの全体枠組みを振り返る。そこでは、知覚と行為の観点から人類がなしえる具象化と、記号で表象された微積分で正式に認められた強力な計算技法との間の関係を結びつける。それは最初に、(局所直線である) グラフ f に沿って辿り、新しい関数 Df のグラフとして変化する傾きを観るという具象化行為に基づく。局所直線であるグラフに関して、特定の点 x での傾き Df は、dx と dy が接ベクトル成分である形式 dy/dx での接線の傾きである。

それは勾配関数の極限を見出す記号的抽象から始める必要はなく、可能無限の問題提起的局面を伴う。その場合、学習者が極限自体の心象をもった**後に**導入されることで、極限概念をうまく理解する。極限をとる勾配関数の見方は、元のグラフでの傾き変化の具象化された図を通して生じる。極限の考えはそこで導入される。そのとき、生徒は勾配関数の心的概念を持ち、数値的に実用精度計算を用いたり、正確な記号的操作を用いたりしてそれを計算する。

そのアプローチは、具象化と記号化の調和的融合を促し、解析学の形式的定義へ変換する記号をうまく使うこととなる。

入門初期では、このグラフ的アプローチは、微積分の意味を理解するために用いられ、生徒は高度に革新的方法で学習できる[28]。例えば、教師が黒板に最大値をもつ曲線を描き、どのように最大値を求めるか問うとき、生徒マルコム[29]は、グラフが上がったり下がったりすることに従うように空中で手振りをし、導関数が正で、それから最大値でゼロになって、負になると言った。

そのとき、ソフトウェアがその課程の至る所で常用できると確信した。しかし、そうでないことが判明した。生徒が記号化の能力を伸ばした時点で、コンピュータは不要となり、今やより柔軟な方法で、生徒は記号をうまく使う。例えば、導関数 dy/dx は、問題解決するために記号による接線成分の除法過程として、微分方程式にふさわしいように、もしくは微分概念としてその式を観ることができた。

同様に、記号 $\int y\,dx$ は、幅がだんだん小さくなるときに極限に収束する高さ y

---

28) Tall (1986a)。

29) マルコムは、グラフ的アプローチが私の同僚のノーマン・ブラケットによって1985年に導入された最初の実験授業における生徒の仮名である。

と幅 dx を持つ短冊をたし合わせるというライプニッツの考えを表現するのに用いた。これは、記号 $\sum y\,dx$ が高さ y と有限な幅 dx を持つ短冊の和を意味するという、有限個の細い短冊による実用精度計算を用いて計算できた。視覚的議論は、面積関数の導関数は元の関数に戻ることを明らかにする微積分学の基本定理を導入するのに用いられた。このことは微分法と積分法の関係について有効な具象化になった。

このアプローチの基礎は、局所直線の考えである。本章の最終版を書いたとき、私はニュートンとライプニッツの考えを振り返り、彼らのひらめきに共通する源泉であり、最初に微積分の基本定理の幾何学的形式を明らかにした、アイザック・バローの考えを振り返った。この洞察的な考えは、無数に無限小の辺を持つ多角形としての曲線の考えと、バークレイの批判との間の葛藤を惹起し、微積分の基礎についての論争が3世紀半続いた。

そのとき、私は同僚で博士課程の学生であるアンナ・ポインターから電子メールを受け取った。そのメールには、彼女の学生の1人が、インターネット上の数学系譜プロジェクトを通して、彼女の学術的系統をアイザック・ニュートン卿にまで遡ったと書かれていた[30]。これは、私もまた（数百人あまりの現代数学者と一緒に）自分自身の系統を14世代辿ってアイザック・ニュートンに遡ることができ、さらに遡るとアイザック・バローに遡ることができた（さらに指導者の直系を遡るとガリレオやタルターリアも含まれる）。

これは遠い昔の開拓者から世代を通して細長いつながりを辿ることである。3世紀半後、無限小と可能無限の極限過程についての葛藤は、局所直線の中で新しい解決に到達した。高拡大倍率下での曲線は直線に見える。我々が観るものは角を持つ多角形ではない。しかし、小さく変化させれば、それは、**どこにおいても**直線に見える曲線である。

微積分と解析学の数学的意味に関する現代的議論は第13章で検討する。数学的な考えの発展は、我々の生涯において続き、すべての概念に生じる支持的局面と問題提起的局面に依存する。

30） http://www.genealogy.math.ndsu.nodak.edu/id.php?id=44620（2013年2月14日にアクセス）。

14. 省　察

本章では、数学的思考の発展に関する三世界モデルが、微積分への自然なアプローチを与え、具象世界と記号世界が融合することを明らかにした。そこでは、極限概念が、導関数が知られている標準関数から構成された関数について、記号的導関数を計算する必要性から生じる。

多くのグラフを「局所直線」と見ることは、コンピュータ上でグラフを拡大することから始まる。これは、（紙から鉛筆を離さない連続的動きで描かれるため）動的連続であるグラフと、導関数になるように固定する新しいグラフとして描かれる滑らかに変化する傾きを持つ局所直線であるグラフとの間には、基本的違いがある。

そのアプローチは、極限過程を理解できるように、実用精度の数値的方法と正確な記号化に発展し、応用数学との理論的関係や解析学の形式理論へと発展する。

達成すべき目標と回避すべき反目標というスケンプの理論を使って、数学者としてこの話題を解釈できる。数学者は、無限小の問題状況を重視し、可能無限の極限概念を通して数学を発展させるという代替目標に転換した。この新しい目標は、解析学という強力な理論において計り知れない恩恵を与えた。しかし、覆い隠すものを新世代に伝えようと努力することで、うまくいかない考えを回避するという反目標は、予期しない結果になる。

微積分の公式が、微分方程式が積分に変化するように切り替えられるという、記号を伴った商であるかのように操作していると見えるにもかかわらず、生徒は、商として dy/dx を考えることを避け、極限として概念化せよと感情的な指導を受ける。

微積分に対する現代のイプシロン—デルタ論法は、微積分を学び始めた多くの生徒とって、本質的に困難な状況である。その結果が、生徒が関係的理解に到達できないという微積分の伝統的な学習実態である。たとえ生徒が関係的理解を望んだとしても、代わりに、応用で用いるためと試験に合格するための手続きだけを学習するという道具的目標に焦点を当てて指導される。

数学三世界枠組みは、具象化された局所直線と記号的操作（極限概念を用いる形式的アプローチの基礎として操作できる）を融合する微積分への柔軟なアプローチに対する土台となる。

後の章において、この話題は、解析学の標準理論に対して、形式的、操作的、具象的数学的思考を融合する可干渉性の形式概念として無限小の意味を解き放つために、両方に基礎を与える。

第 12 章　数学者の思考法と構造定理群

本章では、我々は公理的形式世界を通した旅に戻る。前提とすべき公理体系において、第 8 章の例 $(-a)(-b)=ab$ のように、関係を形式的に演繹する初歩段階にみられる複雑さを取り扱った。第 10 章では、定式化された定義と推論を扱う最初の段階が、学習者にとって高度に複雑であることを扱った。学習者は、今や形式的な定義や証明に基づき再構成されるべき対象となった具象化され記号化された考えを備えた上で、それを形式的な考えとして意味をなすように理解する。

学習者は、次のような様々な方法で発達する。学習者は、状況に対する具象に基づいて心的イメージを構造的に作り出したり、記号を操る経験に基づいて計算を生み出したり、形式的定義からの演繹に基づいて形式的に導いたりする。試験において証明を再現するために手続き的に証明を学ぶ学習者もいる。

学習者が提示された公理系リストを目の前にしたとき、第一段階としてすべきことは、最初の定理を証明することであり、その定理によって元の公理や定義をより柔軟に使えるようになる。そこで、与えられた公理系の多層リストは、形式的知識という関係構造を発展させる方向に進む。長期的には、それは結晶概念となりうる。

例えば、完備順序体は、順序体における連続性公理を含んだ公理系リストによって定式化される。第 10 章では完備性公理は「コーシー列は常に極限がある」という形式で与えられた。順序体に対する連続性公理を定式化する他の方法もある。例えば「上に有界な増加数列は上界を持つ」、「下に有界な減少数列は下界を持つ」、「上に有界な非空集合は上限を持つ」、「下に有界な非空集合は下限を持つ」。順序体の公理系において、これらの様々な説明は同値であることが証明される。

人間の思考はこの考えをさらに圧縮する。完備性公理の異なる表現が「同値である」と概念化するだけでなく、単一の結晶構造に圧縮するのである。すなわち様々な連続性公理の表現を越えて、実際には唯一の完備順序体である実数集合 $\mathbb{R}$

は、形式・具象・記号という3つの側面を1つに融合したものとして圧縮される。

群のように定義された数学的概念の場合、概念は様々な形態で存在しうる。実数加群、0以外の実数乗法群、変換群などの例がある。群論において、集合における群の演算結果が全単射（1対1上への写像）後の群の演算結果に対応することを記述する群同型という考えがある。群同型は根本的に同値を意味する。この例のように人間の脳は1つの結晶構造として概念を認識できる。

群の一般概念それ自体が結晶構造を有するとしても、学生は一から学び始める。以下は、大学数学の初年度が終わった後に行われた「数学概念の発展」というコースを受講し始めた30名の数学科の学生と私による会話である。

ほとんどの学生は初年度の群論のコースを十分に理解していないと言った。何名かは「何も学ぶことができなかった」と主張した。私はそのある種の挑戦に応えるため、疑い深いふりをして前向きな態度を装った。私は「頭に群 G が浮かんでいる」と彼らに言った。それ以外のことを彼らには言わなかった。彼らに群について何か言ってほしかったのである。

与えられた群を G とすれば、群であるから単位元を持たなければならない。それを e とするのが最初の提案であった。「おそらく e はたった1つの要素である」と言った後、私が他の要素について「他の要素を x としよう。x について何か言うことはないか」と尋ねた。学生の反応は「$x \times x$ をして x^2 を得ることができる」だった。そして $x^2 \times x^2$ について尋ねると「x^4」と返答した。「これは結合法則を使ったものである。そうでなければ答えは x かける x かける x かける x になるはずだから」と説明した。

ここで重要な点が明らかになった。学生は私が頭で考えている集合について知らなかったにも関わらず、彼らはその特性についての感覚があり、それについて会話できた。この情報は彼ら1人ひとりが群の概念を構成した知識構造からできたものである。

本章では、公理系の多層構造リストが、知識を圧縮した結晶構造の形式的概念に関連づけられる定理を導くという長期発達について検討する。

長期発達の旅では、**構造定理**と呼ばれる特別な定理の証明も扱う。構造定理は、公理系から導かれる必然的な帰結として、新しい具象形式を導く。その具象形式は、正確な形式的意味を備え、かつ記号化演算方法も備えている。形式的な数学的思考の本質がそこで変換される。定理を注意深く1つひとつ証明しなければならない公理系の多層システムの代替として、その発達した専門知識は、新しい形態を有する結晶構造を導く。結晶構造は、形式的な証明の威力のもとで具象世界と記号世界に支えられた新しい形式で表される。

1. 初学者と専門家の比較

キース・ウェーバーは、大学生4名と博士課程の大学院生4名が群論における形式数学の問題を解く方法を比べた[1]。大学生は単純な定理を再現できたものの、問題がより複雑になるとうまくいかなかった。一方「博士課程の大学院生の場合には、抽象代数における強力な証明技能が発揮された。それは、どの定理がより重要であるか、ある特定の事柄や定理をどこで使うと有効か、記号的操作を利用していつ定理を試したり証明したりすべきなのか、もしくはすべきでないのかという技能である」と氏は書いている[2]。

整数加群 $\mathbb{Z}$ が有理数加群 $\mathbb{Q}$ と同型であるかを証明できるかどうかが、典型的な問いであった。定義によればこれは以下を意味する。すなわち加法が可能である集合 $\mathbb{Z}$ と $\mathbb{Q}$ が全単射であることを見つけるか、あるいはそのような全単射が存在しないことを示す。4人の大学生の誰1人、正確に対応できなかったが、博士課程の大学院生全員はこれを証明した。

大学生は集合 $\mathbb{Z}$ と $\mathbb{Q}$ が同じ順序数を有し、$\mathbb{Z}$ と $\mathbb{Q}$ は全単射の対応であるという記憶に焦点を当てた。彼らは全単射という考えを思いついたものの、加法操作における全単射を考えつかなかった。$\mathbb{Z}$ と $\mathbb{Q}$ が同じ濃度という記憶の印象が強すぎて、彼らはそれ以上のことをできなかった。

博士課程の大学院生は思考を助ける豊かな知識構造を持っていた。例えば、1人の大学院生は、すぐに「$\mathbb{Q}$ と $\mathbb{Z}$ は同型でない」と言った。なぜなら「$\mathbb{Q}$ は稠密だけれども、$\mathbb{Z}$ は稠密でない」だから「$\mathbb{Z}$ は巡回群で $\mathbb{Q}$ は巡回群ではない」と考えた（元1は加法によって集合 $\mathbb{Z}$ のすべての要素を生成できるが、$\mathbb{Q}$ の要素は構成できないことを意味する）。この巡回群にかかる洞察は $\mathbb{Z}$ と $\mathbb{Q}$ の加法群が同型であるはずがないことを示す。

大学生は依然として証明過程を追究し、全単射を構築できるかどうか考えていた。大学院生は豊かに結びついた組織化された知識構造を備えており、群同型は群として同じ性質を持つことを知っており、この問題を解くためにその性質を用

1) Weber (2001)。
2) Weber (2001)。

いた。

2. 証明過程と真であることの保証

豊かな知識構造を与えるものが定理系列である。定義を用いた最初の活動からその系列を構成できるために、証明する人はどの定理が証明する価値があり、何が真なのかを推測する何らかの考えを持つ。その考えは予想された定理の真実性の議論を生み出す。その議論は、当初は形式的証明ではないが、証明する人に定理が真であるという確信を与える。

1950 年代に哲学者トゥールミン[3)4)] はどのように普遍性のある議論が成立するのかを考察した。一般に、証明は真とみなされた**データ**と**結論**を構築する**証明**形式とからなる（図 12.1 参照)。

しかしながら、トゥールミンはこの過程から普遍的議論過程を定式化した。彼によると、普遍的議論とは次のことを指す。まず**データ**から始まる。そして、理論を形成するために真とする**保証**を得る。その論拠は、真実らしさを支持するもので、100% 確かであるとまで保証する必要がない。その結果として、**結論**を支持する議論を行うに信任しうる**限定**表現を作る。保証は追加的な証拠で形成される**裏づけ**によって支持される。ただし、議論は、結論を潜在的に**反駁**するような反論も伴う。実際、議論が偽となる条件を述べれば、反駁になる[5)]（図 12.2 参照)。

この枠組みは、現在の知識構造を用いて人々が未知の証明法をいかに見出していくかを記述する広汎な文脈を提示する。

マシュー・イングリスやアドリアン・シンプソンら[6)] は、優秀な数学の院生が、議論をどのように発展させるのかを研究し、彼らに馴染みがない次の問題を与えた。完全数の定義に関するバリエーションは、ある正の整数 n に対して次のように与えられる。

---

3)　Toulmin (1958)。

4)　[訳注] トゥールミン (1922—2009) はイギリス出身の哲学者である。本書で述べられているトゥールミンの議論のモデルは様々な分野で利用されている。

5)　トゥールミンの枠組みではよく「裏づけ」の上の「データ」と「限定」の間の線の**下に**「保証」が四角で書かれている。しかし、私は「結論」に対して適切に支援する中心的な議論の一部として「保証」を見なしているため、「保証」をこの位置とした。

6)　Inglis, Mejia-Romas & Simpson (2007)。

図 12.1　与えられたデータから結論を証明すること

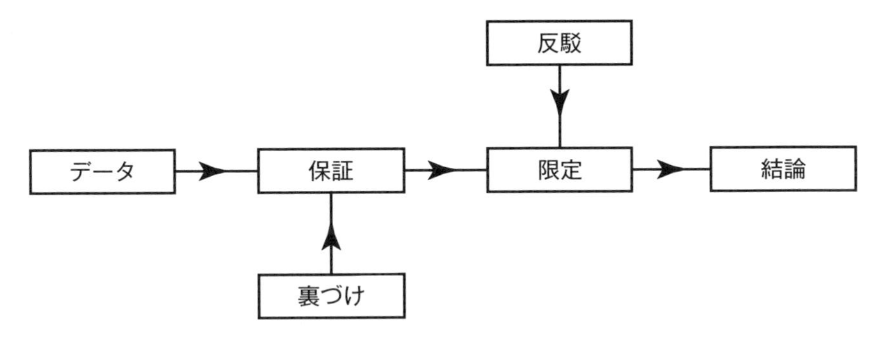

図 12.2　普遍的議論のトゥールミン・モデル

完全数 n とは、その約数を（1 と n を含めて）すべてたすと $2n$ になる数である。

過剰数とは、その約数の総和が $2n$ より大きな数である。

不足数とは、その約数の総和が $2n$ より小さい数である。

例えば、6 は完全数である（なぜなら $1+2+3+6=12$）、7 は不足数である（なぜなら $1+7=8<14$）、12 は過剰数である（なぜなら $1+2+3+4+6+12=28>24$）。

正誤を検証するように学生に課せられた予想命題は次である。

（A）　2 つの過剰数 m, n の和 $m+n$ は過剰数である。
（B）　2 つの過剰数 m, n の積 mn は過剰数である。

院生クリスは（A）を選びこう言った。

これは真でないように思える。なぜなら $m+n$ の約数は m もしくは n の約数には何も関係がないように見えるからだ。だから反例を挙げることはまあ易しいだろう。

彼は和が過剰数ではない2つの過剰数を探し出した。

しかし（B）を見て彼はこう言った。

なるほど、もし m と n が過剰数ならば、mn は過剰数になるということだ。これはよりもっともらしいように思える。なぜかというとそれらの数は約数を共有するからだ。

これは証明で決着した一連の議論を導いた。（A）、（B）の真偽を確かめるために読者はこれらの問題を解いてみてもよい。この事例は、本節で議論された思考を伴う事例であり、受け身姿勢で読むより問題を実際に解くことで、より深い洞察が得られる[7]。

この事例で観察された要点は以下である。限定的な保証を与える最初の反応が、1番目の事例では、偽であると証明することが「まあ易しい」という感覚的反応であった。2番目の事例では、数が因数を共有するという裏づけによって「よりもっともらしい」と思える反応であった。

この研究は、学生6名の反応を3タイプの保証に分類した。

1つかそれ以上の特定の場合の評価に基づく**帰納的**保証タイプ

視覚的なものかそうでないもの、あるいは結論へ導く心的構造に付随する、観察や経験に基づく**構造的直観的**保証タイプ

公理からの演繹、代数的操作、反例の使用を含んだ、結論を保証する形式的かつ数学的正当化を用いた**演繹的**保証タイプ

これらの3つのタイプの保証は以下にそれぞれ対応する。

問題解決の第一段階において（そして、証明を発展させる最初の実際的で理

7）詳細に関しては Inglis, Mejia-Ramos and Simpson（2007）の pp. 19–20 を参照。

論的局面において)、典型的に見られる事例の利用

「視覚的か、記号的か」というような意味でのイメージを伴う心的構造の利用

公理からの形式的演繹的議論か、一般化された算術としての素因数分解式を用いた代数的操作

三世界の枠組みにおいて、第一の事柄は具象世界と記号世界という実際面と理論面においてなされる特殊例と生成例を象徴する。第二の事柄は、具象世界におけるイメージあるいは記号世界における計算に基づく思考実験を意味する。第三の事柄は、素因数分解式による自然な記号世界における議論が、形式世界における公理的形式証明に類型される形式的証明への転換である。与えられた問題は、数に関する算術演算に基づくので、形式的知識枠組みで取り組める。才能豊かな大学院生は、きちんとした証明を行う以前に真に対する最初の論拠を与える洗練された知識構造を持っているので、問題を証明できた。

ジャン・パブロ・ミカ・ラモス、ある特定例・具象化された図・記号操作と証明から得られる色々な自信の度合いを確認する問題を探究した[8)]。

例えば、次の2つは学生に与えられた予想命題である。

（C） 偶関数の導関数は奇関数である。
（D） 対角行列の積は対角行列である。

(C) では、具象世界でのグラフ、記号世界での関数関係 (導関数・原始関数)、あるいは導関数の形式的極限の定義に関するものなどが想起できる。(D) では、記号世界における行列の積に焦点が当てられる。実際は (C) に多くの反応が引き起こされる。例えば、傾きが左右対称である $f(x)=f(-x)$ を満たす偶関数 f の対称なイメージを用いて、傾き $f'(x)=-f'(x)$ となる。この洞察は意味があると考えられるが、形式的証明として確信が得られない。

ある学生の発言は、トゥールミンの図を用いて図 12.4 のように分析された。

この学生は傾きが互いに対称でなければならないという保証を生み出すため

---

8) Mejia-Ramos (2008)。

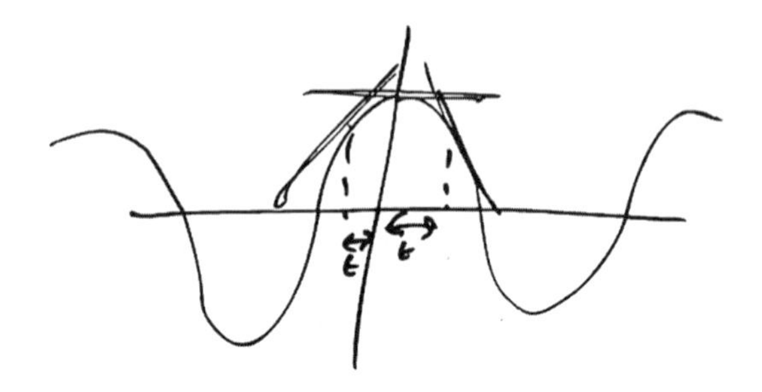

図 12.3　$x=-t, x=t$ のとき偶関数の傾きを動的に視覚化したグラフ

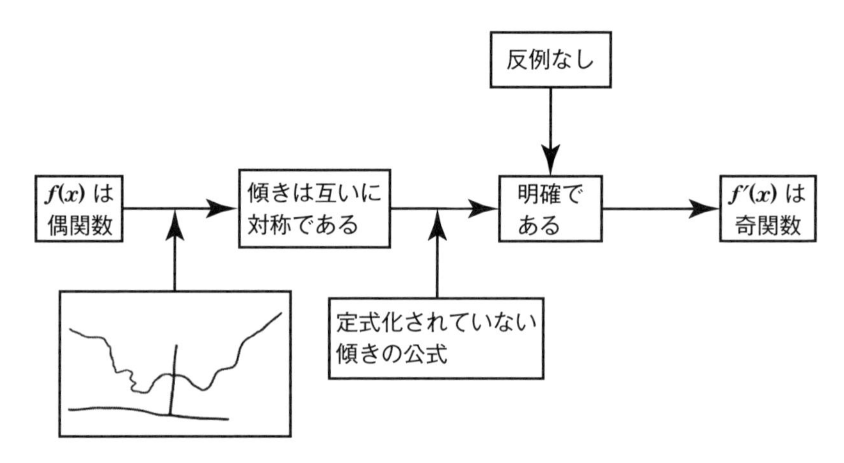

図 12.4　学生による視覚的証明のトゥールミンの分析

に、図を裏づけで使った。その保証は、暗黙にインフォーマルな定義を使ったもので、反駁としての反例が見出せないことで得られた。結論は「明らか」であると続けた。何が明らかかと問うと、学生はこの議論は「明らか」だが、形式的証明ではないことを認めた。

つまり、学生は「帰納的議論」(例えば各項が偶数べき乗項である多項式のような特別な場合を挙げて考える)、「インフォーマルな演繹的議論」(例えば図 12.3 のような議論)、「形式的演繹的議論」と分類される様々な議論を行った。これら議論は、順に操作的記号化、実験を通しての構造的具象化、形式的証明に該当する。

対角行列の場合はこれとは異なる。その理由は、明瞭な具象表現によってでは

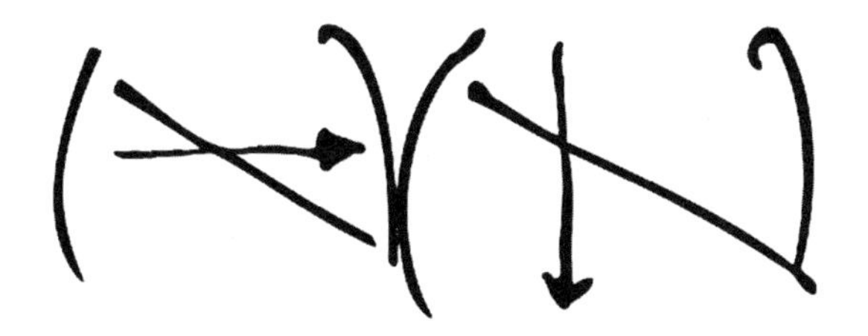

図 12.5 アウトラインにおける行列の積

なく、記号表現されたからである。ただし、そこでも、次のように**関数的な**意味での具象化を思い起こさせる行列の積の定義に基づく解答例がある。それは積のルールは最初の行列の行と2番目の行列の列をかけ合わせ（行は横に沿って、列は縦に沿って）それらをたして行と列がお互いに交わる場所にその結果を描く。この計算は図で表わされる（図 12.5)、これにより、行と列に沿った動作を表すジェスチャーが演繹的議論を支持するかけ算ルールの視覚的表現を示す。

ジャン・パブロ・ミカ・ラモスは、次のようにデータについて要約した。

> 大学院生は、与えられた問題にアプローチするときに利用可能なあらゆる議論分類（予想の真実性を経験的に見通すこと、それを説明するのにインフォーマルな演繹、それを証明する形式的演繹）を使う。これら2つの問題に対して、3つの分類から同じ議論の組合せを使う大学院生がいた一方、形式的演繹アプローチができる場合には、それだけを用いることもある。しかし、記号世界の議論の基盤が「(形式的演繹的アプローチをするのに）新鮮に想起」されない問題に直面するとき、他の分類の議論も用いる[9)]

これらの研究は、トゥールミンの枠組みを使うよう計画されている。証明ができたかできなかったかではなく、「信任」水準を特定して表象するためトゥールミンモデルの「限定」の必要性を示す。彼らは、関連する具象化や記号化の固有の本性よりも、形式的議論の発展に焦点を当てる。しかし、具象化と記号化の役割は例では明確である。各例は明確な特徴を有する。(A）と（B）は理論的で記号的な議論に関わる整数の算術的な一般的属性である。(C）は微分問題で、それは微

9) Mejia-Ramos (2008), p. 195。

分におけるルールとして記号化される視覚的な図を具象化でき、数学的分析において明確になる。(D) の線形代数における問題は非常に記号的だが、行列の積の公式を記憶しているという関数的な具象化によってうまく解決する。証明するための具象世界・記号世界・形式世界における支援の異なる形態に関わる。

3. 構造定理群および具象世界と記号世界の新形式

数学者は、数学を生成する性質を表象するために、形式的概念への前提として公理系と定義を選択する。それこそが形式世界での発展基盤となる。そういった公理構造は、定理を導くオリジナルな例となる諸性質群の**すべて**を反映していない。例えば、初等数学では、ベクトルは大きさと方向とを表す量として、2次元、3次元で矢線の概念の一般化から生じる。ところが、ベクトル空間は、この構造をまったく支持しない形で公理化される。むしろベクトル空間の公理系は、ベクトルの和の記号的特性と体からの要素によるベクトル操作に焦点を当てる。

本節では、様々な数学体系の形式的定義を分析し、特定の状況下において、形式的に定義された概念が、特定の具象とそれに対応する記号を持つ構造特性を備えることを示す。

わかりやすい流儀で概要を述べよう。一般的な読者にとって重要なことは、形式的定義が具象化・記号化された性質を導くことである。数学者は公理系をある特定の目的に合わせて選択するが、これらの公理系はある結晶構造に帰結する必要不可欠な特徴を有する。

3.1 ベクトル概念

体 F 上のベクトル空間 V は、次の公理 $(a+b)\mathbf{v}=a\mathbf{v}+b\mathbf{v}, a(\mathbf{u}+\mathbf{v})=a\mathbf{u}+a\mathbf{v}, (ab)\mathbf{v}=a(b\mathbf{v}), 1\mathbf{v}=\mathbf{v}$ を満たす $\mathbf{u}, \mathbf{v}\in V$ に対して $\mathbf{u}+\mathbf{v}\in V, a\in F$ に対して $a\mathbf{v}\in V$ と共に、可換群 V として定義される。

ベクトル空間の例として座標 $a_1, \cdots, a_n$ が体 F 上のすべての要素である、座標ベクトル $(a_1, \cdots, a_n)$ の n 次元の空間 F^n を挙げる。これは平面もしくは3次元空間におけるベクトルとして具象化され、2次元空間 $\mathbb{R}^2$ もしくは3次元空間 $\mathbb{R}^3$ の一般化である。ベクトルの和は単純に座標をたすことで、F の要素による積は、その要素とそれぞれの座標をかけ合わせることである。

この例と形式的具象化を結び付けるため、次の定義を導入する。

あるベクトル空間はベクトル $\mathbf{v}_1, \cdots, \mathbf{v}_n$（すなわち「張る集合」）の有限集合を有するならば、**有限次元**である。その結果、すべてのベクトル $\mathbf{v}$ は $\mathbf{v}=a_1\mathbf{v}_1+\cdots+a_n\mathbf{v}_n$ $(a_1, \cdots, a_n \in F)$ と書ける。ベクトルの集合 $\mathbf{v}_1, \cdots, \mathbf{v}_n$ に関して、$\mathbf{v}=a_1\mathbf{v}_1+\cdots+a_n\mathbf{v}_n$ が $a_1=\cdots=a_n=0$ であるときのみ 0 となるならば、$\mathbf{v}_1, \cdots, \mathbf{v}_n$ は**一次独立**である。

ある張る集合が同様に一次独立で、$\mathbf{v}=a_1\mathbf{v}_1+\cdots+a_n\mathbf{v}_n$ に 2 つの異なる数式 $\mathbf{v}=a_1\mathbf{v}_1+\cdots+a_n\mathbf{v}_n=b_1\mathbf{v}_1+\cdots+b_n\mathbf{v}_n$ があるならば、

$$(a_1-b_1)\mathbf{v}_1+\cdots+(a_n-b_n)\mathbf{v}_n = 0$$

は

$$a_1 = b_1, \cdots, a_n = b_n$$

という理由で**一意**に決まる。

ベクトル空間を張るためのベクトル集合であり、かつそれが一次独立であるときにそのベクトル集合は**基底**と呼ばれる。この場合、与えられたベクトル空間 V のどの 2 つの基底も同じ数の要素を有することが証明でき、このことはベクトル空間の**次元**と定義される。

n 次元のベクトル空間においてある基底 $\mathbf{v}_1, \cdots, \mathbf{v}_n$ を選ぶと、どのベクトル $\mathbf{v}$ も $\mathbf{v}=a_1\mathbf{v}_1+\cdots+a_n\mathbf{v}_n$ として一意に表され、これはベクトル空間 F^n におけるベクトル $(a_1, \cdots, a_n)$ に対応する。

このことは体 F 上にある任意の有限次元のベクトル空間が F^n と同型であるという構造定理を導く。簡単に言えば、n 次元のベクトル空間は座標 $a_1, \cdots, a_n$ が体 F においてすべての要素である n 組 $(a_1, \cdots, a_n)$ として表される構造定理である。特に、もし F が実数体 $\mathbb{R}$ であるなら、$\mathbb{R}$ 上の 2 次元、3 次元のベクトル空間は 2 次元あるいは 3 次元の座標空間と同型である。

この構造定理は体 F 上の有限次元のベクトル空間が F^n と同型であることを示すだけでなく、具象世界と記号世界と、形式構造とをつなぐ扉を開く機会にもなる。有限次元空間におけるベクトルは、座標（通常は列ベクトル）を用いて表される。すなわち、線形写像は行列で表され、記号世界における行列のかけ算を用いてかけることで得られる。すでに馴染みがある有限次元ベクトル空間に対する結晶構造を行列代数という視点から明らかにする。

もし体 F が実数 $\mathbb{R}$ の体であれば、ベクトルのなす角の定義はまだないという

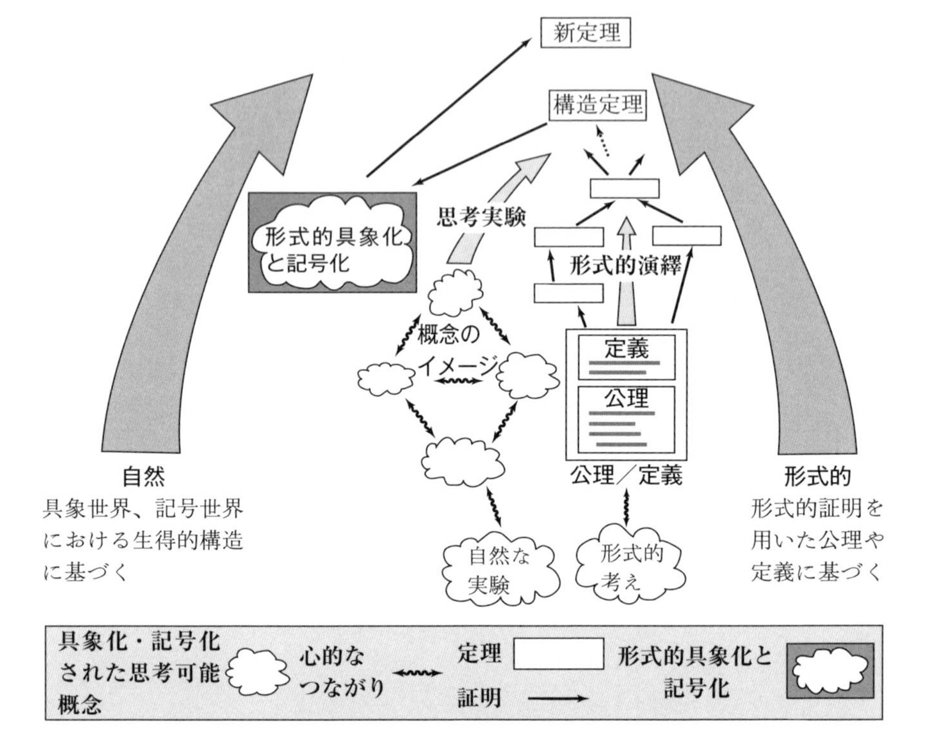

図 12.6　構造定理は形式的な証明を具象化・記号化とともに強化する

ことを除いて（これを示すには追加の公理が必要である）、3 次元ベクトル空間 V が $\mathbb{R}^3$ におけるベクトルの構造を有する。3 次元ベクトル空間の部分空間を、原点を通る直線もしくは平面として見なすことも可能である。構造定理は、有限次元のベクトル空間という形式的公理構造と、空間における具象世界と行列としての一次変換という記号世界における表現が融合し、1 つの結晶概念になる。

一般的には、具象世界と記号世界に基づく自然な思考は、形式的思考に発達する（図 10.13）。そこで形式的思考では、具象化され記号化された表現の新しい形式と関連づけられる構造定理群を使うことができる。形式世界・具象世界・記号世界が形式世界での新しい定理群を生み出すために同時に機能する（図 12.6）。

3.2　構造定理群の支持的側面と問題提起的側面

構造定理群によって、数学者は具象世界と記号世界の新形式を使える。構造定理は形式的証明に基づき、新しい問題を導くため、数学をさらに拡張することで構造定理群になる。

具象世界と記号世界の新形式は、新たな一般化を支持するか、問題状況を生み出すかを検討する必要がある。

例えば、実数の3次元ベクトル空間の構造定理は、思考では$\mathbb{R}^3$として考えられるが、選択される公理は実数によるベクトルの和と積に関連する。角に関して何の注意もないため、想像する軸のなす角は90°として認識されない。

角と長さ（大きさ）を考えるには、多くの公理、すなわち「内積」と呼ばれるものを定義する必要がある。ユークリッド空間において標準的に定義される内積、「ドット積」の場合、2, 3次元においてuとvをベクトルの大きさとし、θを両者のなす角とすると$\mathbf{u}\cdot\mathbf{v}=uv\cos\theta$と表される。

我々はこのことから次のことを知る。それは特定の構造定理によって与えられる構造の具象化は、確かに形式的構造によって暗に示される性質を有する。そこで明確には定義されていない別の性質が、後々問題となる。これはユークリッド幾何学にも当てはまる。ユークリッド幾何学は、自明な性質が明確な形式で含まれなかったことを認識するまで、2000年以上も数学史上要した。例えば、それは三角形の「内部」のある点の概念である。ヒルベルトは同一直線上の異なる2点の「間」にある直線上のある点の概念に対し、もう1つの公理を加えることで解決した。

第13章で示すように、これは解析学においても生じる。解析学において、数直線を完備順序体の具象化と見なすことで、順序体として実数を含む拡大体で実数を捉えるという拡張的融合を進める上で、障害として機能する。

ここで障害として機能することが、次の事実を損なうものではない。すなわち構造定理群は、具象世界と記号世界の考えを用いて、新領域における問題に対する様々な思考方法を提供できる。そこで用いられる考えは、真である様々な保証をなす。その様々な保証は、その考えを、関係の形式的証明を追求する公理系や定義の用語を用いて定式化しうるようにする。

応用数学者は、問題の定式化をする際に具象世界と記号世界を利用する。その利用法とは、具象をイメージし、解決すべき記号モデルを定式化することによる。応用数学者は、その考えが、形式証明を追求することなく理論的に使える形式構造によって支持されることを知っている。

次節では、数学の他領域における構造定理群について述べる。その構造定理群は、人間が具象世界・記号世界・形式世界を融合する際の形式的支柱として発展する。

3.3　有限群は置換群と同型である

置換群はわかりやすい群の例である。与えられた有限集合において要素が他の要素を置換する（あるいは再配列する）置換群を含む。n 個の要素がある置換群は**位数 n の対称群**と呼ばれ、S_n と表される。それは数 $1, 2, 3, \cdots, n$ という数を置換するあらゆる関数を有する。これは計算目的で利用される。例えば、順序12345を21453と変換する要素 $\{1, 2, 3, 4, 5\}$ の置換は、1から2、2から1、3から4、4から5、5から3と置換する。これは、1から2と2から1、そして3から4、4から5、5から3というように要素を2つのサイクルで置換している（図12.7）。

これら巡回置換は括弧を用いて順番に (12)、(345) と記述される。これは括弧における要素が置換され、それぞれが次の要素、そして最後の要素が最初の要素に置換される。置換は左から右に読んで、1つの要素が別の要素に置換されることにより組み合わされる。このように (123)(123) という積は、最初の括弧において1から2に置換され、次の括弧で2から3に置換される。つまり1から3に置換されることを意味し、2は3、そして1に置換され、3は1、そして2に置換され、その結果 (312) となる。この置換は右図の巡回で2回時計回りに回ることと同じである。言い換えれば1回反時計回ったのと同じ結果である。(123)(123)(123) の積は、3回時計回りであり、置換群としては単位元に相当し、完全な円1周となる。この置換群における単位元は、巡回置換が円上で具象化され計算できるものとして、対称群演算を実現する。

n 個の要素を持つ有限群 G が与えられ、各要素 $g \in G$ は $f_g\colon G \to G$ を与える。すべての要素に g をかけることを $f_g(x) = g \circ x$ と書く。群の公理によって、f は G の要素を置換する全単射である。$g_1, \cdots, g_n$ と要素に番号をつけることで、置換の

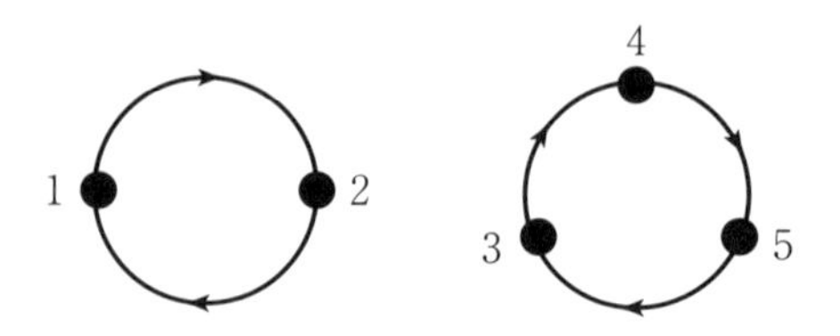

図12.7　巡回置換

群 S_n の要素である、n 個の要素 $1, 2, \cdots, n$ の置換を与える。この対応が G の要素から S_n の要素への写像である。その写像は群の演算を保持する。実際、$f_h(f_g(x))=h \circ g \circ x=f_{h \circ g}(x)$ である。これはすべての有限群 G は対称群の部分群として表される。この構造定理が確立されると、有限群の形式的な理論が、記号化された計算へと結びつく。

しかしながら、数学者は、新しい水準へ移行する。その水準とは、異なる仕方で表現される単一の結晶構造として、同値構造が再概念化される水準である。この方法を用いて、有限群が単に置換群の部分群と**同型**と見なすだけでなく、それを置換群の部分群であると見なす。

数学者は新しいゲームの最中にいる。有限群は群の公理によってだけ与えられる体系ではなく、構造的に置換群の部分群と見なされる。もしすべての有限群を分類すると、それらは置換群の部分群であり、分類の抽象的問題は、置換群の部分群を見つけるという具体的な探究となる。

実際、置換群 S_n はとても大きい。なぜなら n は大きくなり、そして複雑になるからである。そして様々な新しいテクニックが発展する。しかしそれらは、現時点で有限群がただの抽象的概念に留まらず、むしろ置換群の部分群として意味のある具体的構造を**知る**ことになる。

構造を分析することにより、すべての有限群を分類する探究において新たなテクニックが生み出されてきた（同型写像まで）。この問題は未だに終わっていない。しかし重要な問題や段階が乗り越えられた。その 1 つの段階は「単純な」群の概念を含む。その単純な群は、すべての他の有限群が形成される基礎的な群として機能する。この単純な有限群は現在、十分認識され、群論の包括的な発展における さらなる段階に我々を誘う[10)]。

3.4　ある集合上の同値関係はその集合を同値類に分割する

ある集合 S 上の同値関係の考え方は、関係が反射律・対称律・推移律を規定する 3 つの公理によって形式化される。これは集合 S 上で定義される操作ではないので、明確な記号的解釈を持たない。本来、その公理は、様々な文脈において記号が追加される。

なぜなら反射律・対称律・推移律からなる同値関係は互いに同値である要素を

10)　http://en.wikipedia.org/wiki/Classification_of_finite_simple_groups を参照（2012 年 6 月 1 日閲覧）。

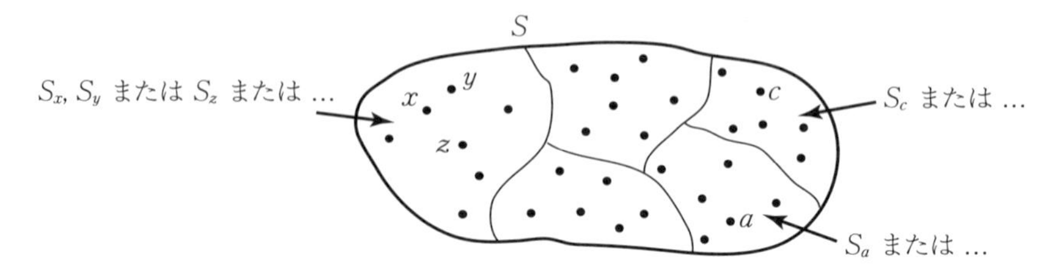

図 12.8　同値関係を用いた集合 S の分割

念頭におくと、具象化された意味をなすからである。任意の $x \in S$ を考え、すべての要素が x と同値である要素を持つ部分集合 S_x を考える。これは x を含む**同値類**と呼ばれる。

S のすべての要素は同値類をなす。たとえば $x \in S$ は同値類 S_x に属する。もし 2 つの同値類がある共通要素を持つ場合、つまり $z \in S_x, z \in S_y$ は $z \sim x, z \sim y$ で、反射律、推移律を用いて $x \sim y$ となり、S_x と S_y は同値であると結論づけられる。このことは、x は x に同値な要素を表す同値類 S_x を代表する。代表元は様々に表せるが、同値類としては 1 つしかない。共通要素が 1 つでもあれば、その同値類を分けられない。そのように考えれば、同値類は、同値構造を入れる以前の集合を部分集合に分割するものとして具象化される（図 12.8）。

逆に言えば、集合のいかなる分割も同値関係を与える。このことはある集合上の同値関係を反射律・対称律・推移律の 3 つの公理で与えるならば、重なりのない部分集合にその集合が分割されるものとして具象化される。

この定理は同値関係の考え方を一般化する。代数における同値関係（例えば同値分数、同値な代数式（分配法則など）、同値ベクトル、群論における同値関係（部分群など））は、単純なルールで特定の関係を表す。しかしそのようなものでなければならないわけではない。集合の**いかなる**分割も同値関係を与える。

学生たちがつまずく同値関係は、2 つの無限小数がもし同じ実数を表すとすると、それらは同値であるという概念である。同値類は、すべての場合において 1 つの要素しか持たない。ただし、有限小数（たとえば 0.65）は、9 が循環する無限小数（0.64999…）と同値になるが、そこでは確かに 2 つの要素が表される。

3.5　順序体は有理数に対して同型の部分体を含む

ある体 F が順序体であるならば、順序関係は単位元 1_F によって算術的に生成される。帰納的に順序関係を作ると、要素 $2_F=1_F+1_F$ で、任意の $n\in\mathbb{Z}$ に対して、$(n+1)_F=n_F+1_F$ と定義され、F は $1_F, 2_F, \cdots, n_F, \cdots$ という順序列として定義される。一般化するには、このやり方を繰り返せばよい。整数の mod 3 で剰余体である $\mathbb{Z}_3$ の場合には、順序列が $1_F, 2_F, 3_F$ となり、$3_F=0_F, 4_F=1_F$ となる。さらに一般化すれば素数 p に対して整数 $\mathbb{Z}_p$ という順序体においても、同様である。もっとも、順序体 F において順序列 $1_F, 2_F, \cdots, n_F, \cdots$ は正の要素の連続和であり、これらはすべて正である。それらはすべて異ならなければならない。というのも、もし $m_F=n_F$ $(m_F>n_F)$ とすれば、$k_F=m_F-n_F$ である k_F は 0 になる。そうなると k_F は正で 0 でない事実に矛盾する。

いったん順序体 F において異なる順序列 $1_F, 2_F, \cdots, n_F, \cdots$ という無限列を見つけたら、$\mathbb{Q}$ に同型な部分体をつくるには、その無限列に対する加法の逆元 $-1_F, -2_F, \cdots, -n_F, \cdots$ と零元と分数 $m_F/n_F(n_F\neq 0_F)$ を含める必要がある。

水準をあげ、この部分体を有理数 $\mathbb{Q}$ と見なすと、すべての順序体は有理数 $\mathbb{Q}$ を**含む**。特に、あらゆる順序体 F において、馴染みのある有理数記号を使える順序体 F は有理数形式を備えた特別な部分結晶構造を持つ。

3.6　同型を除けば、完備順序体は唯一存在する

完備順序体とは、以下に定式化された完備性に関する公理を追加した順序体である。

（C）　F の元 L を上界とする増加数列 (a_n) は、$a\leq L$ である F の元 a に収束する。

順序体は、有理数体 $\mathbb{Q}$ を含むので、10 の累乗の整数であるすべての有限小数を含む。有限小数は、a_0 を整数とし $a_1, a_2, \cdots, a_n, \cdots$ を 0 から 9 の数列と考え、それらの数で各位取りを表すとすれば、$a_0a_1\cdots a_n$ というように n 桁で表わせる。小数 $a_0\cdot a_1\cdots a_n$ は有理数を表す。

$$a_0\cdot a_1\cdots a_n = a_0+\frac{a_1}{10}+\cdots+\frac{a_n}{10^n}$$

$a_0\cdot a_1, a_0\cdot a_1a_2, \cdots, a_0\cdot a_1\cdots a_n, \cdots$ における有限小数の数列は、F における a_0+1 を上界とする増加数列である。完備性によってこれは $a\leq a_0+1$ に収束する。この極限 a は無限小数として以下のように書ける。

$$a = a_0 \boldsymbol{\cdot} a_1 \cdots a_n$$

F が有限小数としての実数に対し同型な部分体を含むことを示すため、四則計算（差・商は逆元による）が体についての公理を満たすことを確認する作業が残されている。F のすべての要素 x が小数の展開式で表せることから示す。

x の小数展開を行うため、$m \leq x < m+1$ である整数 m を見つけることから始める。すべての整数よりも大きい x は存在しない。なぜならば完備性により、もしこれが起こりうると仮定すると、数列 $1, 2, 3, \cdots$ の上界は、x となり、$k \leq x$ となる F の元 k に収束する。しかし、k は数列の**極限**であるため、定義により、任意の $\varepsilon > 0$ において例えば $\varepsilon = \dfrac{1}{2}$ とすれば、すべての $n > N$ に対して、N 番目以降のすべての数列は $k-\varepsilon$ と $k+\varepsilon$ の間に存在する。ところが、その場合、続く $N+1$ 番目の項はその間に存在する。つまり、$k-½ < N+1 < k+½$ で（ここで数列の第 n 項は n である）、特に $k-½ < N+1$ となる。ゆえに数列 $N+2$ は k よりも**大きく**なる。それは矛盾する。ゆえに与えられた x より大きい整数 q が存在する。同様の議論によって、与えられた x より小さい整数 p が存在する。整数 p と q の間に F の元 x があるので、$m \leq x < m+1$ である整数 m が見つけられる。前段で話題にした a_n の議論を利用すれば、我々は x が次の区間に存在することがわかる。

$$a_0 + \frac{a_1}{10} + \cdots + \frac{a_n}{10^n} \leq x < a_0 + \frac{a_1}{10} + \cdots + \frac{a_n + 1}{10^n}$$

その上で、x は以下の極限で与えられる実数 $a_0 \boldsymbol{\cdot} a_1 \cdots a_n \cdots$ である。

$$a_0 + \frac{a_1}{10} + \cdots + \frac{a_n}{10^n} + \cdots$$

コース初期の大学生にはこの証明をすべて書くのは技巧的で難しい。数学者でさえ詳細を書くのはうんざりする。しかし一度証明されれば、それは、数学者の知識構造の一部となり、形式的代数構造、すなわち完備順序体は、その具象である実数直線と小数計算に結びつけて利用される。実数体 $\mathbb{R}$ は、部分順序体である有理数体 $\mathbb{Q}$ と整数 $\mathbb{Z}$ と自然数 $\mathbb{N}$ を含む唯一の完備順序体である。

実数が無限小を含ま**ない**ことは特筆したい。無限小とは「任意に小さい」が 0 ではない。例えば、すべての正の実数よりも小さい正の無限小 o が $\mathbb{R}$ の元だとする。ゆえに $o/2$ も $\mathbb{R}$ の元になる。$o/2$ は正で、かつ o より小さい。それゆえ、無限小は実数に含まない。

例えば、第9章で説明したデデキント切断を用いた$\mathbb{Q}$から$\mathbb{R}$の構成のような経験は「有理数の隙間を埋めること」によって「実数の数直線が完備化する」こととして説明できる。これは既に出会ったことがある構造として、数学コミュニティにおいて広く共有できる。それは「間隙がない」、数直線上にさらに数を加える間隙がないこと、無限小を加える間隙もないことである。

カントール・デデキント公理は、実数は幾何的直線上の点に順序同型写像で対応するという公理である。それをカテゴリー論的に見れば、一度有理数が「完備化」されれば、このことからすべての幾何的直線上の点をカバーできる。

このことは、特定の性質を表す枠組みが特定の公理を設定する選択によっていかに与えられるかを示す。その選択は「無限小が存在しない」と主張する人によっていかに解釈されるかも示す。しかしながら、それらは**実数として**存在し得ないことを示しているにすぎない。第13章で述べるように別の形式的体系では起こる。

4. 選択と帰結

数学者は示したいことに応じて公理を取捨選択する。証明された定理は選択の結果である。完備順序体を研究すれば、無限小はないという帰結が得られる。関数の連続性のイプシロン・デルタの定義からは次のような帰結が得られる。例えば、ほとんどすべてにおいて連続だが、いたるところで不連続になるモンスターのような例を示す。

次で与えられた関数は、奇怪な関数の典型である。

$$r(x) = \begin{cases} 1/n & \text{もし } x \text{ が有理数 } m/n \text{（既約分数）の場合} \\ 0 & \text{それ以外の場合} \end{cases}$$

この関数を表すグラフは、次のようにすべての有理点において不連続で、すべての無理数で連続である。これはとても奇怪なモンスターのようだ。実際グラフ上では、定義域上のどの区間においても有理数と無理数の両方が存在し、あらゆる区間$a \leq x \leq b$において、値が$\varepsilon > 0$を超える有理数$x = m/n$が有限個存在する。すなわち、どの無理数の近傍にも、ε近傍の中に、グラフ上の点がすべて収まるxの区間を見出すことができる（無理数では連続）。例えば$\varepsilon = 1/(2n)$とすれば、どの有理数$x = m/n$に対しても、グラフ上の点がεより離れた無理数が存在

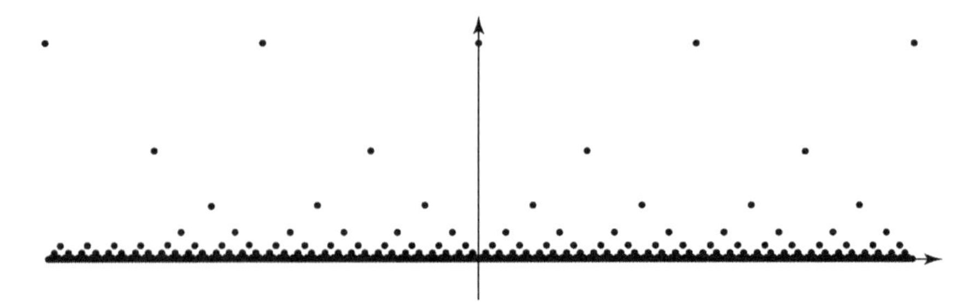

図 12.9　ある関数がすべての無理数で連続で、すべての実数で非連続である

する（有理数では不連続）。

図 12.9 に示したグラフは、点が「大きく」表示されている。グラフを近似する上で、小さい点が使えればよく、その結果として x 軸の周りにほとんどの点が固まっている様子が見える。

読者はこの奇妙な関数が動的な連続世界において存在しないと思うかもしれないがそうではない。単純に言うと、この関数は**実数**の範囲 $a \leq x \leq b$ において形式的には連続ではない。だからあらゆる範囲で動的に連続であるとは予想できない。しかし、すべての無理数の点においては連続性という公式の定義を**もちろん**満たしており、値 x を無理数と見れば「平らに広がっている」が、値 x を有理数と見れば平らではない。

ここで起きたことは、ある範囲でグラフは**すべての**実数に対して形式的には連続ではない。つまり**実**連続関数のように動的に操作することを期待してはいけない。

ジョージ・レイコフとラファエル・ヌーニェスによる『数学の認知科学』[11] によると、形式数学における多くの概念が、具象数学における操作と対応していない。「ロマンチックな」数学者は「反直観」数学を作り出すというのが彼らの見解である。しかし形式数学において、数学者は公理を**選び**、帰結を生み出す。構造定理群を証明することによって、数学者は公理体系に新たな具象を与えることができる。その具象は、数学者自身にとって準備された知識構造に対して妥当である。選択された公理は、形式的結晶構造を顕在化する。選択された公理は、形式的証明を通して帰結を導くためである。形式的結晶構造は、それ以前には具象化され

11）Lakoff & Núñez（2012）。

ていない構造定理群を、数学者にとって意味ある形に具象化する。

公理体系が異なれば、結晶構造も異なる。何が「自然か」は学習者の経験による。微分を局所的な平均変化率によって導入した学習者は、「ほとんどの」曲線が「あらゆるところ」で接線がとれるような滑らかさであるとまでは考えない。彼らは連続関数をがたがたの折れ線グラフのように**捉えて**さえいる。

公理数学の発展は「自然な」思考方法に限定されない。数学者は無矛盾な公理体系を定式化し、形式的知識構造を発展させるために定理群を演繹する。その知識構造は、事前に備わった数学的精神に準じて、数学的構造をまったく新たに具象化する構造定理群を含む。

数学者は新生児として人生を開始し、数学的創造の高みに達するまでの認知的発達を経る。本書で明らかにすべきことは、子どもから数学者までの発達過程である。その発達過程において、具象的に脳がどのように数学的精神を**高める**のかを見出す。本書の表す優れた理論的見解から明らかにされたトップダウン的考えが、洞察を与える。ただしその理論は、人間の数学的思考の実際の発達を表す、認知的成長を表す。

5. 新たな組織化原理

数学者は日常言語とは異なる方法で定義を用いる。特に、彼らは一般的なパターンの一部として独特の例を考えることをしばしば行う。例えば、空集合は、すべての集合の部分集合として役割を持つので、集合の中心的な例とみなされる。このことは、りんごの空集合が実数の空集合とは明らかに異なる具象的概念を無視している。しかし、公理の形式世界においてそれらはまったく**同じ**結晶概念である。というのもそれらは両方同じ要素の個数を有しているからである（つまり要素の個数は0である）。

空集合は形式数学において特に好まれる。例えば、ベクトル空間の部分空間の概念を考える。（体 F 上の）ベクトル空間 V の部分集合は部分集合 S によって生成され、$a_1, \cdots, a_n$ が F の要素で $\mathbf{v}_1, \cdots, \mathbf{v}_n$ は S のすべての要素であるすべての和 $a_1\mathbf{v}_1 + \cdots + a_n\mathbf{v}_n$ から成り立つことは明白である。もし要素 $\mathbf{v}_1, \cdots, \mathbf{v}_n$ が一次独立ならば部分空間は n 次元である。実数上で $n=1, 2, 3$ を考えるとこれらはそれぞれ1次元、2次元、3次元空間である。しかし n の値は0になるか？　もし生成される部分集合が**空**集合であれば、要素の和は存在するか？

これは定義の慎重な使用が求められる場面である。あるベクトル空間 V のあらゆる部分集合によって生成される部分空間が「S のすべての要素を含む最小の部分空間」と注意深く定義される。これは $\mathbf{v}_1, \cdots, \mathbf{v}_n \in S$ ですべての和 $a_1\mathbf{v}_1 + \cdots + a_n\mathbf{v}_n$ を含む。しかしそれはゼロベクトルも同様に含むに違いない。なぜならベクトル空間のルールがそうなっているからである。もし S が空集合であれば、S によって生成される最小の部分空間の要素がゼロベクトルのみである。つまり n 個の異なるベクトルによって生成される部分集合は次元 n を有し、$n=0$ の場合も含む。

この微妙な生成は、日常会話においては奇妙に見えるが、大きな喜びを数学者に与える類の事柄である。それは、例外なくすべての場合が一般的なパターンに含まれるという審美的で、非常に美しい概念である。ある学生が非常に思慮深いオックスフォードの教員であるケン・グラベットから卓越した講義を受けていた時のことを私はよく覚えている。彼は我々に次のように言った。空集合は、彼が最も安心してつきあうことができるものである。なぜなら、彼はその要素が何であるのかを絶対的に確信しているからであった。もし誰かが「x は空集合にありますか？」と尋ねるなら（x が何であっても）、彼はいつも「ない」と答える。

一般的なパターンの他のよい例は、クリス・サングィンが学生と数学者に偶関数と奇関数の例を挙げるよう尋ねたときのことである[12]。偶関数は $f(-x)=f(x)$ を満たす関数で、x^2 や $\cos x$ のような関数を含む。奇関数は $f(-x)=-f(x)$ を満たす関数で x^3 や $\sin x$ のような関数を含む。学生は偶関数として x^2+1、奇関数として $\sin 2x$ のような、「典型例」とは異なる関数を出した。一方数学者の解答は「0」であった。この例は単一例であるのに、奇関数**かつ**偶関数である。数学者にとってこれは最小例であり、探す努力が最も少ないものであった。逆に学生にとって、この「0」はどちらの性質にも典型とは見なせない珍しい例であった。

哲学者のポール・グライス[13]は協同的対話のための4つの格率を挙げた[14]。それらは質（真実）、量（情報）、関係（妥当性）、様式（明瞭性）である。1番目の質は、十分な証拠を持っているときに、自分が信じているものが真実であること

12）Sangwin（2004）。

13）Grice（1989）。

14）［訳注］ポール・グライス（1913―1988）はイギリス出身の言語学者・哲学者である。言語哲学分野の「含みの理論」において「協調原理」と「4つの格率」が定立されている。

を言うということを含む。2番目の量は多くの詳細ではなく、可能な限り有益な貢献をすることを含む。3番目の関係は適切であると言われているものを必要とする。4番目の様式は曖昧さを避けた信念あるコミュニケーションを必要とする。

グライスの格率に従うと、日常言語では人は有益で適正かつ明確な様式において物事を話す。例えば、人は「5は4よりも大きい」と言うが、「5は4よりも大きく、もしくは4と等しい」とは言わない。しかし数学では手段の節約が求められる。つまり絶対的に必要なものだけに焦点が当てられる。このことは複雑さを最小化するパターンに含まれるデフォルトされた場合を導く。数学者は普通、いくつかの選択肢があることを嫌がり、反応が「はい」か「いいえ」のどちらか2つの決定を好む。

例えば$x>y$という順序の性質を表す場合、三分律が必要である。それは$x>y$か$y>x$か$x=0$かであり、**どの2つも同時には起こり得ない**。このことはグライスの、知っていることを正確に言う格率に従う。順序に関する公理を定式化したときこの公理を用いた。なぜなら数学者ではない読者はより納得するだろうと感じたからである。順序関係$x \geq y$を用いることはそれと比べて「自然」ではない。なぜなら集合の議論ではなく算術で扱う個々の数において、要素が同じか異なるかは既に知っているからである。

真偽判断を簡潔な「はい」、「いいえ」で表すには、順序の概念が弱い順序関係$x \geq y$について与えられる。集合Sにおける弱い順序公理は以下である。

(WO1)　$x, y \in S$が与えられ、$x \geq y$もしくは$y \geq x$である
(WO2)　$x \geq y$で$y \geq x$であれば、$x=y$である

これらの公理は三分律の確認を回避しており、すべての決定を二分法にしている。この定義は$x \geq y$か$y \geq x$のどちらかであり、もし両性質を保持する場合、$x=y$であるという。

数学において、(等式を除く)強力な関係は(等式が可能である)弱い関係に優先して時に使用される。例えば、平行線の概念は2つのある直線に対して強い同値関係であり、1つの直線はそれのみで平行ではない。

しかし、同値の形式的定義は要素がつねにそれ自身と同等であると仮定している。このことは単純に意思決定を単純化する選択である。集合Aにおける同値

関係 $\sim$ は次の3つの公理を満たすと定義される。

(E1)　すべての $x \in A$ に対して $x \sim x$
(E2)　$x \sim y$ ならば $y \sim x$ である
(E3)　$x \sim y, y \sim z$ ならば $y \sim z$ である。

これに対応する「強力な同値関係」σ を定義することも可能である。すなわち $a\sigma b$ は $a \sim b$ と $a \neq b$ を意味する。これは次の強力な同値関係の新しい公理を与える。

(SE1)　関係 $a\sigma a$ はない
(SE2)　もし $a\sigma b$ ならば $b\sigma a$
(SE3)　もし $a\sigma b, b\sigma a$ で $a \neq c$ ならば $a\sigma c$

これらの公理は（E1）から（E3）の単純さと優美さに欠く。だから数学者はこれらを使わない。美的感覚は公理的に定式化される世界の一部であり、優美さや簡潔さがある形式において、その感覚が公理や定理を選択する。それが、たとえ馴染みのある毎日の体験で使える色々な方法を含んでいてもである。

ある環境下では公理リストを変更することは隠れた結晶構造を生み出すかもしれない。例えば、同値関係のより優雅な公理によって強力な同値関係の公理を置き換えたり、ある順序体の完備性の公理の1つのものを別のものに置き換えたりすることである。

公理リストに新たな公理を加えたり、減らしたり、1つかそれ以上の公理の条件を変えたりして公理系を修正すれば、結晶構造に大きな変更が起きることもある。その変更は問題ではない。すなわちこの変更は自由の豊かな源泉となり数学者が特別な目的のために選択する公理的構造を発明することになる。ある新しい公理リストを選ぶことで、公理から生み出される帰結が発明されるというより、発見されるのである。

結晶構造はとても美しく、最初に公理や定義を発明した数学者でさえその完璧な本性に驚く。ある与えられた公理体系において美しい考えを発見するという経験が豊かな数学者が、結晶構造が人間の精神を超えた観念的な実在であると信じるのは、少しの不思議もない。

構造定理群は、新たな具象化と新しい記号操作が実現するように公理体系と定義を翻訳する。数学的思考における力は、馴染みのある状況を述べるための公理を定式化することではなく、新しい問題を解くための新しい方法における馴染みのある考えを一緒に融合することから始める。そうすることで、形式的証明によって示される具象化と記号化の新しい体系を導き、新しい結晶概念と構造定理群を生み出す。

第13章　無限小を熟考する

数学は、発展とともにその意味を変えてきた。19世紀末、ワイエルシュトラスは、微積分学の視覚的動的考え方を、「出力がどれくらい近い（ε以内）ことを望むか知らせてもらえれば、入力をどれほどの範囲（δ以内）に絞ればよいか述べることができる」という形式的極限概念に構成し直した。そこでは、無限小の概念は、「十分に小さい」という、無限に繰り返すことが必要な「手順」に置き換えられた。それは、実質的に、アリストテレスの可能無限を解析学の現代的な量記述によって言い直したものである。

一方で、カントールとデデキントは完備性の概念を導入し、有理数直線を実数直線に拡大した。この「完備性」の概念は、直線上に無限小の居場所がないことと解釈することができる。正の実数xが他のすべての正の実数より小さいということはありえない。なぜなら、$x/2$はxより小さい正の実数だから。

カントールは、無限大についても熟考し、2つの集合が1対1の対応を持つときそれらは同じ濃度を持つということにして、無限集合に数の概念を拡張した。自然数の集合$\mathbb{N}$の濃度は$\aleph_0$（アレフゼロ）と記された。自然数の集合$\mathbb{N}$と偶数の集合E、奇数の集合Oは、自然数nに偶数$2n$、奇数$2n-1$を対応させることで1対1対応させることができるから、これらの集合はすべて同じ濃度$\aleph_0$を持つ。

カントールは、共通部分を持たない2つの集合の合併を用いて2つの濃度の和を定義した。偶数の集合と奇数の集合を合わせると自然数全体の集合となるから、$\aleph_0+\aleph_0=\aleph_0$となる。

カントールは、2つの集合A, Bの濃度の積を直積$A\times B$の濃度によって定義した。カントールは、無限の濃度についても通常の数と同様の交換法則、結合法則、分配法則が成立することを示した。例えば、$\aleph_0+\aleph_0=\aleph_0$は$2\aleph_0=\aleph_0$と書くことができる。両辺を0でない「数」$\aleph_0$で割れば$2=1$となる。だから、カントールは、無限大で割って無限小を得る計算は通常の算術演算規則と相容れないと結論した。完備性と無限濃度という根本的に異なる2つの方法を用いて、カントールは無限小の概念は受け入れがたいと唱えた。

しかしながら、我々はこの種の状況を数多く見てきている。数学の歴史的変革や子どもの数概念の成熟過程において、ある段階で成立する性質が拡張された体系のもとでは成立しないことを経験している。これは、数の体系が、自然数の集合 ℕ、整数の集合 ℤ、有理数の集合 ℚ、実数の集合 ℝ、 複素数の集合 ℂ へと拡張されるたびに起こっている。いずれの段階においても、数体系の拡張は（交換法則、結合法則、分配法則のような）ある種の性質を一般化する一方で、拡張することで成立しなくなる性質もある。どの場合においても、狭くする向きでは基本性質は保たれるけれども、広くする場合には数学的に新しい考え方が要求される。

同様の現象がここでも起きている。無限小の概念は受け入れられないというカントールの考えは**実数の中では**正しい。しかし、このことは、算術と順序に関する基本性質と無限小をともに含む拡張的融合が不可能だということを意味しない。

本章では、無限小の考えが難題であることから生じた意見の相違を考察した後、実数を拡張する順序体は**必ず**無限小を含むことを形式数学を用いて明らかにする。そこには、無限小が順序体のなかでの記号算術に従ってどう操作され、拡張数直線上にどう埋め込まれるかを示す単純な構造定理が含まれる。そこでは、高度で複雑な知的素養を人間の知覚運動的素性に関係づけるために、数学三世界という枠組みが用いられる。そして、本章の最後で、局所直線性を持つグラフの無限小部分を拡大すると、感覚的にも視覚的にも完全に無限で本当にまっすぐな直線となることを明らかにする。

私の意図は、初学者が微積分学を超準解析から学び始めることを提唱することではない。最近定式化されたその種のアプローチは、通常の解析学より、一層、数理論理への鋭敏さが要求される。本章では、数学の意味づけは、具象世界化、演算の記号世界、公理的形式世界、基本性質の一般化、進歩を妨げる既知の事柄について知ることの融合であるというこの本全体の主題を続ける。特に、第11章で論じた動的な活動と記号代数的認識との融合という自然なアプローチだけが多くの人の将来における社会での実践的かつ理論的ニーズを満たすものではない。しかし、それは、応用における強力な道具として、また、実数論に依拠する通常の解析学あるいは無限小を含む拡張された実数論に依拠する超準解析のいずれにも対応する形式的な理論として、微積分学の結晶構造の自然な基礎を提供する。

1. 無限大と無限小に対する対照的信念

カントールの無限濃度理論は、驚異的で信じがたい結果を導いた。例えば、整数と有理数は同じ濃度を持つのに、実数の集合 $\mathbb{R}$ はそれらより本当に大きい。さらに驚くべきことに、閉区間 $[0,1]$ は、平面上の正方形や空間における立方体、あるいは、n 次元空間全体 $\mathbb{R}^n$ とも同じ濃度を持つ。多くの数学者、哲学者は彼の考えを不快に感じ、次のように言っている。

クロネッカー：哲学か神学か、何がカントールの理論を支配しているか私は知らない。しかし、そこに数学がないことだけは確かだ。

ブラウワー：カントールの理論は、全体として、後世の人々を不安がらせる歴史上の病理的出来事である。

ヴィトゲンシュタイン：カントールの議論はまったく演繹的でない。

ワイル：公理的集合論は砂上の楼閣である[1)]。

この理論にはパラドックス（逆説）が見出される。例えば、任意の集合 S に対し、S のすべての部分集合全体の集合はより大きい濃度を持つ。したがって、段々大きくなる濃度の階層構造が現れる。けれども、「すべての集合」の集合の濃度は何だろうか？　明らかにそれは最大の濃度であるが、それの部分集合全体の濃度はそれより大きい！

けれど、カントールが受けた厳しい批評は、他の人々からの称賛によって反駁された。彼は、切断による実数の構成で知られるデデキントから支持された。形式主義の創始者であるヒルベルトは、評論のなかで「誰も我々をカントールが築いたパラダイスから追い払うことはできない」と述べ、無限濃度の理論を擁護し

1）　ワイルはこのコメントを彼のモノグラフ *Das Continuum*（1918）の序文で述べた。これらの引用は、原典への参照なしに文献あるいはネット上に現れる。たとえば、http://en.wikipedia.org/wiki/Controversy_over_Cantor's_theory（2012 年 6 月 31 日）。

た[2]。

年をとるにつれ、カントールは辛辣な批評を受け続け、度重なる憂鬱に悩まされ続け、貧困と栄養不足に苦しみながら、晩年を過ごした療養所で死んだ。

しかし、歴史は彼の濃度理論の正しさを証明した。アリストテレスの時代以降、無限はたった1つしかなかった。カントールは、次々と大きくなる無数に多くの無限濃度が存在することを示した。

カントールの研究成果は、近代集合論と公理論的数学の基礎となり、学部レベルの純粋数学の早期に現れる。

しかし、濃度の理論と解析学は無限小の死を宣告したように思える。例えば、広く読まれるクーラントの教科書は、「ライプニッツはこれらの曖昧で神秘的なアイディアを極限の手法で結びつけることができた[3]」と述べているにも関わらず、無限小は明確な意味を欠き[4]、明瞭な数学的な考え方と相容れない[5]として、無限小に反対する姿勢を示している。

無限小の概念は、ε-δ 論法による解析学を習得し得た多くの純粋数学者からは忌避すべきものとされる一方で、応用数学では常用されている。20世紀中頃までには、形式数学、殊に、解析学が優勢となり、実数の体系のなかに無限小が入り込む余地はなかった。そして、1960年代初頭、新たな動きが出てきた。

1966年、エイブラハム・ロビンソンは、無限大と無限小に関する古い議論を解決したとする新理論を提唱した[6]。彼は数理論理を用いて実数 $\mathbb{R}$ を**超実数** ${}^*\mathbb{R}$ と呼ぶ順序体に拡張した。ついに無限小に論理的に明確な記述が与えられた。

しかし、無限小が数学の世界を照らすことはなかった。しばらくの間は歓迎されたものの、数学者は確立していた解析学の体系に固執し続けた。

ここでの私の意図は、形式世界、記号世界、具象世界の語を用いてその順に何が起こったかを分析し、無限小の数学的認知的特質を理解するだけではなく、数学三世界の語を用いて無限小の使用について繰り返しなされてきた論争について分析し、人の概念や広く共有される意見に影響を与える（成立あるいは不成立の）性質に関する事項を分析する。

---

2)　Hilbert（1926）。
3)　Courant（second English edition, 1937）, p. 101。
4)　Courant（1937）, p. 88。
5)　Courant（1937）, p. 101。
6)　Robinson（1966）。

2. 無限小を含む順序体

順序体 F は、第 8 章で述べた公理を満たす加算、乗算と順序を持つ集合のことである。これまで有理数の集合 $\mathbb{Q}$ や実数の集合 $\mathbb{R}$ のようによく知られた例のみを考えてきたけれども、他にもまだ多くの例がある。例えば、学校数学で有理関数、すなわち、変数 x の多項式の商

$$\frac{a_0+a_1x+\cdots+a_nx^n}{b_0+b_1x+\cdots+b_mx^m} \quad (a_r, b_s \text{ は実数で } b_m \neq 0)$$

を学ぶ。これら有理関数の全体は、加法、減法、乗法、除法について体の公理を満たし、$\mathbb{R}(x)$ と書かれる。実数 a は $a/1$ と表すことができるから、実数体 $\mathbb{R}$ は、$\mathbb{R}(x)$ の部分体である。

もともと、有理関数に順序は存在しない。しかし、次の 2 つの公理を満たす部分集合 F^+ を用意すれば、体 F に順序を定義することができる。

(O1)　任意の $x \in F$ に対し次の 3 つのうちちょうど 1 つが成立する。

$$x \in F^+,\quad -x \in F^+,\quad x=0$$

(O2)　$x, y \in F^+$ ならば $x+y \in F^+$、$xy \in F^+$

第 8 章で述べたように、F^+ に属する要素は**正**であるといい、加法に関する逆元 $-x$ は**負**であるという。(O1) は、すべての要素は**正**であるか**負**であるか **0** であるかのいずれかであって、しかも、それらのうちの 2 つ以上が同時に成立することがないことを意味する。(O2) は、正の数の和、積はどちらも正であることを意味する。

体 $\mathbb{R}(x)$ に自明な方法で順序を導入することはできないように見えるけれども、自然なやり方で (O1) と (O2) を満たす部分集合 $\mathbb{R}(x)^+$ を定めることができる。

$0<x<k$ である任意の実数 x に対し $f(x)>0$ となる実数 k が存在するとき、有理関数 $f(x)$ は $\mathbb{R}(x)^+$ に属するものとする。図 13.1 は、この意味で正とされる 3 つの関数を図示している。関数 $f(x)=x$ は任意の正の数 k に対して $0<x<k$ において正であり、$g(x)=x(1-x)$ は $0<x<1$ において正で、$h(x)=1/x$ は任意の 0 から k までの区間で正である。

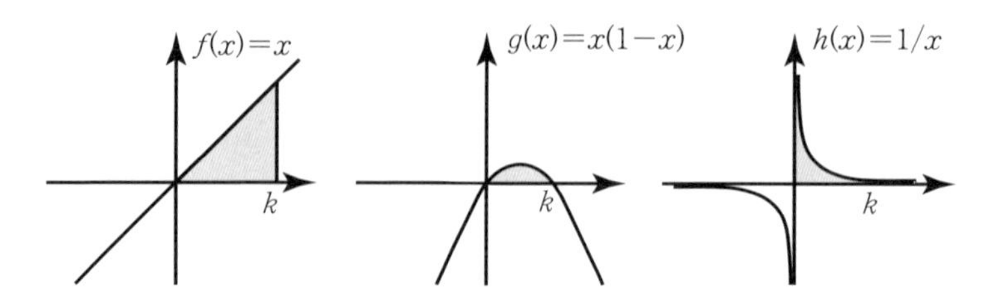

図 13.1　「正」の有理関数の例（原点の右方の区間 $0<x<k$ で正）

この定義は、公理（O1）、（O2）を満たすから、有理関数の体は形式的な意味で順序体となる。$f>g$ あるいは $f\geq g$ のような大小関係は、$f>g$ は $f-g\in\mathbb{R}(x)^{+}$ で、$f\geq g$ は $f>g$ または $f=g$ で定義される。

$\mathbb{R}(x)$ の要素をグラフ上で見ると、$f>g$ というのは、原点を左端に持つある区間で f のグラフが g のグラフより上にあることを意味する。例えば、$f(x)=x$ は、任意の正の数 k に対し、$0<x<k$[7] を満たす。なぜなら、区間 $0<x<k$ において、そのグラフは x 軸の上側にあり、定数関数 $c(x)=k$ のグラフの下側にあるからである。関数 x は、$\mathbb{R}(x)$ において正であり、任意の実数 k より小さいから、**無限小**である。

ついに我々は無限小を正式に定義したばかりでなく、グラフに埋め込むこともできた。けれども、まだ問題が残されている。形式を好む学習者は形式的な定義だけで満足し、グラフを必要としない。しかし、無限小は微小量であると考えたがる普通の学習者にとっては難しい。なぜなら、埋め込みは、**グラフ**の上でのことであって、**数**でも直線上の**点**でもないのだから[8]。

この関係は、実数体 $\mathbb{R}$ を部分順序体として含む**任意の**順序体に適用可能ないくつかの性質を述べた後に明らかになる。

2.1　$\mathbb{R}$ の順序つき拡大に関する構造定理

F を実数体 $\mathbb{R}$ を部分順序体として含む順序体とする。このとき、次の性質を持つ 0 でない $u\in F$ は無限小であるという。任意の正の実数 $k\in\mathbb{R}$ に対し

7)［訳註］新たに定義した $\mathbb{R}(x)$ における大小の意味で。

8) ずいぶん前にエフライン・フィシュバインに初めてグラフでの無限小の意味を示唆したとき、彼は無限小を量として見てみたいとしてすぐさまそれを却下した（Tall 1980b 参照）。今、彼がここにいたら賛同してくれるだろうか。

$-k<u<k$。要素 u は、任意の実数 k に対し $u>k$ となるとき**正の無限大**であるといい、任意の実数 k に対し $u<k$ となるとき**負の無限大**であるという。u が無限小であることと $1/u$ が無限大であることとが同値であることは容易に証明できる。

F が $\mathbb{R}$ の真の拡大であるとき、すなわち、$u\notin\mathbb{R}$ であるような $u\in F$ が存在するとき、u は無限大であるか、有限な非実数であるかのいずれかである。後者の場合、有限要素を無限小の語を用いて記述する構造定理を証明することができる。

実数体の順序付き拡大に関する構造定理

*F を実数体 $\mathbb{R}$ を部分順序体として含む順序体とするとき、F の有限要素 x は、実数 c と無限小または0である要素 ε とを用いて $x=c+\varepsilon$ の形に一意的に表される。実数部分 c を x の***標準部分***といい、$c=\mathrm{st}(x)$ と書く。*

証明：x は有限だから、$a<x<b$ となる実数 a、b がある。デデキントの切断の考え方を応用して、x より小さい実数の集合 L と x より大きいかまたは等しい実数の集合 R とを定める。この切断が定める実数を c とすると、c は $\mathbb{R}$ における L の最小上界、R の最大下界である。

$\varepsilon=x-c$ とすると、$x=c+\varepsilon,\ c\in\mathbb{R}$。

任意の正の実数 k に対し、$c+k > c$ なので $c+k \in R$ であり、F において $c+k\geq x=c+\varepsilon$ となるので $\varepsilon\leq k$。同様の議論によって、$c-k<x$ となるので $c-k<c+\varepsilon$ となり $-k<\varepsilon$。任意の正の実数 k に対し $-k<\varepsilon\leq k$ であることが示せたので、ε は0または無限小である。

標準部分について以下の性質があることは容易に示される。

有限の数 x, y に対し、$\mathrm{st}(x\pm y)=\mathrm{st}(x)\pm\mathrm{st}(y)$、$\mathrm{st}(xy)=\mathrm{st}(x)\mathrm{st}(y)$、さらに $\mathrm{st}(y)\neq 0$ ならば、$\mathrm{st}(x/y)=\mathrm{st}(x)/\mathrm{st}(y)$。

構造定理から、すべての実数 c の周囲に $c+\varepsilon$（ε は正または負の無限小）の形の塊があることがわかる。ライプニッツがこの塊を構成する実体の理論を作ったのを記念し、この塊と c 自身とを合わせて c の**単子（モナド）**という。

単子の全体で F の有限部分がカバーされる。実数 c と正の無限小 ε とから $c+\varepsilon, c+2\varepsilon, \cdots, c+n\varepsilon, \cdots$ を作ると、これらは同じ単子の要素である。反対向きに $c-\varepsilon, c-2\varepsilon, \cdots, c-n\varepsilon, \cdots$ を作っても同じことがいえる。このように、ある実数に無限小を何回加えても、あるいは無限小を何回引き去ったとしても、他の実数に到達することはない。単子は、各実数について独自の宇宙を拡張するものとなっている。

単子は空でなく、上界を持つけれども、最小上界を持たない。なぜなら、$\ell \in F$ がある単子の最小上界であるとすると、同じ単子に属してその単子に属する他のどの要素よりも大きいか、より大きな他の実数の単子の要素であるかのいずれかである。後者の場合、その単子は ℓ より小さい上界を含む。だから、いずれの場合にも矛盾を生じる。したがって F は完備ではない。特に、無限小全体の集合（0の周囲の単子でもある）は、最小上界を持たない。

この構造定理はとりわけ強力である。この定理によれば、実数を真に拡張する**任意の**順序体は**必ず**無限小を含むことになる。カントールが数学から無限小を除いたのと反対に、ヒルベルトの形式主義は、実数 $\mathbb{R}$ の任意の拡大順序体は無限小を含み、完備性公理を満たさないことを明らかにした。

実数の拡大順序体を正式に定義することができた。次の疑問は、これら無限小を数直線上で**観察する**ことができるだろうかというものである。答えは、大いに**イエス**である。

2.2　無限小を、視覚上、数直線上の点として具象化する

我々の視覚は任意に小さい量を見ることができない。というのは、我々の目の桿体細胞も錐体細胞もどこまで小さいものが見えるかという限界を持つからである。我々は現実世界でもっと小さいものを見ようとする場合には拡大鏡を使う。

順序体の形式世界において、拡大の概念は、単に、a, b を F の要素として、$m(x)=ax+b$ で定義される1次写像 $m: F \to F$ のことである。これは、次のように書き換えることもできる。

$$m(x) = \frac{x-c}{d}, \quad c, d \in F, \quad d > 0$$

この写像 m は c を $m(c)=0$ に写し、$c+d$ を $m(c+d)=1$ に写す。この写像 m

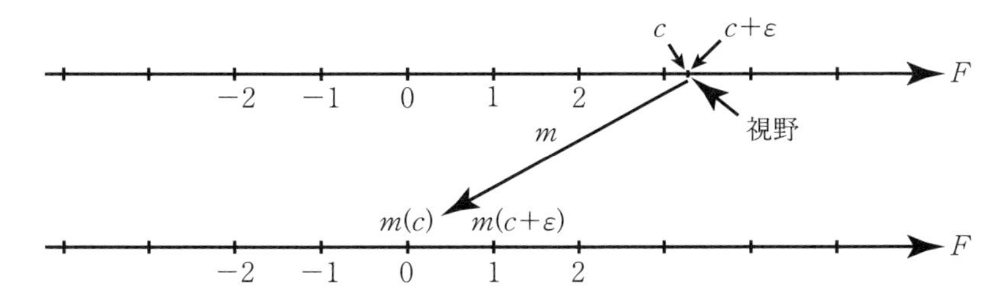

図 13.2　点 c における ε-顕微鏡を用いて c と $c+\varepsilon$ を視覚上分離する

を用いると、一端が c で d だけ離れた**任意の** 2 点を 1 だけ離れた 2 点に写すことができる。このことは、c, d が有限、無限、無限小のいずれの場合にも使える。

この写像 m は点 c における d-**レンズ**と呼ばれる。c、d は自由に選べるから、F 内の 2 点について、それらの間の距離の有限、無限大、無限小の別に関係なく、それらを識別することができる。

点 c における d-レンズを通して見たとき、e/d が無限小であるとき $c+e$ は c と区別できず、e/d が無限小でも 0 でもないとき $c+e$ は可視で c と区別でき、e/d が無限大のとき $c+e$ は遠すぎて見えない。

F の 2 つの要素 u, v について、u/v が無限小であるとき、u は v より**オーダー（位）が高い**、u/v が無限小でない有限であるとき、u は v と**同じオーダーである**、u/v が無限大であるとき、u は v より**オーダーが低い**という。例えば、ε が無限小であるとき、$\varepsilon^2/\varepsilon$ は無限小だから、ε^2 は ε より高位であり、ε は ε^2 より低位である。

d として無限小 ε をとるとき写像 m を**顕微鏡**と呼ぶ。顕微鏡は無限小だけ離れた 2 点を分離する能力を持つ。c として無限大をとるとき、写像 m を**望遠鏡**と呼ぶ。望遠鏡は無限遠点 c の周囲を見ることを可能とする[9]。

c を実数、ε を正の無限小とするとき、顕微鏡

$$m(x) = \frac{x-c}{\varepsilon}$$

を用いると図 13.2 の写像が得られる（もし、ε が負であったら m は逆向きに写す）。

$m(x)$ が有限となる x の集合を**視野**と呼ぶ。視野を定義域とする写像 μ を

9)　顕微鏡、望遠鏡の語は Stroyan（1972）により導入された。

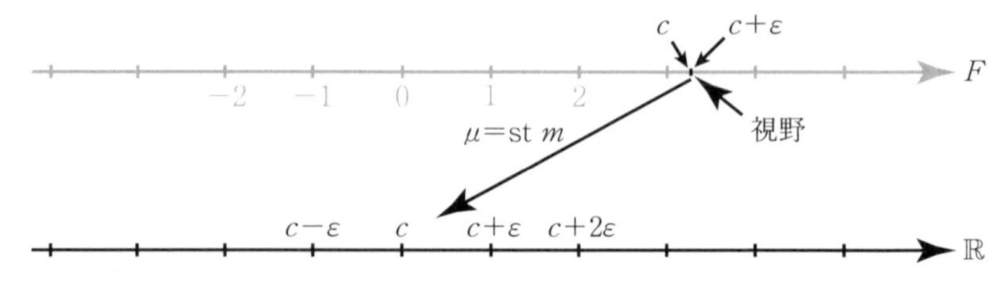

図 13.3　光学顕微鏡を用いて、無限小の詳細さで実数の近くを拡大する

$\mu(x)=\text{st}(m(x))$ で定義するとき μ を**光学レンズ**と呼ぶ[10]。特に、光学レンズは、ε が無限小であるとき**光学顕微鏡**、c が無限大であるとき**光学望遠鏡**と呼ばれる。

図 13.3 は、実数 c における光学顕微鏡を図示する。視野以外の点が灰色で示されている。また、「New York」のように、地点の実際の名称で地図上の点に名前をつけるという地図作成上の慣例に従い、$\mu(x)$ を単に x と記している。光学顕微鏡は視野を実際の絵として見ることができるように拡大している。

このことは、我々が現実の線で絵を描くときに起きていることである。鉛筆の線は目で見ることができる程度に太い。だから、鉛筆で描いた点で数直線上の近い 2 点を識別することができない。例えば、0.1 mm のペンで線を描くとき、1 cm を単位にとると 0 と 0.001 を識別することはできない。

点 c における d-レンズを使用して実世界に絵を描くときにも同様の現象が起きる。違うのは、鉛筆の芯の細さで測るのでなく、拡大係数 d との比較で測られることである。d より低いオーダーの量だけ c から離れた点は視野の外にあり、d-レンズを通してみるとずっと遠くに行ってしまう。d より高いオーダーの量だけ c から離れた点は光学レンズでは同一の点に写される。

ε が無限小であるとき、点 c における光学 ε-顕微鏡の視野は c のまわりの単子の一部である。それは、単子の全体であるとは限らない。例えば、$d=\varepsilon^2$ のとき $c+\varepsilon$ を d-レンズを通して見ると、ε は d よりオーダーが低いので $c+\varepsilon$ は視野を外れてしまう。

図 13.3 において視野は無限小サイズである。現実の絵のなかで、視野は、点 c を記すためのマークで覆われ、無限に近い要素 $c+\varepsilon$ を含む。

10)　光学レンズの語は Tall (1980a) により導入された。

しかし、任意の実数 k に対し

$$\mu(c+k\varepsilon)=\mathrm{st}\left(\frac{(c+k\varepsilon)-c}{\varepsilon}\right)=k$$

なので、光学顕微鏡 μ は視野を数直線 $\mathbb{R}$ 全体の上へ写し、$c-\varepsilon, c, c+\varepsilon, c+2\varepsilon, \cdots$ をしかるべき位置に見ることができる。これによって、選択したオーダーの無限小を見ることが可能となる。しかし、同じ図の中で異なるオーダーの無限小を同時に観察することはできない。しかしながら、これは無限小量がどのようにして図示されるかを想像するためには十分なものである。任意に選んだオーダーの無限小の詳細を観察したいとき、我々がなすべきことはそのオーダーの光学顕微鏡を使うことである。

2.3　4通りの異なる同型表現を持つ例

ここで、前に述べた体 $\mathbb{R}(x)$ に戻る。図 13.4 に示すように体 $\mathbb{R}(x)$ を異なる複数の方法で表現することができる。

（i）　不定元 x に関する有理式

$$\frac{a_0+a_1x+\cdots+a_nx^n}{b_0+b_1x+\cdots+b_mx^m}\quad (b_m\neq 0)$$

の全体。

（ii）　$\mathbb{R}(x)$ に属する有理式のグラフの3つの例、$c(x)=k$（定数）、$v(x)=x$、$w(x)=x^2$ を示す。

（iii）　v を変数として縦の直線 $x=v$ を示す。$\mathbb{R}(v)$ は有理関数が縦の直線と交わる点の集合である。点 k は v が動いても変化せず、直線が左に動くと、v は定数 k の下側を下向きに動き、v^2 はさらに速く下に移動する。

（iv）　この図で y 軸は固定した無限小 ε の有理式の値が作る体 $\mathbb{R}(\varepsilon)$ である。

(i) における代数記号、(ii) に盛り込まれたグラフの全体、(iii) における直線上の変数、(iv) における拡張された数直線上の定点、これら4つの表現はすべて同型である。

数学三世界という枠組みによって、認知的、知覚的に大きく異なる意味を持つ

$k \in \mathbb{R}$、x、x^2 など次式で与えられる数式

$$\frac{a_n x^n + \cdots + a_0}{b_m x^m + \cdots + b_0} \quad (b_0 \neq 0)$$

(i) $\mathbb{R}(x)$ の要素の代数的表現

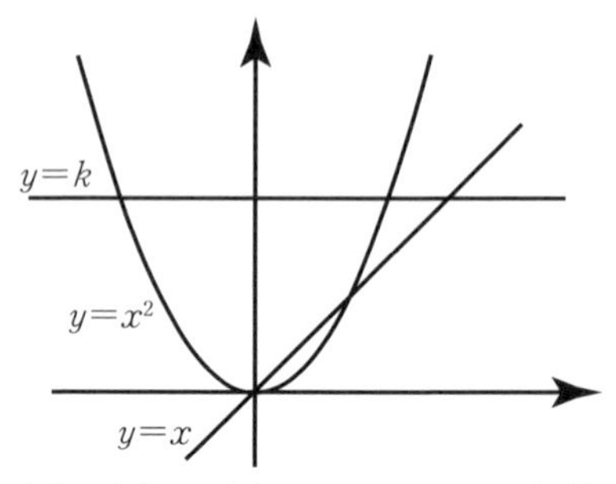

(ii) $\mathbb{R}(x)$ の要素のグラフによる表現

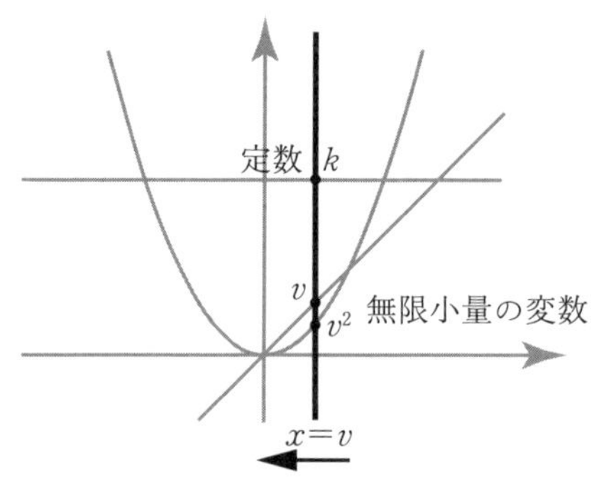

(iii) $\mathbb{R}(v)$ の要素が縦線上の点として示される。実数 k は定数で、無限小 v, v^2 は変数として動く。

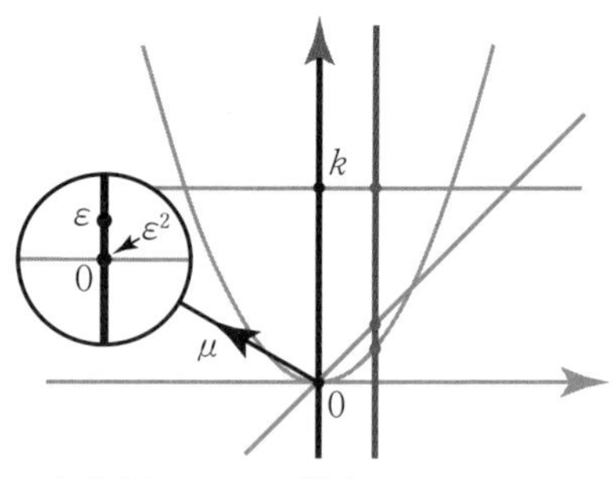

(iv) 固定した無限小 ε について、体 $\mathbb{R}(\varepsilon)$ の要素は y 軸上に図示される。光学望遠鏡 μ の図を含む。

図 13.4　4 種の同型表現

4 つの表現が統一されるばかりでなく、裏に潜む 1 つの結晶概念を示すことができる。

第 3 章の 3.5 節で「柔軟な思考への移行段階としての同値性」に言及した。この考えは、個人が、いくつかの同値な表現を競り合わせ、あるいは、それらを 1 個の結晶概念について考察する異なる方法として認識し続けるための 1 つの選択を提供する。安定でうまくいくやり方を保ち続けることは有利であるかも知れないけれども、数学的考え方の深化は現体系をより強力な枠組みの中に位置付ける拡張の中から生まれる。

数式とグラフという最初の 2 つは、オーダーの定義という微妙な追加を含むけ

れども、学校数学でよく見かけるものである。第三の表現は、実数を表す「点」は、あるものは**定数**であり、あるものは**変数**であるというライプニッツとコーシーの洞察を呼び覚ます。ただし、ここでは定数、変数は無限小や無限大を含む。第四は、無限小を見るために正式に定義した無限拡大を用いる拡張された画像表現である。

これは、ライプニッツのアイディアの拡張であり、すべての無限小は特定のオーダーを持つとした彼の見方と矛盾しない。要素 ε はオーダー 1 を持つ。その平方はオーダー 2、立方はオーダー 3 を持つ、などなど。拡張体 $\mathbb{R}(\varepsilon)$ のすべての量は、有符号整数からなる特定のオーダーを持つ。ただし、正のオーダーを持つものは無限小であり、負のオーダーを持つものは無限大である。

バークレイ司教の平面人の認知に関する見解は、人の目では標準的な数直線上に無限小を見ることができず、高位の無限小は助力無しでは人智を超えるという事実により支持される。さらに、形式数学に習熟した数学者は、$\mathbb{R}(\varepsilon)$ において ε^2 のオーダーが 2 であることばかりでなく、ε^{1066} がオーダー 1066 の無限小であることなど、無限小のオーダーの連鎖を容易に理解することができる。

個々人の知識構造には違いがある。形式的に定義された公理主義数学に没頭してきた現代の数学者は、無限小を形式的に定義されたものとして思い浮かべる手段を持ち合わせている。さらに、同型写像の概念を用いることで、多様な方法で表現された同値な概念ばかりでなく、背後にある高い次元で働く結晶概念の見地から同値な構造を概念化する能力をも持ち合わせている。

無限小を厄介者として排除する標準的な解析学において、実数と幾何学的な数直線との間の同型写像の考えがうまくいくという枠組みのなかにカントールの見識が見える。しかし、自動的に無限小を含むことになる、より大きな順序体の中に実数の完備順序体を位置づけるという拡張系のなかに、彼ら（無限小たち）の居場所がある。

実数の完備性を基礎に据える解析学は、数学的な学術研究において中心的な役割を果たし続ける安定で確立した操作手段を持つ。しかし、数学の現代的な応用と現代の学生の概念の発達において、任意に小さくなる量について人が考える自然な方法を明らかにする実体経験的で理論的な証拠が歴史の中にある。

個人的には、私は、数学者として、研究水準の形式数学に賛同し、また、数学の教育者として、任意に小さくなることのできる変量のアイディアに賛同する。どちらも第 11 章で述べた局所的に直線と見なすという、動的な視覚と記号的扱いの融合するアプローチに基礎を置くことが可能だ。

3. 無限小を用いる微積分学

本章の残りの部分で無限小の使い方を展開し、無限小にまつわる難しさと、無限小が可能にする驚異的な直観とを明らかにしていきたい。

無限小を含む適切な拡大体で考えると、例えば、x^2 の導関数を求めるのに

$$\frac{(x+\varepsilon)^2-x^2}{\varepsilon}=\frac{2x\varepsilon+\varepsilon^2}{\varepsilon}=2x+\varepsilon$$

のように計算し、

$$\mathrm{st}(2x+\varepsilon)=2x$$

と標準部分を計算して求めることができる。この手法は、単一の無限小 ε の有理式の体 $\mathbb{R}(\varepsilon)$ において、多項式、有理式の導関数を計算するのに有効である。

しかし、この手法は限定的で、一般の関数に対して使うことができない。私は、最初、一般の関数が扱えるようにするために、ε の冪（負も含めて）を含むようにこの体を拡張し、

$$a_{-k}\varepsilon^{-k}+\cdots+a_{-1}\varepsilon^{-1}+a_0+a_1\varepsilon+\cdots+a_n\varepsilon^n+\cdots$$

を含む拡張体 $\mathbb{R}((\varepsilon))$ を試みた。

私は、この体を**スーパー実数体**と呼んだ[11)]。この手法は、多項式や有理式ばかりでなく、三角関数、指数関数、対数関数などの冪級数で表される関数を微分するのに有効であった。$((x+\varepsilon)^n-x^n)/\varepsilon$ の標準部分をとって nx^{n-1} を得る手法を一般化することで、冪級数を項別微分したり項別積分したりすることができた。

この手法は、標準的な解析学のコースを学んだ学生に対するオプションのコースにおいていくらかの成功を収めた。けれども、この手法はより一般の関数には適用できないという限界を持っていた。

解析学の一般理論を扱うためには、**任意の**関数 $f:D\to\mathbb{R}$（D は $\mathbb{R}$ の部分集合）について、それを、解析学を行ううえで必要となる無限小と無限大を含む適当な拡大体 ${}^*\mathbb{R}$ に拡張するための方法を示すことが必要である。これは重い挑戦であ

11)　Tall (1980a)。

る。

エイブラハム・ロビンソンは、集合論の述語に関する論理学に基礎を置く解を提案した。次に示すように、集合に属する要素に対し適用される量化記号 $\forall$ と $\exists$ を用いて書かれる公理がある。

- $\forall a \in S : a \sim a$ （S における同値関係の対称性）
- $\forall a, b \in F : a+b=b+a$ （体 F における交換法則）
- $\exists e \in G\ \forall g \in G : g \circ e = e \circ g = g$ （群 G における単位元の存在）

しかし、公理には、集合を対象として量化するものもある。例えば、完備性公理は

- $\forall S \subset \mathbb{R}$　S が空でなく上に有界であれば S は最小上界を持つ

である。特定の集合の要素に対してのみ量化する文を**1階**論理とよび、集合を量化する文を**2階**論理という。高階論理は集合の集合を量化するが、より複雑である。

明らかなように、要求に合致する拡大体では、順序体に関する公理などの性質を一般化する必要がある一方で、先に見たように実数体 $\mathbb{R}$ の拡大順序体では完備性公理は成立しない。

ロビンソンは、（完備性公理のような）高階論理を含めず、1階論理の範囲で展開する道を選んだ。

彼は、すべての関数 $f : D \to \mathbb{R}$ が ${}^*D \to {}^*\mathbb{R}$ に拡張されるように D を ${}^*D$ に拡張できる $\mathbb{R}$ の拡張 ${}^*\mathbb{R}$ を必要とした。拡張された関数は、D 上では f と一致するから、単に、$f : {}^*D \to {}^*\mathbb{R}$ と書くことにする。

彼はその拡張では次のことが成立すると仮定した。

移行原理：1階論理で記述された実数 $\mathbb{R}$ に関する文は、拡張された体 ${}^*\mathbb{R}$ でも真である。

移行原理が成立する真の拡大体 ${}^*\mathbb{R}$ は、**超実**数体と呼ばれる。$\mathbb{R}$ の順序体に関する公理はすべて1階の文なので、それらは拡大体 ${}^*\mathbb{R}$ においても成立する。だか

ら、${}^*\mathbb{R}$ は必然的に順序体になる。${}^*\mathbb{R}$ は**真の**拡大であるとしたから、構造定理により ${}^*\mathbb{R}$ は無限大と無限小を含み、有限要素はすべて実数 c と無限小 ε を用いて $c+\varepsilon$ の形に書くことができ、しかも、c と ε は一意的に定まる。

完備性は2階論理の命題だから成立しないかもしれない。実際、それは成立しない。無限小の集合は上に有界であるが最小上界を持たないことをすでに示した。

我々は任意の実数 x はそれより大きい自然数を持つことを知っている。すなわち、

$$\forall x \in \mathbb{R}\ \exists n \in \mathbb{N}: n > x.$$

移行原理により

$$\forall x \in {}^*\mathbb{R}\ \exists n \in {}^*\mathbb{N}: n > x$$

に拡張される。これは、すべての超実数に対しそれより大きい無限整数（${}^*\mathbb{N}$ の要素）が存在することを意味する。既述のように ${}^*\mathbb{R}$ は無限大要素を持つから、この命題から ${}^*\mathbb{N}$ は無限大要素を持たなければならないことがわかる。それを**超整数**と呼ぶ。

整数に関する性質の自然な拡張として超整数に関する性質の多くが導かれる。例えば、自然数 n と $n+1$ の間に自然数がないことから、自然数 n の「次」の自然数は $n+1$ である。だから、超整数 N と $N+1$ の間にある超整数は存在せず、N の次の超整数は $N+1$ である。

数列 $a_1, a_2, \cdots, a_n, \cdots$ は $a(n)=a_n$ であるような関数 $a:\mathbb{N}\to\mathbb{R}$ のことだから、関数 $a:{}^*\mathbb{N}\to{}^*\mathbb{R}$ に拡張でき、任意の正の超整数 N に対し $a_N=a(N)$ と書くことができる。

数列が既知の数式で表されるとき、例えば、

$$a_n = \frac{3n^2+2n}{4n^2}$$

であるとすると、a_N は同じ数式で表されて次のように書ける。

$$a_N = \frac{3N^2+2N}{4N^2} = \frac{3+2/N}{4}$$

一般に、$\mathrm{st}(a_N)$ がすべての無限大の N に対し同じ実数となるとき数列 (a_n) は収

束すると定義される。例えば、上の例では N が無限大であるとき $1/N$ は無限小だから $\mathrm{st}(1/N)=0$。したがってこの数列の極限は

$$\mathrm{st}(a_N)=\frac{3+\mathrm{st}(2/N)}{4}=\frac{3+0}{4}=\frac{3}{4}$$

同様に、関数 $f:D\to\mathbb{R}$ は、$x+\varepsilon\in{}^*D$ であるようなすべての無限小 ε に対し $(f(x+\varepsilon)-f(x))/\varepsilon$ の標準部分が同じ実数となるとき $x\in D$ で微分可能であるという。例えば、$f(x)=x^2$ のとき、

$$f'(x)=\mathrm{st}\frac{(x+\varepsilon)^2-x^2}{\varepsilon}=\mathrm{st}\frac{2x\varepsilon+\varepsilon^2}{\varepsilon}=\mathrm{st}(2x+\varepsilon)=2x$$

$x,y\in{}^*\mathbb{R}$ であるとき、$x-y$ が無限小であることを $x\simeq y$ で表す。関数 $f:D\to\mathbb{R}$ は、任意の $y\in{}^*D$ に対し $x\simeq y$ ならば $f(x)\simeq f(y)$ となるとき、$x\in D$ において**連続**であるという。領域 D 上**一様連続**の概念は、任意の $x,y\in{}^*D$ に対し $x\simeq y$ ならば $f(x)\simeq f(y)$ であることとして定義される。

連続関数 f の区間 $a<x<b$ における定積分は、$dx=(b-a)/n$ として有限和 $s_n=\sum_a^b f(x)dx$ を計算し、無限大の N について s_N の標準部分をとって得られる。例えば、$f(x)=x$ のとき、$dx=1/n$ とおいて

$$\sum_0^x f(x)dx=\frac{x}{n}\times\frac{x}{n}+\frac{2x}{n}\times\frac{x}{n}+\cdots+\frac{nx}{n}\times\frac{x}{n}$$

$$=\frac{\frac{1}{2}n(n+1)x}{n}\times\frac{x}{n}=\frac{1}{2}\left(1+\frac{1}{n}\right)x^2$$

無限大の N を代入し、$dx=1/N$ として

$$\int_0^x f(x)dx=\mathrm{st}\left(\sum_0^x f(x)dx\right)=\mathrm{st}\left(\frac{1}{2}\left(1+\frac{1}{N}\right)x^2\right)=\frac{1}{2}x^2$$

のように求まる。この技巧によって、数列の極限、微分、その他の微積分学の概念が、無限大や無限小を用いて、古いやり方で計算し標準部分をとるという方法に書き換えられる。すなわち、それは、無限小を無視したり、あるいは、0で置き換えるということである。

ロビンソンは、数世紀にわたって数学的精神を苦しめてきた判じ物に強力な一撃を与え、論理的な終結を手に収めた。彼は、これは新たな動きの始まりになると確信した。彼は、すべての問題の問題を解決する洞察を得たと感じた。

しかし、それは起こらなかった。

3.1　新理論に対する文化的抵抗

超準解析は、ロビンソンの、無限小の古風な考えを包含する新しくて果敢な考え方の世界である。しかし、それは ε-δ 法が浸透しきった解析学の世界で提案された。その最初の弱点は、標準的な解析学に成果をもたらさなかったことである。ロビンソンは同僚のアレン・ベルンシュタインとともに新しい無限小の手法を用いて解析学の新しい定理を証明した[12)]。ポール・ハルモスはプレプリントを見て標準的な手法による証明を書き、ロビンソン-ベルンシュタイン定理と同じ学術誌で発表した[13)]。

第二に、この理論は、最初、数学研究者にはあまりなじみのない論理学の言葉で出版された。私は、私が60年代にオックスフォードの学生であったとき、ロビンソンがこの主題について講義していたのをよく覚えている。1966年秋、私はサセックス大学の若き講師として1学期間にわたってロビンソンの超準解析を学部全体で読むセミナーに参加した。我々はその考えの感覚を伸ばすことはできたものの、我々の大多数は論理学を本当に理解していないので難しいと感じた。

第三に、後により一般的な枠組みで作り直された理論でさえ、説明するのが難しかった。インターネットを検索してウィキペディアを見てみよう。「超準解析」を始めとして多くの項目が「超実数」、「ウルトラフィルター」、「エイブラハム・ロビンソン」などのトピックにリンクしていることがわかる。非専門家はこれらの考えを習得しようとするとき相当の困難さを感じるかもしれない。

第四に、数学が有限の方法で作られているか確認すべきだと主張する数学者たちが、超実数には有限の構成方法がないと批判したことである。

第五に、最も現実的な理由であるが、ε-δ 解析は**有効に機能し**、数学者集団の共通言語だったことである。破綻していないのなら、手をつけてはいけないのだ。

私が若い研究者で超準解析に興味を持ったとき、長老の教授からこれは賢明な進路選択ではないとの助言を受けた。私は学部の最終学年向きに選択科目「無限小解析」を開いた。他の選択科目は10から20名程度であったのにこの科目は100名以上の出席があった。

私は学部長から呼ばれ翌年は選択科目を持つことを許されないと言われた。その理由は、学生は、履修規定により少なくとも3つ数学に関するコースをとることが要求されるからであった。彼の説明では、数学に関するコースのうち1つは

---

12)　Bernstein & Robinson (1966)。
13)　Halmos (1966)。

数学史に関するものであるので、もし学生がそれと無限小解析をとると残り**1科目**だけ数学をとればよいことになってしまうということであった。彼、あるいは純粋数学学部の何人かの構成員にとって無限小解析は本当の数学ではなかったのだ。

翌年、私は教育コースを標榜するコースを開設し、多数の学生の出席を得た。基本的に、標準的な解析学を学んで難しいと感じていた学生たちにとって、標準的な解析学を明瞭化するうえで意味のあるものであった。

超準解析は数学共同体にとって不和の種であり続けている。超準解析は、「それぞれ」な活動であり続けている。専門家にとって存在意義のある手法として受け入れられているものの、多くの主流派数学者からは関心を持たれていない。

4. 超実数を作る

完備順序体の公理と移行原理を基礎として超準解析に関する多くの性質が導かれるけれども、体系をどう**構築**するかについてはまだ示していない。

これは、カントール以前の時代において、無理数を含め、数が直線上の数として心に描かれ、計算に用いられるけれども、ボルツァーノ、カントール、デデキントが極限操作に意味を与える必要性を見出して完備性の概念を導入するまでは実数が正式に構築されることはなかったのと同じである。

カントールの着想は実数を構成するためにコーシー列を用いることであり、その結果として無限小を取り除くことができた。逆説的であるけれども、同様の手法が超実数を構築するのに利用可能であって、それによって無限小が復活する。

コーシーは、有理数のコーシー列の集合を考え、コーシー列 $(a_n), (b_n)$ の同値関係を $(a_n - b_n)$ が 0 に収束することで定義して実数を構成した。実数はこの同値関係による同値類である。

より緻密な論理が必要となるものの、同様の手法が実数から超実数を構築するのに使える。今度は、実数列 (a_n) の全体を考え、適当な同値関係を定めることでその同値類として順序体 ${}^*\mathbb{R}$ を作る。

数列 (a_n) を含む同値類を $[a_n]$ で表す。同値関係を定義した後、四則演算を項別の演算に基づいて定義する（これはカントールによる実数の構成と同様）。すなわち、

$$[a_n]+[b_n]=[a_n+b_n],\quad [a_n]-[b_n]=[a_n-b_n],\quad [a_n][b_n]=[a_nb_n].$$

除算には問題がある。なぜなら、除算を $[a_n]/[b_n]=[a_n/b_n]$ によって定義しようとすると、(b_n) が $b_n=0$ となる項を含むとき不適切だから。

そこで、まず、

$$\text{有限個の } n \text{ を除いて } a_n=b_n \text{ であれば } (a_n)\sim(b_n)$$

であることを証明し、有限個の n について $b_n=0$ であるような (b_n) に対し、$b_n\neq 0$ なら $b'_n=b_n$、$b_n=0$ なら $b'_n=1$ で代替数列 (b'_n) を定義し、$[a_n]/[b_n]=[a_n/b'_n]$ とする。

この同値関係において、実数 k に、すべての n について $a_n=k$ である数列 (a_n) の属する同値類 $[a_n]$ を対応させる。これによって $\mathbb{R}$ 上の四則が ${}^*\mathbb{R}$ の部分体となる。そして、結晶概念の考えによって、$\mathbb{R}$ を ${}^*\mathbb{R}$ の部分順序体と思うことが可能になる。

$[a_n]>[b_n]$ を有限個の n を除いて $a_n>b_n$ であることと定義することで、$\mathbb{R}$ は ${}^*\mathbb{R}$ の部分順序体になる。

数列 $(1,2,3,\cdots)$ を用いると、任意の $n>k$ に対し $(1,2,3,\cdots)$ の第 n 項は k より大きいから、任意の実数 k に対し $\omega>k$ となる同値類 $\omega=[1,2,3,\cdots]$ が定まる。

$[1,1/2,1/3,\cdots,1/n,\cdots]$ で与えられる $1/\omega$ は任意の正なる k に対し $0<1/\omega<k$ を満たす無限小である。なぜなら、$n>1/k$ のとき第 n 項 $1/n$ は k より小さいから。

$n+1>n$ であることから、$\omega+1>\omega$ である。さらに、$1/\omega$ を加えて $\omega+1/\omega>\omega$ であることを示すことすらできる。

アハ！　我々は目的を達成できたように見える。

今、このときを楽しもう。

振り返ってみると、まだ長い道のりが残されている。実数体の拡張となる順序体を構成する要素 $[a_n]$ を数列 (a_n) から作らなければいけない。

$$a_n=\begin{cases}\dfrac{1}{m} & n\text{ が奇数で } n=2m-1 \text{ のとき}\\ m & n\text{ が偶数で } n=2m \text{ のとき}\end{cases}$$

のような数列から典型的な問題が発生する。奇数番目の項は 0 に収束し、偶数番目の項は無限大に発散する。奇数の集合 O において無限小であり、偶数の集合 E において無限大である。このような場合、どうしたらいいのだろうか？　答えは**選択**することである。もし、奇数の集合 O 上で起こっていることに基づいて決めるとすると、$[a_n]$ は無限小であり、偶数の集合 E 上で起こっていることに基づいて決めると、それは無限大になる。選択の結果によって拡張は異なる。

一般に、数列 (a_n) は無限に多くの項を含むから、次のうち少なくとも 1 つは成立する。

(i)　$+\infty$ に発散する部分列を含む
(ii)　$-\infty$ に発散する部分列を含む
(iii)　無限個の項が A と B の間にあるような 2 数 $A, B \in \mathbb{R}(A < B)$ がある。

1 つの数列でこれら 3 つがすべて成立することもある。例えば、

$$a_1 = 1, a_4 = 2, \cdots, a_{3n-2} = n, \cdots,$$
$$a_2 = -1, a_5 = -2, \cdots, a_{3n-1} = -n, \cdots,$$
$$a_3 = 1, a_6 = 1/2, \cdots, a_{3n} = 1/n, \cdots$$

だとすると、(a_{3n-2}) は $+\infty$ に発散し、(a_{3n-1}) は $-\infty$ に発散し、(a_{3n}) は 0 に収束する。

状況がもっと複雑になることもある。例えば、(iii) において、すべての項が 2 数 A, B の間にあったとしても、単一の極限があるとは限らない。しかし、この場合でも、極限を持つ部分列が少なくとも 1 つは存在することが証明できる。

それゆえ、一般に、数列 (a_n) は、$+\infty$ に発散するか、$-\infty$ に発散するか、あるいは有限の点 c に収束するかのうちのいずれかの性質を持つ部分列を少なくとも 1 つ持つと結論できる。だから、同値類 $[a_n]$ が正の無限大、負の無限大、あるいは標準部分 c を持つ有限な値のいずれであるかを決める部分列を選ぶ方法が問題となる。

$[a_n]$ の挙動を決めるように選ばれた (a_n) の部分列を構成する n の値の集合を**決定集合**という。目的は、$\mathbb{N}$ の部分集合全体から 1 個の S を選び出し、その補集合 $\mathbb{N} \backslash S$ が決定集合となるようにすること、そして、それを同値類が順序体 ${}^*\mathbb{R}$ を

構成することを矛盾なく実行することである。

そのような決定がなされると、任意の部分集合 $D \subseteq \mathbb{R}$ の拡張 ${}^{*}D$ は

$$ {}^{*}D = \{[x_n] \in {}^{*}\mathbb{R} \mid x_n \in D\} $$

で定義され、関数 $f : D \to \mathbb{R}$ の拡張は

$$ f([x_n]) = [f(x_n)] $$

で与えられる。これは、集合の拡張と、$\mathbb{R}$ から ${}^{*}\mathbb{R}$ への埋め込み写像の美しくて自然な定義を与える。

${}^{*}\mathbb{R}$ の構成の最終段階は、無限に多く存在する決定集合の選び方の中から1つを選ぶことである。しかし、これは、ある種の一般的な原理を用いない限り、人が実行できることの有限性の限界を超える[14]。

それを実行する1つの方法は、**選択公理**を用いることである。選択公理は、空でない集合の族が与えられたとき、それぞれの集合から1個ずつの要素を**同時に**選び出すことができるというものである。選択公理は、証明を完結させるために必要とされる機構のすべてを提供してくれる[15]。

しかし、選択公理の使用は、異種類の数学の間での係争の種であり続けている。ある人は、定理の証明は有限の操作で完結するものでなければならないと主張する。一方で、通常の集合論に選択公理を付け加えたとき矛盾が生じるとすると集合論自体が矛盾することが証明できる、言い換えると、選択公理を追加しても新たな論理的な問題を引き起こすことがないという理由で、選択公理の使用を受け入れる人もいる。

すべての拡張的融合において、古い考えが存続する一方で問題となる新たな考えが発生するから、適切に解釈することで、以後、より強力な手法が得られる。完備順序体に関する解析学の独創的な理論は完全に筋の通ったものであり、研究の重要なテーマであり続けている。そして、解析学を用いる標準的な手法と無限小を用いる超準的な手法のいずれを選択すべきかは決着がついていない。

---

14)　例えば、Katz and Tall（2012）を参照せよ。

15)　実行には、Tarski（1930）が確立したウルトラフィルターの概念が必要。

5. 教育上の帰結と局所直線性

標準的な解析学における極限の概念の学生たちにとっての困難さはよく記録されてきた。無限小公理を含む学部レベルのコースがキースラーによって企画され[16]、このコースをとった学生は微積分の直観的な把握において良好であったという証拠がある[17]。しかし、そのようなコースをとる学生の割合はずっと少数であり続け、キースラーの本は現在絶版となっている。ただし、この本は現在もインターネット上で自由にダウンロードできる[18]。直観的な考え方は多くの学習者に共鳴をもたらすけれども、コース編成において、数と無限小に関する性質の完全なリストを用意しておかないと、微積分教育における長期的価値に関する疑問を引き起こすことになるかもしれない。教育研究が示した超準解析を用いて学生を教育することの価値についてのどんな「証明」も、標準的な解析学に対する広範な執着を揺さぶることはなかった。

学生向けの微積分の最適な導入に関する私の見解は明白だ。極限の ε–δ 法に基づく形式的導入も、あるいは、無限小を含む形式的な導入も、ともに正統である。局所的に直線であると見なす導入法は、学習者のグラフと代数記号演算に関する自然な経験と合致する。具象化と記号化の混合は、連続性の動的な概念と局所直線性の体現化の基礎を与える。それは、dy/dx を（傾きベクトルの成分として）長さの商として理解することを許す。それは、自然に極限概念に誘導し、応用において必要な微積分の計算技能、あるいは、標準的な解析学や超準解析における適切な基礎など、どれかは望まれるに違いないことを育てるのに有効だ。

局所直線性の考え方は、無限小の概念の導入は必要ではないけれども、通常の微積分における適当に小さい量あるいは極限の考えの直観を支える。それゆえ、局所直線関数の傾きの変化と記号処理的に得られた導関数の関係の直観的把握を得たら、連続性、局所直線性の動的アイディアを経験させ、そして、極限を導入するために、微積分の準備コースにおいてコンピュータ・テクノロジーを使うことにしたい。

本章を終えるのに際し、実数の任意の拡大体に存在する無限小の形式的概念が微分可能な関数を拡大することで局所直線性を持つことを示すのに使えることを

16) Keisler (1976)。

17) Sullivan (1976)。

18) www.math.wisc.edu/〜keisler/calc.html (2013 年 2 月 14 日現在)。

表わす図を提示しないわけにはいかない。

6. 微分可能な関数を拡大する

前に述べた拡大の概念は、2次元またはそれ以上でも機能する。例えば、

$$m(x,y)=\left(\frac{x-c}{\varepsilon},\frac{y-d}{\delta}\right)$$

で定義される点 $(c,d)\in F^2$ における ε-δ レンズ m と、対応する各成分の標準部分をとる光学レンズ $\mu:F^2\to\mathbb{R}^2$、すなわち、

$$\mu(x,y)=\mathrm{st}\,m(x,y)=\mathrm{st}\left(\frac{x-c}{\varepsilon},\frac{y-d}{\delta}\right)$$

を用意する。

任意の微分可能な関数 $f(x)$ について、h を任意の 0 でない無限小とするとき、導関数は、

$$f'(x)=\mathrm{st}\left(\frac{f(x+h)-f(x)}{h}\right)$$

で与えられる。

無限小 ε に対応する光学顕微鏡 μ を点 $(x,f(x))$ に位置づけ、h を ε と同位の無限小として近くの点 $(x+h,f(x+h))$ を観察すると、

$$\begin{aligned}\mu(x+h,f(x+h))&=\left(\mathrm{st}\left(\frac{h}{\varepsilon}\right),\mathrm{st}\left(\frac{f(x+h)-f(x)}{\varepsilon}\right)\right)\\&=\left(\mathrm{st}\left(\frac{h}{\varepsilon}\right),\mathrm{st}\left(\frac{f(x+h)-f(x)}{h}\frac{h}{\varepsilon}\right)\right)\\&=(\lambda,\lambda f'(x))\quad ただし、\quad \lambda=\mathrm{st}\left(\frac{h}{\varepsilon}\right).\end{aligned}$$

これは、h を ε と同位かまたは高位の無限小とするときの点 $(x+h,f(x+h))$ の全体を**視野**と呼ぶとき、視野が実数 λ を媒介変数とする直線 $\lambda(1,f'(x))$ に写されることを意味する。ε より高位の無限小 h に対応する点は1点に写され、ε と同位の無限小 h に対応する点は直線上の個々の点に対応する。ε より低位の無限小 h に対応する点は視野の外である。

これは、与えられたオーダーの無限小でみたときのグラフの細部が、傾きが $f'(x)$ の**直線全体**に写されるという注目すべき事実を表す（図13.5）。

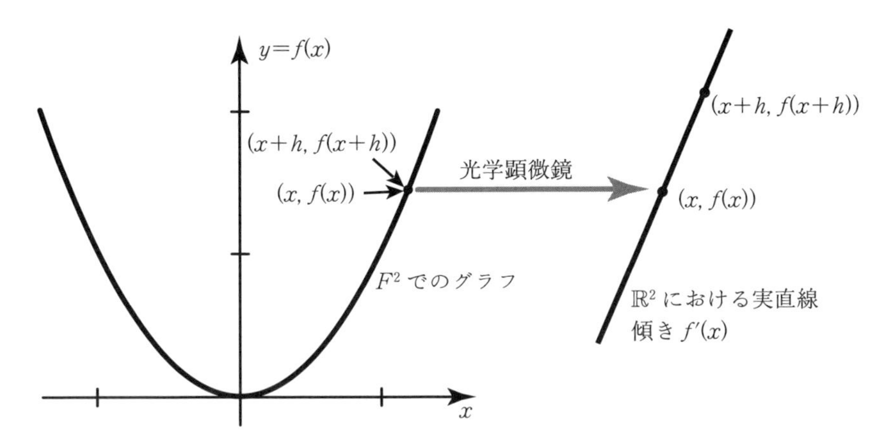

図 13.5　光学顕微鏡で見たとき、微分可能なグラフの無限小細部は無限直線だ

この眺めは**驚異的だ**。局所直線グラフの一部を、無限大倍に、次いで光学的に拡大すると、視覚的に、そして、想像のうちに見えてくるものは、**無限**直線だということを示している。コンピュータによる近似によるだけではなく、おおざっぱな近似によるだけでもなく、さらに我々の目にある 40 分の 1 秒ほどの分解能という制限によるだけでもなく、公理的形式世界で作られ、記号代数を用いて計算され、思考実験として心の目の中に視覚化された、めいっぱいに混合され形式的に定義された結晶概念だ。

第 14 章　数学研究における フロンティアの拡大

数学は、主として「定理を証明すること」であるとよく耳にする。作家たるものの仕事は、主として「文章を書くこと」であろうか。数学者たるものの仕事の多くは、推量、類推、目的的思考と挫折、および証明の絡み合いであり、発見の核心からほど遠く、たいていは我々の知性がごまかしをしていないと確信する手立てである。

（ジャン・カルロ・ロタ）[1]

1. 問題の解決と定理の証明

数学者が新しい形式的知識構造を発展させるために自身の知識を作り上げるように、我々は数学三世界において最前線に向けて旅をしてきた。優れた数学者は、新理論を創造するために、自身の既有知識を融合させて、強く統合された結晶概念となった知識構造を備える。理論は、形式的な定義と証明によって表現されるが、彼らの創造は、ジャン・カルロ・ロタが述べるように「推量、類推、目的的思考と挫折の絡み合いである」。

ウィリアム・バイヤーズが『数学者はいかにして思考するか』[2] で明らかにしたように、数学研究の真の創造力は、様々な文脈からの考えが出会うときに起こるパラドックス、曖昧性、コンフリクトから生じる。それらが問題を解決する推進力であり、数学研究を持続させる。

数学者が考えることは、新しい定理の可能性である。ただしその新定理は、真であると提起しうる証拠によって確からしいものの、証明はまだされていない。「疑わしい」に始まり、「少し可能性がある」、「高い可能性がある」ように真とする保証があるだろう。それらは、真であると形式的に証明されるまで推測に留まる。世界中の数学者は、証明できるかどうかを調べるために、いつでも様々な推

1)　Davis and Hersh（1981）の『数学的経験』の序文から引用、p. xviii。
2)　Byers（2007）。

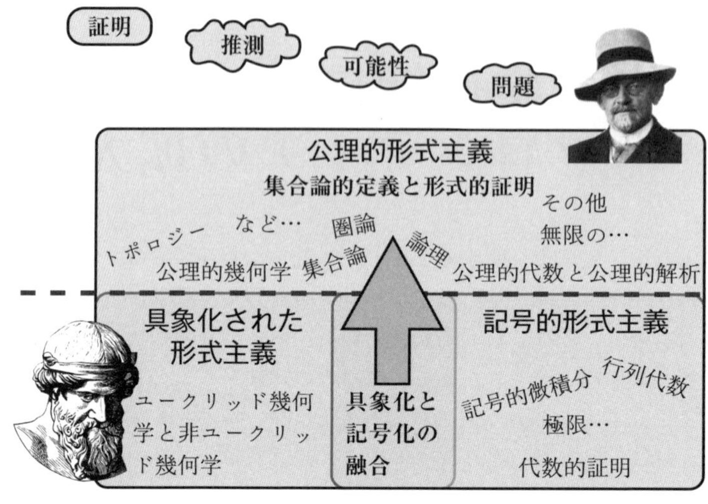

図 14.1　拡大する数学研究の境界

測に取り組んでいる。証明が見つかるまで、興味深い可能性は数学コミュニティの活力源となる。それは、既知のこともあるし、少数のことは幾世代も続く難題であったりする。後者は、あらゆる種類の多数の推測が行われたにも関わらず何世紀もかけて証明されないままであるが、数学的知識の最前線を前進させるためのいくつかの難題を提供する。

数学者は、研究を進めるため、様々な視点を持つ数学者と考えを共有することにより、自身の既存の知識構造を作り上げる。具象世界や記号世界から形式世界へと移行する学生とは異なり、数学者は結晶知識構造を備える。それは提案された推測を考えるために使う形式的定義と証明の枠組みからなる。

構造定理は、公理的定義を具象と記号に関連づける。したがって、最高水準の研究に至るには、形式的定義による議論を経て、様々な段階で結晶概念をより洗練された心的操作へと変換する必要がある。初期の状況では、奇妙で混乱することがある。それでも、確立された知識、可能性についての思考、推測、形式的証明の探究に関係した信頼しうる新しい枠組みを与える新しい関係が生まれるに違いない（図 14.1）。

問題、**可能性**、**推測**と**証明**として定式化されるこの発展サイクルは、一般的なファン・ヒーレ水準（**認識**、**記述**、**定義**、**演繹**）に一致し、それは第 4 章（図 4.9）

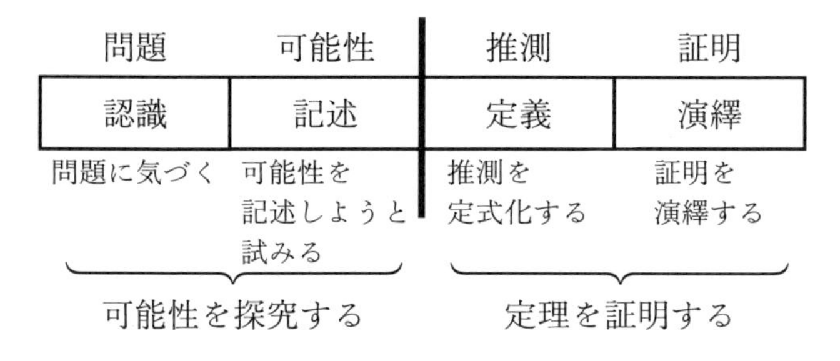

図 14.2　数学研究の発展に関する構造分析

において数学的思考の発展の基礎として示した。問題に関する初期の気づきと認識、様々な可能性の記述、(証明を演繹するための) 可能な定義として推論の定式化がある。4 つのカテゴリーは、**可能性の探究と定理の証明**の 2 つの部分に分けられる (図 14.2)。

第 8 章における問題解決と証明に関する議論は、実際的で理論的問題解決から形式数学の研究へと転換する。メイソンの著書『数学的思考』では、「証明」という言葉を一言も記述していないけれども、形式数学において、証明の生成は主要目的となる。もちろん、初期の問題認識段階では、「何を求めたいか」を求めたり、問題の本質や既に獲得した形式的定理の観点から「何を知っているのか」と考えたりして、手段と推測の観点から「何を導きたいか」に移行する。そして、問題に取り組んだり、証明を定式化しようと試みたり、「わかった！」の洞察、または「行き詰まった！」と衰えさせる感覚に至る段階もある。

問題解決できない場合、研究者はそれまでの解決を振り返ったり、代わりの方法を探したり、証明できそうな関係する推測を作り出すために、最初の問題さえも修正することがある。

もし、問題解決されたと思える場合、意気揚々な感覚、まさに賞賛の感覚になるかもしれない。しかし、論証が定理に対して、正確な命題として書かれた証明になっているかを確かめるために、冷静に検討する必要がある。

解決を成し遂げた後も、さらに検討したり、より単純な証明ができないか考えたり、考えに関する問題・可能性・推測と証明について調べたりする。

結果としてできあがった形式数学は、他の領域（例えば計算科学、工学、物理学、天文学、生物学、経済学、経営学、商学）において、理論や実践で用いられる。応用数学者は、様々な種類の研究開発の基盤として、形式的に証明された結果を使うに違いない。彼らは、実際的で理論的な問題を解決するための新しい方法を開発するとき、構造定理と関連した具象と記号を使う。

我々は、数学を応用することによって、社会を発展させる新しい洞察と発明を得る。例えば、数学は、インターネット上で我々のプライバシーを保護するコードを定式化するために使われる。石油工業では、原油を含む岩石層に対して油とガスの流れを予測し採掘するために、数学が使われる。気象学では天気予報のために、宇宙飛行では他の惑星への飛行計算のために、生物学ではDNAのコード配列を読み取るために数学が使われる。こういった例に象徴されるように、重要な事業や産業において数学が広く応用される。

私の目的は、様々な方向へこのような拡大を追い続けることではない。私の目的は、数学的思考が持つ**簡潔性**を明らかにすることであり、それは人間の脳が持つすべての創造の基盤である。その簡潔性は、数学的概念の結晶構造として位置づけられる。数学者は、簡潔性に基づいて、研究分野を選び、知識構造を強く結びつくように統合する。それは単なる形式化ではなく、具象と記号を洗練された形式となるよう融合する。その簡潔性こそ、現代数学の発展に欠かせない広く多様な試みを方向づけてきた。

2. 形式世界における数学的理論の多様性

19世紀後半から20世紀にかけて、数学的考えは多様化した。多くの研究報告が毎日発表され、個人は数学上のすべての成果について詳細な情報を得ることができない。我々は、初期の時代から現代の形式的理論まで具象化と記号化を通して作りあげた数学的思考の基本過程を振り返ることによって、数学が発展してきた全体的な方向性を理解できる。

ギリシア時代における数学の古典的な頂点は、ユークリッド幾何学の枠組みであった。これは具象から生じ、自然言語を使用して定義と方法を定式化し、幾何概念の性質を演繹するために言葉によって記述された理論を作った。

ユークリッド幾何学には、平面における定規とコンパスによる作図という暗黙の性質があり、それは3次元図形へも一般化できる。それは、結晶概念のようにプラトン図形というプラトン主義に行き着き、それは人間の知覚と活動を越えた美しさと完全性を備える。

しかし、ユークリッド幾何学において、2点「間」に存在する直線上の点という考えといった暗黙的な性質は定式化されず、平行線概念は、ユークリッド平面上という文脈に依存する。人は、曲面上の幾何学や他の幾何学（例えば、射影幾何学、球面幾何学、楕円・双曲幾何学）を理解することを通して、幾何学には広い意味があることがわかる。ユークリッド幾何学とは異なる様相を持つ独自の結晶構造を持った別の幾何学もある。

20 世紀初頭、ヒルベルトは、集合論的形式にユークリッド幾何学を作り直し、それは元の長所を残しつつ、理論に含まれる論理的不備を回避した。これによって、古典理論を再構成して、当時生まれつつあった新しい数学の発展に引き込んだ。

ヒルベルトは、公理的形式数学の新しいストラテジーを定式化することで、彼自身の新しい考えを数学全体に応用した。その数学とは、集合論的公理体系と形式的証明による。

2.1 具象幾何学から公理的トポロジー（位相）への一般化

公理的アプローチによる最初の幾何学は、トポロジーで、「ゴム膜の幾何学」と言われる。トポロジーは、曲面・立体・人間が想像した高次元対象に関する性質を研究する。その性質とは、対象が引っ張られたり曲げられたりしても変らないものである。「位相空間」概念の一般的な定式化は、代数構造の定式化（演算の性質に基づく）とは異なる公理形式で表現される。

位相空間は、ある集合 S と、次の公理を満たす S の部分集合に関する集合 O として定義される。

（T1） 集合 S の全体と空集合 $\emptyset$ は、集合 O の元である。

（T2） $U, V \in O$ ならば共通集合 $U \cap V \in O$ である。

（T3） O に含まれる任意の集合族が与えられたとき、それらの和集合は集合 O の元である。

集合 O は**開集合**と呼ばれる。その公理によれば、位相空間とは、開集合の集合族であり、集合全体と空集合は開（集合）である。2 つの開集合の共通集合と任意開集合族の和集合もまた開（集合）である。まさにそれだけである。

与えられた文脈では、位相空間は追加された構造を持つ。例えば、直線上の集合の文脈・平面・3 次元空間において、定義は以下である。

与えられた任意の点 $x \in U$ において、x からの距離が ε より小さい任意の点が U に属するような正の実数 $\varepsilon>0$ が存在するならば、集合 U の点は**開**である。

直線・平面・3次元空間上の開集合 S は、任意の点においてその集合に含まれる小さな近傍がとれる集合である。本質的には、S の任意の点の周りで S に含まれるように動ける（その近傍をとる）余地があるならば、この集合は「開」である。この開集合 S は性質（T1）〜（T3）を満たすので、一般的トポロジーの概念の起源となる。

任意の $x \in A$ に対し、形式的な ε-δ 定義を満たすとき、関数 $f: A \to B$ は $\mathbb{R}^n$ において連続である。

与えられた $\varepsilon>0$ に対し、ある $\delta>0$ が存在して、$0<|x-x'|<\delta$ を満たすすべての $x' \in A$ に対し、$|f(x)-f(x')|<\varepsilon$ が成り立つ。

これは、第二集合 B の適当な近接 ε から始めて、第一集合 A の適当な近接 δ を探すことである。これは、第二空間における開集合 U から集合 $f^{-1}(U)$、すなわち $f(x) \in U$ である $x \in A$ 全体の集合について、逆向きに考えることである。U が開であれば、$f^{-1}(U)$ も開であることを証明できるが、証明はここでは示さない。専門家にとって「基本」であるが、数学にあまり親しんでいない人にとって複雑だからである。

連続性の概念は、以下のように位相空間に一般化できることが重要である。

位相空間 S から位相空間 T への写像 f が**連続**であるとは、T の任意の開集合 S に対して、その f による逆像 $f^{-1}(U)=\{x \in S | f(x) \in U\}$ が、S の開集合となることである。

トポロジーは、位相空間とそれらの空間間の連続写像に関する研究領域である。特に逆写像が連続かつ全単射である連続関数 $f: T \to S$ は、**同相写像**と呼ばれる。他の公理的構造のように、この概念は構造間の同値関係を与える。この場合は、位相空間同士の同値関係となる。位相理論は、同相写像のもとで不変な性質に焦点を当てる。

我々は、トポロジーによって、同相写像として1つの曲面を他の曲面への変形

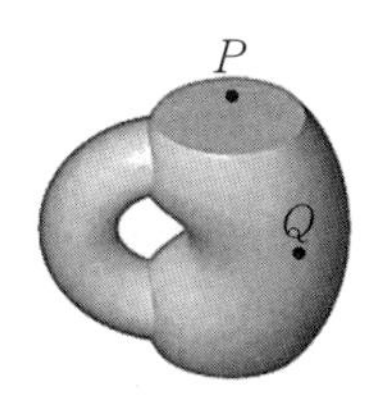

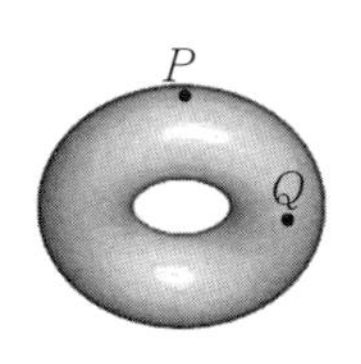

(1) カップ　(2) 内部の底面を上面に引き上げる　(3) カップの一部を変形する　(4) トーラスとなる

図 14.3　コップからトーラスへの変形

を考えることができる。例えば、取っ手のあるコップの曲面は、トーラスに連続的に変形できる（図 14.3）。

段階（1）では、2 つの点 P と点 Q を持つコップが示されている。段階（2）では、コップの内部の底面が上面に引き上げられ、点 Q は元の位置であるが、点 P はコップの上面に位置する。段階（3）では、コップの胴体の部分が段階（4）におけるトーラスの右半分の部分に変形され、点 P と点 Q はトーラスの最終的な位置に移動する。各段階の変形は同相写像であり、点 P と点 Q が元々の点からの一連の位置を表す。すべての変形は滑らかに移動するように想像できるので、人間は動的に知覚する。そして一連の位置は、カップがトーラスへと変化するときカップの同相写像のイメージを表す。
位相理論は、この過程において不変な性質に焦点を当てる。点は点のままである一方、点は空間と時間の変化とともに連続的に移動する。ただし 2 点間の距離は変化するので、距離は不変ではない。

しかしループ自体は不変である。なぜならループの形は変わるものの、ループはループのままだからである。実際トポロジーは特殊なループだけでなく、曲面上を連続的に形を変えるループも研究する。

我々は、1 つの同値空間上にあるループのみを研究すればよいので、トーラス上のループだけを研究する。我々は、点 P から出発して点 P に戻るループについて考察する。図 14.4（1）と（2）は、トーラスを短い道で回っているループ u と、トーラスを長い道で回っているループ v を示す。

すべてのループは、点 P から出発して点 P に戻るので、我々は、1 つのループを別のループにつなげることができる。これを 2 つのループの「和」と呼ぶ。図 14.4（3）は、ループ u とループ v の和 $u+v$ を示す。我々は、特殊なループだけ

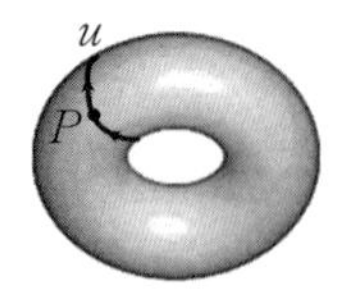

(1) 点 P から出発して点 P に戻るループ u

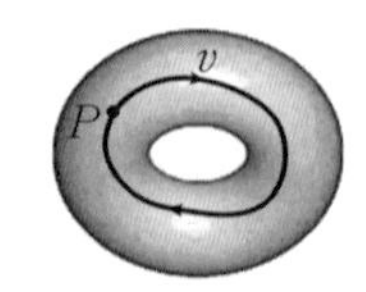

(2) 点 P から出発して点 P に戻るループ v

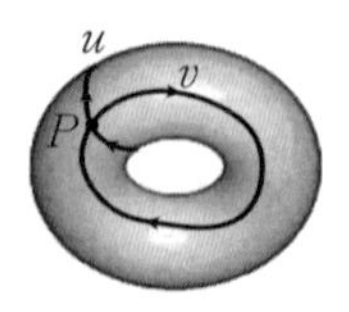

(3) u から v に続くループ $u+v$

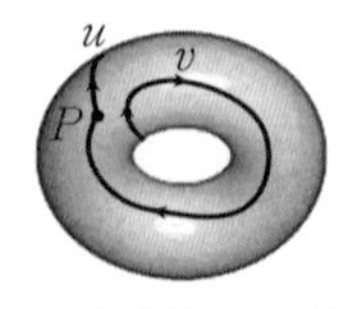

(4) 連続的に移動したループ $u+v$

図 14.4　トーラス上のループ

でなく、連続的に形が変わるループにも目を向けることができる。図 14.4 (4) は、点 P から出発して点 P に戻る $u+v$ の同値なループを示す。しかし、その中間部は、ループになるように引き離され、前の短い道と長い道でトーラスの周りを包んでいるものである。

2.2　具象幾何学を記号代数学に関係づける

我々は、思考実験を行うことで、ループは一般的に短い道を回る回数と長い道を回る回数によって決定されると考える。ループは、$mu+nv$（m と n は整数）として記述できる。この加法ループは、群を形成し、曲面の**基本群**と呼ばれる。それは整数の順序対 $(m, n)\in\mathbb{Z}\times\mathbb{Z}$ のなすデカルト積と同型である。人間の創造的な頭脳は、視覚によって得られた概念を具象化する。記号への変換は、ループを代数式で記述するのではなく、一般形式で記述される必要がある。とはいえ、変換された関係は代数として与えられるので、簡単に解釈できる。

同値位相空間（空間同士は同相写像である）は、同型の基本群である。位相関係は、群論において対応づけられる記号関係に変換する。その理由は、我々が想像できる心的対象から群論における計算操作へ変換するためである。これにより、我々が心の中で想像していた定理は、代数形式に変換され、単に演算だけに着目して解を見つけることができる。

例えば、トーラスの穴にトーラスを突き通さない限り、我々がどのように試みても、トーラスを球には変形できない。しかし、どのような形式的証明を与えることができるか。変形に関する図は、過程を表す**特殊な**図にすぎない。我々は、具象化によって、真であることだけを知ることができるが、証明したことにはならない。

解決策は、問題を代数に変換することである。もし我々が球の曲面に着目すれば、曲面上の閉ループはある点を固定した自明なループに変形できる。球の基本群は1つの要素（単位元）を持つが、トーラスの基本群は $\mathbb{Z}\times\mathbb{Z}$ である。それゆえ、球は連続的にトーラスに変形できない。なぜならもし変形できるなら、それらは同じ基本群を持たなければないからである。

これは、幾何学での具象世界やトポロジーのような様々な一般化を群という記号世界と結びつける素晴らしい理論の典型である。幾何学は、図や動的具象から始まり、代数学の世界においてそれに対応する性質を見出すことで、トポロジーと代数学（形式的な公理的方法で定式化される）に変換して計算できる。

3. 幾何学と代数学の発展の対比

クリストファー・ジーマンは、次の言葉で幾何学の本質を示しながら、大学2年生の講座を開始した。

> 幾何学とは、定理を示し、証明を組み立て、さらにそこから推測を作るという段階で、図を描き、視覚的イメージと直観に頼りながら考える数学の1部門である[3)]。

ジーマンは、学生が典型的事例を視覚化することを通して幾何学を考え、視覚化し、そしてその時に限りそのイメージを代数を使って表すことが、講座の使命であると宣言した。ジーマンは、2次元や3次元だけでなく多次元における形状を想像するために、動的思考実験を使って研究した。彼の経験によると、空間次元が1次元の直線、2次元の面、3次元の空間へと空間の次元を上げながら、多次元空間に進む直観というものが示唆される。彼は4次元以上の形状を思い描くことができ、彼にとって有益であった。5次元以上では、図形を動かす多くの「余地」があり、高次元における一般的な定理が簡単に想像でき証明される。例えば、彼は「5次元における球面結び目」を記述する定理を証明した最初の人であった[4)]。

代数学の記号世界から生じる形式的構造は、上の話とは違う方法で作られる。

---

3) 1977年にクリストファー・ジーマンが大学2年生を対象とした幾何学講座の準備に使用したガリ版刷りのメモから。

4) Zeeman (1960)。

ガレット・バーコフとソーンダース・マックレーンは、著書『代数学』の冒頭で次のように記述する。

> 代数学は、数の和・積・累乗を扱う技術として始まる。これらを取り扱う規則は、すべての数に適用され、その取り扱いは数を表す文字を使って行われる。同じ規則は、様々な種類の数、有理数、実数、複素数に適用される。かけ算規則は、数ではない変換にも適用される。我々が研究する代数系は、たし算やかけ算のような演算が作用する種類の要素の集合であり、これらの演算は基本規則を定めなければならない。かけ算と逆元の規則は「群」の公理である。たし算、ひき算、かけ算の規則は「環」の公理である。1つの体系から他の体系への写像は「射」である[5)]。

他領域にも関心を持つ幾何学者マイケル・アティヤ卿との洞察に満ちた議論をもとに、マックレーンは、幾何学と代数学における研究方法の違いを以下のように報告した。

> 1982年の秋、サウジアラビアのリヤドで、……我々は屋上に登り、星明かりの下くつろいで座っていた。アティヤとマックレーンは、この場面にふさわしく、数学研究はどのようにして行われるかという議論をした。マックレーンにとって、数学研究とは、必要な定義を得て理解し、それらを使って何が計算でき何が真であるかを考え、新しい「構造」定理を作ることである。アティヤにとって、数学研究とは、いくぶん漠然とした不確かな状況について考え、どのようなことが見出されるかを推測し、定義と本質的な定理と証明に至ることである。この話は、この場合は代数学と幾何学であるが、数学を研究する方法が異なることを示す。ただし最終目標だけは証明された定理であると一致する。このように、異なる方向に進む数学者は、異なる思考方法を持つ一方、結果に関しては共通する規範を持つ[6)]。

この引用から、私とマルシア・ピント[7)]が協同して「自然的」思考と「形式的」思

5）Birkhoff and MacLane（1999）, p. 1 より。
6）MacLane（1994）, pp. 190–1。
7）Pinto & Tall（2001）。

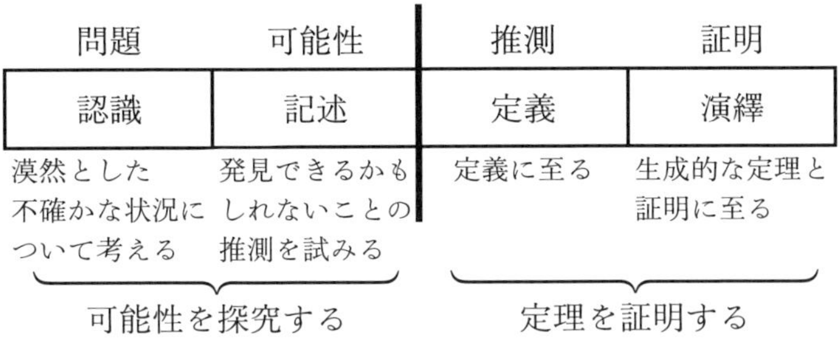

問題	可能性	推測	証明
認識	記述	定義	演繹
漠然とした不確かな状況について考える	発見できるかもしれないことの推測を試みる	定義に至る	生成的な定理と証明に至る
可能性を探究する		定理を証明する	

図 14.5　研究の進展：ファン・ヒーレとアティヤの構造的抽象化

考を区別する契機を得た。用語「自然的」は、ジャネット・ダフィンの記述[8]からとったもので、人は数学に関する個人的感覚を作りながら研究する。用語「形式的」は、人は形式的定義と論理的証明を用いて研究する。

アティヤは、**漠然とした不確かな状況について考え**、**どのようなことが見出されるかを推測し**、**定義**と**本質的な定理と証明**に至るという見地から、発展を語ったと伝えられる。これは、長期にわたって数学的思考が構造を抽象化していくことを意味する。それは、実際的認識や記述から理論的定義や演繹へと進むファン・ヒーレの連続的発達水準と同じである（図 14.5）。

マックレーンは、**必要な定義を獲得し理解し**（問題）、**それらを使って何が計算でき**（可能性）、**何が真であるかを考え**（推測）、**新しい構造定理を作る**（証明）と明快に語る（図 14.6）。

我々は再び同じ全体枠組みを見る。もちろん、これら（枠組み）は高度な水準で起こり、研究者は従うべきストラテジーに気づいている。だから、研究者は、すべての場面で行った活動を時間を追って想像でき、ある段階から次の段階へうまく進んでいく。

数学者は、数学的考えに対して個人が形成する概念に依存して多様である。数学者は、研究方法に好みを持っていても、自然な方法**だけ**で考えるまたは形式的な方法だけで考えるということはしない。

レオーネ・バートンは、70 名の数学研究者（男女同数）を対象にした広範な調

8)　これは、ジャネット・ダフィンの「自然的な学習」の見解に基づく（Duffin & Simpson (1993)）。これと対照的に、共著者であるアドリアン・シンプソンは、定義から演繹に基づく「異質の」アプローチを追究する。

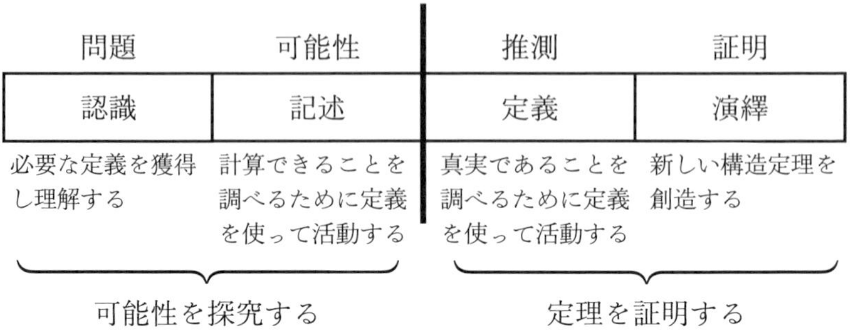

問題	可能性	推測	証明
認識	記述	定義	演繹
必要な定義を獲得し理解する	計算できることを調べるために定義を使って活動する	真実であることを調べるために定義を使って活動する	新しい構造定理を創造する
可能性を探究する		定理を証明する	

図 14.6　研究の進展：ファン・ヒーレとマックレーンの構造的抽象化

査研究において、グラウンデッド・セオリーを使って、様々な内容（思考スタイル、社会文化的相関、審美性、直観、関連性）を研究した[9)]。彼女は、視覚的と分析的という2つの思考スタイルが見出されるという仮説を立てた。数学者はそれらの間を柔軟に行き来する。彼女の得たデータによれば、カテゴリーは2つではなく、視覚的（図で思考する、しばしば動的に）、分析的（記号を使い、形式的に思考する）、概念的（概念的に思考し、分類する）の3つのカテゴリーであった。インタビューした多くの研究者（42名／70名）は2つの思考スタイルを取り入れ、少数の研究者（3名／70名）はすべての思考スタイルを取り入れ、残りの研究者は1つの思考スタイルを取り入れていた（15名が視覚的思考、3名が分析的思考、7名が概念的思考スタイル）。

3つの思考スタイルは、具象世界と記号世界からの発展と形式世界における長期発展を反映する。我々は、形式世界における構造定理によって具象世界と記号世界に立ち返ることができる。視覚的カテゴリーは、「図で思考する、しばしば動的に」という視点から具象化証明を意味する。分析的カテゴリーは、「記号を使い、形式的に思考する」と記述され、操作的記号世界から公理的形式世界への発展を意味する。それは、自然な定量的な記号を使った思考から完全に集合論的形式的思考まで広く含む。

概念的カテゴリーに関して、「概念的に思考する」は研究サイクルで言えば探究段階であり、「分類された」構造は適切に定められた定義を満足する。定義は様々な水準において生じ、ユークリッド幾何学や代数的証明のような理論数学や集合

9)　Burton（2002）。

論的形式数学であり、構造定理から導かれる具象的構造や記号的構造に至るまである。例えば、群は形式的に定義される。しかし、各同値類に対応する結晶概念を区別するため同型という観点で分類するとき、その分類は、具象構造や記号構造に戻ることができる構造定理の結果を使って行われる。その構造とは、定量的に記述された一連の命題のような形式的証明というよりも生成元や関係である。数学研究において、数学者は、様々な側面を個人的に融合して利用する。その融合とは、形式世界・具象世界・記号世界で高度な水準で機能する個人の経験や概念に依存する。

例えば、マックレーンとアティヤは、研究を発展させるとき異なる旅をしてきた。マックレーンは、論理学に関する論文から研究を始め、それらの間の関数に関する様々な公理構造の関係（位相空間と連続写像、代数構造と同相写像）に興味を持った。彼は、「圏論（カテゴリーセオリー）」という新しい分野を創造し、それは「対象」と対象間の「射」を持つ。そして、それは数学的構造という概念を一般化するもので、「対象」とは特殊な公理を満足するもので、「射」とは「構造を保持する」対象間の関数である。

彼はカテゴリー間の変換（「関手」と呼ぶ）を考察した。第一のカテゴリー対象は第二のカテゴリー対象に写像し、第一のカテゴリーの射は第二のカテゴリーの射に写像する。例えば、ホモトピー論は、位相空間と連続写像のカテゴリーを群と同相写像のカテゴリーに関連づける。圏論を使えば、ある領域の問題が、別の領域に写し出せるので、証明を伴った解決ができるような適切な構造が得られる。

アティヤは、幾何学に対する持続的な愛情から生まれた自然なアプローチを好んだ。

> 私は常に幾何学に魅了された。私はその自然さのため、幾何学が好きだ。しかし、私は、前進するためには、様々な道具を応用しなければならないことを理解している。人生の大半を通して、その理解は誘導する糸となった。私は広い意味で幾何学をやっている。しかし私は、幾何学をするためには、同じようにあらゆることもしなければならないことを発見した。例えば、トポロジー、微分幾何学、代数学、数理物理学である。しかし、私は自分自身を幾何学者であるとも思っている[10)]。

10）http://www.ma.hw.ac.uk/~ndg/fom/atiyahqu.html から引用（2012 年 6 月 11 日現在）。

幾何学的であると考える真正の問題に取り組もうとする彼の好みは、次の文において風変わりに表現されている。

> 代数学は、悪魔によって作られた数学者への申し入れである。悪魔は次のように言う。「私はあなたにこの強力な機械をあげよう。それは、あなたが求める問題に答えてくれるだろう。あなたがすべきことは、幾何学を断念して、私にあなたの魂を渡すことだ。あなたは、この素晴らしい機械を手に入れられる」[11]。

彼の主な活動とは、共通した何かが含まれている様々な情報源から重要な考えを理解し、ばらばらな部分を統合していく新しい枠組みを作り出すことである。このストラテジーは、ここで提案されている枠組みに適合する。複雑な構造は様々な現象を含んでいるので、まず名前をつけて、思考可能概念に圧縮し、新しい知識構造に結びつけ、さらなる進歩の基盤とする。このように、新しい結晶概念は複合的であるが、単純であり複雑ではない。他人にとって抽象的に見える考えも、アティヤにとって具体的であり、ウィレンスキーが言うように、具体性とは概念が持つ関係の質に関係する[12]。

数学者は、抽象的概念が持つ具体的関係を発展させて、心の中で思考可能概念として新しい概念を取り扱えるようにする。数学者は、そうすることで、概念間の新しいつながりを想像できるので、知識構造を洗練できる。

私が数学の博士号のためにアティヤと一緒に研究する恩恵を得たとき、彼の洞察力を目の当たりにした。彼は、細かいことを考える前に全体的な可能性を示唆するものを見つけることができた。例えば、トポロジーと代数において異なる考えを関連づけるために、アティヤは「ベクトル束とは位相空間上で連続的に変化するベクトル空間である。加群とはベクトル空間の代数的見方である。だから、それらは共通する何かがある」と言った。

質問に対する彼の応答は洞察的で、私が予想した以上であった。私は、代数幾何学（代数多様体は代数方程式によって与えられる空間の曲線または曲面の一般化である）における代数多様体の共通部分に関する定理を理解しようとしたのを覚えている。私は、例えば楕円と双曲線の共通部分のような単純な答えを期待し

---

11)　Atiyah (2004), p. 7 から引用。
12)　Wilensky (1998), p. 58。本書の第5章、3.3項で議論した。

た。彼の答えは「n 次元の複素射影空間における超平面の共通部分を考えよ……」であった。私は「あなたは**それ**が単純であるとでも言うのか？」と言って抗議した。彼は微笑んでそれは単純**である**ことを次のように説明した。「超平面は線形である。私が複素空間を選んだのは、それはすべてに必要とされる方程式の解を備えるからである。射影空間を選んだのは、すべての超平面が実際に交わるからである。」数学の用語から見れば、彼の説明は単純**である**。しかし、この単純性を理解するためには、深い個人的知識構造が必要である。数学者は、概念を圧縮することによって新しい思考可能概念に発展させる。それらの概念は、他者にとって高度に抽象的に見えても、数学者にとって考えやすく単純である。

彼は、私の論文としてトポロジーと代数を結びつける問題を提案した。それは彼が解決できなかった問題であると言ったので、彼がなぜ私にそれを与えたか尋ねた。彼は、私はその領域に新米で、彼が経験したような先入観を持たないからだと答えた。（彼は障害となる以前に出会ったことの影響を暗黙的に理解していたのか？）私は何週間あるいは何ヶ月もわたって骨の折れる研究を行い、新しい道の可能性を垣間見るために何週間も考え、我々は私の考えについて議論した。私は様々な方法で彼の考えをつなぎ合わせたそれぞれの段階を話し、彼の指導のもと私は論文を完成できた。複雑な状況を脱して、新しい定理ができた。

マックレーンとアティヤは、数学について幅広い見方を持つ。彼らは、新しい知識構造を発展させた。彼らは、知識を結びつけ圧縮し、新しい理論の基礎として豊かな結晶概念を作る。彼らの方法は異なるが、両者は偉大な前進をし、新しい知識構造を創造した。それは、一般的であり単純でもある。アティヤは、インタビューにおいて数学と物理学の関心を以下のように説明する。

> 理由は、もちろん、数学には統一するという偉大な傾向があるからである。人は多くのことを見つけ、次の段階で、これらは１つの単純な見方の特別な場合であると言う。我々はそれらを抽象化する。人々は、なぜ具体のままにしておかないのかと言い、抽象化の仕事に抗議する。もしあなたは、すべての点が具体のままであれば、いつも机と椅子に拘束されて、全体像を見ることができない。
>
> 数学者は水準を絶えず上げる。彼らが前進しているとき、何かについての例を持っている。我々は、共通するものを見つけ、それにふさわしい名前を付

けて一体化する。我々のベルトの下に、小さな教科書の中にそれを入れて、先に進む。

何世紀にもわたって、数学者はこのような全体構造を作る。我々は、それを使って、これまで行ってきたことを取り込み、単純なパターンにまとめあげる。私は数学だけでなく科学をもまとめあげられると思う。もしあなたがそのことを理解できたときだけ進歩する。それは、コンピュータから多くの結果を得たという意味ではない。もし我々が行った結果を表した科学自体が、数を作り出したとすれば、我々は数というものを理解できないだろう。科学の目的は、考えを作り出し、簡単な言葉で物事を説明することである。科学というのは、そういうものである[13)]。

この文章における洞察を含むコメントは、私が定式化しようと本書全体で行ったことの本質を表す。本書では、考えが具体例からどのように始まるかを説明するものの、重要な視点は全体像を理解することである。この視点は、次の水準へ移行できる圧縮した思考可能概念である。それは、新しい知識構造を作るもので、新しい水準において既に思考可能な新しい概念を含んでいる関係自体である。新しい水準は、豊かな意味を持った具体となり、個人は、柔軟なつながりを作り、基本的な考えに対する様々な思考方法を知覚する。

数学は研究者が未知への努力を通して発展し、新しい方法で考えをまとめあげることを通して進歩し、新しい理解が得られる。これは、形式的に証明された新定理として結晶化される。

マックレーンが言うように、数学者は新しい知識を創るために様々な取り組みをするが、最高水準の純粋数学において、数学者に共通しているのは、定理と証明という最終目標である。

証明という「最終目標」は、発展サイクルの最後に位置するが、それは、一時的に留まる場所であり、勝利を楽しんだり、出版を通して結果を共有したりする。このとき、新しい可能性、すなわち発展のための新しい考えが現れる。この場面では、新しい努力が必要で、推測を定式化したり、新しい証明を探しだしたりして確かめる。

13) マイケル卿が彼の数学研究と弦理論について物理学との関係を議論するインタビューから引用。http://www.superstringtheoly.com/people/atiyah.html（2012年6月9日現在）。

今や、我々は、数学的思考の発展に関する頂上に到達した。そこでの問題とは、新しい可能性、すなわち仮説の設定と形式的証明の追究である。人類の生物学的脳が知識構造を反省し、新しい可能性（新しく強力な結晶知識構造を導くこと）を融合するとき、数学の境界が広がる。

第15章　回　想

数学的思考の発達に関する枠組みができたとき、次のような疑問が生じるだろう。すなわち「そのような理論は、人が数学を教授・学習するときどのような価値があるのか」。そのような理論は、子どもを指導する教師・大学の数学者・教育課程開発者・様々な実践コミュニティの理論家・学習者自身に対して何を語るのか。

人が数学的に思考できるためには、経験の積み重ねが必要であり、既に経験したことに依存し、現在の学習はこれからの学習へも影響する。数学を学習したり指導したりする人は、その領域での能力や知識に着目するけれども、それは、行為や態度全体の一部にすぎない。

本章では、枠組み全体を要約し、他の理論との関連も考察する。そして相違だけでなく、様々な理論が新しい洞察を得るためにどのように融合されたかも示す。

1. 理論全体を見る

数学的思考の発達全体は図15.1で示される。それは、**概念を具象化したり操作を記号化したりする**人間の感覚－運動の思考に基づく。人間がより緻密に推論できるためには、集合論的定義や形式的証明を**公理的形式**に合わせる必要がある。

子どもが成長するにつれて、数学的思考が深まり、やがて**実際数学**が生じる。実際数学では、図形や空間を探求し、数える操作は数概念としてカプセル化される。次に概念を定義したり性質を推論したりする**理論数学**へ進む。数学的推論を具象化したり記号化したりすることによって、既知の対象や操作は**形式数学**へ移行し、公理や定義を前提とする状況へも活用できる。

人が世の中で思考するとき、数学はいつでも役立たなければならない。数学的リテラシーには、数学理論に基づく実際数学が必要である。商売や職業に即した

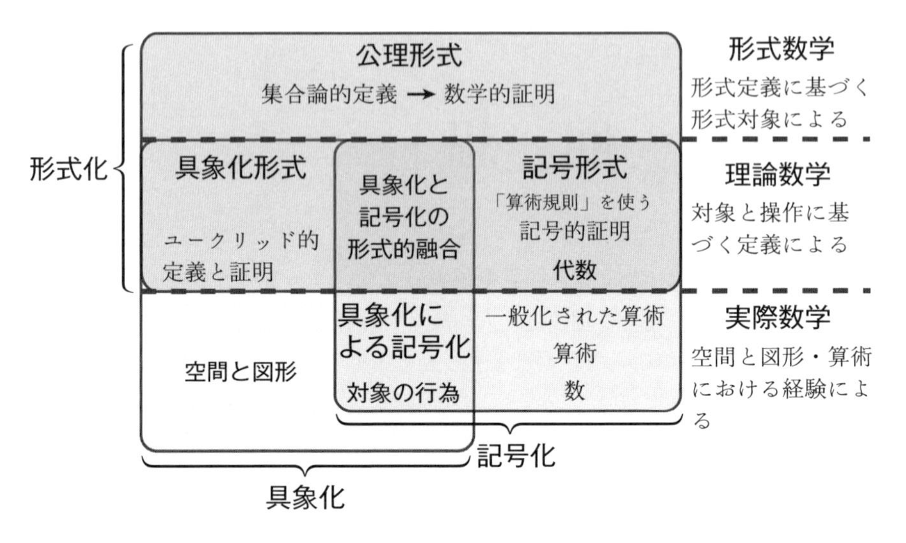

図 15.1 数学三世界

実際数学が必要であり、それらへ活用するためには数学理論もまた必要になる。純粋数学者は理論形式を創造し、その成果は社会全体に対して有益に実際的かつ理論的に還元される。

基本原則は、すべての人が、最も効果的に数学を学習する機会を得られることで、他者が恣意的に一定方向に発達を仕向けるものではない。つまり学習者が数学学習するとき（それはこれからの学習にも影響を及ぼす）、教師は学習者が直面する通用する内容と通用しない内容に配慮すべきである。

2. 数学における思考可能概念の発達

数学的思考に関する基礎概念は三形式に分類される。「具象世界」において、図形の認識と記述は、対象の性質を調べながら、図形を実際に**カテゴリー化**することによってなされる。「記号世界」において、数えたり分けたりする操作を**カプセル化**することで、整数や分数のような記号概念とともに、計算や代数の概念もまた生まれる。学校数学では、具象世界と記号世界を融合して、数学概念を充実させる。理論は、**定義**に基づいて洗練される。例えば、幾何学においてはユークリッド的証明を通して、計算や代数においては記号による証明を通して、定義から

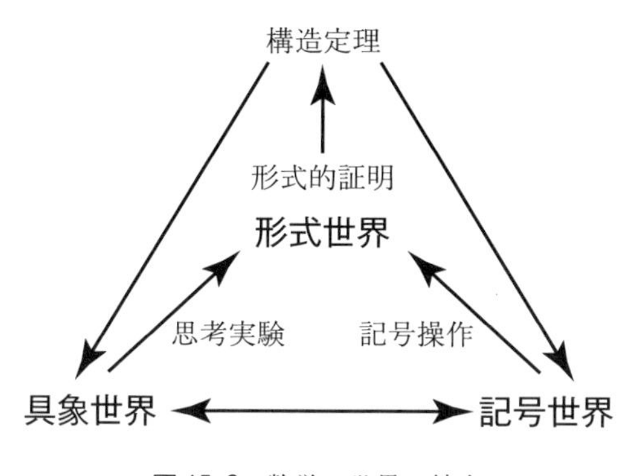

図 15.2　数学三世界の統合

性質が導かれる。「形式世界」において定義は重要な役割を果たす。集合論的定義は形式的概念の性質を定義するために使われ、他のすべての性質は定理から導かれる。

ファン・ヒーレは、代数ではなく幾何学における数学的思考水準を示したけれども、驚くべきことに、**認識・記述・定義・演繹**という系列は具象幾何学だけでなく、記号計算や代数でも当てはまり、さらに公理的形式にも当てはまる。最高段階にある研究になると、新しい関係の有無を確かめ記述する**可能性の探求**がなされる。それは、「よりよく定義された推測に基づく**定理の証明**」と「数学的証明」の研究によって確かめられる。

これで数学的証明の話しは終わりではない。公理的形式的定理として**構造定理**が導かれる。そこでは具象と記号という新形式を持った定理が作られ、数学的思考は思考実験や記号を使った計算のような感覚—運動に基づく心的世界へ進む。これは、具象世界・記号世界・形式世界という三世界の統合円になり、三世界を融合した数学的思考理論が作られる（図 15.2)。

全体的視点から理論を見れば、**結晶概念**という普遍的概念が生じ、それは数学的思考の本質である。人間は知覚や行為を通して数学的性質を**発見し**、所与の文脈で定義を**発明する**。そこでは結晶概念が生じ、その性質は定義に基づいて導かれる。

結晶概念は、数学的思考の終点ではなく、初期段階の幼児でも理解できる。幼児は柔軟に数関係を理解したり、わかりやすく計算を理解したりする。数学的概念の特徴を理解することは、長期にわたる全段階で数学的思考の発達を考える上で必要である。

プラトン主義は、人間の思考から自然に派生した。人は、一部の性質を隠しながら本質的性質だけに焦点を当てた反省ができる（例えば、点とは大きさを持たないが位置を持つ、直線とは長さを持つが幅がない）。このことを通して、プラトン的対象のイメージができる。対象の性質は、他者・思考・言葉によって共有されるが、このような性質は現実世界では理解できない。

ヒルベルトの形式数学を理解するためには大きな飛躍が必要である。なぜならそれらの対象が何であるかを理解することなく、形式的定理である定義による証明に基づいて、定義として形式的対象の**性質**を導くからである。数学者は、この活動によって、複雑な状況をも探究する。例えば、真である証拠を変化させて様々な洞察を得たり、数学的証明を通して新しい理論枠組みを定式化したりする。もはや知覚的に観察されるものや物理的に構成されるものに制限されない。数学者は個人的イメージに頼るものの、同じ知識構造を持った他者であれば結果を共有できる。

しかしながら、いったんある文脈ができあがれば、その結果は個人が選択できない。なぜならその結果は、公理や定義から証明された数学的結晶構造に従うからである。

長期発達において、人々が数学的結晶構造を理解すれば、数学的思考が促される。それは学校や現実世界へ数学を活用するときであり、形式的な数学研究でも洞察は広げられる。

上記から、学習者は継続して数学を理解し、長期にわたって数学的思考を伸ばすという重要な原理が導かれる。

3. 数学三世界を通じた人々の旅

人々が大人になるまでに辿る旅は様々であり、経験だけでなく、その人の個性にも依存する。実際数学・理論数学・形式数学の発展に関して、教師・学習者・研究者は、自分が関心を持つ内容だけに着目するが、学習者の既往経験や教授・学習の長期発達にも目を向けるべきである。

ここで提案する枠組みは、数学に得意でない人から得意な人まで様々な能力を持った人に活用できる。「日常生活での実際数学」、「広く活用できる理論数学」、「純粋数学研究の先駆である形式数学」を必要とする人の発達にもあてはまる。

わずかな人しか形式数学の高さまで到達しないけれども、そのような高い段階で得られた成果は、恩恵として全世代に還元される。つまり数学的思考の発達に関わる人々が広い視野を持てる価値がある。

子どもが学校へ入学する前に、既に様々なやり方で計算できる。その話しは第1章での2人の幼児に関することで、1人は苦心して指を使って数え、1人は百万の数について暗算した。初期段階から、子どもは様々な思考ができる。ある子どもが他の子どもより早く学習する事実は単純なことではない。子どもは様々なやり方で計算を学習するからである。

子どもの数え方の研究によると、数える手続きは数概念に圧縮される。第7章の分析によると、**記号圧縮**（ステップバイステップによる一連の記号による計算）と**具象圧縮**（学習者が計算の基本的関係を**理解できること**）は区別される。人は、具象圧縮によって計算の一般的性質を理解し、将来の学習に活用できる。しかしながらある子どもは小さい数しか具体物を使って数えられず、複雑な問題に取り組めない。他の子どもは関係を理解し、それを活用してより洗練された思考方法を理解する。このことは様々な段階で生じる。例えば、算数で見つけたきまりを発展させる（第2章）、「両辺に同じことをする」（第4章）、「局所直線」の動的視覚化による微積分の導入（第11章）である。教師は様々な概念の特徴に配慮することで、子どもに対して適切に指導できる。子どもは、将来の発達と当座の両方において適切なやり方を理解する。

数学三世界の理論は、通用する内容と通用しない内容に対する情意反応をも統合し、具象化・記号化・形式化が数学的思考の長期発達において果たす役割を示す。長期的に見れば、具象化ストラテジーは様々な発達段階で意味づけられ、数学的により複雑になり、記号ストラテジーは大きな力と正確さを得る。このことは、具体的状況において知覚を通して理解することから、計算記号を理解し、洗練された言葉を使った推論へ移行することを意味する。

ある人は、具象と記号を組み合わせて問題解決し、別の人は言葉あるいは記号だけを使って問題解決する。行動の範囲を広げるだけでなく、学習者が数学で成功・失敗する方法にも広げるべきである。なぜならこのような成否は、知識構造の認知発達から生じるだけでなく、数学的概念に対する情意反応からも生じ、好き嫌いは将来にわたって関係する。

4. 通用する内容と通用しない内容に関連する情意

数学的思考を深めることは、新しい挑戦である。ある人は興味を持ち、考え始める。しかし別の人は行き詰まりを感じ、似た方法を探したり、意味を考えずに**しなければならないこと**を学習したり、似た方法がうまくいかなければ、不満を感じたり、数学不安を引き起こす。

認知論は、生徒が知っていることや生徒がどのように発達するかに焦点を当てる。例えば、学習者がある段階の計算から次の段階の計算へ移行するとき、様々な局面を経て移行する。情意論では、自信と不安の情意的違いを研究する。本書で示された理論は、認知と情意を統合した新しい主張である。

第３章では、数学に関する認知発達を考察し、計算を圧縮する段階があった。すなわちステップバイステップの手続きから、構造圧縮を経て、柔軟な思考可能概念へ移行する。構造圧縮では、数学的性質が認識され・記述され・定義され・演繹される。

第４章では、「以前にみたこと」という概念を使って、ある数学的内容を学習するとき通用する内容と通用しない内容を考察した。それは認知や情意に起因する。認知的に言えば、通用する内容は、新しい状況を含むように一般化するが、通用しない内容は学習を阻害する。

第５章では、数学への情意反応を考察し、それは様々な原因から生じ、最も重要であり、楽しさに焦点を当てた。不満は数学自体から生じ、将来の学習に劇的に影響する。

第６章では、認知と情意を統合し、数学三世界の枠組みを示す。枠組みでは、学習者が長期的に活動するときの新しい見解が示される。次のような新しい文脈が生じたとき、新しく通用しない現象が生じる。例えば、整数を数えること、分数を使って分けること、負の数を使って借金を支払うこと、分数では表現できない長さを測定すること、２次方程式を解決することである。**このように人々は、手段を知覚化する「具象化」によって、特別な数計算を実際的に理解するが、より洗練された文脈では通用しない内容が生じる。**

数学的概念がより洗練された段階に到達すると、具象化と記号化のバランスは変化する。第７章では、我々は、数を長さとして視覚化することで代数関係を「見る」ことを示した。例えば、具象的な図を使って２つの平方の差を表したり、３次元上で２つの立方の差を表したりする。しかしそのような図は負の数になると複雑になり、4次元では物理的経験を越えてしまう。そこで我々は新しい形式である「簡潔性」を導入し因数分解を使う。例えば、複素数を使って単位円の周りにある点として新しい具象化をする。

動作的表象・画像的表象・記号的表象というブルーナーの枠組みは、有益である。しかし数学という特別な領域では、洗練された記号的表象は増える。例えば、算術計算・代数操作・論理的推論で使われる。記号的表象は大きな力と正確さがあり、表象の動作的・画像的モードを越えていく。

数学的概念が深まるとき、表象モードは変化する。「実際数学」は具象と記号の統合によって進展する一方、「理論数学」には理論的になされた定義とそれを用いた推論があり、口頭形式と記号形式による推論によって進展する。高段階にある学習者でも、思考するとき単純な具体物を参照する一方（例えば口頭推論と記号推論を統合する）、他の学習者は口頭推論で通用する計算記号へ移行する。長期間にわたって人は、知覚・操作・推論の統合を通して数学を理解する。

数学自体は、概念化する様々な方法を持っている思考者が数学自体を発展させる。ただし数学に対してどのようなアプローチが望ましいかという議論は続く。社会は、様々な特殊化をしたり様々な作業方法を持ったりする実践コミュニティの人々によって発展する。しかしながら理論は、理論家自身の知識構造にも依存する。すなわち開発された理論は、ある文脈では通用するが別の文脈において通用しないからである。

我々が様々な理論を比較するとき、多くの生活経験から生じた知識構造において「以前にみたこと」として**すべて**が対象である。

5. 拡張的融合

個人の発達と数学の歴史的発展が繰り返し起こる現象は、**拡張的融合**という用語に相当する。ある文脈であれば概念と手続きは一貫して通用するが、より広い文脈になると、それらの一部は通用する一方、他は通用しなくなる。

ピアジェ理論によると、新しい概念を**同化し**、それと同時に、変化した状況を理解するため心的図式を**調節する**。私の博士論文の指導教官であるリチャード・スケンプは、「存在する図式に新しい情報を追加する**拡張**」と「存在する図式に新しい事例（もはや現在の図式には合わない）を説明する**再構成**」の違いを区別した。

拡張的融合という概念は、知識構造の発達に対する新しい見方である。既存の図式は、新しい文脈になれば認知的再構成される一方、元の数学構造は一貫した新しい大きな構造の中でも一貫している。このことは、個人の発達と歴史的発展の両方で生じる。

整数計算のようなある文脈で活動するとき、個人の知識構造は、新しい内容を加えるか、古い内容から新しい内容を引き出すことで拡張される。しかし分数計算のような拡張的融合において、同値分数や新しい分数のたし算・かけ算のような新しい概念が生じる。それは、先の章で詳述した通用する内容と通用しない内容である。拡張的融合という概念において、知識は再構成するものの、整数計算のような元の構造は元の性質を保ち続ける。

数学の歴史的発展に関して、そのような変化はトーマス・クーンが『科学的革命の構造』[1]で述べた。通用する科学的文脈は、通用しない内容の影響によって、不安定な期間を経て、新しい事例を説明できるように安定する。この歴史的変化は第９章で示され、通用しない内容を解決するために何世代もかかって受け入れられる方法が理解される。

歴史を見れば、「人間の努力は有限であること」と「無限をイメージする人間の能力」の間に矛盾がある。それが本書を通した主題である。例えば「イプシロン―デルタの定義を使った無限可能性に基づく形式的解析学」と「人間がイメージする任意の微変量」の違いは今でも続く。我々は、拡張的融合における通用する内容と通用しない内容の概念を使って、この議論をうまく理解する。なぜなら構造理論に基づけば、実数直線を拡張すれば形式的な無限小が含まれるからである。解析学の標準理論は一貫性という権利を持つ一方、無限小に関する別の理論も拡張的融合として存在する。

歴史と個人の数学的思考の発達において、拡張的融合は同じ現象である。「数学者のコミュニティ」あるいは「拡張的融合以前においてある数体系で計算する学習者」としてある段階で活動するとき、人々は現段階に満足しているが、次の段階へ移行するとき、ある人にとっては、通用する試みとなるが、別の人にとっては通用しない試みとなる。

この現象は、理論構築者へも活用できる。理論構築者は、ある理論枠組みに基づいて取り組むが、現在の思考方法で通用しない他の理論枠組みに出会う。他の

---

1)　Kuhn（1962）。

枠組みはその人にとって通用しないが、両方の枠組みを自分の文脈で役立たせることができる。他の枠組みは、両方を統合した理論からも発展する。なぜなら他の枠組みによって、我々は、ある文脈では通用するが別の文脈では通用しない内容の本質を理解できるからである。二分法は新しい洞察を得るために役立ち、それらの内容は統合される。

6. 理論枠組みの発展：通用する内容と通用しない内容

理論枠組みは、与えられた文脈で認識される必要性によって発展し、理論家が構成し、コミュニティで共有される。

第9章で、数学的概念の歴史的発展は、具象化と記号化の発展として、あるいは公理的形式化の出発点とみなせる。コミュニティが発展しても、数学的形式はある文脈では通用する。しかし通用しない内容に直面すると、新しい拡張的融合が生じる。

初期の文明において実際数学が発展した。例えば測定や交換をしたり、ピラミッドのような大規模構造物を建てたり、季節の変化や天空の動きを予想したりした。

ギリシア人は、幾何学や数に対して理論的アプローチを開発した。つまりギリシア人は、砂上に描かれた図やパターンに配列された小石の具象的知覚を超越して、プラトン的概念の完全性という特徴を示した。

次の2つの理論を考える。一方の理論は、時間が経てば確かになっていくが、後には変更が必要になる。一例は「地球は宇宙の中心」である。他方の理論は、自己の文脈と一致しているが、後に以下のように拡張される。例えば、負の数や複素数の導入、無限小の仮想的利用である。それらは、拡張的融合で合理化され統合される前には通用しない。

今日の数学的思考理論は、様々な側面を包括するよう大きくなっている。例えば、数学・認知・情意・社会・哲学・技術・神経生理学である。1つの枠組みだけでは全体を含められない。それぞれには自己の領域と妥当性があり、他の文脈でも通用するか通用しないか確かめられる。しかし我々は、理論間で通用する関係と通用しない関係に着目し、違いを統合する新しい方法を見つけ、新しい洞察を得る。

個人やコミュニティは経験に基づいて理論枠組みを定式化する。数学者は、人がいかに数学を理解するかに関心を持つように、私は様々な理論枠組みの矛盾する要素を何年も分析した。私は、自分の通用する文脈と合致するものを見つけたり、様々な視点を統合して新しい洞察を得たりした。

私の取り組みは、人が具象化する思考に基づき、数学的発展を理解する理論を作ることである。それは『数学の認知科学』[2]における考えと同じである。すなわち（1）人間の知覚と行為に基づいてメタファーを位置づけ、（2）定義的メタファーに基づくもので、（3）メタファーの結びつきに焦点を当て、しかも高段階の数学的思考にも焦点を当てる。しかしながら、それは、レイコフとヌーニェスの身体化理論で強調されない要素にも焦点を当てる。例えば「以前にみたこと」の役割とそれと関係する情意的側面、長期にわたる概念圧縮の役割、結晶概念という重要概念である。

それらの理論は、人間が作った「自然な数学」の概略を示し、言語学や認知科学からの考えを取り入れているが、数学者が定式化した「数学のロマンス」とは一致しない。なぜなら数学者は、人間の自然な思考と一致しない絶対論の「神話」として記述するからである[3]。

数学三世界の視点から見れば、数学者は一般の人と同じ感覚―運動に基づく。数学者は、実際数学と理論数学を使うものの、1つの公理体系を自分で選んで定式化して発展させる。それゆえ計算や幾何の結晶構造が多くの人にとって自然であるならば、結晶構造は意味がある。しかし実際数学と理論数学だけに親しんでいる人には、この公理的形式構造は通用しない。

学習者や理論家が持つ「以前にみたこと」に着目すれば、数学三世界の枠組みから、「自然な数学はよい」けれども「形式数学は神話である」という結論には至らない。この場合の形式数学とは、「推量、類比、希望的思考と挫折」と形容される。ジャン・カルロ・ロタは「我々の知性がごまかしをしていないと確信する手立て」が形式的証明の序曲であると主張する[4]。

研究者は、数学を公理的に定式化することで、理論枠組みを改良し、構造理論を証明し、それは具象化と記号化の自然な形式に注目したものである。しかしレイコフとヌーニェスは、極限・連続・微分・積分の形式的概念は自然ではないと

2）　Lakoff and Núñez（2000）。

3）　Lakoff and Núñez（2000）。

4）　第14章の始めの引用を参照（デービスとハーシュの『数学的経験』［1980］、p. xviii の序文から引用）。

批判する。しかし我々は、生徒に対して「局所直線」のような具象概念や記号概念を導入すれば、生徒は、自然な方法で連続・微分可能・微分不能のような一貫した概念を具象化できる。

我々は、数学三世界の枠組みを使って、理論枠組みを拡張的に融合する。例えば、ファン・ヒーレの幾何学における認識・記述・定義・演繹の構造理論は、数学三世界へ拡張できる。それは、「ドゥビンスキーのAPOS理論」と「スファードの操作—構造による二面性」の拡張的融合である。2つの理論は理論枠組みを発展させるのに役立つ。ただし我々は、ファン・ヒーレ理論とスファードの操作—構造枠組みを統合することによって、具象世界・記号世界・形式世界における数学的思考の発達にも拡張する。

様々な立場を統合した理論がある。例えば「三数法」や「数学的内容は、解析的と同じようにどこでもグラフ的・数的に指導されるべきである」[5]と実践提案するアメリカ微積分改良運動から、パース[6]・ソシュール[7]・デューバル[8]などの記号言語理論のような一般的表象理論まである。数学三世界では、数学的思考の発達に関して、個人の認知発達と情意発達の理論を統合する。一致した内容と異なる内容は、様々な文脈で検討され、ある概念はある文脈では通用するが別の文脈では通用しない。

社会的構成主義理論とは、社会で人が行う操作に焦点を当てたもので、ヴィゴツキー[9]に始まり、様々な形式[10]が作られ、学習を社会活動と捉える。数学の認知的・情意的・社会的発達を統合することで包括した理論を展開できる。

状況認知[11]という優れた概念は、初心者が徒弟を通して熟練者の実践を学習する効果的方法である。それは、狭い範囲の実践コミュニティで活動するための学習法である。しかしながら、数学的概念が深まるとき（例えば、数学三世界間での概念の移行や通用しない「以前にみたこと」）、数学的思考を変更しなければならないほどの通用しないことが生じる。大工の徒弟は、棟梁が仕事する行為を観察できるが、数学者の徒弟は、熟練した数学者の頭の中を見ることはできない。

5)　Hughes-Hallett（1991), p. 121。
6)　Peirce（Hoopes 編）(1991)。
7)　Saussure（1916)。
8)　例えば、Duval（1995)。
9)　Vygotsky（1962, 1978)。
10)　例えば、Ernest（1998)；Glasersfeld（1995)。
11)　Lave and Wenger（1991)。

しかしながら、子どもの発達を妨げる通用しない「以前にみたこと」を理解している教師は、新しいストラテジーを探し、学習者が新しいやり方で新しい状況を理解するよう助ける。このやり方で、本書の枠組みと状況認知を統合することによって、各理論だけよりも豊かな示唆が得られる。

アメリカの「数学戦争」に関する一連の論争は、従来の「基礎学習」とは対照的である。それは構成主義の立場に立ち、実用数学と理論数学に基づくもので、子どもは自分の数学的知識を構成する。我々は、数学三世界の枠組みによって、数学的結晶概念という視点と数学概念を構成する個人という視点を拡張的に融合する。そこでは、「以前にみたこと」が通用しなくなるというこれまでの指導をも認める。つまりそれは構成主義の立場に立った指導であり、知識の圧縮理論や通用しない「以前にみたこと」を分析することである。教師は、メンターとして振る舞い、子ども自身が構成することで数学的概念を理解する。

オランダプロジェクト「現実数学教育」は、学習者の経験を促し、計算手続きを指導するときの初歩的な機械的やり方を止めるために導入された[12]。それによって、子どもは、現実的文脈を得て、実際状況で活動できる。しかし時間が経つにつれて、オランダの大学段階で、補習クラスを導入しなければならなくなった。なぜなら学生は、数学やその応用で難しい活動をするために必要な技能を欠いていたからである[13]。

「イメージする」という動詞のオランダ語は「zich realiseren」で、現実世界の文脈だけでなく、**生徒の心の現実**を理解することも強調する、ウイレンスキーによれば、これは対象を考察するとき、個人が作り出した心的関係である[14]。

数学三世界の枠組みによれば、実際数学は現実世界に関する問題だけではなく、具象化して概念を理解する理論枠組みも示す。つまりそれは特殊例を一般化し、幅広く活用できる記号操作として統合する。

日本の授業研究は、入念に練られた授業であり、学習者は、自分なりの理解の仕方で新しい概念を理解する。それは数学的概念のよさの感得であり、通用する活動を広げ、子どもの概念を伸ばす。通用する内容と通用しない内容の理解を授業研究に取り入れることで、具象化・記号化・洗練された推論がなされ、長期に

12）Marja van den Heuvel-Panhuizen の講義を参照。http://www.fi.uu.nl/en/rme から検索（2013/2/14 確認）。

13）私の仲間の Nellie Verhoef によるオランダの文献に基づく情報である。Craats（2007）；Tempelaar and Caspers（2008）；Werkgroep 3TU（2006）。

14）Wilensky（1993a），p. 58。

わたる認知発達と情意発達が生じる。

数学三世界枠組みは、生徒の微積分の理解にも活用できる。すなわち「局所直線グラフ上で曲線を変化させるような動的具象化」と「習熟した計算と正確な記号を使った操作の記号化」の融合である。多くの指導において現実世界へ活用されるけれども、物理的意味は様々である。例えば、動的移動に関して、距離は時間で変化し、導関数は速度、2次導関数は加速度、3次導関数は（突然の）加速度変化、すなわち「ジャーク」[15]と呼ばれる。レベルが高くなると複雑になる。通用する意味は通用しない意味に変わる。例えば、調和的移動に関して、もし距離が $\sin t$ なら、速度は $\cos t$、加速度は $\sin t$、加速度の導関数は $-\cos t$ となる。このような滑らかな加速において「ジャーク」はどのような意味となるか。

局所直線とは自然な具象概念であり、学習者は、連続・微分可能性・微分不能の違いを概念化する。もし連続導関数が局所直線ならば、連続曲線の曲がり具合は、べき級数を使った具象となり、1つの結晶構造とともに、すべての標準関数に関係づけられ、自然に高次元で一般化される。

より一般的に言えば、学校での具象数学と記号数学は、公理的形式世界における自然な概念と形式的概念への出発点となる。構造定理は人間の具象化と記号化に向けられ、数学的思考を1つの枠組みに位置づける。

7. 指導への示唆

数学三世界枠組みは、数学的思考の発達全体を示し、通用する「以前にみたこと」と通用しない「以前にみたこと」の情意的影響も説明する。それは、これからの文脈で学習を促したり妨げたりする。このことから、我々は、教授・学習を工夫し、多様な学習者が個に応じて数学を理解できるようにする。

本書で詳述された実例によれば、よい学校カリキュラムを開発すれば、学習者は概念を理解し、計算が上手になる。カリキュラム開発者や教師は、いかに学習者の可能性を引き出すために計画を立てるかである。

教師と学習者が相互作用する様々な方法があり、学習結果を引き出す様々な方法がある。第一の指導法は、従来からある知識の**伝達**であり、教師は、学習者へ知識を与える人と見なされる。第二の指導法は、知識の**発見**であり、学習者は学

15) 例えば、http://math.ucr.edu/home/baez/physics/General/jerk.html（2011. 3. 6 確認）参照。

表 15.1　様々な指導スタイルの効果

指導スタイル	非常に効果的	効果的	やや効果的
伝達と発見の統合型	5	—	—
伝達型	—	—	2
発見型	—	—	2
混在型	1	4	2

習の主体と見なされ、教師は環境を整える。しかしながら、二分法ではない。第三の指導は、**伝達と発見の統合型**[16]で、教師はメンターの役割を果たし、生徒は結びつきを作り数学を理解する。

3つの指導効果に関する実践研究として、教師に対して、3つの指導のうち1つあるいはそれ以上に分類する質問紙調査を行った[17]。指導結果は、生徒の全国標準テストによって判断され、教師を「やや効果的」、「効果的」、「非常に効果的」として分類した。9人の教師は1種類の指導を行い、5人の「伝達と発見の統合型」の教師は「非常に効果的」、2人の「伝達型」の教師と2人の「発見型」の教師は「やや効果的」であった。7人の教師は、1種類の指導法をとらなかったが、1人は「非常に効果的」、4人は「効果的」で、2人は「やや効果的」であった（表15.1）[18]。

この小規模研究によると、「伝達と発見の統合型」に特化した指導は、混在した指導よりも効果的で、「伝達型」や「発見型」よりも効果的である。

数学三世界枠組みは、「伝達と発見の統合型」の指導法を促し、教師にとって認知的側面と情意的側面を理解する理論枠組みになり、それには新しい数学概念の理解も含む。

8. 理性的思考

見解の相違はいつでも存在し、論争は時代を通して続く。しかしながら論争を解決するためには、多くの成功した指導が必要である。我々は、数学の教授・学習を改善しているが、何を重要と考えるかは様々である。

16）［訳注］原文は connectionist であるが、文脈に即して伝達型と発見型の統合型と解釈した。
17）Askew et al.（1997）。
18）Askew et al.（1997）, p. 345。

学習者は、概念を理解し、テストでいい点を取りたい。教師は、学習者が概念を理解できるようにしたい。外部評価試験であれば、目標はテストでよい成績を得ることである。保護者は、子どもがよくできるよう期待し、政策者の目標は、目に見える成果を出すことで、信頼が得られ、再選される。よくできる大学生を探す大学の数学者は、大学の数学科目でよい成績をとれるようにし、おそらく彼らは数学研究を続けるだろう。しかし試験でいい点をとるためには、いい点をとる技能練習以上が必要である。長期にわたって挑戦し続けるためには柔軟性が必要である。

数学三世界の発達枠組みは人間の思考に基づく。我々はいかにつながりを作り、洗練した知識構造を作るかである。このようなことが起これば、新しい有用な概念は強化される一方、古い無用な概念は忘れ去られる。大人は、もはや初期の発達がどうであったか思い出せないし、学習者が何を必要としているか理解できない[19]。数学で苦労した人は、「基礎を学習する」必要があると言う。それは、機械的学習という苦い薬や理解を伴わない練習である。別の人は、問題解決を楽しみ、問題解決を技能練習以上にする。数学者は、定義や証明の本質的役割に焦点を当て、一貫した数学理論を定式化する。

我々は、数学を学習するすべての人を、数学的発達という大きな視点で捉える必要がある。我々は社会の様々な要請も考慮しながら、個々の学習者の長所を引き出す。

結　語

本書において、我々は、新生児の思考から高段階の数学研究という山を登った。その旅には、多くの道があり、様々な風景があった。人々は、有用な結晶概念や洗練された知識構造が導く道を通る一方、ある者にとっては登れない小道を見つける。知識圧縮は、我々が身につける燈火を運ぶ鞄である。

学校数学において、枠組みは進んでいく方向を示す。学習者は、具象と記号を融合し、新しい状況を理解するため注意が必要な通用しない内容に気づく。枠組みによれば、具象的意味と操作的流暢性とのバランスをとる必要があり、数学的思考の発達における望ましい情意的感覚を与え、実際的経験に基づいて推論の理

19）例えば、Johnson（1989, p. 219）；Thurston（1994, p. 947）；Freudenthal（1983, p. 469）参照。

論的方法を理解する。

進んだ段階になれば、数学の活用方法に違いが生じる。すなわち具象化と記号化を統合する理論が必要であり、例えば、純粋数学では形式的思考と一般性が求められる。構造理論では、自然の具象化と記号化に関して実践や理論を形式化に基づいて一般化する。

数学三世界枠組みは数学思考の発達を示すもので、新しく生まれた子どもに始まり、数学研究者が知覚・操作・洗練した推論形式を通して行う発達である。例えば通用する「以前にみたこと」は発達を促す一方、通用しない「以前にみたこと」は発達を妨げる。人々は、理論に基づいて数学的思考の長期にわたる発達枠組みを定式化する。理論は、個人への活用だけでなく、何世紀もわたる数学の発展を示す。理論は、他の理論と統合可能であり、洞察を得ることができる。我々はその洞察によって、深い洞察を得ることができる。

理論は、また生物学的脳の感覚—運動と言語学的能力がいかに数学的精神の創造的思考を促すかを示す。

付録　本書の着想の出所

本書の着想は、何年にもわたって発展させてきた理論を融合したものである。私は、ここで主要な着想の起源を振り返る。

最初に人間の数学的思考を分析したのは、アリストテレスとプラトンで、人間の無限に関する知覚であり、すなわちプラトン的思考である。デカルトは、見方を変えて、生物学的脳と心の相互作用に焦点を当てた。『純粋理性批判』[1]において、カントは、脳が外界を思考する方法を考察し、「図式」という用語を導入し、個別の犬という特殊な知覚とは逆に、「犬」という一般概念を描く心的パターンを示した。

19 世紀後半から 20 世紀前半にかけて、2 つの発展があった。一方は、ウィリアム・ジェームスによる『心理学の原理』[2]である。他方は、ポアンカレの『科学と仮説』[3]のように数学者が数学的思考の本質を振り返った書物である。ポアンカレは、数学的思考を 2 種類に区別した。一方は、論理によるもので、段階ごとに進む。他方は、直観によるもので、すぐに生じるが不安定である。私は、そのとき形式的思考と具体的思考を区別していることに興味を持った。

1945 年のアダマールの『数学における発明の心理』[4]において、心理学者と数学者が数学的思考を研究すべきで、数学と心理学を新たに統合すべきであると主張した。

1960 年代、私は研究テーマとして数学教育に興味を持ち始めたが、理論枠組みはほとんど存在しなかった。当時教育理論家として有名な人物は、ピアジェであり、子どもへ語りかけ、計画された質問への反応を注意深く聞くストラテジーを作り出した先駆者である。ピアジェは 2 つのことを研究した。一方は、誕生から大人までの包括的段階論で、感覚運動段階・前概念段階・具体段階・操作段階・

---

1)　Kant（1978）。
2)　James（1890）。
3)　Poincaré（1913）［1983 年版のアメリカ大学出版の 210 ページからとった引用である］。
4)　Hadamard（1945）。

形式操作段階である。他方は、概念の局所的発達に着目したもので、前段階の操作は後段階の思考対象として知覚される。ピアジェは、抽象を三形式に区別した。(1) **経験的抽象**とは対象の性質を抽象する。(2) **擬経験的抽象**とは対象の行為に焦点を当てる。(3) **反省的抽象**とは心的対象として心的行為を振り返る。これらは、数学三世界の出発点である。経験的抽象によって、図形や空間がカテゴリー化される。擬経験的抽象によって、操作に焦点が当てられ、数においては記号化され、代数においては一般化される。反省的抽象では、思考が精緻化され、形式的定義や数学の証明に到達する。

当時の他の先駆者は、ジェローム・ブルーナーで、1966 年の『教授理論の建設』[5] において、3 つの表象モード理論を作った。**動作的モード**では行為を用い、**画像的モード**では視覚や他の感覚器官を用い、**記号的モード**では言葉や言語を用いる。ブルーナーは、2 つの記号形式を区別し、それは数と論理である。我々は、ここでも先駆者に出会った。すなわち具象とは、動作と画像であり、記号とは数と代数であり、形式とは論理である。

幾何学において、ピエール・ファン・ヒーレ (1959)[6] は、幾何学においても発達理論が必要であるとし、ピアジェの段階論を検討し、学習だけなく指導にも焦点を当てた。ファン・ヒーレは段階を三世界枠組みに合うよう特殊化した。これまで多くの研究者が様々な段階名を使ったが、私は、**再認識・記述・定義・ユークリッド的演繹**という用語を使い、自分の考えでは、これらは、公理的形式世界で言う**厳密さ**の段階を表す。

ゾルタン・ディーンズ (1960)[7] は、代数において、行為が心的対象として記号化される方法を示した。すなわちある文章の述語は、別の文章の主語にもなりうる。例えば「私は**3 と 2 をたす**」という文章の述語は、「**3 と 2 をたすことは**、5 になる」という文章の主語になる。1970 年代、私がこの考えを知ったとき、興味を持ったが、どうして「たす」が「和」になり、「累加」が「かける」や「積」になり、「累乗」が「冪」になるか理解できなかった。

1970 年代の終わりから 1980 年代の初めにかけて、私は、大学生の数学的思考を研究し、多くの学生(と中・高等学校教師)は、無限小数 0.999… は「1 より小さい」と信じていることを見つけた。私は、最初これに当惑したが、無限小数の

---

5) Bruner (1966)。
6) van Hiele (1959) で示されたファン・ヒーレ理論。再版は van Hiele (1986) である。
7) Dienes (1960)。

見方は極限値 1 というより進行中の近似（有限時間内には 1 に到達しない）と考えていると理解した。

1980 年まで、私は多くのデータを集めた。そのデータは、数学が得意な学生が微積分や解析学の問題に解答したもので、私はそれを分析する固有理論を持っていなかった。シロモ・ビンナーは、幾何学における概念イメージと概念定義に関するリナ・ハースコービッツとの共著論文[8]を持って訪れた。私は、生徒は問題に対して定義を使わず、概念イメージを使っていると理解した。シロモとの共著は「極限と連続に関係する概念定義と概念イメージ」[9]である。

このとき、私は、ベルナード・コルニュ（1981）[10]の研究を理解した。すなわちコルニュは、生徒の極限と微積分の学習を研究し、生徒は「わずかに小さいが 0 ではない」というように量と考えていると結論した。コルニュは、私に「認識論的障害」というバシュラール（1938）[11]の初期の研究を紹介してくれた。すなわちある考えは、最初の文脈で通用するが、新しい文脈になると通用しない。コルニュはまた「自発的概念」を研究し、それは生徒が継続的に持つもので、直観的知識に基づいて新しい考えを解釈し、後に障害を引き起こす。

そのとき、私は数学的概念発達コースを指導していて、無限小の考えをとりあげた。デビット・ピムは学部学生で、無限小微積分コースを開設するよう求めた。私は、無限に倍率を上げていけば、微分可能な関数グラフは無限直線になると理解した。私は、このことから、微積分に「局所直線アプローチ」が使えることに自信を得た。1982 年頃にはデスクトップコンピュータでもカラーグラフィックが使えるようになり、私は、*Graphic Calculus* というソフトを開発し、微積分の考えを視覚的に探求できるようにした。

1986 年、私は「微積分への局所直線アプローチの開発と評価」という 2 番目の博士論文をリチャード・スケンプの指導の下で作成した。ここには、「包括的極限」、「包括的接線」のような概念があり、いかに人間が極限概念を考えるかを示した。極限概念は、数学的定義として理解されず、「規則的に接近していく過程」と理解される。私の考えは、ライプニッツの連続性原理に基づき、極限対象とは、極限化していく過程そのものである。

8） Vinner and Hershkowitz（1980）。
9） Tall and Vinner（1981）。
10） Cornu（1981）。
11） Bachelard（1938）。

私は、エド・ドゥビンスキーに出会った。数学学習におけるAPOS理論は、過程を対象としてカプセル化するというピアジェの考えに基づく。私は、それによってディーンズの考えを理解できた。すなわち「たす」が「和」に、「かける」が「積」に、「累乗」が「冪」になる。私は、どこでもカプセル化を見つけることができる。しかしながらドゥビンスキーは視覚化に頼らず、実行過程に焦点を当てた。すなわちその実行過程はコンピュータでプログラム化でき、関数（他の関数への入力として使われる）として組み込むことで、対象としてカプセル化する。

多くの研究者は大学数学へ注意を払い、ゴントラン・エルビニック作業グループを作り、「発展的数学思考」と呼び、私は『発展的数学思考』[12)]という表題で編集した本を作った。

私は、アンナ・スファードに出会った。彼女は、自己の博士論文に取り組み、計算に関して操作的アプローチと構造的アプローチとを組み合わせた。1990年にスファードは、研究休暇として数週間私の家に滞在し、我々は考えを共有し、操作的構造的思考を私の中等教育から大学までの研究に組み合わせ、私は形式的数学思考を研究した。アンナは、イアン・スチュアートと私の著書『複素解析』[13)]において構造的思考の事例を教えてくれた。私は以下のように考える。すなわちスファードにとって「構造的」という用語は公理や定義のような数学的構造を意味する。これは私の言う「構造的」という用語とは異なり、私の場合は対象の構造的性質を意味する。「圧縮化」という用語は、過程全体として理解される一連の段階を意味し、「結晶化」という用語は、操作できる概念に過程を圧縮することを意味する。

エディ・グレイは既に小学校と中学校の教師であり、いかに幼児が算術計算を行うのかについて博士号を取得した。幼児に13－9の質問をしたとき、答えを知らないなら、どのようにするだろうか。幼児は数えあげを使ったり、「9は10より小さいから差は4である」ような知識を問題と結びつけたりするだろうか。このことは、2つの思考方法を示す。一方は数えることを使う。他方は、数概念を操作する。このとき「プロセプト」という考えが突然閃いた。それは、ディーンズ・ドゥビンスキー・スファードの考えを介在して、概念として過程をカプセル化する。プロセプト理論が生まれた。

私は若いラファエル・ヌーニェスに出会い、博士論文において極限概念につい

12）Tall（1991c）。
13）Stewart and Tall（1983）。

て興味深い分析をしていた。我々は、一般的な極限とライプニッツの連続性原理（後に「無限に関する基礎的メタファー」として一般化される）について話した。

1991年、『発展的数学思考』[14] という本が発刊され、私は、最終章に2つの数学的思考形式について述べた。一方はシロモ・ビンナーらによって示されたもので、定義や証明を導く概念イメージである。他方はエド・ドゥビンスキーらによって示されたもので、対象としての過程のカプセル化である。

1992年、オーストラリアでの会議でジョン・ペグに出会った。ペグはビグスとコリスのSOLO分類と幾何発達におけるファン・ヒーレ理論に詳しかった。私は、それらの理論に興味を持った。SOLO分類は、観察された学習結果を分類する方法であり、大局的理論と局所的理論を組み合わせたものである。大局的理論では、子どもの長期的認知発達を考察し、ピアジェとブルーナーを組み合わせたもので、感覚運動モード・画像モード・具体的記号モード・形式モード・ポスト形式モードのように連続的に操作モードが設定されている。この理論において、モードは先の形式を包括的に組み合わせる。すなわち画像モードは、感覚運動モードを含み、両者を組み合わせて洗練されたモードになる。モード間の境界は、ピアジェとは部分的に異なる（例えば、ビグスとコリスによると、ピアジェの形式モードにおける最初の部分は、具体的操作モードの後半部分に重なり、具体的操作モードはそれを含むように拡張される）。「ポスト形式モード」は後に起こる前提となる。このことから、三世界におけるカテゴリー化の考えが生じた。感覚運動モードと画像モードは、ユークリッド的証明を経て、口頭による定義と推論によって拡張される。具体的記号モードは、過程と概念のような記号操作に焦点を当てる。形式モードとポスト形式モードは具象に基づく高次の定義や推論となり、公理的形式世界になる。公理的形式世界は、洗練さに関して、形式的推論から構造理論へとより洗練された知識構造へ発展する。

SOLO分類の局所構造において、操作モードは、単構造から、多構造を経て、関係モードへという発達のサイクルがみられ、次のサイクルへ向けて単構造になるよう抽象的に拡張される。ジョン・ペグによると、それぞれのモードには1つ以上の局所サイクルがある。我々は、全体の操作モードよりも、局所サイクルに着目して取り組んだ[15]。なぜならそれは思考可能概念の形成に関係するからである。

1992年、私は病気になり、1年以上仕事ができなかった。そして私は、研究に

14)　Tall（1991c）。
15)　例えば、Pegg and Tall（2005）参照。

戻り、1994年に回復記念講義をしたあとも、私は1日中仕事ができず、教授として3分の1の仕事を断念した。私は少しの学部指導と博士論文指導だけを行った。その博士論文研究から、本書の発達理論の事例を得ている。

1997年、私は、ミッチェル・トーマス、エディ・グレイ、アドレイン・シンプソンのグループとともに、「**数学的過程の対象とは何か**」という問題に取り組んだ。これは、スファードのいう構造モードを形式数学における公理的思考から分け、数学的概念を形成する3つの方法が得られた[16]。2001年、エディ・グレイと私は、以下の言葉で数学的概念を明確にする論文を示した。

> 1つ目は、**具象化対象**であり、幾何学において、グラフは物理的基礎から始まり、言語の階層性を利用して、抽象的な心的な図へと発展する。2つ目は、**記号的プロセプト**で、「操作できる心的概念」から適切な認知的アルゴリズムを使って無意識に「実行できる過程」へ切れ目無く変化する。3つ目は、発展的数学思考における**公理的概念**で、口頭／記号的公理は論理的に構成された理論となる。（4つ目の概念タイプは、具象化対象から生じる概念とカプセル化した過程から生じる概念を区別した[17]。）

数学的概念を形成する3つ（あるいは4つ）のモードは、数年間宙に浮いたままであったが、ウォーリック大学の院生とのセミナーで議論された。アンナ・ポインターの博士論文であるベクトルの学習に関する研究で、我々は、量と方向を持った矢印としてのベクトルと行列を操作する記号座標系としてのベクトルの違いについて話した。私は、公理的ベクトルは、線形関数（必ずしも行列として定式化される必要はない）として量と方向を持った構造ではなく形式的に定義されていると理解した。私は、そのとき**具象世界・記号世界・形式世界**という**数学三世界**が思い浮かんだ。

アンナと私は数年間それらの考えを研究した。進展があったのは、アンナが私に彼女の学生であるジョシャの研究を話したときであった。ジョシャは、自由ベクトルの具象化概念を研究し、「2つのベクトル和は同じ効果を持つ1つのベクトルになる」と言った。言い換えれば、自由ベクトルが平らな平面上の対象変換によって表現されるなら、2つの変換の和は始点から2番目の終点への1つの変換

16)　Tall, Davis and Thomas（1997）と Tall, Davis, Thomas ら（2000）参照。
17)　Gray and Tall（2005）。

として同じ効果がある。この偶然の気づきは、大きな理論的成果である。それは、2つのベクトル和を1つの対象にカプセル化する「**具象化**方法」であり、過程の段階に焦点を当てるのではなく、具象化された効果に焦点を当てる。これは、具象化操作と記号化操作を統合し、**具象圧縮**となる。それはAPOS理論では、**記号圧縮**となる。

しかしながら、公表する前に「数学三世界」の考えを精緻化する必要がある。数学的思考の本質について他の解釈がある。レイコフの身体化理論における「身体化」という用語とは異なる。パースの記号論における「記号的」という用語とも異なる。ピアジェ理論における「形式的」という用語とも異なる。パースの記号論において、記号とは人間が用いる3つのサインのうち1つである。**アイコン**とは人間が似せて表現したものである。**インデックス**とは、指標であり、「はい、そこ」のような注意を促す感嘆である。「**記号**」や一般的サインは、言葉・句・発言・本・文庫のような語法による意味である[18]。

デューバルの**表象**と**レジスター**に関する理論[19]では、表象は操作モードで、例えば、ジェスチャー・筆記・話し・グラフ・数・代数である。レジスターは様々な言語形式で、例えば、日常言語や論理的形式的言語を正確に用いることである。それらには、数学三世界（具象世界・記号世界・形式世界）の枠組みに関して共通点がある。私がしようとしていることは、わずかなカテゴリーを使って、数学的思考の発達に関する有効な枠組みを作ることである。それは、認識・反復・言語という3つの基本条件から作られ、3つの認知発達形式である。私がそれらの考えに取り組んだとき、「数学の感覚運動言語」の基礎的性質を理解し、3つのものを1つの理論にまとめあげ、言語は人間が知覚したり行為したりするための洗練された考えを表現する。

最近20年間、今日の神経生理学は、生物学的脳の運動として心の科学的証拠を示した。私は最近の有名な本からインスピレーションを得た。特にジェラルド・エーデルマンのダーウィン的視点から書かれた『脳から心へ：心の進化の生物学(1992)』[20]、フランシス・クリックの心と魂は生物学的脳の運動であると主張する

18） Charles Sanders Peirce, 1895から。
http://www.marxists.org/reference/subject/philosophy/works/us/peirce1.htm から検索（2010/8/1確認）。

19） Duval（1995）。

20） Edelman（1992）。

『DNAに魂はあるか：驚異の仮説（1994）』[21]、テレンス・ディーコンの『ヒトはいかにして人となったか：言語と脳の共進化（1997）』[22]、マーリン・ドナルドの選択的結合から、能動的な局所的な気づきを経て、長期的な気づきへ進むという人間の意識を発生的に分析した『不思議な心（2001）』[23]。20年間、ジョージ・レイコフは、次の本で人間の基礎的思考としてメタファーに焦点を当てた。『メタファに満ちた日常世界』（Lakoff and Johnson, 1980）[24]、『認知意味論：言語から見た人間の心（1987）』[25]、『肉中の哲学：肉体を具有したマインドが西洋の思考に挑戦する』（Lakoff and Johnson, 1999）[26]、『数学の認知科学』（Lakoff and Núñez, 2000）[27]。

レイコフとヌーニェスによると、思考が外界との相互作用から基礎的メタファーを作り、定義されたメタファーは数学用語を使って考えを定式化する。関連づけるメタファーは、心の中でメタファー同士を結びつける。しかしながら、数学的思考の重要部分である知識**圧縮**という考えを特に強調していない。すなわち知識圧縮とは、そのとき行われる操作を記号化し、思考可能概念に圧縮することである。私が最初に出会った圧縮と融合の組み合わせは、フォコニエとターナーの『我々が考える方法：概念的融合と心の隠れた複雑さ』[28]である。

様々な役立つ理論がある。APOS理論は具象化よりも記号圧縮や形式圧縮に焦点を当てる。操作—構造理論では、精緻することによって具象化と形式化の構造の役割が区別される。その結果、数学的思考の発達に関して、3つのカテゴリーが作られる。それは、子どもの誕生から、個人の様々な発達を経て、数学研究の境界まで進む。「数学三世界」では、具象世界・記号世界・形式世界を経た3つの長期間の数学的思考を説明する。

私が「以前にみたこと」という用語を数年間インフォーマルに使っていたが、公表する前にそれが他の内容を「包括する」ように配慮した。「生まれつき備わったもの」という用語は、一般的な意味で使うこととし、我々が生まれる「以前」を表し、早い段階でできあがる。2008年に、私は、**認識**と**反復**に関して「生まれ

21） Crick（1994）。
22） Deacon（1997）。
23） Donald（2001）。
24） Lakoff and Johnson（1980）。
25） Lakoff（1987）。
26） Lakoff and Johnson（1999）。
27） Lakoff and Núñez（2000）。
28） Fauconnier and Turner（2002）。

つき備わっているもの」が数学的思考の基礎になり、**言語**を使って、認識された現象を**カテゴリー化すること**、思考可能概念となるよう行為を**カプセル化すること**、具象化・記号化・公理的形式化の**定義**を作り出した。

結晶概念という考えは、ボリス・コイチュと節約化について議論したり、ウォルター・ホワイトリーによる二等辺三角形の性質の相互依存（概念は「**同値**」な性質のどれか1つによって定義される）について意見交換したりしたあと、2009年中ごろ起こった。私は、このことから、数学三世界は基本的には同じように発達すると理解した。すなわちそれは、複雑な構造的現象から始まり、様々な性質の関係を構造化し、同値な性質を見つけ、幾何学においてはプラトン的図形のような結晶構造となり、算術や代数においてはプロセプトになり、公理的数学では概念として定義される。この成果は、ケビン・コリスとジョン・ペグのSOLO分類の研究に負っている。すなわちそれは、単一構造から始まり、一連の圧縮を経て、関係づけられた抽象や拡張された抽象へ進む。私は、結晶概念に関して数学的思考の最高段階にあると考える。

私は、さらに理論を統合し、2001年にエディ・グレイが公表した数学的概念形成の3つ（あるいは4つ）の考えから、4つ目の抽象を思いつき、私はそれを「プラトン的抽象」と呼び、ピアジェの3つの抽象形式より大きくなった。私は、2つの長期発達として再構成した。一方は、対象の性質の構造的抽象であり、他方は行為の操作的抽象であり、プロセプト的記号となる。形式理論における反省的抽象は、形式的抽象として再構成できる。それは公理系や定義の特殊化を通してなされ、他の性質は形式証明によって導かれる。

2011年、ピエール・ファン・ヒーレが100歳で亡くなり、私が「知っていたもの」を再認識した。すなわち、**認識・記述・定義・演繹**を通した構造的抽象は、幾何・算術・代数の三世界に概念として活用でき、形式数学は適切な証明形式を使って、認識され、記述され、定義され、演繹される。

最近着目しているのは、役立ったり障害となったりする概念で、役立つことと障害となることの両面を含み、博士課程の学生であるキン・エン・チンが明らかにした。これは、私の博士論文の指導教官であるリチャード・スケンプから得た考えとも共鳴する。すなわち目標と反目標理論を使って、個人の数学に対する態度である自信と不安を説明できる。私は、人が数学的考えを構成するときの認知と情意を統合する。優れた数学者でも、専門的に数学を研究するために役立つ知識を持つ一方、思考するとき障害となる知識も持つ。ただし他の役立つ知識をとりあげるため、障害となる知識は抑えられる。あるいは数学研究において障害となる知識は別の新しい考えを作り出すとき検討される。数学に不安を持つ人でも、役立つ知識を持っている。例えばそれは指で数えることである。様々な実践コミュニティは、自分で取り組む方法を作り出すだけでなく、他の理論からも恩恵を受け、新しい方法を作るために融合する。

このようにして、人間がいかに数学的思考するかを理解する道のりは世代から世代へと未来へ続く。

引用文献

Akkoc, H., & Tall, D. O. (2002). The simplicity, complexity and complication of the function concept. In Anne D. Cockburn & Elena Nardi (Eds.), *Proceedings of the 26th Conference of the International Group for the Psychology of Mathematics Education*, 2, 25-32. Norwich, UK.

Alcock, L. J., & Simpson, A. P. (2004). Convergence of sequences and series: Interactions between visual reasoning and the learner's beliefs about their own role. *Educational Studies in Mathematics*, 57, 1-32.

Alcock, L. J., & Simpson, A. P. (2005). Convergence of sequences and series 2: Interactions between non-visual reasoning and the learner's beliefs about their own role. *Educational Studies in Mathematics*, 58, 77-110.

Alcock, L., & Weber, K. (2004). Semantic and syntactic proof productions. *Educational Studies in Mathematics*, 56, 209-34.

Alexander, L., & Martray, C. (1989). The development of an abbreviated version of the Mathematics Anxiety Rating Scale. *Measurement and Evaluation in Counseling and Development*, 22, 143-50.

Argand, R. (1806). *Essai sur une manière de représenter les quantités imaginaires dans les constructions géométriques.* 1st ed., Paris. 2nd ed. reprinted, Paris: Albert Blanchard, 1971.

Ashcraft, M. H., & Kirk, E. P. (2001). The relationships among working memory, math anxiety, and performance. *Journal of Experimental Psychology*, 130 (2), 224-37.

Asiala, M., Brown, A., DeVries, D., Dubinsky, E., Mathews, D., & Thomas, K. (1996). A framework for research and curriculum development in undergraduate mathematics education. *Research in Collegiate Mathematics Education II, CBMS Issues in Mathematics Education*, 6, 1-32.

Askew, M., Brown, M., Rhodes, V., Johnson, D., & Wiliam, D. (1997). *Effective Teachers of Numeracy, Final Report of a Study Carried Out for the Teacher Training Agency 1995-96 by the School of Education*, King's College, London.

Atiyah, M. F. (2004). *Collected Works.* Vol. 6. Oxford: Clarendon Press.

Ausubel, D. P., Novak, J., & Hanesian, H. (1978). *Educational Psychology: A Cognitive View* (2nd ed.). New York: Holt, Rinehart & Winston.

Bachelard, G. (1938, reprinted 1983). *La formation de l'esprit scientifique.* Paris: J. Vrin. (バシュラール, G. (2012). 『科学的精神の形成：対象認識の精神分析のために』. 及川

馥（訳）．平凡社.）

Bakar, M. N., & Tall, D. O. (1992). Students' mental prototypes for functions and graphs. *International Journal of Mathematics Education in Science & Technology*, 23 (1), 39–50.

Baron, R., Earhard, B., & Ozier, M. (1995). *Psychology* (Canadian edition). Scarborough, ON: Allyn & Bacon.

Baroody, A. J., & Costlick, R. T. (1998). *Fostering Children's Mathematical power: An Investigative Approach to K–8 Mathematics Instruction*. Mahwah, NJ: Lawrence Erlbaum.

Barrow, I. (1670). *Lectiones Geometricae*, translated by Child (1916). *The Geometrical Lectures of Isaac Barrow*. Chicago and London: Open Court.

Bartlett, F. C. (1932). *Remembering*. Cambridge: Cambridge University Press.（バートレット，F. C. (1983).『想起の心理学：実験的社会的心理学における一研究』．宇津木保・辻正三（訳）．誠信書房.）

Bayazit, I. (2006). *The Relationship between Teaching and Learning the Function Concept*. PhD thesis, University of Warwick.

Berkeley, G. (1734). *The Analyst* (ed. D. R. Wilkins, 2002). www.maths.tcd.ie/pub/HistMath/People/Berkeley/Analyst/Analyst.pdf（2012 年 4 月 21 日確認）より取得.

Bernstein, A., & Robinson, A. (1966). Solution of an invariant subspace problem of K. T. Smith and P. R. Halmos. *Pacific Journal of Mathematics*, 16 (3), 421–31.

Beth, E. W., & Piaget, J. (1966). *Mathematical Epistemology and Psychology*, trans. by W. Mays. Dordrecht, The Netherlands: Reidel.

Betz, N. (1978). Prevalence, distribution, and correlates of math anxiety in college students. *Journal of Counseling Psychology*, 25 (5), 441–8.

Biggs, J., & Collis, K. (1982). *Evaluating the Quality of Learning: The SOLO Taxonomy*. New York: Academic Press.

Birkhoff, G., & MacLane, S. (1999). *Algebra* (3rd ed.). Providence RI: Chelsea Publishing Co., American Mathematical Society.

Bitner, J., Austin, S., & Wadlington, E. (1994). A comparison of math anxiety in traditional and nontraditional developmental college students. *Research and Teaching in Developmental Education*, 10 (2), 35–43.

Blokland, P., & Giessen, C. (2000). *Graphic Calculus for Windows*. http://www.vusoft2.nl（2013 年 2 月 19 日確認）より取得.

Boyer, C. B. (1923/1939). *The History of the Calculus and Its Conceptual Development*. Reprinted by Dover, New York.

Breidenbach, D., Dubinsky, E., Hawks, J., & Nichols, D. (1992). Development of the process conception of function. *Educational Studies in Mathematics*, 23, 247–85.

Bruner, J. S. (1966). *Towards a Theory of Instruction*. Cambridge, MA: Harvard University

Press.（ブルーナー，J. S.（1966）.『教授理論の建設』. 田浦武雄・水越敏行（訳）. 黎明書房.）

Bruner, J. S. (1977). *The Process of Education* (2nd ed.). Cambridge, MA: Harvard University Press.（ブルーナー，J. S.（1963）.『教育の過程』. 鈴木祥蔵・佐藤三郎（訳）. 岩波書店.）

Burn, R. P. (1992). *Numbers and Functions: Steps into Analysis.* Cambridge: Cambridge University Press.

Burns, M. (1998). *Math: Facing an American Phobia.* Sausalito, CA: Math Solutions Publications.

Burton, L. (2002). Recognising commonalities and reconciling differences in mathematics education. *Educational Studies in Mathematics*, 50 (2), 157–75.

Byers, W. (2007). *How Mathematicians Think.* Princeton, NJ: Princeton University Press.

Campbell, K., & Evans, C. (1997). Gender issues in the classroom: A comparison of mathematics anxiety. *Education*, 117 (3), 332–9.

Cantor, G. (1872). Uber die Ausdehnung eines Satzes aus der Theorie der trigonometrischen Reihen. *Mathematische Annalen*, 5, 123–32. Reproduced in G. Cantor, *Gesammelte Abhandlungen mathematischen und philosophischen Inhalts*, ed. E. Zermelo. Berlin: J. Springer, 1932, pp. 92–102. Reprinted Hildesheim: Olms.

Cardano, G. (1545). *Ars magna.* Translated and published as *Ars Magna or The Rules of Algebra* (1993). New York: Dover.

Chace, A. B. (1927–1929). *The Rhind Mathematical Papyrus: Free Translation and Commentary with Selected Photographs, Translations, Transliterations and Literal Translations.* Classics in Mathematics Education 8. 2 vols. Oberlin: Mathematical Association of America. (Reprinted Reston: National Council of Teachers of Mathematics, 1979).（チェース，A. B.（1985）.『リンド数学パピルス：古代エジプトの数学』. 吉成薫（訳）. 朝倉書店.）

Challenger, M. (2009). *From Triangles to a Concept: A Phenomenographic Study of A-level Students' Development of the Concept of Trigonometry.* PhD thesis, University of Warwick.

Chin, E. T. (2002). *Building and Using Concepts of Equivalence Class and Partition.* PhD thesis, University of Warwick.

Chin, E. T., & Tall, D. O. (2001). Developing formal mathematical concepts over time. In M. van den Heuvel-Panhuizen (Ed.), *Proceedings of the 25th Conference of the International Group for the Psychology of Mathematics Education*, 2, 241–8. Norwich, UK.

Chin, E. T., & Tall, D. O. (2002). University students embodiment of quantifier. In Anne D. Cockburn & Elena Nardi (Eds.), *Proceedings of the 26th Conference of the International Group for the Psychology of Mathematics Education*, 4, 273–80.

Norwich, UK.

Chin, K. E., & Tall, D. O. (2012). Making sense of mathematics through perception, operation and reason: The case of trigonometric functions. *Proceedings of the 36th Conference of the International Group for the Psychology of Mathematics Education*, 4, 264. 全訳は http://homepages.warwick.ac.uk/staff/David.Tall/pdfs/dot2012c-chin-making-sense.pdf (2013年2月18日確認).

Clement, J., Lochhead, J., & Monk, G. S. (1981). Translation difficulties in learning mathematics. *American Mathematics Monthly*, 4, 286–90.

Clements, D. H., & Battista, M. T. (1992). Geometry and spatial reasoning. In D. Grouws (Ed.) *Handbook of Research on Teaching and Learning Mathematics* (pp. 420–64). New York: Macmillan.

Collis, K. F. (1978). Operational thinking in elementary mathematics. In J. A. Keats, K. F. Collis, & G. S. Halford (Eds.), *Cognitive Development: Research Based on a Neo-Piagetian approach*. New York: John Wiley & Sons.

Cornu, B. (1981). Apprentissage de la notion de limite: Modèles spontanées et modèles propres, *Actes du Cinquième Colloque du Groupe Internationale PME*, Grenoble, France, 322–6.

Cornu, B. (1991). Limits. In D. O. Tall (Ed.), *Advanced Mathematical Thinking* (pp. 153–66). Dordrecht, The Netherlands: Kluwer.

Cottrill, J., Dubinsky, E., Nichols, D., Schwingendorf, K., Thomas, K., & Vidakovic, D. (1996). Understanding the limit concept: Beginning with a coordinated process scheme. *Journal of Mathematical Behavior*, 15 (2), 167–92.

Courant, R. (1937). *Differential and Integral Calculus*. Vol. I. Translated from the German by E. J. McShane. Reprint of the second edition (1988). Wiley Classics Library. New York: Wiley-Interscience.

Craats, J. van de (2007). Contexten en eindexamens. *Euclides*, 82 (7), 261–6.

Crick, F. (1994). *The Astonishing Hypothesis: the scientific search for the soul*. London: Simon & Schuster. (クリック, F. (1995).『DNAに魂はあるか：驚異の仮説』. 中原英臣・佐川峻（訳）. 講談社.）

Davis, P. J., & Hersh, R. (1981). *The Mathematical Experience*. Boston: Houghton Mifflin. (デービス, P. J.・ヘルシュ, R. (1986).『数学的経験』. 柴垣和三雄・清水邦夫・田中裕（訳）. 森北出版.）

Davis, R. B. (1984). *Learning Mathematics: The Cognitive Science Approach to Mathematics Education*. Norwood, NJ: Ablex. (デーヴィス, R. B. (1987).『数学理解の認知科学』. 正田良ら（訳）. 国土社.）

Deacon, T. (1997). *The Symbolic Species: The Co-evolution of Language and the Human Brain*. London: Penguin. (ディーコン, T. (1999).『ヒトはいかにして人となったか：言語と脳の共進化』. 金子隆芳（訳）. 新曜社.）

Dedekind, R. (1872). *Stetigkeit und irrationale Zahlen.* Braunschweig: Vieweg. Reproduced in R. Dedekind, *Gesammelte mathematische Werke*, eds. R. Fricke, E. Noether, & O. Ore. Braunschweig: Vieweg, 1930-1932.（デーデキント，R.（1961).『数について：連続性と数の本質』. 河野伊三郎（訳). 岩波文庫.）

DeMarois, P. (1998). *Facets and Layers of the Function Concept: The Case of College Algebra.* PhD thesis, University of Warwick.

De Morgan, A. (1831). *On the Study and Difficulties of Mathematics.* London: Society for the Diffusion of Useful Knowledge.

Descartes, R. (1641). *Meditations on First Philosophy* In *The Philosophical Writings of René Descartes*, trans. by J. Cottingham, R. Stoothoff, & D. Murdoch, Cambridge: Cambridge University Press, 1984.

Descartes, R. (1954). *The Geometry of René Descartes*, trans. by D. E. Smith & M. L. Latham. New York: Dover.

Dienes, Z. P. (1960). *Building Up Mathematics.* London: Hutchinson.

Donald, M. (2001). *A Mind So Rare.* New York: W. W. Norton.

Duffin, J. M., & Simpson, A. P. (1993). Natural, conflicting and alien. *Journal of Mathematical Behaviour*, 12 (4), 313-28.

Duval, R. (1995). *Sé miosis et pensée humaine.* Bern, Switzerland: Peter Lang.

Edelman, G. M. (1992). *Bright air, brilliant fire: On the matter of the mind.* New York: Basic Books.（エーデルマン，G. M.（1995).『脳から心へ：心の進化の生物学』. 金子隆芳（訳). 新曜社.）

Ernest, P. (1998). *Social Constructivism as a Philosophy of Mathematics.* Albany, NY: State University of New York Press.

Fauconnier, G., & Turner, M. (2002). *The Way We Think: Conceptual Blending and the Mind's Hidden Complexities.* New York: Basic Books.

Feynman, R. (1985). *Surely You're joking Mr Feynman.* New York: W. W. Norton. Reprinted 1992, London: Vintage.（ファインマン，R.（1986).『ご冗談でしょう、ファインマンさん：ノーベル賞物理学者の自伝』. 大貫昌子（訳). 岩波書店.）

Filloy, E., & Rojano, T. (1989). Solving equations: The transition from arithmetic to algebra. *For the Learning of Mathematics*, 9 (2), 19-25.

Fischbein, E. (1987). *Intuition in Science and Mathematics: An Educational Approach.* Dordrecht, The Netherlands: Kluwer.

Foster, R. (2001). *Children's Use of Apparatus in the Development of the Concept of Number.* PhD thesis, University of Warwick.

Freudenthal, H. (1983). *Didactic Phenomenology of Mathematical Structures.* Dordrecht, The Netherlands: Reidel.

Furner, J. M., & Berman, B. T. (2003). Math anxiety: Overcoming a major obstacle to the improvement of student math performance. *Childhood Education*, Spring, 170-4.

Gauss, K. (1831). Theory of biquadratic residues, part 2. lecture presented to the Royal Society, Gottingen, April 23, 1831.

Glasersfeld, E. von (1995). *Radical Constructivism*. London: Routledge Falmer.

Gleason, A. M., & Hughes-Hallett, D. (1994). *Calculus*. New York: John Wiley & Sons.

Gödel, K. (1931). Über formal unentscheidbare Sätze der Principia Mathematica und verwandter Systeme, *Monatshefte für Mathematik und Physik*. Vol. 38. http://home.ddc.net/ygg/etext/godel/ (2013年2月19日確認) に英訳あり.

Gray, E. M. (1993). *Qualitatively Different Approaches to Simple Arithmetic*. PhD thesis, University of Warwick.

Gray, E. M., Pitta, D., Pinto, M. M. F., & Tall, D. O. (1999). Knowledge construction and diverging thinking in elementary and advanced mathematics. *Educational Studies in Mathematics*, 38 (1-3), 111-33.

Gray, E. M., & Tall, D. O. (1991). Duality, ambiguity & flexibility in successful mathematical thinking In *Proceedings of the 15th Conference for the International Group for the Psychology of Mathematics Education*, 2, 72-9, Assisi, Italy.

Gray, E. M., & Tall, D. O. (1994). Duality, ambiguity and flexibility: A proceptual view of simple arithmetic. *Journal for Research in Mathematics Education*, 26 (2), 115-41.

Gray, E. M., & Tall, D. O. (2001). Relationships between embodied objects and symbolic procepts: An explanatory theory of success and failure in mathematics. In Marja van den Heuvel-Panhuizen (Ed.), *Proceedings of the 25th Conference of the International Group for the Psychology of Mathematics Education*, 3, 65-72. Utrecht, The Netherlands.

Grice, H. P. (1989). *Studies in the Way of Words*. Cambridge, MA: Harvard University Press. (グライス, H. P. (1998). 『論理と会話』. 清塚邦彦 (訳). 勁草書房.)

Gutiérrez, A., Jaime, A., & Fortuny, J. (1991). An alternative paradigm to evaluate the acquisition of the Van Hiele levels. *Journal for Research in Mathematics Education*, 22 (3), 237-51.

Hadamard, J. (1945). *The Psychology of Invention in the Mathematical Field*. Princeton, NJ: Princeton University Press. Dover edition, New York, 1954. (アダマール, J. (1990). 『数学における発明の心理』. 伏見康治・尾崎辰之助・大塚益比古 (訳). みすず書房.)

Halmos, P. (1966). Invariant subspaces for polynomially compact operators. *Pacific Journal of Mathematics*, 16 (3), 433-7.

Hart, K. M., Johnson, D. C., Brown, M., Dickson, L., & Clarkson, R. (1989). *Children's Mathematical Frameworks 8-13: A Study of Classroom Teaching*. London: Routledge (formerly NFER Nelson).

Heath, T. L. (1921). *History of Greek Mathematics*. Vol. 1. Oxford: Oxford University Press. Reprinted Dover Publications, New York, 1963. (ヒース, T. L. (1959). 『ギリシア

数学史』. 平田寛（訳）. 共立出版.）

Hembree, R. (1990). The nature, effects, and relief of mathematics anxiety. *Journal for Research in Mathematics Education*, 21 (1), 33-46.

Herrmann, E., Call, J., Hernàndez-Lloreda, M. V., Hare, B., & Tomasello, M. (2007). Humans have evolved specialized skills of social cognition: The cultural intelligence hypothesis. *Science*, September 7, 2007, 317, 1360-6. http://www.sciencemag.org/cgi/reprint/317/5843/1360.pdf (2012 年 4 月 16 日確認) より取得.

Heuvel-Panhuizen, M. van den (1998). Realistic Mathematics Education. Work in progress, Text based on the NORMA-lecture held in Kristiansand, Norway on June 5-9, 1998, Freudenthal Institute. Retrieved from: http://www.fi.uu.nl/en/rme/ (Accessed July 13, 2012).

Hiebert, J., & Lefevre, P. (1986). Procedural and conceptual knowledge. In J. Hiebert (Ed.), *Conceptual and Procedural Knowledge: The Case of Mathematics* (pp. 1-27). Hillsdale, NJ: Lawrence Erlbaum.

Hilbert, D. (1900). *Mathematische Probleme*. Göttingen Nachrichten, 253-97. (ヒルベルト, D. (1969).『ヒルベルト 数学の問題：ヒルベルトの問題 増補版』(現代数学の系譜 4). 一松信（訳・解説). 共立出版.）

Hilbert, D. (1926). Über das Unendliche. *Mathematische Annalen* (95), 161-90.

Hoffer, A. (1981). Geometry is more than proof. *Mathematics Teacher*, 74, 11-18.

Horgan, J. (1994). Profile: Andre Weil, great French-born mathematician, *Scientific American*, 270 (6), June 1994, 33-34.

Howat, H. (2006). *Participation in Elementary Mathematics: An Analysis of Engagement, Attainment and Intervention*. PhD thesis, University of Warwick.

Howson, G. C. (1982). *A History of Mathematics Education in England*. Cambridge: Cambridge University Press.

Hughes-Hallett, D. (1991). Visualization and Calculus Reform. In W. Zimmermann & S. Cunningham (eds.), *Visualization in Teaching and Learning Mathematics*, MAA Notes No. 19, 121-126.

Inglis, M., Mejia-Ramos, J. P., & Simpson, A. P. (2007). Modelling mathematical argumentation: The importance of qualification. *Educational Studies in Mathematics*, 66 (7), 3-21.

Inoue, S., & Matsuzawa, T. (2007). Working memory of numerals in chimpanzees. *Current Biology*, 17 (23), R1004-R1005.

Jackson, C., & Leffingwell, R. (1999). The role of instructors in creating math anxiety in students from kindergarten through college. *Mathematics Teacher*, 92 (7), 583-7.

James, W. (1890). *The Principles of Psychology*. Vols. I & II. New York: Henry Holt.

Johnson, D. C. (Ed.) (1989): *Children's Mathematical Frameworks 8-13: A Study of Classroom Teaching*. Windsor, UK: NFER-Nelson.

Jones, W. (2001). Applying psychology to the teaching of basic math: A case study. *Inquiry*, 6 (2), 60–5.

Jowett, B. (1871). *Plato's The Republic*. New York: Scribner's Sons.

Joyce, D. E. (1998). *Euclid's Elements*. Retrieved from http://aleph0.clarku.edu/~djoyce/java/elements/elements.html on 26th March 2012.

Kant, E. (1781). *Kritik der reinen Vernunft* (Critique of Pure Reason). Königsberg, Germany.（カント，E.（1961）．『純粋理性批判（上・中・下）』．篠田英雄（訳）．岩波文庫．）

Katz, M., & Tall, D. O. (2012). The tension between intuitive infinitesimals and formal analysis. In Bharath Sriraman (Ed.), *Crossroads in the History of Mathematics and Mathematics Education* (pp. 71–90). The Montana Mathematics Enthusiast Monographs in Mathematics Education 12. Charlotte, NC: Information Age Publishing.

Keisler, H. J. (1976). *Foundations of Infinitesimal Calculus*. Boston: Prindle, Weber & Schmidt.（キースラー，H. J.（1979）．『無限小解析の基礎：微積分の新手法』．齋藤正彦（訳）．東京図書．）

Kerslake, D. (1986). *Fractions: Children's Strategies and Errors*. London: NFER-Nelson.

Koichu, B. (2008). On considerations of parsimony in mathematical problem solving. In O. Figueras, J. L. Cortina, S. Alatorre, T. Rojano, & A. Sepulova (Eds.), *Proceedings of the 32nd Conference of the International Group for the Psychology of Mathematics Education*. Vol. 3 (pp. 273–80), Morelia, Mexico.

Koichu, B., & Berman, A. (2005). When do gifted high school students use geometry to solve geometry problems? *The Journal of Secondary Gifted Education*, 16 (4), 168–79.

Kollar, D. (2000). Article in the *Sacramento Bee* (California), December 11, 2000.

Krutetskii, V. A. (1976). *The Psychology of Mathematical Abilities in Schoolchildren*. Chicago: University of Chicago Press.（クルチェツキー，V. A.（1969）．『数学的能力の構造：能力心理学的解明』．駒林邦男（訳）．明治図書．）

Kuhn, T. (1962). *The Structure of Scientific Revolutions*. Chicago: University of Chicago Press.（クーン，T.（1971）．『科学革命の構造』．中山茂（訳）．みすず書房．）

Lakoff, G. (1987). *Women, Fire, and Dangerous Things: What Categories Reveal About the Mind*. Chicago: University of Chicago Press.（レイコフ，G.（1993）．『認知意味論：言語から見た人間の心』．池上嘉彦・河上誓作（訳）．紀伊國屋書店．）

Lakoff, G., & Johnson, M. (1980). *Metaphors We Live By*. Chicago: University of Chicago Press.（レイコフ，G.・ジョンソン，M.（1986）．『レトリックと人生』．渡部昇一・楠瀬淳三・下谷和幸（訳）．大修館書店．）（レイコフ，G.・ジョンソン，M.（2013）．『メタファに満ちた日常世界』．橋本功・八木橋宏勇・北村一真・長谷川明香（訳）．松柏社．）

Lakoff, G., & Johnson, M. (1999). *Philosophy in the Flesh: The Embodied Mind and Its Challenge to Western Thought.* New York: Basic Books. (レイコフ, G.・ジョンソン, M. (2004). 『肉中の哲学:肉体を具有したマインドが西洋の思考に挑戦する』. 計見一雄(訳). 哲学書房.)

Lakoff, G. & Nùñez, R. (2000). *Where Mathematics Comes From: How the Embodied Mind Brings Mathematics into Being.* New York: Basic Books. (レイコフ, G.・ヌーニェス, R. (2012). 『数学の認知科学』. 植野義明・重光由加(訳). 丸善出版.)

Lave, J., & Wenger, E. (1991). *Situated Learning: Legitimate Peripheral Participation.* Cambridge: Cambridge University Press. (レイブ, J.・ヴェンガー, E. (1993). 『状況に埋め込まれた学習:正統的周辺参加』. 佐伯胖(訳). 産業図書.)

Lean, G., & Clements, K. (1981). Spatial ability, visual imagery, and mathematical performance. *Educational Studies in Mathematics*, 12 (3), 267-99.

Leibniz, G. W. (1920). *The Early Mathematical Manuscripts of Leibniz*, ed. and trans. by J. M. Child. Chicago: University of Chicago Press.

Li, L., & Tall, D. O. (1993). Constructing different concept images of sequences and limits by programming. In *Proceedings of PME* 17, Japan, 2, 41-8.

Lima, R. N. de, & Tall, D. O. (2006). The concept of equation: What have students met before? In *Proceedings of the 30th Conference of the International Group for the Psychology of Mathematics Education*, Prague, Czech Republic, 4, 233-41.

Lima, R. N. de, & Tall, D. O. (2008). Procedural embodiment and magic in linear equations. *Educational Studies in Mathematics*, 67 (1), 3-18.

Ma, L. (1999a). A meta-analysis of the relationship between anxiety toward mathematics and achievement in mathematics. *Journal for Research in Mathematics Education,* 30 (5), 520-40.

Ma, L. (1999b). *Knowing and Teaching Elementary Mathematics.* Mahwah, NJ: Lawrence Erlbaum.

MacLane, S. (1994). Responses to theoretical mathematics. *Bulletin (new series) of the American Mathematical Society*, 30 (2), 190-1.

Mason, J. (1989). Mathematical abstraction as the result of a delicate shift of attention. *For the Learning of Mathematics*, 9 (2), 2-8.

Mason, J. (2002). *Researching Your Own Practice: The Discipline of Noticing.* London: Routledge Falmer.

Mason, J., Burton, L., & Stacey, K. (1982). *Thinking Mathematically.* London: Addison-Wesley.

Matthews, G. (1964). *Calculus.* London: John Murray.

McGowen, M. A. (1998). *Cognitive Units, Concept Images, and Cognitive Collages: An Examination of the Process of Knowledge Construction.* PhD thesis, University of Warwick.

McGowen, M. A., & Tall, D. O. (2013). Flexible Thinking and Met-befores: Impact on Learning Mathematics, with Particular Reference to the Minus Sign. http://homepages.warwick.ac.uk/staff/David.Tall/downloads.html（2013年2月19日確認）より取得.

Md Ali, R. (2006). *Teachers' Indications and Pupils' Construal and Knowledge of Fractions: The Case of Malaysia*. PhD thesis, University of Warwick.

Mejia-Ramos, J. P. (2008). *The Construction and Evaluation of Arguments in Undergraduate Mathematics*. PhD thesis, University of Warwick.

Miller, G. A. (1956). The magic number seven plus or minus two: Some limits on our capacity for processing information. *Psychological Review*, 63, 81–97.

Monaghan, J. D. (1986). *Adolescent's Understanding of Limits and Infinity*. PhD thesis, University of Warwick.

National Council of Teachers of Mathematics. (1989). *Curriculum and Evaluation Standards for School Mathematics*. Reston, VA: National Council of Teachers of Mathematics. (NCTM (1997).『21世紀への学校数学の創造：米国NCTMによる「学校数学におけるカリキュラムと評価のスタンダード」』. 能田伸彦・清水静海・吉川成夫（監修）. 筑波出版会.)

Neill, H., & Shuard, H. (1982). *Teaching Calculus*. London: Blackie & Son.

Neugebauer, O. (1969). *The Exact Sciences in Antiquity* (2nd ed.). Reprinted by Dover, New York. (ノイゲバウアー, O. (1984).『古代の精密科学』. 矢野道雄・斎藤潔（訳）. 恒星社厚生閣.)

Núñez, R., Edwards, L. D., & Matos, J. P. (1999). Embodied cognition as grounding for situatedness and context in mathematics education. *Educational Studies in Mathematics*, 39 (1–3), 45–65.

Nunokawa, K. (2005). Mathematical problem solving and learning mathematics: What we expect students to obtain. *Journal of Mathematical Behavior*, 24, 325–40.

Pegg, J. (1991). Editorial. *Australian Senior Mathematics Journal*, 5 (2), 70.

Pegg, J., & Tall, D. O. (2005). The fundamental cycle of concept construction underlying various theoretical frameworks. *International Reviews on Mathematical Education* (ZDM), 37 (6), 468–75.

Peirce, C. S. (1991). *Peirce on Signs: Writings on Semiotic* (ed. Hoopes, J.). University of North Carolina Press.

Piaget, J. (1926). *The Language and Thought of the Child*. New York: Harcourt, Brace, Jovanovich.

Piaget, J. (1952). *The Child's Conception of Number*. London: Routledge & Kegan Paul.

Piaget, J., & Inhelder, B. (1958). *Growth of Logical Thinking*. London: Routledge & Kegan Paul.

Pinto, M. M. F. (1998). *Students' Understanding of Real Analysis*. PhD thesis, University of

Warwick.

Pinto, M. M. F., & Tall, D. O. (1999). Student constructions of formal theory: Giving and extracting meaning. In O. Zaslavsky (Ed.), *Proceedings of the 23rd Conference of PME*, Haifa, Israel, 4, 65-73.

Pinto, M. M. F., & Tall, D. O. (2001). Following students' development in a traditional university classroom. In Marja van den Heuvel-Panhuizen (Ed.), *Proceedings of the 25th Conference of the International Group for the Psychology of Mathematics Education* 4, 57-64. Utrecht, The Netherlands.

Pinto, M. M. F., & Tall, D. O. (2002). Building formal mathematics on visual imagery: A theory and a case study. *For the Learning of Mathematics*, 22 (1), 2-10.

Pitta, D. (1998). *Beyond the Obvious: Mental Representations and Elementary Arithmetic.* PhD thesis, University of Warwick.

Pitta, D., & Gray, E. M. (1997). In the mind: What can imagery tell us about success and failure in arithmetic? In G. A. Makrides (Ed.), *Proceedings of the First Mediterranean Conference on Mathematics*, Nicosia: Cyprus, 29-41.

Pitta, D., & Gray, E. M. (1999). Changing Emily's images. In A. Pinel (Ed.), *Teaching, Learning and Primary Mathematics* (pp. 56-60). Derby, UK: Association of Teachers of Mathematics.

Plake, B. S., & Parker, C. S. (1982). The development and validation of a revised version of the Mathematics Anxiety Rating Scale. *Educational and Psychological Measurement*, 42 (2), 551-7.

Plato (360 BC). *The Republic.* Book VII, trans. by Benjamin Jowett (1871). New York: Scribner's Sons. Reprinted 1941, New York: The Modern Library.（プラトン(2008).『国家 改版 上・下』. 藤沢令夫（訳）. 岩波文庫.）

Playfair, J. (1860). *Elements of geometry; containing the first six books of Euclid, with two books on the geometry of solids. To which are added, elements of plane and spherical trigonometry*, Philadelphia: J. B. Lippincott & Co.

Poincaré, H. (1913). *The Foundations of Science*, trans. by G. B. Halsted. New York: The Science Press.

Pólya, G. (1945). *How to Solve It.* Princeton, NJ: Princeton University Press. Reprinted 1957, Garden City, NY: Doubleday.（ポリア, G. (1954).『いかにして問題をとくか』. 柿内賢信（訳）. 丸善.）

Poynter, A. (2004). *Effect as a Pivot between Actions and Symbols: The case of Vector.* PhD thesis, University of Warwick.

Presmeg, N. C. (1986). Visualisation and mathematical giftedness. *Educational Studies in Mathematics*, 17 (3), 297-311.

Reid, C. (1996). *Hilbert.* New York: Springer.（リード, C. (1972).『ヒルベルト：現代数学の巨峰』. 彌永健一（訳）. 岩波書店.）

Richardson, F. C., & Suinn, R. M. (1972). The Mathematics Anxiety Rating Scale: Psychometric data. *Journal of Counseling Psychology*, 19 (6), 551–4.

Robinson, A. (1966). *Non-Standard Analysis*. Amsterdam: North Holland.

Rodd, M. M. (2000). On mathematical warrants. *Mathematical Thinking and Learning*, 2 (3), 221–44.

Rosch, E., Mervis, C. B., Gray, W. D., Johnson, D. M., & Boyes-Barem, P. (1976). Basic objects in natural categories. *Cognitive Psychology*, 8, 382–439.

Rosnick, P. (1981). Some misconceptions concerning the concept of variable. Are you careful about defining your variables? *Mathematics Teacher*, 74 (6), 418–20, 450.

Sangwin, C. J. (2004). Assessing mathematics automatically using computer algebra and the internet. *Teaching Mathematics and Its Applications*, 23 (1), 1–14.

Saussure, F. (1916). *Cours de linguistique génerale* (ed. Bally, C. & Séchehaye, A.). Paris: Payot. (ソシュール, F. (1972). 『一般言語学講義』. 小林英夫 (訳). 岩波書店.)

Schools Mathematics Project (1982). *Advanced Mathematics* Book 1. Cambridge: Cambridge University Press.

Schwarzenberger, R. L. E., & Tall, D. O. (1978). Conflicts in the learning of real numbers and limits. *Mathematics Teaching*, 82, 44–9.

Sfard, A. (1991). On the dual nature of mathematical conceptions: Reflections on processes and objects as different sides of the same coin. *Educational Studies in Mathematics*, 22, 1–36.

Sfard, A. (1992). Operational origins of mathematical objects and the quandary of reification—the case of function. In Guershon Harel & Ed Dubinsky (Eds.), *The Concept of Function: Aspects of Epistemology and Pedagogy*, MAA Notes 25 (pp. 59–84). Washington, DC: Mathematical Association of America.

Sfard, A. (2008). *Thinking as Communicating*. New York: Cambridge University Press.

Sheffield, D., & Hunt, T. (2006). How does anxiety influence maths performance and what can we do about it? *MSOR Connections*, 6 (4), 19–23.

Skemp, R. R. (1971). *The Psychology of Learning Mathematics*. London: Penguin. (スケンプ, R. R. (1973). 『数学学習の心理学』. 藤永保・銀林浩 (訳). 新曜社.)

Skemp, R. R. (1976). Relational understanding and instrumental understanding. *Mathematics Teaching*, 77, 20–6.

Skemp, R. R. (1979). *Intelligence, Learning, and Action*. London: John Wiley & Sons.

Snapper, E. (1979). The three crises in mathematics: Logicism, intuitionism and formalism. *Mathematics Magazine*, 52 (4), 207–16.

Steele, E., & Arth, A. (1998). Lowering anxiety in the math curriculum. *Education Digest*, 63 (7), 18–24.

Stewart, I. N., & Tall, D. O. (1983). *Complex Analysis*. Cambridge: Cambridge University Press.

Stewart, I. N., & Tall, D. O. (2000). *Algebraic Number Theory and Fermat's Last Theorem* (3rd ed.). Natick, MA: A. K. Peters.

Strauss, A., & Corbin, J. (1990). *Basics of Qualitative Research: Grounded Theory Procedures and Techniques.* London: SAGE.（ストラウス，A.・コービン，J.（1999）.『質的研究の基礎：グラウンデッド・セオリーの技法と手順』. 操華子・南裕子・森岡崇・志自岐康子・竹崎久美子（訳）. 医学書院.）

Stroyan, K. D. (1972). Uniform continuity and rates of growth of meromorphic functions. In W. J. Luxemburg & A. Robinson (Eds.), *Contributions to Non-Standard Analysis* (pp. 47–64). Amsterdam: North-Holland.

Struik, D. J. (1969). *A Source Book in Mathematics, 1200–1800.* Cambridge, MA: Harvard University Press.

Sullivan, K. (1976). The teaching of elementary calculus: An approach using infinitesimals, *American Mathematical Monthly*, 83, 370–5.

Tall, D. O. (1977). Cognitive conflict in the learning of mathematics. Presented at the first meeting of the *International Group for the Psychology of Learning Mathematics*, Utrecht, The Netherlands. http://homepages.warwick.ac.uk/staff/David.Tall/pdfs/dot1977a-cog-confl-pme.pdf (Accessed February 19, 2013) より取得.

Tall, D. O. (1979). Cognitive aspects of proof, with special reference to the irrationality of $\sqrt{2}$. In *Proceedings of the Third International Conference for the Psychology of Mathematics Education*, Warwick, 206–7.

Tall, D. O. (1980a). Looking at graphs through infinitesimal microscopes, windows and telescopes. *Mathematical Gazette*, 64, 22–49.

Tall, D. O. (1980b). The anatomy of a discovery in mathematical research. *For the Learning of Mathematics*, 1 (2), 25–30.

Tall, D. O. (1980c). Intuitive infinitesimals in the calculus. *Abstracts of Short Communications, Fourth International Congress on Mathematical Education*, Berkeley, p. C5. 全訳は http://www.warwick.ac.uk/staff/David.Tall/pdfs/dot1980c-intuitive-infls.pdf (2013年2月19日確認).

Tall, D. O. (1985). Understanding the calculus. *Mathematics Teaching*, 10, 49–53.

Tall, D. O. (1986a). *Building and Testing a Cognitive Approach to the Calculus Using Interactive Computer Graphics.* PhD thesis, University of Warwick.

Tall, D. O. (1986b). Constructing the concept image of a tangent. In *Proceedings of the Eleventh International Conference of PME*, Montreal, III, 69–75.

Tall, D. O. (1986c). Talking about fractions. *Micromath*, 2 (2), 8–10.

Tall, D. O. (1986d). A graphical approach to integration and the fundamental theorem. *Mathematics Teaching*, 113, 48–51.

Tall, D. O. (1991a). Recent developments in the use of the computer to visualize and symbolize calculus concepts. In *The Laboratory Approach to Teaching Calculus*, M. A. A. Notes 20. (pp. 15–25). Washington, DC: Mathematical Association of America.

Tall, D. O. (1991b). *Real Functions and Graphs* (for the BBC computer and Nimbus PC). Cambridge: Cambridge University Press.

Tall, D. O. (1991c). *Advanced Mathematical Thinking*. Dordrecht, The Netherlands: Kluwer.

Tall, D. O. (1992). Visualizing differentials in two and three dimensions. *Teaching Mathematics and Its Applications*, 11 (1), 1–7.

Tall, D. O. (2001). A child thinking about infinity. *Journal of Mathematical Behavior*, 20, 7–19.

Tall, D. O. (2004). Thinking through three worlds of mathematics. In *Proceedings of the 28th Conference of the International Group for the Psychology of Mathematics Education*, Bergen, Norway, 4, 281–8.

Tall, D. O. (2009). Dynamic mathematics and the blending of knowledge structures in the calculus. *ZDM—The International Journal on Mathematics Education*, 41 (4), 481–92.

Tall, D. O., Davis, G. E., & Thomas, M. O. J. (1997). What is the object of the encapsulation of a process? In F. Biddulph & K. Carr (Eds.), *People in Mathematics Education, MERGA 20, Aotearoa*, Rotarua, New Zealand, 2, 132–9.

Tall, D. O., Lima, R. N. de, & Healy, L. (2013). Evolving a three-world framework for solving algebraic equations in the light of what a student has met before. http://homepages.warwick.ac.uk/staff/David.Tall/downloads.html (2013年2月19日確認) にあり.

Tall, D. O., Thomas, M. O. J., Davis, G. E., Gray, E. M., & Simpson, A. P. (2000). What is the object of the encapsulation of a process? *Journal of Mathematical Behavior*, 18 (2), 1–19.

Tall, D. O., & Vinner, S. (1981). Concept image and concept definition in mathematics, with special reference to limits and continuity. *Educational Studies in Mathematics*, 12, 151–69.

Tall, D. O., Yevdokimov, O., Koichu, B., Whiteley, W., Kondratieva, M., & Cheng, Ying-Hao (2012). Cognitive development of proof. In G. Hanna & M. De Villiers (Eds.), *ICMI 19: Proof and Proving in Mathematics Education*.

Tarski, A. (1930). Une contribution á la théorie de la mesure. *Fundamenta Mathematicae*. 15, 42–50.

Tempelaar, D., & Caspers, W. (2008). De rol van de instaptoets. *Nieuw Archief voor Wiskunde*, 5/9 (1), 66–71.

Thurston, W. P. (1990). Mathematical education. *Notices of the American Mathematica Society*, 37 (7), 844–50.

Thurston, W. P. (1994). On proof and progress in mathematics. *Bulletin of the America*

Mathematical Society, 30 (2), 161–77.

Tobias, S. (1990). Mathematics anxiety: An update. *NACADA Journal*, 10, 47–50.

Tomasello, M. (1999). *The Cultural Origins of Human Cognition*. Cambridge, MA Harvard University Press. (トマセロ，M. (2006).『心とことばの起源を探る：文化と認知』. 大堀壽夫他（訳）. 勁草書房.)

Toulmin, S. E. (1958). *The Uses of Argument*. Cambridge: Cambridge Universit Press. (トゥールミン，S. (2011).『議論の技法：トゥールミンモデルの原点』. 戸田山和久・福澤一吉（訳）. 東京図書.)

Van der Waerden, B. L. (1980). *A History of Algebra: From al Khwarizmi to Emmy Noether*. New York: Springer-Verlag. (ファン・デル・ヴェルデン，B. L. (1994).『代数学の歴史：アル・クワリズミからエミー・ネーターへ』. 加藤明史（訳）. 現代数学社.)

Van Hiele, P. M. (1957). The child's thought and geometry, trans. into English an reproduced in T. P. Carpenter, J. A. Dossey, & J. L. Koehler (Eds.), *Classics in Mathematics Education* (pp. 61–55). Reston, VA: National Council of Teachers of Mathematics.

Van Hiele, P. M. (1959). Development and the learning process. *Acta Paedagogica Ultrajectina* (pp. 1–31). Gröningen: J. B. Wolters.

Van Hiele, P. M. (1986). *Structure and Insight*. Orlando, FL: Academic Press.

Van Hiele, P. M. (2002). Similarities and differences between the theory of learning and teaching of Skemp and the Van Hiele levels of thinking. In D. O. Tall & M. O. J. Thomas (Eds.), *Intelligence, Learning and Understanding—A Tribute to Richard Skemp* (pp. 27–47). Flaxton, Australia: Post Pressed.

Van Hiele-Geldof, D. (1984). The didactics of geometry in the lowest class of secondary school. In D. Fuys, D. Geddes, & R. Tischler (Eds.), *English Translation of Selected Writings of Dina van Hiele-Geldof and Pierre M. van Hiele* (pp. 1–214). Brooklyn, NY: Brooklyn College.

Vinner, S., & Hershkowitz, R. (1980). Concept images and some common cognitive paths in the development of some simple geometric concepts. In *Proceedings of the Fourth International Conference of PME*, Berkeley, 177–84.

Vlassis, J. (2002). The balance model: Hindrance or support for the solving of linear equations with one unknown. *Educational Studies in Mathematics*, 49, 341–59.

Vygotsky, L. (1962). *Thought and Language*. Cambridge MA. MIT Press. (ヴィゴツキー，L. S. (1962).『思考と言語（上・下)』. 柴田義松（訳）. 明治図書.)

Vygotsky, L. (1978). Mind in Society. Cambridge MA: Harvard University Press.

Watson, A. (subsequently Poynter, A.), Spyrou, P., & Tall, D. O. (2003). The relationship between physical embodiment and mathematical symbolism: The concept of vector. *The Mediterranean Journal of Mathematics Education*, 1 (2), 73–97.

Weber, H. (1893). Leopold Kronecker. *Mathematische Annalen*, 43, 1-25.

Weber, K. (2001). Student difficulty in constructing proofs: The need for strategic knowledge. *Educational Studies in Mathematics*, 48 (1), 101-19.

Weber, K. (2004). Traditional instruction in advanced mathematics courses: A case study of one professor's lectures and proofs in an introductory real analysis course. *Journal of Mathematical Behavior*, 23, 115-33.

Werkgroep 3TU. (2006). Aansluiting vwo en technische univrsiteiten. *Euclides*, 81 (5), 242-7.

Wessel, C. (1799). Om directionens analytiske betegning, et forsø g, anvendt fornemmelig til plane og sphaeriske polygoners opløsning, *Nye samling af det Kongelige Danske Videnskabernes Selskabs Skrifter*, 5, 496-518.

Weyl, H. (1918). *Das Continuum*. trans. by Pollard, S. & Hole, T. (1987) as *The Continuum: A Critical Examination of the Foundation of Analysis*. New York: Dover. (ヴァイル, H. (2016). 『ヘルマン・ヴァイル 連続体：解析学の基礎についての批判的研究』. 田中尚夫・渕野昌（訳・注釈・解説). 日本評論社.）

Wilensky, U. (1993). *Connected Mathematics: Building Concrete Relationships with Mathematical Knowledge*. PhD thesis, M. I. T. http://ccl.northwestern.edu/papers/download/Wilensky-thesis.pdf (2012 年 7 月 11 日確認) より取得.

Wilensky, U. (1998). What is normal anyway? Therapy for epistemological anxiety. *Educational Studies in Mathematics*, 33 (2), 171-202.

Wilkins, D. R. (2002). *The Analyst by George Berkeley*. www.maths.tcd.ie/pub/HistMath/People/Berkeley/Analyst/Analyst.pdf (2012 年 4 月 21 日確認) より取得.

Wood, N. G. (1992). *Mathematical Analysis: A Comparison of student development and historical development*. PhD thesis, Cambridge University.

Woodard, T. (2004). The effects of math anxiety on post-secondary developmental students as related to achievement, gender, and age. *Virginia Mathematics Teacher*, Fall, 7-9.

Zeeman, E. C. (1960). Unknotting spheres in five dimensions. *Bulletin of the American Mathematical Society*, 66, 198.

Zeeman, E. C. (1977). *Catastrophe Theory*. London: Addison-Wesley.

解説

礒田正美

トール先生の立場と本書の位置

ウォーリック大学、数学的思考に関する名誉教授デービッド・トール先生は、1941年生まれ、現在75歳である。高齢ながらなお、世界に広がる友人と教え子に招聘され、現在なお各国で本書に係る講演をなされている。日本では、筑波大学・アジア太平洋経済協力APEC国際会議（2007）と数学教育学会2016年春季年会で講演された。世界的に著名なその研究は引用数も多く、国際数学教育心理学会では、1990年代から2000年代中盤において最も引用された研究者の一人に数えられている。その意味で、本書で語られる内容、彼がそこで用いるキーワードは、数学教育学者であれば誰もが知る、数学における概念発展の様相を説明する一つの統一理論と言える。

トール先生（以下、彼）は、数学において、本書にも登場するマイケル・アティヤ卿（フィールズ賞受賞者）のもと、トポロジーに関する業績でオックスフォード大学より学位を取得された。サセックス大学を経て、ウォーリック大学で上級講師となり、ウォーリック大学数学教育センター長を務め、数学的思考に関する教授になられた。世界的名著『数学学習の心理学』で知られ、同センターの設立者でもあり、国際数学教育心理学会会長でもあったリチャード・スケンプより1986年に、数学教育で学位を取得されている。彼は22名もの数学教育研究者に学位を授与された世界的な数学教育学者である。80年代までは、彼は数学者としても活躍しておられた。実際、新興国の我々世代の数学関係者に英国留学時代の話しを聞くと、トール先生から微分積分を学んだ方が多いことに驚かされる。先生の数学教育学上の研究主題は本書に記された数学概念の発展（development）理論であり、数学教育上の内容関心の中核は、関数・微分積分である。

彼の学術上の出自は、数学者としての数学研究経験を前提に数学概念の発展理論を構築することを数学的思考の研究であるとみなす彼の数学教育学上の立場を象徴する。本書では、数学の発展、数学の知識構造そのものが変わっていく概念の発展様相それ自体を数学的思考の発展とみなす。困難との遭遇の意味で問題を定義する問題解決研究と整合性を保ちつつも、本書が記そうとする数学的思考は、問題解決過程というよりは、概念とその進化過程であり、その意味での理解深化の様相である。

本書にみる三世界による統一理論と先行研究からみたその卓越性

本書は、数学の概念発展を記述する枠組みを示し、その用語で初等段階から大学レベルまで、各章ごとに、それぞれの数学事例の解説を行い、その枠組みの体系性、一貫性を説明している。最後の回想で本人が記したように、彼の数学概念発展に係る研究は、シロモ・ビンナーとの概念定義・概念イメージ研究（1981）に始まる。その研究は、定義とイメージ間の矛盾が概念発展に寄与するという数学的思考理論（1991）を生み出す。その理論は、1990 年代には、プロセスと概念（concept）の二元性を統一するプロセプト理論へと展開する。そして 2000 年代に入り、彼が展開したのが三世界理論、いわば三元論である。プロセプト理論で、プロセスと概念の融合、本書で言えば結晶概念へと至る過程を記述したことに加えて、本書の三世界理論では、プロセプト理論を前提にしつつそれぞれの世界をダイナミックに行き来する、数学概念進化の様相が説明される。

1980 年代から 90 年代の数学教育学研究では、彼の概念イメージ・定義、プロセプト理論に限らず、数学概念や数学理論、数学的思考の発展を、いわば二元論的な発想で説明する諸理論が誕生した。本書では、ピアジェの操作とその反省的抽象にかかる操作の対象化を前提に展開するドゥビンスキー（Ed Dubinsky）等による APOS 理論が記されている。彼の目線で、その最後を飾るのがスファード（Anna Sfard）による操作的数学・構造的数学論である。二元論的な概念発達諸理論の中で、彼は、概念イメージと概念定義、そして概念とプロセスの融合を説明するプロセプトという２つの理論の立役者である。本書は、独立に議論されるそれら個別理論を統合しようとする（例えば、本書の第３章、図 3.10）。もっとも、諸理論を利用する研究者からみれば、その議論は、それぞれの理論を解説したものではない。それは、本書の枠組みの正当性を示す一環として、彼自身の視野に各理論を映した議論である。彼がその理論構築に際して依拠した視座、数学で言えば公理に相当する彼にとっての大前提は、本書冒頭で解説された 1990 年代の脳科学理論としての意識理論、スケンプの学習理論である。

彼の数学三世界理論は、通常の数学教育研究が射程としてきた高等学校までの数学を超えて、数学の研究水準まで説明する。その典型は、数学研究のフロンティアで話題にされた、形式から具象を生み出す思考作用である。学校数学に焦点を当てた数学教育研究では、しばしば具体から抽象へという文脈で形式が後から生まれるかの如き説明がなされる。彼は、三世界のいずれからでも数学的概念の発展がなしえることを示し、形式から具象世界が構築し得ると論ずる。それはNew Math とジェローム・ブルーナーのEIS原理に象徴される当時の学習理論、そしてその後の数学教育理論とを融合する視野である。

近年、数学教育学の学術誌は、データ・観察・記述枠組みという語で象徴される社会科学的研究に偏る傾向にある。他方、教育課程・教科書・評価や歴史で取り上げられる数学内容に対する内省型教材解釈・目標記述抜きに数学教育学それ自体も成立しない。本書は、ケンブリッジの「なすことによる学習：社会、認知、概念的視野」シリーズの一書として出版された。そのシリーズからみれば、本書は概念発展目的でなすべき数学的活動の記述でもある。それは数学概念の弁証法的発展の本質を三世界において表したものである。

本書は、前提理論、先行理論・事例によって論の妥当性が記される。彼の師スケンプの理論は、仮説的でありながら、後の人々からデータの記述枠組みとして利用され、認知された。本書は、同様に、データサイエンスに際しての枠組みとなり得るという意味で、強力である。言い換えるならば、本書で提出された記述用語を我々が利用すればこそ、その正当性が保証されると言える。実際、原著はすでに多く引用されている。

数学教育学者としての日常：トール先生との交流

トール先生は、数学者、数学教育学者としての仕事の他、1980年代までは歌劇などの指揮者を務められた音楽家としても知られている。それは本書の章構成が、歌曲に准えて記されていることにも現れる。彼が、温和で、人懐っこい愛妻家であり、家族を大切にされていることは、彼が、学術と個人・家族のホームページ両方をお持ちであることからもわかる。彼は兄も学者であり、奥様は子育て後に大学院に通われ歴史学で学位を取得されている。

先生の数学教育談義は、一度話し始めると止まらない。彼の議論には聞き手や介入者が必要である。止まらない彼の話を止めるにも、聞き手からの問いが必要である。そこでは数学教育理論が論争を通して発展することに気づかされる。

原著の裏表紙には、アラン・シェーンフェルド、ジョン・メイスン、そして礒田正美（日本語版の監修者の一人）の推薦文がある。三人は数学的思考にかかる英語書籍を出版している点、そして彼の対話者である点で共通している。シェーンフェルドは、米国教育学会（AERA）の元会長で、問題解決過程に関する世界の第一人者である。メイソンは、英国の数学学部新任講師の教員研修を長年務めた数学的思考の育成で知られる彼の朋友である。お二人は彼と同世代人で、最後の筆者は、彼の師弟世代である。20歳も若年の筆者がなぜトール先生の著書を推薦できたのかと言えば、彼の理論構築論争の中で、筆者が光栄にも、多々いる彼の対話者の一人であったからである。

筆者が彼と親交を得たのは、彼が筆者の「関数の水準」理論提案を痛烈に批判したことに始まる（国際数学教育心理学会（PME）、1996）。筆者は、1985年に日本語で提出した関数の水準を、そこではじめて英語で提出した。その際、質問下さったのは *Educational Studies in Mathematics* 誌のチーフエディタ（当時）であったトミー・ドレフュス氏とトール先生であった。参観者はマイトリー・インプラシッタ氏である。インプラシッタ氏は、当時世界的な研究者であったトール先生とまともに議論する筆者のやりとりに驚愕し、その印象を、20年を経た今でも語られる。それは、ドレフェス氏が言語水準としての関数の水準を区別する理由を尋ねられた後のトール先生との質疑で始まる。その質疑は、「関係を関数で考察する（関数の第3水準）」、「関数を導関数・原始関数で考察する（関数の第4水準）」において、「第4水準が、第3水準の代数・幾何表現、特に幾何表現を前提とする考えは妥当ではない」とする彼からの論駁で始まった。その疑義に、筆者は「私はそうは思わない」と述べ、デカルトの「幾何学」（1637）の作図題とその代数化に準じて、彼の議論に対する反例を示し、幾何を前提としない場合もあるが、歴史上は幾何を前提としており、そのような教育課程も日本の場合には存在したと回答した。続く第8回数学教育世界会議のエクスカーションでアルハンブラに向かうバスの長旅の中でも彼と議論し、彼は引き続き「考えている」と回答した。後にその議論をふまえて、本書の枠組みを提出されたと先生は筆者には直接語られている。本書の回想では、特にその点には言及されていない。回想で先生が記されたのは、本書の議論で取り上げた諸理論である。

トール先生が、「考えている」と答える必要があったのは、筆者が彼の指摘に対して示した反例が、彼から見れば、彼のプロセプト理論の射程を彼に考えさせるからである。当時、彼のプロセプト理論は、プロセスと概念の融合を説明するもので、幾何や代数というような異なる表現の融合、矛盾や再組織化を積極的な視野に加えていなかった。その後、彼は三世界枠組みを構想し、その枠組みにおいて、既習が続く学習の肯定もするし矛盾の種にもなるという弁証法的な認識論のもとで本書を提出される。そしてその際、数学教育学を席巻した諸理論を包摂する三世界による総合に専心されたのである。

筆者自身も彼との議論を生かすことができた。1998年のアジア数学技術国際会議ATCMでは、その論点を再度示し、幾何と代数の上にいかに微分積分学が歴史的に構成されたかを記した。『算数・数学教育における数学的活動による学習過程の構成』(礒田、2015) でも、フェリックス・クラインの数学教育改良運動にみる微分積分への系統と、ヘルベルト・ハムレイの「数学における関係的関数的思考」で提案された系統との相違が、幾何（動力学）を前提するか否かにあることを示した。その相違は関数指導の系統を語る歴史的論点でもある。2016年の数学教育世界会議「フェリックス・クラインの偉業」(プレナリ・セッション)では、その相違が日本の場合に、どのように現れたかを説明した。

最初の対話以後、トール先生は筆者をよき話し相手として下さった。2007年の筑波大学・アジア太平洋経済協力APEC国際会議では、三世界について講演された。そこで彼が驚嘆されたのは、日本の算数授業の卓越性である。彼が参観された授業は、筑波大学附属小学校の細水保弘先生、盛山隆雄先生の授業、札幌の森井厚友先生(本書内写真の授業者)、村元秀之先生の授業である。彼が本書で日本の授業研究Lesson Studyという語で紹介された指導法は、問題解決型の指導法である。西欧では、Problem Solvingは、シェーンフェルドやメイソンの研究を含意する。彼が目にした日本の学習指導は、Problem Solvingではなく概念学習に寄与する指導法である。彼は、そこでなされるハ（はやい）カ（かんたん）セ（せいかく）という価値を追求した授業を「授業研究」と呼称する。学び方や価値、態度の育成をセットにした日本の授業は、彼の概念学習のそれまでの想定を超えたものであった。彼自身が数学教育学の発展を構想する視野として、日本の授業研究に驚愕したのである。

筆者が彼と本書の内容について深く議論したのは、彼の自宅に一週間ホームステイした2009年である。その目的は、彼の言う日本型授業研究を説明する共著書作りであった。筆者がそこで提案したのは、「意味と手続きによる授業づくり」理論、表現世界の再構成理論、マンドラーの情意理論であり、その前提としての弁証法である。学習過程で矛盾（彼の言葉では問題）が生まれることは、日本の拡張型教育課程、英訳算数教科書『みんなと学ぶ小学校算数』(2005) をもとに説明した。本書の内容のうち、少なくとも半分ぐらいは、その時、彼と議論した内容である。

彼との対話で痛感するのは用語の相違である。彼は、数学用語と彼が本書で提出した記述用語によって概念発展を説明する。他方、日本の場合、形、図形、平面図形、ひろさと面積、かさと体積など、個別概念の進化様相を区別する目的で用いられる教育用語がある。その教育用語は、分数で言えば、分割分数、操作分数、量分数、商分数、割合分数の区別となる。分数指導における概念進化過程は、日本では、その教育用語の区別をもとにした教育課程として説明される。英語では、その区別が必ずしも明瞭ではなく、それらの用語は用いることができない。その状況で数学教育学を築く世界では、本書の概念発展の記述枠組みがユニバーサルに通用する。限定された用語で個別概念の発展を一般的に説明する理論として本書が求められる所以である。

用語を概念に限定したことで発生したわかりにくさもある。例えば、「思考可能概念」である。「方法の対象化」といえば、それまで方法として用いられたものが思考の対象となることであり、形を対象に図形が生まれ、図形を対象に平面図形が生まれると説明できる。それは教育用語上の区別が鮮明な日本人関係者にはわかる。その区別が明瞭でない英語圏で、彼の用語で説明すれば、形が思考対象概念としての図形概念となり、図形概念が思考対象概念として平明図形概念となるというように説明できる。thinkable concept は英語として夢のようにわかりやすい言葉で感心するのだが、それを一たび思考可能概念と訳せば概念という語が重なり難解に映る。

本書を読破された読者は、どのように数学や数学学習を見直され、何をご自身の課題とされたことだろう。筆者がトール先生からいただいた宿題は、日本の授業研究の背後にある教材論・目標論をユニバーサルに展開することである。そのような自身で活用する文脈において、数学教育学者誰もが知る彼の理論は必携である。そのような目で読むとトール先生の優しい語り口まで聞こえてくる。

監訳者あとがき

本書の著者であるデービッド・トール（David Tall）氏は、1941年5月15日生まれで、1969年からイギリス・ウォーリック大学に勤務し、2006年に退職し、現在ウォーリック大学名誉教授、ラフバラ大学客員教授である。同氏は、本書で述べられているように数学をマイケル・アティヤに、数学教育をリチャード・スケンプに師事している。

本書は、Cambridge University Pressから2013年に出版された*How Humans Learn to Think Mathematically: Exploring the Three Worlds of Mathematics*の全訳である。本書は、幼児から大人に至るまでの数学的思考に関する認知発達理論を実際世界・記号世界・形式世界という3つの世界への移行として述べている。各世界における認知活動はそれぞれ「知覚」、「記号」、「言葉」という言葉で特徴づけられている。実際世界では、知覚が具体的操作活動を通して発達する。記号世界では、記号が具体的な数値計算を通して発達する。形式世界では、推論形式が、2つの世界での具体的操作や記号を用いた計算が備える言語性に着目して発達する。

本書の意義は、これまで個別に議論されてきた認知発達を長期的な認知発達理論として統一的に捉え直したことである。

読者は、先行研究にある専門用語が用いられているが、必ずしも原義通りではなく、拡張されていることに注意する必要がある。例えば、「embodiment」の原義は「身体化」である。本書では、この用語は身体だけでなく、心的なもの（グラフや図）も含まれている。また1つの文が非常に長い場合があり、そのときは複数の文に分けて訳し文意を理解しやすくした。印刷上の都合、斜体字を太字に変更した。文中の書籍の引用は『　』で表し、書名は訳書がない場合でも和訳した（同氏は出典註を付けているので、出典註は英文で表した）。論文の引用はそのまま英文で表した。原文の“　”と‘　’は区別せず「　」とした。索引は、用語と人名を分けた。

最後に、共立出版編集部の大越隆道さんには、本書の翻訳にあたり、いろいろお手数をおかけし、ここに記して感謝の意を表す次第です。

2016 年 11 月
岸本忠之

事項索引

■か行

■さ行

■た行

■ま行

人名索引

■さ行

■た行

■な行

■は行

■ま行

■や行

■ら行

■わ行

【訳者紹介】

岸本忠之　富山大学人間発達科学部（序文・第 1 章・第 15 章・付録）
添田佳伸　宮崎大学教育学部（第 2 章）
木根主税　宮崎大学大学院教育学研究科（第 2 章）
渡邊耕二　宮崎国際大学教育学部（第 2 章・第 12 章）
小原　豊　関東学院大学教育学部（第 3 章）
真野祐輔　大阪教育大学教育学部（第 4 章）
北島茂樹　明星大学教育学部（第 5 章・第 10 章）
馬場卓也　広島大学大学院国際協力研究科（第 6 章）
布川和彦　上越教育大学大学院学校教育研究科（第 7 章）
溝口達也　鳥取大学地域学部（第 8 章）
植野義明　東京工芸大学工学部（第 9 章）
新木伸次　国士舘大学体育学部（第 11 章）
中和　渚　東京未来大学こども心理学部（第 12 章）
白石和夫　文教大学教育学部（第 13 章）
佐伯昭彦　鳴門教育大学大学院学校教育研究科（第 14 章）

【監訳者紹介】

礒田　正美（いそだ　まさみ）

最終学歴　筑波大学大学院修士課程教育学研究科修了

現　　在　筑波大学教育開発国際協力研究センター長／人間系教授、博士（教育学）：早稲田大学、国際数学歴史教育学会顧問委員、コンケン大学名誉博士、イグナチウスロヨラ大学名誉教授

専　　門　数学教育学

主　　著　『算数・数学教育における数学的活動による学習過程の構成』（共立出版、2015）、『曲線の事典：性質・歴史・作図法』（共編、共立出版、2009）

岸本　忠之（きしもと　ただゆき）

最終学歴　筑波大学大学院博士課程教育学研究科単位取得退学

現　　在　富山大学人間発達科学部教授、修士（教育学）

専　　門　数学教育学

主　　著　『数学科・デジタルテクノロジーで広がる学習環境の創造—インターネットによる数学コンテンツを活用した指導実践—』（編纂、明治図書、2007）、『身近な題材で始める算数教材ハンドブック：「資料の整理と読み」の力を伸ばす授業プラン』（編纂、明治図書、2015）

数学的思考—人間の心と学び—

（原題：*How Humans Learn to Think Mathematically: Exploring the Three Worlds of Mathematics*）

2016年12月25日　初版1刷発行

著　者　David Tall

監訳者　礒田正美　岸本忠之　© 2016

発行者　南條光章

発行所　**共立出版株式会社**

〒112-0006
東京都文京区小日向4-6-19
電話番号　03-3947-2511（代表）
振替口座　00110-2-57035
URL　http://www.kyoritsu-pub.co.jp/

印　刷　精興社

製　本　ブロケード

一般社団法人
自然科学書協会
会員

検印廃止

NDC 410.7, 007.1, 141.51, 143

ISBN 978-4-320-11142-4

Printed in Japan

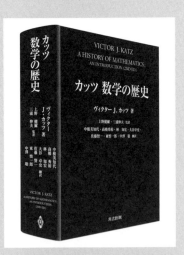